Soil Constitutive Models

土的本构关系

（第2版）

姚仰平　罗　汀　侯　伟　著

人民交通出版社
北　京

内 容 提 要

本书循序渐进、由浅入深地介绍了土的应力应变基本概念、土的强度准则、土的线性弹性本构关系、土的弹塑性本构关系；对于土的剪胀性、超固结特性、渐近状态特性等基本问题进行了详细的阐述；重点介绍了剑桥模型、土的统一硬化模型、考虑土的渐近状态特性的本构模型、超固结土的本构模型、砂土黏土统一模型和模型预测的基本方法。

本书可供土木、水利、交通、铁路和工程地质等专业的研究生或本科学生作为必修或选修课教材使用，亦可作为上述相关专业的教学、科研、工程技术人员的参考书。

图书在版编目(CIP)数据

土的本构关系/姚仰平，罗汀，侯伟著. —2 版.
—北京：人民交通出版社股份有限公司，2018.10
ISBN 978-7-114-14996-2

Ⅰ.①土… Ⅱ.①姚… ②罗… ③侯… Ⅲ.①土力学
—高等学校—教材 Ⅳ.①TU43

中国版本图书馆 CIP 数据核字(2018)第 207065 号

书　　名：**土的本构关系**(第 2 版)
著 作 者：姚仰平　罗　汀　侯　伟
策划编辑：邵　江　吴　迪
责任编辑：邵　江　吴　迪　卢　珊
责任校对：刘　芹
责任印制：刘高彤
出版发行：人民交通出版社
地　　址：(100011)北京市朝阳区安定门外外馆斜街 3 号
网　　址：http://www.ccpcl.com.cn
销售电话：(010)85285911
总 经 销：人民交通出版社发行部
经　　销：各地新华书店
印　　刷：北京虎彩文化传播有限公司
开　　本：720×960　1/16
印　　张：16.875
字　　数：300 千
版　　次：2010 年 5 月　第 1 版
2018 年 10 月　第 2 版
印　　次：2024 年 11 月　第 2 版　第 3 次印刷　总第 5 次印刷
书　　号：ISBN 978-7-114-14996-2
定　　价：45.00 元
(有印刷、装订质量问题的图书，由本社负责调换)

再版前言

ZAIBAN QIANYAN

岩土材料的本构模型是岩土工程学科的重要理论基础。合理的本构模型既能定性地揭示岩土的变形强度机制，也能定量地进行岩土体强度和变形计算。作者数十年来潜心于土的本构模型研究，取得的主要理论成果如下：

(1)在修正剑桥模型的基础上，通过引入统一硬化(Unified Hardening，UH)参数，建立 UH 模型。该本构模型能够合理反映饱和超固结土的剪缩、剪胀、硬化、软化和应力路径相关性等特性，模型所用土性参数与修正剑桥模型完全相同。

(2)提出广义非线性强度准则和满足热力学定律的变换应力三维化方法，从而实现了本构模型的合理三维化。UH 模型已被嵌入到数值计算软件中，并被用于分析岩土工程问题。以上研究包括本构建模、强度准则、三维化方法和数值分析等方面，形成了独具特色的岩土本构理论和应用体系。

(3)在 UH 模型的基础上，通过分析砂土特性，建立了砂土黏土统一的本构模型。该模型具有三个特点：①通过引入压硬性参量 p_s，模型可以描述在 $\ln p$-e 空间内砂土的等向压缩线为曲线的特性；②通过引入剪胀性参数 m，模型可以合理描述砂土的剪胀特性，即松砂的特征状态应力比较大，密砂的特征状态应力比较小的特性；③通过引入临界状态参数χ来建立砂土的水滴形屈服面，模型可以合理描述临界状态线(CSL)在 $\ln p$-e 空间内的位置。相对于 UH 模型，所提的本构模型只增加了三个材料参数，且三个参数都可通过室内常规试验确定。

本书第 1 版中详细介绍了以上主要研究成果的前两项，书中内容深入浅出，简明扼要，自 2010 年出版以来，受到了同行的认可和读者的欢迎。

本次再版主要是增加了前述第三项的研究成果，这是在 UH 模型基础上建立的砂土黏土统一适用的本构模型。本书第 9 章的 CSUH 模型(UH Model for Clays and Sands)中，当砂土的压硬性参量、剪胀性参数、临界状态参数均为零时，该模型退回为可以描述饱和超固结黏土的 UH 模型。该模型的建立，对于深刻理解黏土与砂土应力应变规律的异同起到了积极作用。

感谢北京航空航天大学的博士研究生刘林、何冠等对于本书中的计算、校核所做的工作。

感谢人民交通出版社股份有限公司对本书出版的大力支持，感谢人民交通出版社股份有限公司杜琛编辑、吴迪编辑、卢珊编辑对本书的出版所做的辛勤工作。

感谢国家重点基础研究发展计划项目（No：2014CB047000），国家自然科学基金项目（No：51579005）对本书的支持。

作　者

2018 年 8 月于北京航空航天大学

前　言

QIANYAN

土的本构关系以土的应力应变规律为研究对象，是岩土工程学科的重要理论基础。土的本构关系是在大量试验研究基础上，在简化假设前提下建立的应力应变关系数学表达式。研究和建立土的本构关系的主要目的是：①在定量方面，为岩土工程数值分析提供应力应变和强度计算公式；②在定性方面，揭示土的变形强度机制，通过对本构关系的理解和掌握有助于从宏观和更高层面去把握土的基本特性。

基于土的本构模型在土力学研究中所处的特殊基础地位，从 20 世纪 60 年代起国内外众多学者投入到本构模型的研究中，提出了数以百计的本构模型，以描述不同类型的土在各种荷载作用下的应力应变和强度特性。在已经提出的模型中，以 1963 年和 1968 年由剑桥大学的 Roscoe 等人提出的原始剑桥模型（Cam-clay Model）和修正剑桥模型（Modified Cam-clay Model）最具代表性。剑桥模型以能合理、简单描述正常固结土（重塑黏土）沿三轴压缩路径的剪切变形与压缩体变的耦合特性而著称，所以可称剑桥模型为土的基本模型或标准模型，在解释和描述土的基本特性方面剑桥模型具有不可替代的作用。这里的正常固结土指的是一种理想化、性质最为简单的土，在简单加载条件（三轴压缩路径）下表现为压硬性、剪缩性和临界状态等特性。土的模量和抗剪强度随平均应力的增加而增大的特性即为压硬性；土在剪切作用下产生的体积变形称为剪胀性，正常固结土的密度较小，因此其仅产生体积收缩，即剪缩性，它是剪胀性的一种；土的临界状态是指应力水平保持不变，体积应变增量为 0，剪切应变增量趋于无穷大的一种极限状态。

然而，天然土在受到实际荷载下所表现出的应力应变特性要比上述正常固结土受三轴压缩荷载所表现的特性复杂得多。建立天然土在实际荷载作用下的本构模型应该以剑桥模型为基本框架，针对土性和荷载的具体情况增加相应的元素：①对于由复杂应力状态（三轴压缩以外）、复杂应力历史和复杂应力路径而引起的土的应力应变特性的描述，即要建立考虑复杂加载条件下的本构模型；②对于和正常固结土不同的结构性土、非饱和土和各向异性土等天然土，只有引入相应的反映这些土性特性的参量到本构模型才能使模型具有相应的功能。这里，第①方面对复杂加载条件的研究是第②方面的基础。本书把重点集中在第①方面，在介绍剑桥模型之后，系统介绍了作者等在本构模型研究方面的发展。

(1)通过把变换应力引入剑桥模型,实现了在不增加土性参数的条件下使剑桥模型三维化。剑桥模型是基于三轴压缩试验规律建立的,通过使用广义 Mises 准则使其三维化,因此就没有考虑应力洛德角对变形和临界状态特性的影响。通过引入变换应力张量,可实现剑桥模型与 SMP 准则、Lade-Duncan 准则和广义非线性强度准则等的简单、方便结合,保证了从屈服到临界状态的合理三维化。这种三维化方法也可简单地应用于其他本构模型。

(2)通过把统一硬化参数引入到剑桥模型,使扩展的剑桥模型能描述完整的剪胀性(含剪缩和剪胀),也称为土的统一硬化模型。剑桥模型使用塑性体积应变作硬化参数,只能反映剪胀性中的剪缩,不能反映剪胀,即只能反映剪胀性中的一半特性。常见密度的砂和超固结土都会存在剪胀,采用统一硬化参数代替塑性体积应变作硬化参数,可统一考虑剪胀性中的剪缩和剪胀,并能退化为只考虑剪缩的剑桥模型。

(3)实际的土体单元可能会在某种变形约束(某种体应变增量与剪应变增量比)下达到极限状态,称这种极限状态为渐近状态,临界状态是其特例(体应变增量与剪应变增量比为 0)。通过建立渐近状态准则,并把其引入到土的统一硬化模型,把该模型扩展成能考虑渐近状态特性的弹塑性本构模型,简称为土的渐近状态本构模型。

(4)通过把超固结土不排水的伏斯列夫(Hvorslev)强度包线引入到土的统一硬化模型,计算超固结土的潜在破坏应力比,建立了超固结土的统一硬化模型。使用该本构模型实现了统一描述剪缩、剪胀、硬化、软化和临界状态特性,也使超固结土本构模型与正常固结土本构模型达到了统一。

在本书所涉及内容中,作者的博士生、硕士生们也作了大量的研究工作,在此向他们表示感谢;同时还要感谢使作者系统研究得以顺利进行的国家自然科学基金的连续资助;最后要感谢人民交通出版社陈志敏主任和杜琛编辑对于本书出版给予的大力支持和帮助。

由于作者水平有限,书中错误和不足之处在所难免,欢迎读者批评指正。

作　者

2010 年 1 月于北京航空航天大学

目 录

MULU

第1章 绪论

1.1 本构关系的概念

物质宏观性质的数学模型称为本构关系(Constitutive Relation),把本构关系写成具体的数学表达式就是本构方程,较为熟知的反映纯力学性质的本构关系有胡克定律、牛顿黏性定律、圣维南理想塑性定律等。因此,**研究土的本构关系就是研究土的应力应变关系**,需要在大量试验研究的基础上,在简化假设的前提下建立能够描述土的基本力学特性的数学表达式。根据以上概念,强度准则也应属于本构关系之列,因为强度准则通常是应力或应变空间中的极限面,它是描述材料濒于破坏时的宏观力学性质的数学模型。

沈珠江在《关于土力学发展前景的设想》一文中指出:“现代土力学应该由一个模型(本构模型)、三个理论(非饱和土固结理论、液化破坏理论、逐渐破坏理论)和四个分支(理论土力学、计算土力学、实验土力学、应用土力学)组成。”其中,土体本构模型是岩土工程学科的重要基础理论。

谢定义在《高等土力学》(高等教育出版社 2008 年 1 月出版)一书中写到:“变形理论的发展使土力学中长期以来计算应力用弹性理论、计算变形用直线变形体理论、计算强度用库仑(Coulomb)理论、计算稳定用刚塑性理论这种本来是一个整体的问题但却割裂的局面开始走向统一。”这里的变形理论指的就是本构理论。

土是由土颗粒、孔隙气和水组成的三相材料。在大多数实际应用中,土体的几何尺寸很大,“微观”作用被均匀化,土被理想化为连续体,其力学性质可以在连续介质力学的框架中进行研究,即宏观上把土材料视为连续介质或固体材料,建立土材料的本构模型就是要建立土材料宏观性质的数学模型。建立土的本构模型就要根据应力发生发展的不同条件,对于土材料在荷载作用下的变形从定性和定量两方面做出恰当的力学描述与力学计算。

对于土在荷载作用下变形特性的研究,主要有**非线性弹性理论和弹塑性理论**。

非线性弹性理论是在弹性理论的基础上,考虑到土材料的非线性特性建立的应力应变关系;弹塑性理论是把经典塑性理论应用于土的本构关系中,考虑土的某些特殊性质,建立土的弹塑性理论模型。自1963年英国剑桥大学罗斯科(Roscoe)等提出原始剑桥(Cam-clay)模型开始,土的本构理论研究得到了突飞猛进的发展。由于在本构模型中所采用的假设不同,出现的不同形式的弹塑性模型数以百计。

研究各种情况下土的应力应变关系,研究考虑应力路径影响的弹塑性本构模型是当前研究土的弹塑性本构模型的重要组成部分。本书的主要内容是土的弹塑性本构模型,并在土的弹塑性本构模型的框架下,重点介绍剑桥模型、土的渐近状态本构模型和超固结土的本构模型等。

1.2 土的变形特性

按土颗粒之间有无内聚力把土分为黏性土和无黏性土。**无黏性土**是忽略内部粒子间内聚力的土,如碎石土、砂土、粉土,按密实程度又可以分为松散土和密实土。**黏性土**的土颗粒之间有内聚力,根据应力历史又可分为正常固结黏土和超固结黏土,正常固结黏土超固结比OCR=1,超固结黏土OCR>1。正常固结土与松砂、超固结土与密砂,在土的力学性质方面存在许多定性的相似之处。

在通常的应力范围内,土中水与土颗粒的体积变形相对于土体整体变形小到可以忽略不计,所以一般认为水和土颗粒都是不可压缩的,土体的变形是由孔隙的改变引起的。对于饱和土,孔隙被水充满,在荷载作用下体积的变化可根据排水量确定。在饱和土上作用的荷载由土颗粒和水共同承担,土颗粒承受的应力称为**有效应力**,土体的变形由有效应力引起。对于饱和土,强度和变形与有效应力直接相关,有效应力原理是基础。

常规土工三轴试验中有三种常用的排水条件:不固结不排水试验(UU试验)、固结不排水试验(CU试验)和固结排水试验(CD试验)。不排水条件通常称为等体积条件,表示在加荷的过程中体积没有改变,这是基于土颗粒和水不可压缩的假定的结果。

土体在受荷的过程中应力状态变化的轨迹称为**应力路径**。土的变形特性与应力路径相关。

土体在受荷的过程中应变状态变化的轨迹称为**应变路径**,例如不排水剪的应变路径可以用体积应变增量与垂直应变增量之比为零表示,即$\frac{d\varepsilon_v}{d\varepsilon_1}=0$。土的变形特性也与应变路径相关。

土的孔隙比和含水率、土的结构和矿物质、前期应力状态和当前应力状态、加载应力路径等都会影响土的性质。在应力应变特性方面，土材料具有以下特性：

(1)静压屈服特性

在体积应力(p)或称为静水压力的作用下，土材料不仅产生弹性体积应变(ε_v^e)，还会产生塑性体积应变(ε_v^p)。土材料的静压屈服特性，可以由**体积应变-体积应力关系**加以说明。图 1.1 是在体积应力$\left(p=\dfrac{\sigma_1+\sigma_2+\sigma_3}{3}\right)$-体积应变($\varepsilon_v=\varepsilon_1+\varepsilon_2+\varepsilon_3$)坐标系下，排水条件下饱和砂土等向固结三轴试验的应力-应变关系的典型曲线。由图 1.1 可知，在该坐标系下加荷与卸荷均表现了非线性的性质。加荷的过程中产生的变形包括弹性变形和塑性变形，当卸荷到初始应力状态时，应变恢复的部分是弹性应变，不可恢复的是塑性应变。

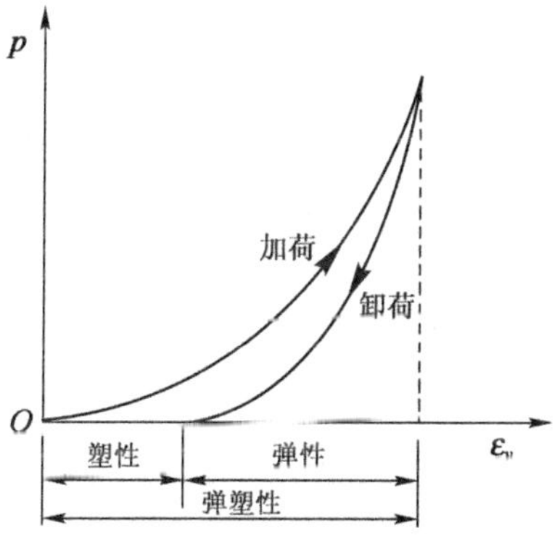

图 1.1　等向固结加荷、卸荷应力应变关系

土材料这种在体积应力的作用下会产生塑性变形的性质与金属材料显著不同，金属材料在体积应力或者说在静水压力作用下体积变形很小，塑性变形更小，小到可以忽略不计；而土材料是三相组合体，即使是在各向等压的作用下，随着土体中水的排出和气体的压缩与排出，土体会产生弹性变形和塑性变形，这种性质称为**静压屈服特性**。

(2)硬化或软化特性

土材料的应力应变关系呈非线性的特性，没有明显的弹性阶段和初始屈服点，随着荷载的增大屈服点在不断提高，这种应力应变关系称为**硬化**；还有一种应力应变关系是应力应变曲线过了峰值以后随着变形的增加屈服点在不断降低，这种情况称为**软化**。

土材料的硬化或软化特性可以由**剪切应力-剪切应变关系**加以说明。图 1.2 是三轴试验条件下土的剪应力与剪应变[（$\sigma_1-\sigma_3$）-ε_d]关系曲线和体积应变与剪应变（ε_v-ε_d）的典型关系曲线。图中①号线为正常固结土或松砂的典型试验曲线。由图可知曲线没有明显的弹性段，应力应变关系曲线的屈服点不断升高达到峰值，这样的应力应变关系称为**硬化**；曲线②是超固结土或密砂的典型试验曲线，剪应力-剪应变关系曲线达峰值后逐渐下降，即超过峰值点后屈服点降低，称为**软化**，最终与①号曲线的渐近线相同。

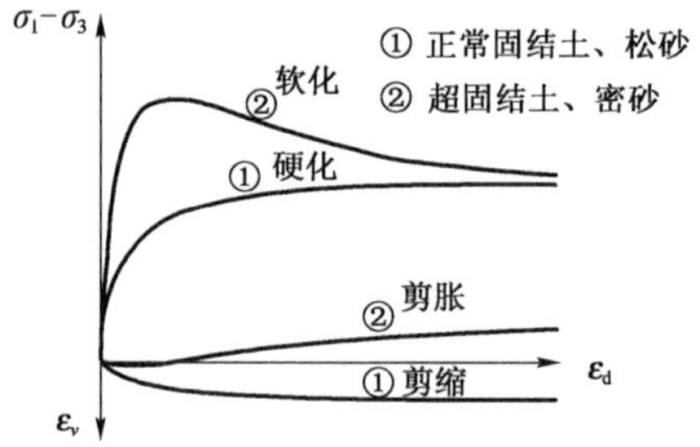

图 1.2　剪应力-剪应变、体积应变-剪应变关系曲线

（3）压硬性

土材料是摩擦型材料，土体的破坏是剪切破坏，在一定范围内，土材料的抗剪强度随压应力的增大而增大，或者说平均压应力越大，土能承受的剪应力（q）越大，土的这种性质称为**压硬性**。例如，地面上的砂土，一脚可以踩一个坑，而深埋在地下的砂土层却是良好的持力层。土的压硬性表现为平均压应力不仅产生弹性和塑性的体应变，还会引起剪切刚度的增大。

土的压硬性还可以由**约束应力对应力应变关系的影响**加以说明。图 1.3 是固结排水剪 $\sigma_3=c$ 条件下的典型试验结果，表示了不同的约束应力对应力应变关系的影响。由图 1.3a）中的三条应力路径可知，围压（σ_3）$_1$ ＞（σ_3）$_2$ ＞（σ_3）$_3$。图 1.3b）是孔隙比和平均正应力关系曲线即 e-p 关系曲线，图 1.3c）是剪应力剪应变即 q-ε_d 关系曲线。由图可知不同约束应力条件下应力应变关系不同。图 1.3c）表现出约束压力越大（对应的孔隙比越小）能承受的剪应力越大，表现了土材料的**压硬性**，这是金属材料没有的特性，也是摩擦性材料所具有的特性。例如，工程中把土装入砂袋中用于筑坝和地基加固，就是利用土的这种特性，在外荷载的作用下，砂袋对其中的土产生了围压，围压越大砂袋中的土能承受的荷载就越大。松冈元（Matsuoka）把工程上的这种做法称之为"化敌为友"（敵を味方につける）的方法，或者我们常说的变压力为动力。砂袋可以把作用在土体上的压力转化为围压，从而提高土体的抵抗剪切能力。

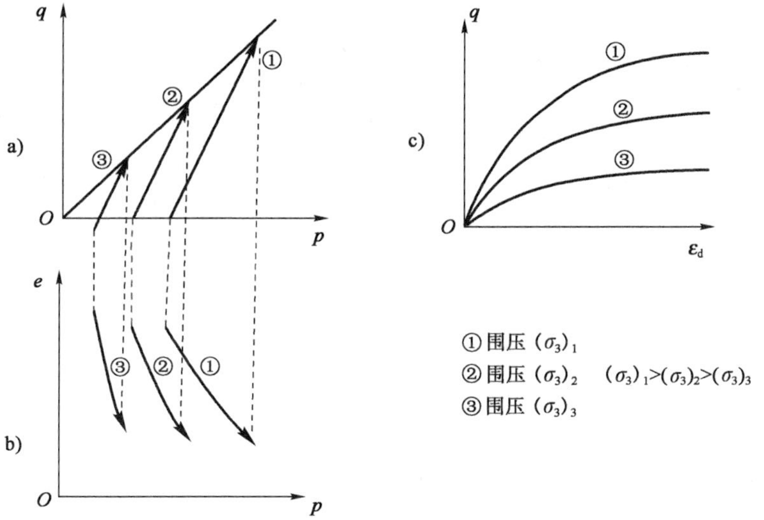

图 1.3　约束应力对应力应变关系的影响

a) $\sigma_3 = c$ 应力路径；b) e-p 关系曲线；c) q-ε_d 关系曲线

(4)剪胀性

剪应力不仅会产生弹性与塑性的剪应变，还会引起体积的收缩或膨胀，称为土的**剪胀性**。土的剪胀性可以由**剪切应力-剪切应变-体积应变**$[(\sigma_1-\sigma_3)$-ε_d-$\varepsilon_v]$的**关系**加以说明。观察图 1.2 中的体积变形，曲线①在剪切过程中排水量不断增加，即只产生体积压缩变形，体积应变 ε_v 在剪切的过程中不断增大，称为**剪缩**；曲线②的体积应变 ε_v 开始为正值，不久就变为负值，表示在剪切的过程中先排水体积压缩，然后会吸水体积增大，称为**剪胀**。

土的压硬性和剪胀性表示了平均应力、剪应力与体积应变、剪应变之间的耦合作用。

(5)加荷、卸荷对应力应变关系的影响

图 1.4 是在广义剪应力($q=\sigma_1-\sigma_3$)-广义剪应变(ε_d)坐标系下，加荷、卸荷情况下土的应力应变关系的示意图。从初始状态加荷到点 A 产生的变形为弹塑性变形，产生塑性变形时即为屈服，点 A 是新的屈服点，从点 A 卸荷到点 B 产生弹性变形，称为回弹；从点 B 开始加荷到点 A 产生弹性变形，加荷超过屈服点后产生弹塑性变形，即从点 A 到点 C 是弹塑性变形；再从点 C 卸荷至点 D 产生弹性变形，再由点 D 到点 C 产生弹性变形，从点 C 到点 E 产生弹塑性变形；从点 E 卸荷到点 F 是弹性变形，从点 F 加荷到点 E 是弹性变形，再由新的屈服点 E 开始继续加荷产生弹塑性变形。

由图1.4可知,土材料的变形一开始就由弹性和塑性两部分组成,开始就没有明显的比例极限,卸荷将产生弹性变形,再加荷没有超过原有屈服点将产生弹性变形,加荷超过了原有屈服点就会产生新的塑性变形,并且随着荷载的增加屈服点在不断提高,用屈服面表示就是屈服面在不断扩大。图1.4是根据经典弹塑性理论对土的应力应变特性的描述,在第8章超固结土的本构模型中还会对这种描述进行扩展。

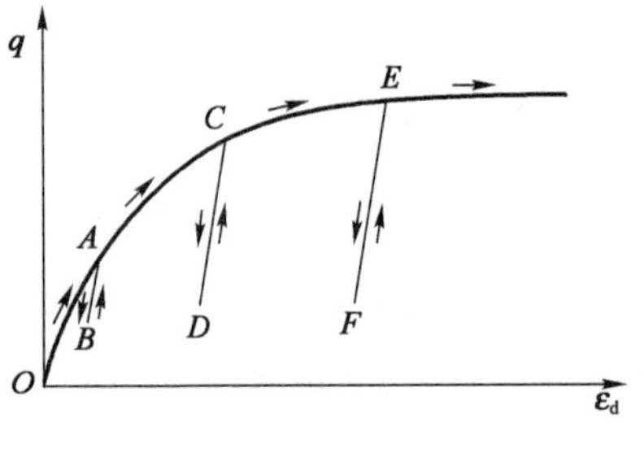

图1.4 加荷、卸荷时土的应力应变关系

(6)应力路径对应力应变关系的影响

图1.5是三轴压缩试验不同应力路径的典型试验结果。图1.5a)是在 p-q 坐标系下绘制了三条不同的应力路径:①号是 $\sigma_3 = c$ 路径,②号是 $p = c$ 路径,③号是不排水应力路径。对于三轴压缩试验,围压 $\sigma_2 = \sigma_3$,平均正应力 $p = \dfrac{\sigma_1 + 2\sigma_3}{3}$,广义剪应力 $q = \sigma_1 - \sigma_3$。图1.5b)是孔隙比与平均正应力 e-p 关系曲线,图1.5c)是在应力比 $\dfrac{q}{p}$ 与广义剪应变 ε_d 坐标系下的关系曲线。由图可知,不同的应力路径应力应变关系不同。

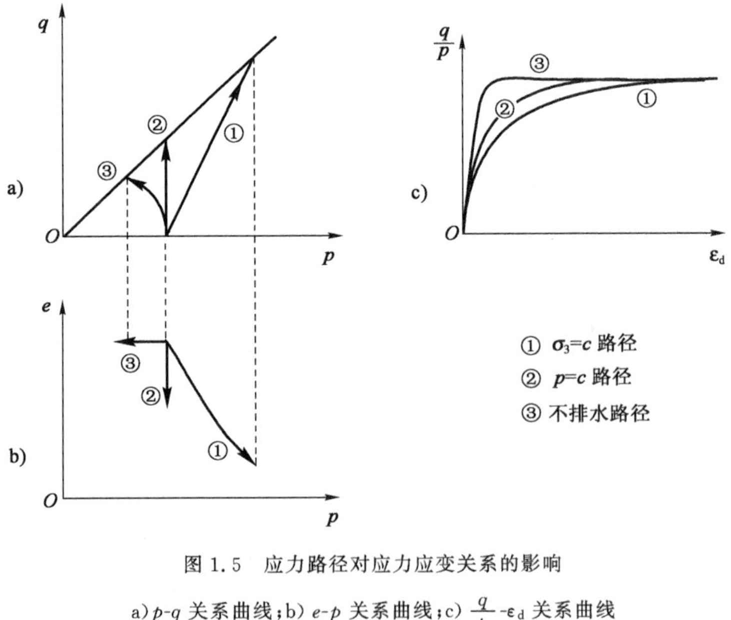

图1.5 应力路径对应力应变关系的影响

a) p-q 关系曲线;b) e-p 关系曲线;c) $\dfrac{q}{p}$-ε_d 关系曲线

(7)**应力历史对应力应变关系的影响**

应力历史对土的应力应变关系的影响可以通过图 1.6 说明。图 1.6a)是三轴不排水剪有效应力路径,图中 4 条曲线虽然起点相同,但因为应力历史不同,有效应力路径亦不同。①号曲线表示一种很松散的砂或敏感的黏土的典型响应,应力应变关系的软化现象是由于松散土体积有收缩的趋势,使超孔隙水压力增加,有效应力下降的结果;②号曲线是正常固结曲线;③号曲线是超固结曲线;④号曲线的超固结度比③号曲线更高。图 1.6a)中的虚线是总应力路径。图 1.6b)是应力应变关系,可见应力历史不同应力应变关系不同。

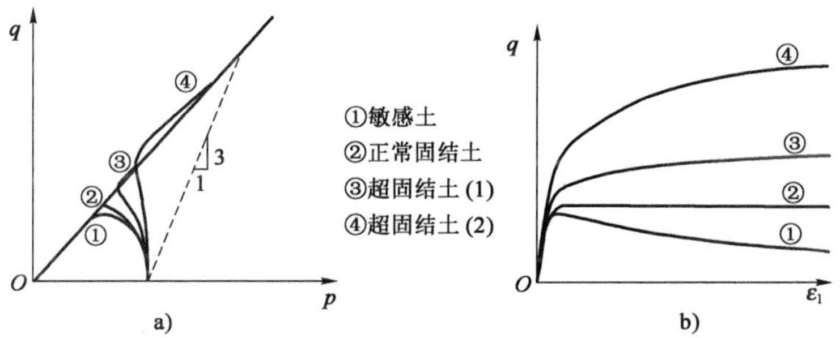

图 1.6 应力历史对应力应变关系的影响

a)不排水剪应力路径;b) q-ε_1 关系曲线

(8)**初始各向异性和应力诱导各向异性**

在沉积或地质作用的过程中,形成的土体在各个方向的应力应变特性不同,称为初始各向异性。例如,天然沉积土一般表现为水平方向的横观各向同性。由于应力状态的不同引起强度和变形的不同称为应力诱导各向异性。如当体积应力相同时,土的三轴压缩强度大于三轴伸长强度(详见第 3 章),就可以理解为应力诱导各向异性。

1.3 土的本构关系

土的本构关系,应能合理地描述各种情况下土的应力应变关系。对于土在荷载作用下变形特性的研究,土的本构模型主要有非线性弹性理论和弹塑性理论。

土的非线性弹性模型中,第一种方法是由变形模量取代弹性模量,例如,在《建筑地基基础设计规范》(GB 50007—2011)中的变形计算,就是用压缩模量取代弹性模量;第二种方法是用切线模量取代弹性参数的增量法,如切线模量 E_t 和切线泊松比 ν_t 代替弹性模量 E 和泊松比 ν。邓肯-张(Duncan-Chang)模型就是典型的

E-ν 模型。另外，在三维受力状态下，土在体积应力 p 和剪应力 q 作用下的应力应变关系，可以通过等向固结试验和等 p 剪切试验，直接、独立而且较准确地作出测定，因而建立了表示平均应力和体应变、剪应力和剪应变增量关系的 K-G 模型。利用该模型还可考虑 K 和 G 对应变的交叉影响，考虑土的剪胀性和压硬性，因此，它成为非线性弹性模型研究工作的重要对象。

弹塑性模型采用增量法，将应变增量 $d\varepsilon$ 分为弹性应变增量 $d\varepsilon^e$ 与塑性应变增量 $d\varepsilon^p$ 两部分，弹性应变增量按弹性理论的原理和方法计算，塑性应变增量按塑性理论的原理和方法计算。各种不同的弹塑性本构模型在解决屈服条件、流动规律和硬化定律这三大问题上有所不同，即解决屈服面（f）、塑性势面（g）及硬化参量（H）上的不同。目前最著名的弹塑性本构模型是剑桥模型，剑桥模型是建立在临界状态土力学基础上的土的本构模型。剑桥模型亦是当前在土力学领域内应用较广的模型，其主要特点是基本概念明确，较好地适用于正常固结黏土和弱超固结黏土，仅有 4 个参数（详见第 5 章），且都可以通过常规三轴试验求出，并且考虑了岩土材料静水压力屈服特性、剪缩性和压硬性。

剑桥模型从能量方程推导出应力比与应变增量比的关系，根据正交法则确定塑性势函数；再根据塑性势函数与屈服函数相等的相关联流动法则，确定屈服函数；根据等向固结试验结果确定屈服函数中的积分常数，即硬化参数，进而确定出塑性和弹性的应力应变关系。剑桥模型应力应变计算中包含了强度问题，其中的基本参数 M 是极限应力比，是与土的内摩擦角相关的材料参数。剑桥模型能较好地适用于正常固结土和弱超固结土，但它仅用塑性体积应变 ε_v^p 作硬化参量，对砂土等不能考虑剪切引起的体积膨胀特性，对超固结土不能考虑超固结土的软化特性。

剑桥模型建立的塑性势函数，不能反映等向固结试验剪应变为零的实际情况，后来罗斯科（Roscoe）等又提出了**修正剑桥模型**。修正剑桥模型基于塑性势面与 p 轴正交的原则。塑性势面为椭圆形。

以临界状态理论发展起来的剑桥模型与修正的剑桥模型，因为具有明确的物理意义得到公认，因此在剑桥模型基础上，针对其局限性进行改进和修正仍是岩土材料建模的主要方向。长期以来，国内外专家学者基于剑桥模型进行了广泛深入的研究，松冈元、姚仰平等采用 SMP（Spatially Mobilized Plane）准则对剑桥模型进行了扩展，将剑桥模型从三轴试验的三轴压缩应力状态扩展至一般应力状态，其方法是引入变换应力，重新定义变换后的广义正应力和剪应力，然后代入剑桥模型中，实现从广义米赛斯（Mises）破坏准则向 SMP 破坏准则的扩展。姚仰平、孙德安将 Lade 屈服准则引入初始的剑桥模型，采用变换应力将拉德（Lade）屈服准则变为扩展的米赛斯屈服函数类型。

关于土的弹塑性本构模型还有黄文熙等的“清华模型”，这是建立在用试验寻求塑性势面、屈服面以及符合相适应流动规则硬化参量基础上的弹塑性本构模型。清华模型因其第一次由试验直接确定塑性势面和屈服面，并通过选取合适的硬化参量使屈服面与塑性势面达到相关联流动法则的条件再建立弹塑性本构关系，使土工试验发挥了更大的作用。

李广信把在 p-q 应力平面上建立的清华模型推广到三维空间，建立了清华三维弹塑性本构模型。通过真三轴试验及平面应变试验，在 π 平面上确定了一种双圆弧的屈服轨迹，从而建立了该模型的三维形式，提出了相应的流动规则表达式。

另外，还有沈珠江提出的“南水模型”，郑颖人提出的广义弹塑性理论，殷宗泽提出的椭圆-抛物双曲面模型等。

建立能够适应不同条件下土性的特征规律，可以正确而简易地描述土性，建立实用的解析或经验关系，引用少量必要的土性参量，是土的本构模型的研究方向。

在各种岩土工程中，土材料会经受不同的应力路径。例如在基坑开挖工程中，位于基坑侧面滑动面上的土体处于三轴压缩应力状态，位于滑动面底部的土体处于纯剪切应力状态，位于基坑底部的土体处于三轴伸长应力状态；堤坝、边坡等的土体则处于平面应变应力状态。不同的应力状态、应力路径对应着不同的应力应变关系、应力路径对土的压硬性、剪胀性等具有不可忽视的影响。

天然地基中的土材料通常是在某种约束下受力而发生变形，可以用应变路径描述这种变形。完全排水条件下受力后的自由变形和完全不排水条件下的受力变形是两种典型的极端状况。部分排水（或吸水）条件下，也即某种变形约束下的受力变形才是普遍的，这种变形约束会影响到土的应力应变关系。对于同一种土，不同的变形约束条件会对应着不同的应力应变规律。

不同的应力路径、应变路径对应着不同的极限应力比。例如，等向固结的极限应力比 $\left(\dfrac{q}{p}\right)_{\mathrm{f}}=0$；一维固结的极限应力比 $\left(\dfrac{q}{p}\right)_{\mathrm{f}}=\dfrac{3(1-K_0)}{1+2K_0}$，其中 K_0 是静止土压力系数；常规三轴剪切试验的极限应力比 $\left(\dfrac{q}{p}\right)_{\mathrm{f}}=M_{\mathrm{f}}$；不排水三轴剪切试验的极限应力比 $\left(\dfrac{q}{p}\right)_{\mathrm{f}}=M_0<M_{\mathrm{f}}$。可知在变形约束条件下的剪切受力极限应力比会比峰值破坏应力比低很多。Gudehus 等最早提出了渐近状态的概念来解释上述现象。能否合理描述各种变形约束条件下的应力应变规律及其极限应力比是判断一个本构模型可否真正反映应力路径影响的一个有效验证途径，这就需要建立能合

理描述复杂的应力路径所对应的应力变形特性的本构模型。

本书的主要内容是土的弹塑性本构模型,其中详细介绍了原始剑桥模型、修正剑桥模型;并且介绍了在剑桥模型的基础上扩展的可以反映砂土、黏土应力应变关系的统一硬化模型,可以反映土的渐近状态特性的土的本构模型,可以反映超固结土特性的超固结土模型。

1.4 本章小结

本章根据土力学的发展情况介绍了土的本构模型理论研究的重要性,简要介绍了土的应力应变基本特性,介绍了土的本构理论研究中的非线性弹性模型、弹塑性模型及著名的剑桥模型和修正剑桥模型,同时讨论了在剑桥模型基础上进行进一步研究的必要性。

第2章 应力与应变分析

2.1 应力分析

2.1.1 一点的应力状态

取坐标轴 x、y、z 相垂直，通过土体中任意一点(x,y,z)取一无限小立方单元体，见图 2.1。作用在单元体六个面上的应力分量为 3 个正应力分量 σ_x、σ_y、σ_z 和 6 个剪应力分量 τ_{xy}、τ_{yx}、τ_{yz}、τ_{zy}、τ_{zx}、τ_{xz}。本书中正应力的正负号规定以压为正，拉为负；剪应力的正负号规定是，在与坐标轴一致的正面上，方向与坐标轴方向相反为正，反之为负。如图 2.1 所示，图中的正应力与剪应力均为正值。由单元体的力矩平衡可得，$\tau_{xy}=\tau_{yx}$，$\tau_{yz}=\tau_{zy}$，$\tau_{zx}=\tau_{xz}$，即单元体的应力状态可由 6 个应力分量表示。这 6 个应力分量的大小不仅与受力状态有关，还与坐标轴的方向有关。这种随坐标轴的变换按一定的规律变化的量称为应力张量。应力张量可以表示为

$$\sigma_{ij}=\begin{bmatrix}\sigma_x & \tau_{xy} & \tau_{xz}\\ \tau_{yx} & \sigma_y & \tau_{yz}\\ \tau_{zx} & \tau_{zy} & \sigma_z\end{bmatrix}\equiv\begin{bmatrix}\sigma_{xx} & \sigma_{xy} & \sigma_{xz}\\ \sigma_{yx} & \sigma_{yy} & \sigma_{yz}\\ \sigma_{zx} & \sigma_{zy} & \sigma_{zz}\end{bmatrix}\equiv\begin{bmatrix}\sigma_{11} & \sigma_{12} & \sigma_{13}\\ \sigma_{21} & \sigma_{22} & \sigma_{23}\\ \sigma_{31} & \sigma_{32} & \sigma_{33}\end{bmatrix}\tag{2.1}$$

根据不同的需要，可以使用式(2.1)中不同的符号。

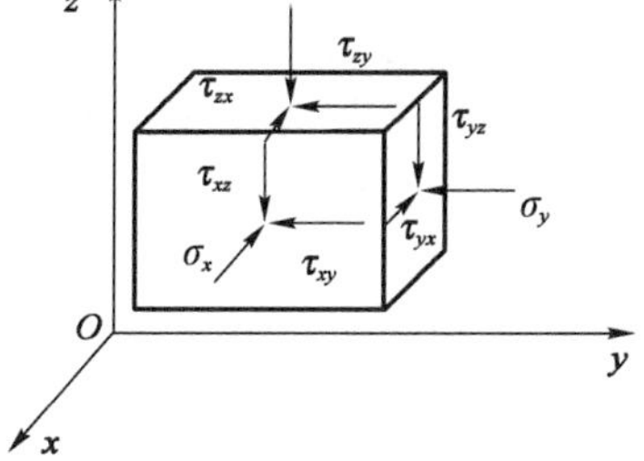

图 2.1　一点的应力状态

若取平均法向应力 σ_{m} 为

$$\sigma_{\mathrm{m}} = \frac{1}{3}(\sigma_x + \sigma_y + \sigma_z) \tag{2.2}$$

则应力张量 σ_{ij} 可写为

$$\sigma_{ij} = \begin{bmatrix} \sigma_{\mathrm{m}} & 0 & 0 \\ 0 & \sigma_{\mathrm{m}} & 0 \\ 0 & 0 & \sigma_{\mathrm{m}} \end{bmatrix} + \begin{bmatrix} \sigma_x - \sigma_{\mathrm{m}} & \tau_{xy} & \tau_{xz} \\ \tau_{yx} & \sigma_y - \sigma_{\mathrm{m}} & \tau_{yz} \\ \tau_{zx} & \tau_{zy} & \sigma_z - \sigma_{\mathrm{m}} \end{bmatrix} \tag{2.3}$$

式(2.3)中第一个张量称为应力球张量，第二个张量称为应力偏张量。应力球张量可以表示为

$$\sigma_{\mathrm{m}}\delta_{ij} = \begin{bmatrix} \sigma_{\mathrm{m}} & 0 & 0 \\ 0 & \sigma_{\mathrm{m}} & 0 \\ 0 & 0 & \sigma_{\mathrm{m}} \end{bmatrix} \tag{2.4}$$

其中，δ_{ij} 称为克朗内克(Kronecker)符号，可以看作是单位矩阵的缩写形式，定义为

$$\delta_{ij} = \begin{cases} 1 & 当\ i = j\ 时 \\ 0 & 当\ i \neq j\ 时 \end{cases} \tag{2.5}$$

应力偏张量可以表示为

$$S_{ij} = \sigma_{ij} - \sigma_{\mathrm{m}}\delta_{ij} = \begin{bmatrix} \sigma_x - \sigma_{\mathrm{m}} & \tau_{xy} & \tau_{xz} \\ \tau_{yx} & \sigma_y - \sigma_{\mathrm{m}} & \tau_{yz} \\ \tau_{zx} & \tau_{zy} & \sigma_z - \sigma_{\mathrm{m}} \end{bmatrix} = \begin{bmatrix} S_x & S_{xy} & S_{xz} \\ S_{yx} & S_y & S_{yz} \\ S_{zx} & S_{zy} & S_z \end{bmatrix} = \begin{bmatrix} S_{11} & S_{12} & S_{13} \\ S_{21} & S_{22} & S_{23} \\ S_{31} & S_{32} & S_{33} \end{bmatrix} \tag{2.6}$$

2.1.2 应力不变量

(1)应力不变量

由图 2.1 可知，单元体的每个面上分别作用有正应力和剪应力，若转变坐标轴的方向，应力张量将随之变化。对于图 2.1 所示的单元体，可以转变坐标轴的方向，使每个面上只有正应力，没有剪应力。这样的三个面称为主平面，主平面上的正应力称为主应力。设主平面的方向余弦分别为 l、m、n，根据向量运算可以求出主应力和主应力方向，即

$$\left.\begin{aligned} \sigma_x l + \tau_{xy} m + \tau_{xz} n &= \sigma l \\ \tau_{yx} l + \sigma_y m + \tau_{yz} n &= \sigma m \\ \tau_{zx} l + \tau_{zy} m + \sigma_z n &= \sigma n \end{aligned}\right\} \tag{2.7}$$

把式(2.7)改写为

$$\left.\begin{aligned} (\sigma_x - \sigma) l + \tau_{xy} m + \tau_{xz} n &= 0 \\ \tau_{yx} l + (\sigma_y - \sigma) m + \tau_{yz} n &= 0 \\ \tau_{zx} l + \tau_{zy} m + (\sigma_z - \sigma) n &= 0 \end{aligned}\right\} \tag{2.8}$$

这三个联立的线性方程组对 l、m、n 是齐次的，要得到非零解，由克莱姆法则，系数行列式必须为零，即

$$\begin{vmatrix} \sigma_x-\sigma & \tau_{xy} & \tau_{xz} \\ \tau_{yx} & \sigma_y-\sigma & \tau_{yz} \\ \tau_{zx} & \tau_{zy} & \sigma_z-\sigma \end{vmatrix}=0 \tag{2.9}$$

展开式(2.9)得特征方程

$$\sigma^3-I_1\sigma^2+I_2\sigma-I_3=0 \tag{2.10}$$

式(2.10)是一元三次方程，三个根分别是三个主应力 σ_1、σ_2 和 σ_3。

式中，I_1 是 σ_{ij} 的主对角线上各项之和，I_2 是 σ_{ij} 的对角项的代数余子式之和，I_3 是 σ_{ij} 的行列式，分别为

$$I_1=\sigma_x+\sigma_y+\sigma_z \tag{2.11}$$

$$\begin{aligned} I_2&=\begin{vmatrix} \sigma_x & \tau_{xy} \\ \tau_{yx} & \sigma_y \end{vmatrix}+\begin{vmatrix} \sigma_y & \tau_{yz} \\ \tau_{zy} & \sigma_z \end{vmatrix}+\begin{vmatrix} \sigma_z & \tau_{zx} \\ \tau_{xz} & \sigma_x \end{vmatrix} \\ &=\sigma_x\sigma_y+\sigma_y\sigma_z+\sigma_z\sigma_x-\tau_{xy}^2-\tau_{yz}^2-\tau_{zx}^2 \end{aligned} \tag{2.12}$$

$$\begin{aligned} I_3&=\begin{bmatrix} \sigma_x & \tau_{xy} & \tau_{xz} \\ \tau_{yx} & \sigma_y & \tau_{yz} \\ \tau_{zx} & \tau_{zy} & \sigma_z \end{bmatrix} \\ &=\sigma_x\sigma_y\sigma_z+2\tau_{xy}\tau_{yz}\tau_{zx}-\sigma_x\tau_{yz}^2-\sigma_y\tau_{zx}^2-\sigma_z\tau_{xy}^2 \end{aligned} \tag{2.13}$$

由式(2.9)得到的式(2.10)是一个一元三次方程，其中 I_1、I_2、I_3 是这个一元三次方程的系数。根据一元三次方程根与系数的关系[1]还可以求得

$$\left.\begin{aligned} I_1&=\sigma_1+\sigma_2+\sigma_3 \\ I_2&=\sigma_1\sigma_2+\sigma_2\sigma_3+\sigma_3\sigma_1 \\ I_3&=\sigma_1\sigma_2\sigma_3 \end{aligned}\right\} \tag{2.14}$$

三次方程式(2.10)不论由 xyz 坐标系导出还是由主方向导出都是一样的，所以 I_1、I_2 和 I_3 是应力张量不变量，即坐标轴的转动不改变数值的大小。把 σ_1、σ_2 和 σ_3 分

---

[1] 式(2.10)是一元三次方程，形如

$$ax^3+bx^2+cx+d=0$$

一元三次方程根与系数的关系为

$$\left.\begin{aligned} x_1+x_2+x_3&=-\frac{b}{a} \\ x_1x_2+x_2x_3+x_3x_1&=\frac{c}{a} \\ x_1x_2x_3&=-\frac{d}{a} \end{aligned}\right\}$$

式(2.10)中，$a=1$，$b=-I_1$，$c=I_2$，$d=-I_3$。经比较可知，可以直接由上式得式(2.14)。

别代入式(2.8),并使用恒等式

$$l^2 + m^2 + n^2 = 1 \tag{2.15}$$

可以求得对应于主应力 σ 每个值的单位法线的分量

$$\left.\begin{aligned} \boldsymbol{n}_{(1)} &= (l_1, m_1, n_1) \quad \sigma = \sigma_1 \\ \boldsymbol{n}_{(2)} &= (l_2, m_2, n_2) \quad \sigma = \sigma_2 \\ \boldsymbol{n}_{(3)} &= (l_3, m_3, n_3) \quad \sigma = \sigma_3 \end{aligned}\right\} \tag{2.16}$$

这三个方向称为该点的主方向。

若以主应力 σ_1、σ_2、σ_3 表示式(2.3),可以写成

$$\sigma_{ij} = \begin{bmatrix} \sigma_m & 0 & 0 \\ 0 & \sigma_m & 0 \\ 0 & 0 & \sigma_m \end{bmatrix} + \begin{bmatrix} \sigma_1 - \sigma_m & 0 & 0 \\ 0 & \sigma_2 - \sigma_m & 0 \\ 0 & 0 & \sigma_3 - \sigma_m \end{bmatrix} \tag{2.17}$$

式中,σ_m 是平均正应力。

$$\sigma_m = \frac{1}{3}(\sigma_1 + \sigma_2 + \sigma_3) \tag{2.18}$$

(2)应力球张量

应力球张量,表示各向等值应力状态,即静水压力状态。把 $\sigma_1 = \sigma_2 = \sigma_3 = \sigma_m$ 代入式(2.14),得应力球张量的不变量

$$\left.\begin{aligned} I_1 &= 3\sigma_m = I_1 \\ I_2 &= 3\sigma_m^2 = \frac{1}{3}I_1^2 \\ I_3 &= \sigma_m^3 = \frac{1}{27}I_1^3 \end{aligned}\right\} \tag{2.19}$$

应力球张量不变量可以用一个参数 I_1 表示。

(3)应力偏张量不变量

应力偏量 S_{ij} 定义为应力张量与静水压力之差,用应力偏量 S_x、S_y、S_z 代替式(2.11)~式(2.13)中的 σ_x、σ_y、σ_z,得应力偏张量的不变量

$$\left.\begin{aligned} J_1 &= (\sigma_x - \sigma_m) + (\sigma_y - \sigma_m) + (\sigma_z - \sigma_m) = 3S_m = 0 \\ J_2 &= (\sigma_x - \sigma_m)(\sigma_y - \sigma_m) + (\sigma_y - \sigma_m)(\sigma_z - \sigma_m) + (\sigma_z - \sigma_m)(\sigma_x - \sigma_m) - \tau_{xy}^2 - \tau_{yz}^2 - \tau_{zx}^2 \\ J_3 &= (\sigma_x - \sigma_m)(\sigma_y - \sigma_m)(\sigma_z - \sigma_m) + 2\tau_{xy}\tau_{yz}\tau_{zx} - \sigma_x\tau_{yz}^2 - \sigma_y\tau_{zx}^2 - \sigma_z\tau_{xy}^2 \end{aligned}\right\} \tag{2.20}$$

用主应力表示为

$$\left.\begin{aligned} J_1 &= (\sigma_1 - \sigma_m) + (\sigma_2 - \sigma_m) + (\sigma_3 - \sigma_m) = 0 \\ J_2 &= \frac{1}{6}[(\sigma_1 - \sigma_2)^2 + (\sigma_2 - \sigma_3)^2 + (\sigma_3 - \sigma_1)^2] \\ J_3 &= (\sigma_1 - \sigma_m)(\sigma_2 - \sigma_m)(\sigma_3 - \sigma_m) \end{aligned}\right\} \tag{2.21}$$

可以证明应力偏张量不变量 J_1、J_2、J_3 与应力张量不变量 I_1、I_2、I_3 的关系为

$$\left.\begin{aligned} J_1 &= 0 \\ J_2 &= \frac{1}{3}(I_1^2 - 3I_2) \\ J_3 &= \frac{1}{27}(2I_1^3 - 9I_1I_2 + 27I_3) \end{aligned}\right\} \tag{2.22}$$

式(2.3)中把应力张量分解为应力球张量和应力偏张量，也就是把应力分解为正应力和剪应力两种应力。弹性力学和传统的塑性理论认为：应力球张量只产生体积改变，不产生形状改变；应力偏张量只产生形状改变，不产生体积改变。而对于岩土材料，上述结论不再适用。岩土塑性理论认为：体积应变不仅与应力球张量相关，还会由剪应力产生，称为**剪胀性**；剪切变形不仅与应力偏张量相关，还与应力球张量相关，称为**压硬性**，即围压越大，抗剪强度越高。应力偏张量不变量 J_2 的物理意义是：在数值上 J_2 是八面体平面上剪应力的倍数。也是 π 平面上矢径的倍数。这个数值在岩土塑性理论中是十分重要的。

2.1.3 八面体应力

在主坐标系中，法线为 $\boldsymbol{n} = (n_1, n_2, n_3) = \left|\frac{1}{\sqrt{3}}\right|(1,1,1)$ 的平面称为八面体平面，或者称为等倾面。法线与三个应力主轴的夹角的方向余弦 $\cos\alpha = \frac{1}{\sqrt{3}}$，所以 $\alpha = 54.74°$。具有上述特性的面在所有象限内共有 8 个，它们构成了正八面体，见图 2.2。

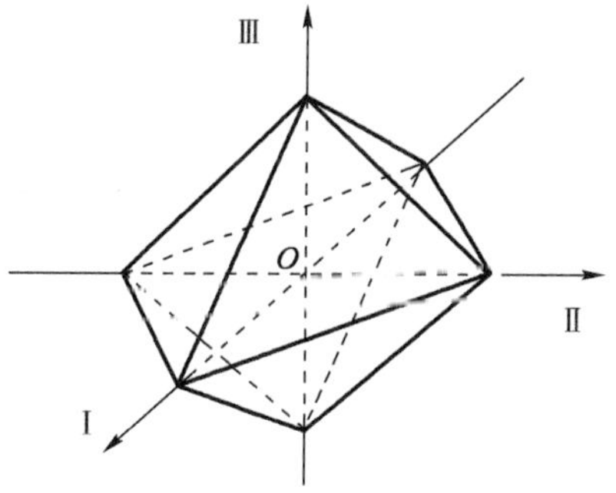

图 2.2 在主坐标系中的八面体平面

在主坐标系中取四面体土单元，如图 2.3 所示。在主应力方向上分别作用有主应力 σ_1、σ_2、σ_3，根据**单元体上力的平衡条件**，可得等倾面上的总应力 $\boldsymbol{T}_8$ 为

$$\boldsymbol{T}_8^2=(\sigma_1 n_1)^2+(\sigma_2 n_2)^2+(\sigma_3 n_3)^2$$
$$=\frac{1}{3}(\sigma_1^2+\sigma_2^2+\sigma_3^2) \tag{2.23}$$

在主坐标系中可以用向量表示为 $\boldsymbol{T}_8=\left(\frac{1}{\sqrt{3}}\sigma_1,\frac{1}{\sqrt{3}}\sigma_2,\frac{1}{\sqrt{3}}\sigma_3\right)$。

总应力 $\boldsymbol{T}_8$ 的正应力分量 σ_8 是 $\boldsymbol{T}_8$ 在八面体面法线上的投影,可得

$$\sigma_8=\frac{1}{3}(\sigma_1+\sigma_2+\sigma_3)=\frac{1}{3}I_1 \tag{2.24}$$

八面体面上的剪应力 τ_8 可由图 2.4 求出

$$\tau_8^2=\boldsymbol{T}_8^2-\sigma_8^2 \tag{2.25}$$

$$\tau_8^2=\frac{1}{3}(\sigma_1^2+\sigma_2^2+\sigma_3^2)-\frac{1}{3^2}(\sigma_1+\sigma_2+\sigma_3)^2 \tag{2.26}$$

整理得

$$\tau_8=\frac{1}{3}\sqrt{(\sigma_1-\sigma_2)^2+(\sigma_2-\sigma_3)^2+(\sigma_3-\sigma_1)^2} \tag{2.27}$$

与式(2.21)相比,可知

$$\tau_8=\sqrt{\frac{2}{3}J_2} \tag{2.28}$$

用应力不变量表示

$$\tau_8=\frac{1}{3}\sqrt{2(I_1^2-3I_2)} \tag{2.29}$$

用一般应力表示

$$\tau_8=\frac{1}{3}\sqrt{(\sigma_x-\sigma_y)^2+(\sigma_y-\sigma_z)^2+(\sigma_z-\sigma_x)^2+6(\tau_{xy}^2+\tau_{yz}^2+\tau_{zx}^2)} \tag{2.30}$$

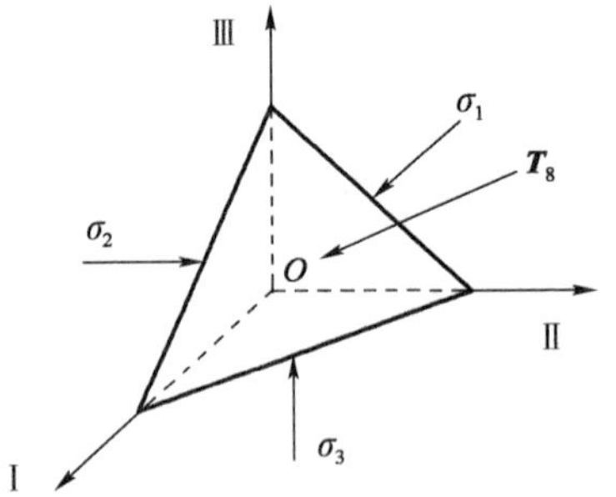

图 2.3　八面体上的应力

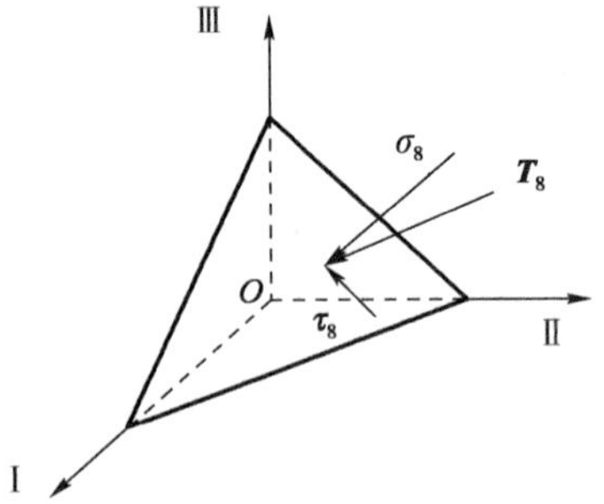

图 2.4　八面体正应力和剪应力

2.1.4　应力空间与 π 平面

如果用三个主应力 σ_1、σ_2、σ_3 作为坐标轴,构成一个三维空间,则此应力空间内

的一个点 $P(\sigma_1,\sigma_2,\sigma_3)$ 即可描述土中一点的应力状态。在应力空间中，满足某种特征条件的多个应力点可以构成具有该特征的应力面，在应力空间中也可以构成满足某特征条件的应力线。这些特征面和特征线为研究土力学问题提供了方便，例如空间对角线、π 平面等。

在主应力空间中，$\sigma_1=\sigma_2=\sigma_3=\sigma_m$ 的应力状态为各向等压的球应力状态，其轨迹是通过原点并与各坐标轴有相同夹角的直线，称为空间对角线，也称为等倾线。垂直于空间对角线的平面称为偏平面。在土力学中把偏平面也称为 π 平面，π 平面方程为

$$\sigma_1+\sigma_2+\sigma_3=\text{常数}=\sqrt{3}r \tag{2.31}$$

式中，r 为自原点沿法线到该平面的距离。通过原点的 π 平面方程为(在传统的塑性理论中，只把通过原点的偏平面称为 π 平面)

$$\sigma_1+\sigma_2+\sigma_3=0 \tag{2.32}$$

主应力空间内的一个点 $P(\sigma_1,\sigma_2,\sigma_3)$，用矢量表示为 $\overrightarrow{OP}$。该矢量可以表示为空间对角线方向的投影 $\overrightarrow{OQ}$ 与 π 平面上的投影 $\overrightarrow{QP}$ 的和。把 $\overrightarrow{OQ}$ 称为 π 平面上的正应力分量 σ_π，把 $\overrightarrow{QP}$ 称为 π 平面上的剪应力分量 τ_π。根据图 2.5 可得

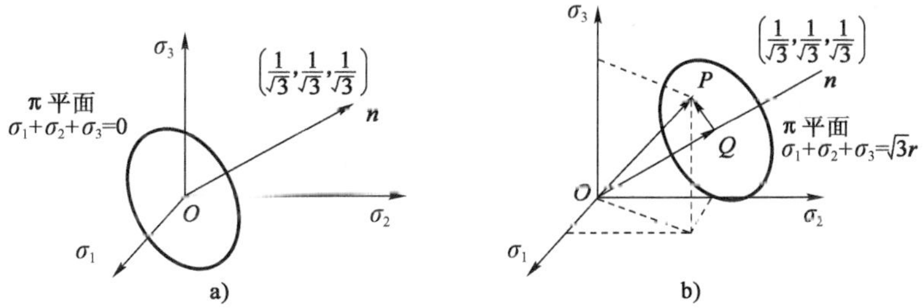

图 2.5 π 平面及 π 平面上应力投影

a)通过原点的 π 平面；b)应力在 π 平面上的投影

$$\sigma_\pi=|\overrightarrow{OQ}|=\sigma_1\frac{1}{\sqrt{3}}+\sigma_2\frac{1}{\sqrt{3}}+\sigma_3\frac{1}{\sqrt{3}}=\frac{\sqrt{3}}{3}(\sigma_1+\sigma_2+\sigma_3)$$
$$=\sqrt{3}\sigma_m=\sqrt{3}p \tag{2.33}$$

$$\tau_\pi^2=|\overrightarrow{QP}|^2=|\overrightarrow{OP}|^2-|\overrightarrow{OQ}|^2 \tag{2.34}$$

$$\tau_\pi=|\overrightarrow{QP}|=\sqrt{\sigma_1^2+\sigma_2^2+\sigma_3^2-\left[\frac{1}{\sqrt{3}}(\sigma_1+\sigma_2+\sigma_3)\right]^2}$$
$$=\frac{1}{\sqrt{3}}\sqrt{(\sigma_1-\sigma_2)^2+(\sigma_2-\sigma_3)^2+(\sigma_3-\sigma_1)^2}$$
$$=\sqrt{\frac{2}{3}}q=\sqrt{2J_2} \tag{2.35}$$

式中，p 称为平均正应力(Pa)；q 称为广义剪应力(Pa)。

$$p=\frac{\sigma_1+\sigma_2+\sigma_3}{3} \tag{2.36}$$

$$q=\frac{1}{\sqrt{2}}\sqrt{(\sigma_1-\sigma_2)^2+(\sigma_2-\sigma_3)^2+(\sigma_3-\sigma_1)^2} \tag{2.37}$$

对于 $\sigma_2=\sigma_3$ 的常规三轴试验

$$\left.\begin{aligned}p&=\frac{\sigma_1+2\sigma_3}{3}\\q&=\sigma_1-\sigma_3\end{aligned}\right\} \tag{2.38}$$

π 平面应力 σ_π、τ_π 和八面体应力 σ_8、τ_8 的含义是不同的，两者的不同之处是：π 平面应力 σ_π、τ_π 分别是主应力空间中任意一点的应力 $P(\sigma_1,\sigma_2,\sigma_3)$ 在 π 平面上和 π 平面法线上的**投影**，可以用应力矢量表示为 $\overrightarrow{OP}=\overrightarrow{\sigma_\pi}+\overrightarrow{\tau_\pi}$，并且 $|\overrightarrow{OP}|=\sqrt{\sigma_1^2+\sigma_2^2+\sigma_3^2}$；八面体应力是根据四面体**土单元力的平衡条件**求出的，土单元的四个面分别是三个主应力面和一个等倾面，根据力的平衡条件得出等倾面上的正应力 σ_8、剪应力 τ_8 与三个主应力之间的关系。作用于八面体面上的总应力为 $\overrightarrow{T_8}=\overrightarrow{\sigma_8}+\overrightarrow{\tau_8}$。由式(2.23)可知，$|\boldsymbol{T}_8|=\frac{1}{\sqrt{3}}\sqrt{\sigma_1^2+\sigma_2^2+\sigma_3^2}$，所以 σ_π、τ_π 和 σ_8、τ_8 在数值上相差一个八面体面的方向余弦。

逆着 $\overrightarrow{On}$ 轴从上向下看 π 平面，在 π 平面上出现了三个相互间夹角为120°的正的主轴 $O\sigma_1'$、$O\sigma_2'$、$O\sigma_3'$，见图2.6b)，它们是主应力空间三个垂直应力主轴的投影。已知图2.6a)中空间对角线 $\overrightarrow{On}$ 的方向余弦 $\cos\alpha=\frac{1}{\sqrt{3}}$，所以图中 π 平面与应力主轴夹角的方向余弦 $\cos\beta=\frac{\sqrt{2}}{\sqrt{3}}$，可知 π 平面上坐标轴与主应力空间坐标轴有以下关系

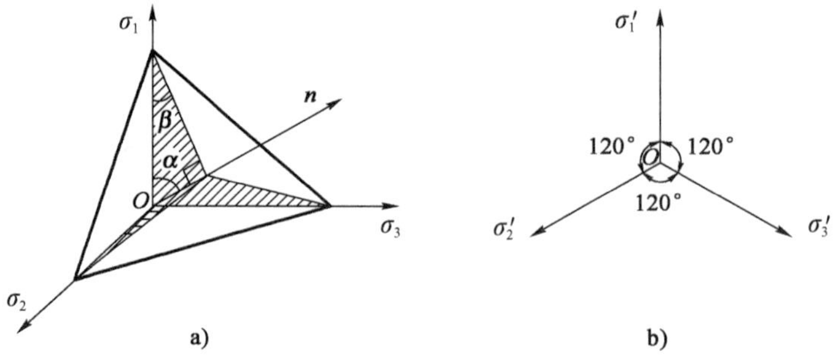

图 2.6 应力空间和 π 平面

a) π 平面与应力主轴的夹角；b) π 平面

$$\left.\begin{aligned}\sigma_1' &= \sigma_1\cos\beta = \sqrt{\frac{2}{3}}\sigma_1 \\ \sigma_2' &= \sigma_2\cos\beta = \sqrt{\frac{2}{3}}\sigma_2 \\ \sigma_3' &= \sigma_3\cos\beta = \sqrt{\frac{2}{3}}\sigma_3\end{aligned}\right\} \tag{2.39}$$

如果在 π 平面上取直角坐标系 $O'xy$，见图 2.7，则 π 平面上应力(σ_1'、σ_2'、σ_3')在 x、y 轴上的投影为

$$\begin{aligned}x &= \sigma_1' - (\sigma_2' + \sigma_3')\cos 60° \\ &= \sqrt{\frac{2}{3}}\left[\sigma_1 - \frac{1}{2}(\sigma_2 + \sigma_3)\right] = \frac{1}{\sqrt{6}}(2\sigma_1 - \sigma_2 - \sigma_3)\end{aligned} \tag{2.40}$$

$$\begin{aligned}y &= (\sigma_2' - \sigma_3')\cos 30° \\ &= \sqrt{\frac{2}{3}}\frac{\sqrt{3}}{2}(\sigma_2 - \sigma_3) = \frac{1}{\sqrt{2}}(\sigma_2 - \sigma_3)\end{aligned} \tag{2.41}$$

如果在 π 平面上取极坐标 r、θ，则主应力空间中任意点 $P(\sigma_1, \sigma_2, \sigma_3)$ 在 π 平面上的投影为 $P'(\sigma_1', \sigma_2', \sigma_3')$，$P'$ 在 π 平面上的矢径 r 和应力洛德角 θ 分别为

$$r = \sqrt{x^2 + y^2} = \frac{1}{\sqrt{3}}\sqrt{(\sigma_1 - \sigma_2)^2 + (\sigma_2 - \sigma_3)^2 + (\sigma_3 - \sigma_1)^2} = \tau_\pi \tag{2.42}$$

$$\cos\theta = \frac{x}{r} = \frac{\sqrt{3}}{\sqrt{6}}\frac{2\sigma_1 - \sigma_2 - \sigma_3}{\sqrt{(\sigma_1 - \sigma_2)^2 + (\sigma_2 - \sigma_3)^2 + (\sigma_3 - \sigma_1)^2}} \tag{2.43}$$

注意到，此时定义的应力洛德角在三轴压缩时($\sigma_1 > \sigma_2 = \sigma_3$)为 0°，见图 2.7。

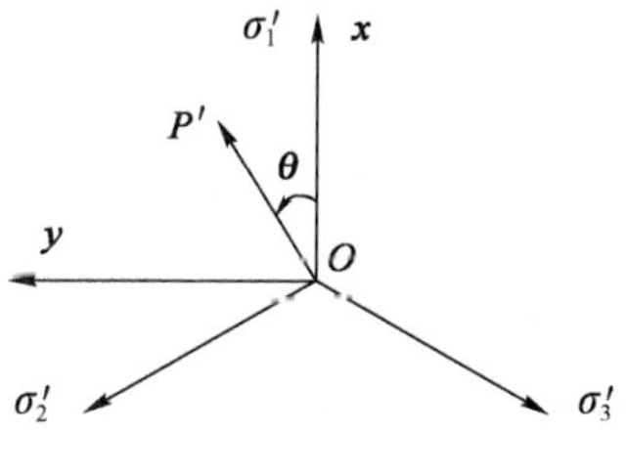

图 2.7　π 平面上应力的表示方法

设中主应力参数 b 为(图 2.8)

$$b = \frac{\sigma_2 - \sigma_3}{\sigma_1 - \sigma_3} \tag{2.44}$$

把式(2.44)代入式(2.43)得

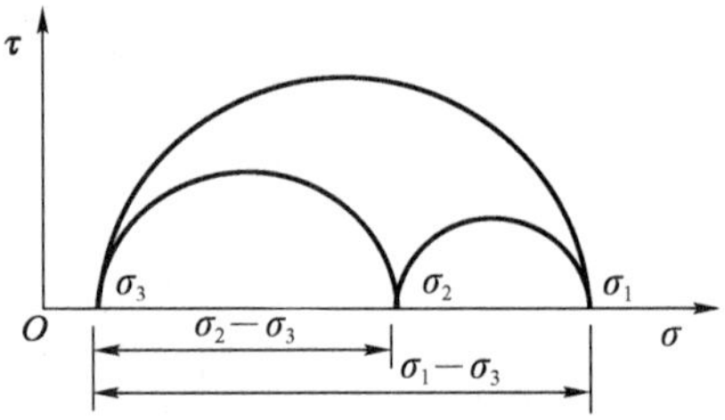

图 2.8　中主应力参数 b 的概念

$$\cos\theta=\frac{x}{r}=\frac{1}{\sqrt{2}}\frac{2\dfrac{\sigma_1-\sigma_2}{\sigma_1-\sigma_3}+\dfrac{\sigma_2-\sigma_3}{\sigma_1-\sigma_3}}{\sqrt{\left(\dfrac{\sigma_1-\sigma_2}{\sigma_1-\sigma_3}\right)^2+\left(\dfrac{\sigma_2-\sigma_3}{\sigma_1-\sigma_3}\right)^2+\left(\dfrac{\sigma_3-\sigma_1}{\sigma_1-\sigma_3}\right)^2}}$$

$$=\frac{1}{\sqrt{2}}\frac{2\dfrac{\sigma_1-\sigma_2}{\sigma_1-\sigma_3}+b}{\sqrt{\left(\dfrac{\sigma_1-\sigma_2}{\sigma_1-\sigma_3}\right)^2+b^2+1}} \tag{2.45}$$

对于常规三轴试验中 $\sigma_2=\sigma_3$ 的三轴压缩状态，$b=0,\theta=0°$；对于 $\sigma_2=\sigma_1$ 的三轴伸长状态，$b=1,\theta=60°$；当 $\sigma_2=\dfrac{\sigma_1+\sigma_3}{2}$ 时，$b=\dfrac{1}{2},\theta=30°$（图 2.9）。因此 θ 与 b 的变化范围是

$$0\leqslant b\leqslant 1,0°\leqslant\theta\leqslant 60° \tag{2.46}$$

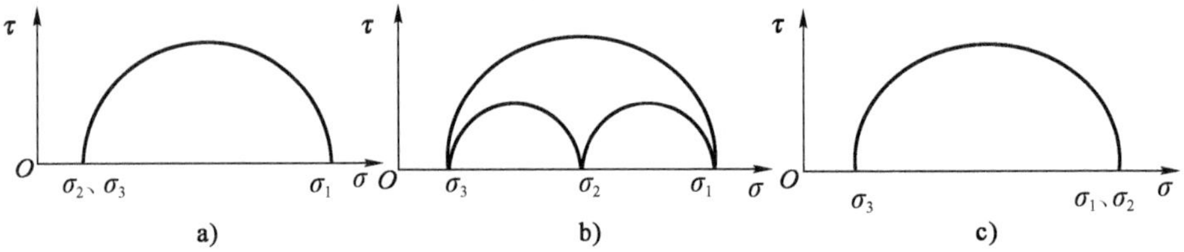

图 2.9　简单应力状态的应力圆

a) $\sigma_2=\sigma_3$；b) $\sigma_2=(\sigma_1+\sigma_3)/2$；c) $\sigma_1=\sigma_2$

经整理可得主应力与不变量 σ_π、τ_π、θ 的关系为

$$\left.\begin{aligned}\sigma_1&=\frac{\sqrt{3}}{3}\sigma_\pi+\frac{\sqrt{6}}{3}\tau_\pi\cos\theta\\ \sigma_2&=\frac{\sqrt{3}}{3}\sigma_\pi+\frac{\sqrt{6}}{3}\tau_\pi\cos\left(\theta-\frac{2\pi}{3}\right)\\ \sigma_3&=\frac{\sqrt{3}}{3}\sigma_\pi+\frac{\sqrt{6}}{3}\tau_\pi\cos\left(\theta+\frac{2\pi}{3}\right)\end{aligned}\right\} \tag{2.47}$$

或整理为主应力与 p、q、θ 的关系为

$$\left.\begin{aligned}\sigma_1 &= p+\frac{2}{3}q\cos\theta\\ \sigma_2 &= p+\frac{2}{3}q\cos\left(\theta-\frac{2\pi}{3}\right)\\ \sigma_3 &= p+\frac{2}{3}q\cos\left(\theta+\frac{2\pi}{3}\right)\end{aligned}\right\} \tag{2.48}$$

并可得 θ 与应力不变量的关系为[1]

---

[1]由式(2.10)解出方程的三个根即为所求的三个主应力。该方程形如

$$ax^3+bx^2+cx+d=0$$

其中，$a=1,b=-I_1,c=I_2,d=-I_3$，把 $x=y-\frac{b}{3a}$ 代入上式得

$$\left(y-\frac{b}{3a}\right)^3+\frac{b}{a}\left(y-\frac{b}{3a}\right)^2+\frac{c}{a}\left(y-\frac{b}{3a}\right)+\frac{d}{a}=0$$

$$y^3+\left(-\frac{b^2}{3a^2}+\frac{c}{a}\right)y+\left(\frac{2b^3}{27a^3}-\frac{bc}{3a^2}+\frac{d}{a}\right)=0$$

设 $P=-\frac{b^2}{3a^2}+\frac{c}{a},Q=\frac{2b^3}{27a^3}-\frac{bc}{3a^2}+\frac{d}{a}$，上式简记为

$$y^3+Py+Q=0$$

根据式(2.22)，可求得上式中的 $P=-J_2,Q=-J_3$，根据三次方程的求根公式，当 $P<0$ 时，方程的三个根为

$$\left.\begin{aligned}y_1 &= 2\sqrt[3]{r}\cos\theta\\ y_2 &= 2\sqrt[3]{r}\cos\left(\theta-\frac{2\pi}{3}\right)\\ y_3 &= 2\sqrt[3]{r}\cos\left(\theta+\frac{2\pi}{3}\right)\end{aligned}\right\}$$

其中，$r=\sqrt{-\left(\frac{P}{3}\right)^3}$，$\theta=\frac{1}{3}\arccos\left(\frac{-Q}{2r}\right)$，把 Q 和 r 代入 θ 式求得

$$\cos3\theta=\frac{3\sqrt{3}}{2}\frac{J_3}{J_2^{\frac{3}{2}}}$$

根据 x 与 y 的关系，求得

$$\left.\begin{aligned}x_1 &= 2\sqrt[3]{r}\cos\theta-\frac{b}{3a}\\ x_2 &= 2\sqrt[3]{r}\cos\left(\theta-\frac{2\pi}{3}\right)-\frac{b}{3a}\\ x_3 &= 2\sqrt[3]{r}\cos\left(\theta+\frac{2\pi}{3}\right)-\frac{b}{3a}\end{aligned}\right\}$$

即

$$\left.\begin{aligned}\sigma_1 &= 2\sqrt{\frac{J_2}{3}}\cos\theta+\frac{I_1}{3}\\ \sigma_2 &= 2\sqrt{\frac{J_2}{3}}\cos\left(\theta-\frac{2\pi}{3}\right)+\frac{I_1}{3}\\ \sigma_3 &= 2\sqrt{\frac{J_2}{3}}\cos\left(\theta+\frac{2\pi}{3}\right)+\frac{I_1}{3}\end{aligned}\right\} \quad \text{或者} \quad \left.\begin{aligned}\sigma_1 &= \frac{2}{3}q\cos\theta+p\\ \sigma_2 &= \frac{2}{3}q\cos\left(\theta-\frac{2\pi}{3}\right)+p\\ \sigma_3 &= \frac{2}{3}q\cos\left(\theta+\frac{2\pi}{3}\right)+p\end{aligned}\right\}$$

$$\cos 3\theta = \frac{3\sqrt{3}}{2} \frac{J_3}{J_2^{\frac{3}{2}}} \tag{2.49}$$

2.1.5 各类应力之间的关系

(1)一点应力状态的不同表示方法

如前所述,一点应力状态可以用不同的方法表示出来。几种常用的应力表示方法的含义见表2.1。

一点应力状态的不同表示方法 表2.1

应　　力	不同表示方法的含义
σ_{ij}	用应力张量表示,共有九个应力分量。该方法便于进行有限元的分析计算
σ_1、σ_2、σ_3	用主应力表示,常规三轴试验中主应力是确定的
p、q、θ	用平均正应力 p、广义剪应力 q 和应力洛德角 θ 表示。这是剑桥模型中使用的应力表示方法
I_1、J_2、θ	用应力不变量 I_1、J_2 和应力洛德角 θ 表示
σ_π、τ_π、θ	用 π 平面上的正应力、剪应力和应力洛德角表示,把空间问题简化为 π 平面和子午面上的问题
σ_8、τ_8、θ	用八面体面上的正应力、剪应力和应力洛德角表示

(2)各类应力之间的关系

为便于进行各类应力之间的相互换算和比较,表2.2中列出了各类正应力及第一应力不变量 I_1 之间的关系,表2.3列出了各类剪应力及第二应力偏张量不变量之间的关系。

各类正应力及第一应力不变量 I_1 之间的关系 表2.2

各类正应力	$\sigma_m = p$	σ_8	σ_π	I_1
平均应力 $\sigma_m = p$	σ_m	σ_8	$\frac{\sigma_\pi}{\sqrt{3}}$	$\frac{I_1}{3}$
八面体正应力 σ_8	σ_m	σ_8	$\frac{\sigma_\pi}{\sqrt{3}}$	$\frac{I_1}{3}$
π 平面正应力 σ_π	$\sqrt{3}\sigma_m$	$\sqrt{3}\sigma_8$	σ_π	$\frac{I_1}{\sqrt{3}}$
应力张量第一不变量 I_1	$3\sigma_m$	$3\sigma_8$	$\sqrt{3}\sigma_\pi$	I_1

各类剪应力及第二应力偏张量不变量之间的关系 表 2.3

各类剪应力	q	τ_8	τ_π	J_2
广义剪应力 q	q	$\frac{3}{\sqrt{2}}\tau_8$	$\sqrt{\frac{3}{2}}\tau_\pi$	$\sqrt{3J_2}$
八面体剪应力 τ_8	$\frac{\sqrt{2}}{3}q$	τ_8	$\frac{1}{\sqrt{3}}\tau_\pi$	$\sqrt{\frac{2J_2}{3}}$
π 平面上剪应力 τ_π	$\sqrt{\frac{2}{3}}q$	$\sqrt{3}\tau_8$	τ_π	$\sqrt{2J_2}$
应力偏量第二不变量 J_2	$\frac{1}{3}q^2$	$\frac{3}{2}\tau_8^2$	$\frac{1}{2}\tau_\pi^2$	J_2

【例题 2.1】 两种应力状态的比较

取两个不同的应力状态 $\sigma_{ij}^{(1)}$ 和 $\sigma_{ij}^{(2)}$ 。如果采用以下的屈服准则，试问哪种状态更接近屈服？

①最大剪应力 $\tau_{\max}$（详见第 3 章 3.2.2）；

②广义米赛斯准则 $\frac{q}{p}$（详见第 3 章 3.2.1）；

③莫尔-库仑准则 $\left(\frac{\tau}{\sigma}\right)_{\max} = \frac{1}{2}\frac{\sigma_1 - \sigma_3}{\sqrt{\sigma_1\sigma_3}}$（详见第 3 章 3.2.3）；

④SMP 准则，$\left(\frac{\tau}{\sigma}\right)_{\mathrm{SMP}} = \frac{I_1 I_2}{I_3}$（详见第 3 章 3.2.5）。

单元 1：$\sigma_{ij}^{(1)} = \begin{bmatrix} 9 & 0 & 3 \\ 0 & 5 & 0 \\ 3 & 0 & 3 \end{bmatrix}$应力单位

单元 2：$\sigma_{ij}^{(2)} = \begin{bmatrix} 9 & 3 & 0 \\ 3 & 5 & 3 \\ 0 & 3 & 5 \end{bmatrix}$应力单位

解：根据式(2.10)~式(2.13)、式(2.36)和式(2.37)等计算。

单元 1：

$$
\begin{aligned}
I_1 &= \sigma_x + \sigma_y + \sigma_z \\
&= 9 + 5 + 3 = 17 \\
I_2 &= \sigma_x\sigma_y + \sigma_y\sigma_z + \sigma_z\sigma_x - \tau_{xy}^2 - \tau_{yz}^2 - \tau_{zx}^2 \\
&= 9 \times 5 + 5 \times 3 + 3 \times 9 - 3 \times 3 = 78 \\
I_3 &= \sigma_x\sigma_y\sigma_z + 2\tau_{xy}\tau_{yz}\tau_{zx} - \sigma_x\tau_{yz}^2 - \sigma_y\tau_{zx}^2 - \sigma_z\tau_{xy}^2 \\
&= 9 \times 5 \times 3 - 5 \times 3^2 = 90
\end{aligned}
$$

根据式(2.10)得

$$\sigma^3-17\sigma^2+78\sigma-90=0$$

解得上式的三个根为

$$\sigma_1=10.24,\sigma_2=5,\sigma_3=1.76$$

①最大剪应力。

$$\tau_{\max}=\frac{\sigma_1-\sigma_3}{2}=\frac{10.24-1.76}{2}=4.24$$

②广义米赛斯准则。

$$\frac{q}{p}=\frac{\dfrac{\sqrt{(\sigma_1-\sigma_2)^2+(\sigma_2-\sigma_3)^2+(\sigma_3-\sigma_1)^2}}{\sqrt{2}}}{\dfrac{\sigma_1+\sigma_2+\sigma_3}{3}}$$

$$=\frac{\dfrac{\sqrt{(10.24-5)^2+(5-1.76)^2+(1.76-10.24)^2}}{\sqrt{2}}}{\dfrac{10.24+5+1.76}{3}}$$

$$=1.308$$

③莫尔-库仑准则。

$$\left(\frac{\tau}{\sigma}\right)_{\max}=\frac{1}{2}\cdot\frac{\sigma_1-\sigma_3}{\sqrt{\sigma_1\sigma_3}}=\frac{1}{2}\cdot\frac{10.24-1.76}{\sqrt{10.24\times1.76}}=0.999$$

④SMP 准则。

$$\frac{I_1I_2}{I_3}=\frac{17\times78}{90}=14.73$$

同理,解得单元 2 的各项结果。单元 1、单元 2 的计算结果,分别列于表 2.4。

例题 2.1 计算表 表 2.4

单元	I_1	I_2	I_3	σ_1	σ_2	σ_3	(1) $\tau_{\max}$	(2) $\frac{q}{p}$	(3) $\frac{1}{2}\frac{\sigma_1-\sigma_3}{\sqrt{\sigma_1\sigma_3}}$	(4) $\frac{I_1I_2}{I_3}$
$\sigma_{ij}^{(1)}$	17	78	90	10.24	5	1.76	4.24	1.308	0.999	14.73
$\sigma_{ij}^{(2)}$	19	97	99	11	6.65	1.35	4.825	1.322	1.252	18.62
结论	以上两个单元按照四种屈服准则得,应力状态 $\sigma_{ij}^{(2)}$ 比应力状态 $\sigma_{ij}^{(1)}$ 更接近屈服									

注:不同的应力状态按照不同的屈服准则也可能得出不同的结论。

2.1.6 应力路径

应力路径是应力状态变化的轨迹。如前所述,一个应力状态可以在应力平面或应力空间中用一个点表示,那么,应力状态的连续变化,就可以用应力平面或应力空间中的一条线来表示。根据应力平面或应力空间用总应力还是用有效应力表示的不同,应力路径可以分为总应力路径和有效应力路径。为了能够更直观地描述应力路径,常常把三维问题二维化,例如在 p-q、σ_1-σ_3、σ_1-$\sqrt{2}\sigma_3$、τ-σ 等坐标系下绘制应力路径。

图 2.10 是常规三轴压缩固结不排水剪试验中的应力路径。图中 $\overrightarrow{AB}$、$\overrightarrow{AB'}$ 分别是正常固结土的总应力路径和有效应力路径。常规三轴压缩固结不排水剪切试验中控制总应力 $d\sigma_2 = d\sigma_3 = 0$，所以总应力路径的斜率为

$$\frac{dq}{dp} = \frac{d\sigma_1 - d\sigma_3}{\dfrac{d\sigma_1 + 2d\sigma_3}{3}} = 3 \tag{2.50}$$

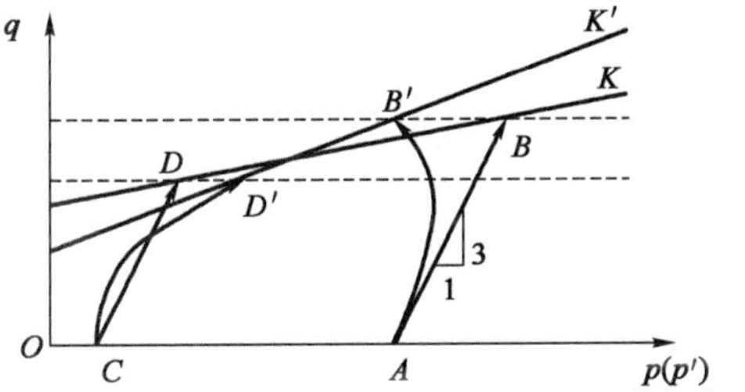

图 2.10 常规三轴压缩固结不排水剪试验中的应力路径

总应力路径与有效应力路径之间的水平距离是孔隙水压力，正常固结土在加荷的过程中孔隙水压力始终为正值，所以有效应力路径位于总应力路径的左侧。$\overrightarrow{CD}$、$\overrightarrow{CD'}$ 分别是超固结土的总应力路径和有效应力路径，超固结土在加荷后期，孔隙水压力为负值，所以后期有效应力路径位于总应力路径的右侧。K 与 K'分别是总应力路径和有效应力路径的破坏包线，K'的斜率大于 K。图 2.11a)表示 σ_1-$\sqrt{2}\sigma_3$ 坐标系在主应力空间的位置；图 2.11b)是在 σ_1-$\sqrt{2}\sigma_3$ 坐标系下表示了不同的应力路径，图中上方的虚线为三轴压缩破坏包线，下方的虚线为三轴伸长破坏包线；图 2.11c)是 p-q 面上的应力路径；图 2.11d)是 π 平面上的应力路径。图中绘制的应力路径有以下三个方面：

(1)固结试验

① $\overrightarrow{OK_0}$ 表示 K_0 固结。

② $\overrightarrow{\mathrm{AHC}}$表示等向固结应力路径，图中的点 A 表示应力路径的起点(等向固结)。

(2)三轴压缩

① $\overrightarrow{\mathrm{ACTC}}$表示常规三轴压缩试验，即围压不变，加垂直压力到破坏。

② $\overrightarrow{\mathrm{ARTC}}$表示减压三轴压缩试验，即大主应力不变，减围压到破坏，在 q-p 面上的斜率为：$\dfrac{dq}{dp} = \dfrac{d\sigma_1 - d\sigma_3}{\dfrac{d\sigma_1 + 2d\sigma_3}{3}} = -\dfrac{3}{2}$。

③ $\overrightarrow{\mathrm{APTC}}$表示 p=常数的三轴压缩试验，试验中 $\Delta p = 0$，$\Delta\sigma_1 > 0$，$\Delta\sigma_3 < 0$ 加荷到破坏。

(3)三轴伸长

①$\overrightarrow{ACTE}$表示普通三轴伸长试验，即垂直压力不变，加围压到破坏，在 q-p 面上的斜率为：$\dfrac{dq}{dp}=\dfrac{d\sigma_1-d\sigma_3}{\dfrac{2d\sigma_1+d\sigma_3}{3}}=\dfrac{3}{2}$。

②$\overrightarrow{ARTE}$表示减压三轴伸长试验，即围压不变，垂直应力减小到破坏，在 q-p 面上的斜率为：$\dfrac{dq}{dp}=\dfrac{d\sigma_1-d\sigma_3}{\dfrac{2d\sigma_1+d\sigma_3}{3}}=-3$。

③$\overrightarrow{APTE}$表示 p=常数的三轴伸长试验，试验中 $\Delta p=0$，$\Delta\sigma_1<0$，$\Delta\sigma_3>0$ 加荷到破坏。

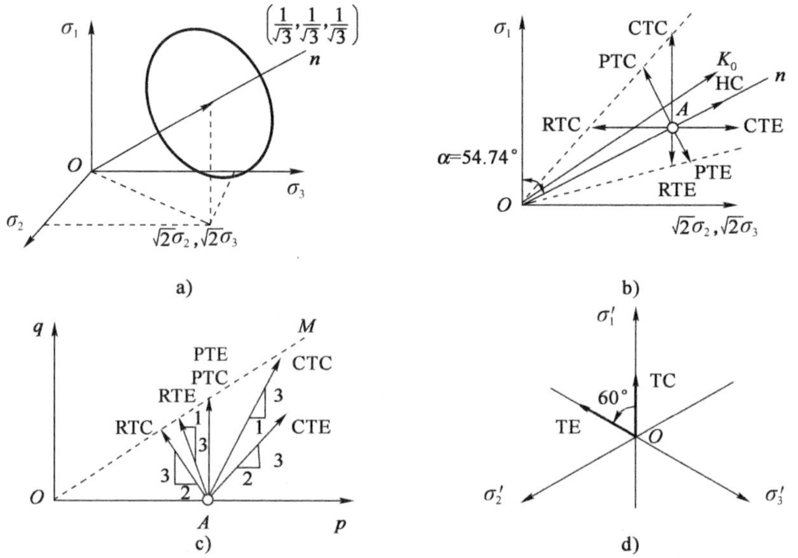

图 2.11 不同的应力路径

a) σ_1-$\sqrt{2}\sigma_3$ 面在主应力空间的位置；b) σ_1-$\sqrt{2}\sigma_3$ 面上的应力路径；c) p-q 面上的应力路径；d) π 平面上的应力路径

2.2 应变分析

对于连续的变形体来说，应力与应变存在一一对应的关系，有应力就会产生应变，有应变也会产生应力。应变与应力类似，都可以分解为球张量和偏张量，也都有不变量。

2.2.1 一点的应变状态

在小变形条件下，一点的应变状态可以用应变张量表示为

$$\varepsilon_{ij}=\begin{bmatrix}\varepsilon_x & \frac{1}{2}\gamma_{xy} & \frac{1}{2}\gamma_{xz}\\ \frac{1}{2}\gamma_{yx} & \varepsilon_y & \frac{1}{2}\gamma_{yz}\\ \frac{1}{2}\gamma_{zx} & \frac{1}{2}\gamma_{zy} & \varepsilon_z\end{bmatrix}\equiv\begin{bmatrix}\varepsilon_{xx} & \varepsilon_{xy} & \varepsilon_{xz}\\ \varepsilon_{yx} & \varepsilon_{yy} & \varepsilon_{yz}\\ \varepsilon_{zx} & \varepsilon_{zy} & \varepsilon_{zz}\end{bmatrix}\equiv\begin{bmatrix}\varepsilon_{11} & \varepsilon_{12} & \varepsilon_{13}\\ \varepsilon_{21} & \varepsilon_{22} & \varepsilon_{23}\\ \varepsilon_{31} & \varepsilon_{32} & \varepsilon_{33}\end{bmatrix} \tag{2.51}$$

应变张量分解为应变球张量和应变偏张量

$$\varepsilon_{ij}=\begin{bmatrix}\varepsilon_m & 0 & 0\\ 0 & \varepsilon_m & 0\\ 0 & 0 & \varepsilon_m\end{bmatrix}+\begin{bmatrix}\varepsilon_x-\varepsilon_m & \frac{1}{2}\gamma_{xy} & \frac{1}{2}\gamma_{xz}\\ \frac{1}{2}\gamma_{yx} & \varepsilon_y-\varepsilon_m & \frac{1}{2}\gamma_{yz}\\ \frac{1}{2}\gamma_{zx} & \frac{1}{2}\gamma_{zy} & \varepsilon_z-\varepsilon_m\end{bmatrix} \tag{2.52}$$

式中

$$\varepsilon_m=\frac{1}{3}(\varepsilon_x+\varepsilon_y+\varepsilon_z) \tag{2.53}$$

用主应变表示为

$$\varepsilon_{ij}=\begin{bmatrix}\varepsilon_m & 0 & 0\\ 0 & \varepsilon_m & 0\\ 0 & 0 & \varepsilon_m\end{bmatrix}+\begin{bmatrix}\varepsilon_1-\varepsilon_m & 0 & 0\\ 0 & \varepsilon_2-\varepsilon_m & 0\\ 0 & 0 & \varepsilon_3-\varepsilon_m\end{bmatrix} \tag{2.54}$$

式中

$$\varepsilon_m=\frac{1}{3}(\varepsilon_1+\varepsilon_2+\varepsilon_3) \tag{2.55}$$

应变张量不变量是

$$\left.\begin{aligned}I_1'&=\varepsilon_x+\varepsilon_y+\varepsilon_z\\ I_2'&=\varepsilon_x\varepsilon_y+\varepsilon_y\varepsilon_z+\varepsilon_z\varepsilon_x-\left(\frac{\gamma_{xy}}{2}\right)^2-\left(\frac{\gamma_{yz}}{2}\right)^2-\left(\frac{\gamma_{zx}}{2}\right)^2\\ I_3'&=\varepsilon_x\varepsilon_y\varepsilon_z+2\,\frac{\gamma_{xy}}{2}\,\frac{\gamma_{yz}}{2}\,\frac{\gamma_{zy}}{2}-\varepsilon_x\left(\frac{\gamma_{yz}}{2}\right)^2-\varepsilon_y\left(\frac{\gamma_{zx}}{2}\right)^2-\varepsilon_z\left(\frac{\gamma_{xy}}{2}\right)^2\end{aligned}\right\} \tag{2.56}$$

用主应变表示为

$$\left.\begin{aligned}I_1'&=\varepsilon_1+\varepsilon_2+\varepsilon_3\\ I_2'&=\varepsilon_1\varepsilon_2+\varepsilon_2\varepsilon_3+\varepsilon_3\varepsilon_1\\ I_3'&=\varepsilon_1\varepsilon_2\varepsilon_3\end{aligned}\right\} \tag{2.57}$$

应变偏量的不变量是

$$\left.\begin{aligned}J_1' &= (\varepsilon_x-\varepsilon_m)+(\varepsilon_y-\varepsilon_m)+(\varepsilon_z-\varepsilon_m)=0\\ J_2' &= (\varepsilon_x-\varepsilon_m)(\varepsilon_y-\varepsilon_m)+(\varepsilon_y-\varepsilon_m)(\varepsilon_z-\varepsilon_m)+(\varepsilon_z-\varepsilon_m)(\varepsilon_x-\varepsilon_m)-\left(\frac{\gamma_{xy}}{2}\right)^2-\left(\frac{\gamma_{yz}}{2}\right)^2-\left(\frac{\gamma_{zx}}{2}\right)^2\\ J_3' &= (\varepsilon_x-\varepsilon_m)(\varepsilon_y-\varepsilon_m)(\varepsilon_z-\varepsilon_m)+2\frac{\gamma_{xy}}{2}\frac{\gamma_{yz}}{2}\frac{\gamma_{zx}}{2}-\varepsilon_x\left(\frac{\gamma_{yz}}{2}\right)^2-\varepsilon_y\left(\frac{\gamma_{zx}}{2}\right)^2-\varepsilon_z\left(\frac{\gamma_{xy}}{2}\right)^2\end{aligned}\right\} \tag{2.58}$$

用主应变表示为

$$\left.\begin{aligned}J_1' &= (\varepsilon_1-\varepsilon_m)+(\varepsilon_2-\varepsilon_m)+(\varepsilon_3-\varepsilon_m)=0\\ J_2' &= \frac{1}{6}[(\varepsilon_1-\varepsilon_2)^2+(\varepsilon_2-\varepsilon_3)^2+(\varepsilon_3-\varepsilon_1)^2]\\ J_3' &= (\varepsilon_1-\varepsilon_m)(\varepsilon_2-\varepsilon_m)(\varepsilon_3-\varepsilon_m)\end{aligned}\right\} \tag{2.59}$$

2.2.2 各类应变

(1)八面体应变

八面体上正应变 ε_8

$$\varepsilon_8=\frac{1}{3}(\varepsilon_1+\varepsilon_2+\varepsilon_3) \tag{2.60}$$

八面体上剪应变 γ_8

$$\gamma_8=\frac{2}{3}\sqrt{(\varepsilon_1-\varepsilon_2)^2+(\varepsilon_2-\varepsilon_3)^2+(\varepsilon_3-\varepsilon_1)^2} \tag{2.61}$$

(2)广义剪应变 ε_d

$$\varepsilon_d=\frac{\sqrt{2}}{3}\sqrt{(\varepsilon_1-\varepsilon_2)^2+(\varepsilon_2-\varepsilon_3)^2+(\varepsilon_3-\varepsilon_1)^2} \tag{2.62}$$

对于 $\varepsilon_2=\varepsilon_3$ 的三轴试验

$$\varepsilon_d=\frac{2}{3}(\varepsilon_1-\varepsilon_3) \tag{2.63}$$

(3)体积应变 ε_v

$$\begin{aligned}\varepsilon_v &= \frac{\Delta V}{V}=(1+\varepsilon_1)(1+\varepsilon_2)(1+\varepsilon_3)-1\\ &\approx \varepsilon_1+\varepsilon_2+\varepsilon_3\text{(小应变)}\end{aligned} \tag{2.64}$$

(4)应变空间与应变 π 平面

用三个主应变 ε_1、ε_2、ε_3 作为坐标轴,构成一个三维空间,见图 2.12。此应变空间内的一个点可以描述土中一点的应变状态。在主应变空间的等倾线 $\overrightarrow{On}$ 上,$\varepsilon_1=\varepsilon_2=\varepsilon_3=\varepsilon_m$,与此线垂直的面称为应变 π 平面,其方程为

$$\varepsilon_1 + \varepsilon_2 + \varepsilon_3 = \sqrt{3}r \tag{2.65}$$

π 平面上的法向应变 ε_π

$$\varepsilon_\pi = \sqrt{3}\varepsilon_m \tag{2.66}$$

π 平面上的剪应变 γ_π

$$\gamma_\pi = \frac{2}{\sqrt{3}}\sqrt{(\varepsilon_1 - \varepsilon_2)^2 + (\varepsilon_2 - \varepsilon_3)^2 + (\varepsilon_3 - \varepsilon_1)^2} = 2\sqrt{2}\sqrt{J_2'} \tag{2.67}$$

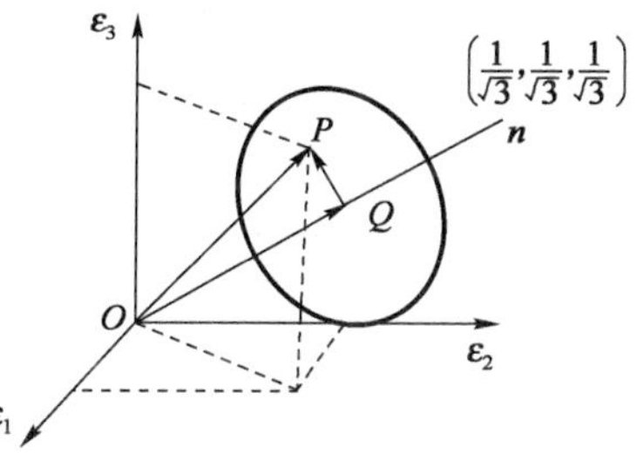

图 2.12 主应变空间中的 π 平面

2.2.3 应变路径

土工试验仪器中，有应力控制式三轴仪，也有应变控制式三轴仪。根据需要，可以把试验中的应力路径绘制在不同的坐标系下，也可以把应变路径绘制在不同的坐标系下。有时候应变路径是明确的，而应力路径则很复杂。例如挡土墙、大坝等适用的平面应变问题，在加载的过程中 $d\varepsilon_2 = 0$，而 σ_2 的变化复杂，因此有必要分析应变路径。

例如，在实验室可控制体积应变与垂直方向应变为常数，即设 $\frac{d\varepsilon_v}{d\varepsilon_1} = n$ 的路径，在 ε_v-ε_d 坐标系下的 n 不同的应变路径见图 2.13，其中：

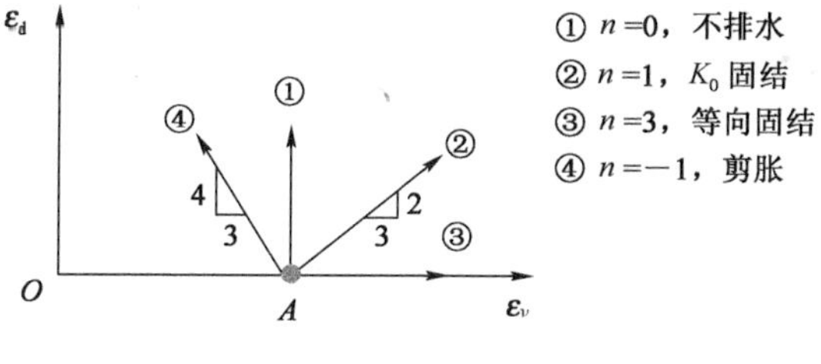

图 2.13 ε_v-ε_d 坐标系下的各种应变路径

①$n=0$ 对应着不排水剪应力路径，即 $d\varepsilon_v=0$。这是一条垂直于 ε_v 轴的直线。

②$n=1$ 对应着 K_0 固结应力路径，即 $d\varepsilon_2=d\varepsilon_3=0$。应变路径的斜率为

$$\frac{d\varepsilon_d}{d\varepsilon_v}=\frac{2}{3}\frac{d\varepsilon_1-d\varepsilon_3}{d\varepsilon_1+2d\varepsilon_3}=\frac{2}{3} \tag{2.68}$$

③$n=3$ 对应着等向固结应力路径，即 $d\varepsilon_1=d\varepsilon_2=d\varepsilon_3$，应变路径为 $d\varepsilon_d=0$。这是一条平行于 ε_v 轴的直线。

④当 $n<0$ 时，因为剪应变 $d\varepsilon_d\geqslant 0$，所以此时 $d\varepsilon_v\leqslant 0$，对应着体积膨胀。例如，要使 $n=-1$，须控制 $d\varepsilon_3=-d\varepsilon_1$，则 $\frac{d\varepsilon_d}{d\varepsilon_v}=-\frac{4}{3}$。

2.3 本章小结

(1)本书中正应力分量取压为正，这是适应于土力学的表示方法。本章给出了土的本构关系中常用的应力表达式，分别有：

①应力张量不变量 I_1、I_2、I_3，应力偏张量不变量 J_1、J_2、J_3。

②八面体面上的正应力 σ_8、八面体面上的剪应力 τ_8。

③平均正应力 p、广义剪应力 q。

④π 平面上的正应力分量 σ_π、π 平面上的剪应力分量 τ_π。

⑤为了便于进行应力之间的换算，给出了各类正应力及第一应力不变量之间的关系、各类剪应力及第二应力偏张量不变量之间的关系。

(2)给出了土的本构关系中常用的应变表达式，分别有：

①应变张量不变量 I_1'、I_2'、I_3'，应变偏张量不变量 J_1'、J_2'、J_3'。

②八面体面上正应变 ε_8、八面体面上剪应变 γ_8。

③体积应变 ε_v、广义剪应变 ε_d。

④π 平面上的法向应变 ε_π、π 平面上的剪应变 γ_π。

(3)在不同的坐标系中表示出了不同的应力路径、应变路径。

第3章 土的强度准则

3.1 概　　述

材料的破坏表现为变形的急剧发展或连续发展，或累积发展到实用上认为破坏的程度。土是由松散的土颗粒组成的集合体，与土颗粒自身压碎相比更容易产生相对的滑移破坏，通常土的强度就是指抗剪强度。连接土颗粒间的黏结力几乎不存在，所以土的抗拉强度很低，一般认为它不能承受拉应力。在等向应力（静水压力）和侧限压缩（固结试验）时只能使土的孔隙减小，变得更加密实，不会发生滑动剪切破坏。土是一种摩擦性材料，抗剪强度与正应力相关，正应力越大能够承受的剪应力也越大。这种抗剪强度随正应力增大而增大的特性称为土的压硬性，这是与金属材料显著不同的特点。

土的强度准则就是如果满足其应力状态就会破坏的条件公式，强度准则的数学描述形式为 $F(\sigma_{ij},k_f)=0$，其中 k_f 是土性特征参数。根据采用的应力不同，土的强度准则可以有多种不同的表示形式，例如 $F(\sigma_1,\sigma_2,\sigma_3,k_f)=0$，$F(I_1,J_2,\theta_3,k_f)=0$，$F(\sigma_\pi,\tau_\pi,\theta,k_f)=0$ 等。用图形表示时，可以把强度准则确定的强度包线绘制在三维主应力空间中，为了便于分析，也常常把强度包线绘制在 π 平面和空间子午面这两个平面上。

3.2 土的强度准则

对于土的强度问题，不同的研究者根据不同的思路提出了不同的强度准则。本章介绍广义米赛斯准则、广义屈瑞斯卡准则、莫尔-库仑准则、拉德-邓肯准则、松冈-中井（SMP）准则和广义非线性强度准则，并比较各种准则的相同与不同之处。

在以下的描述中，如没有特殊说明，应力均以有效应力表示。

3.2.1 米赛斯（Mises）准则和广义米赛斯准则

米赛斯准则是偏应力 J_2 达到某极限值时，材料破坏，用公式表示为

$$F(J_2) = J_2 - k^2 = 0 \tag{3.1}$$

或用主应力表示为

$$F(\sigma_1, \sigma_2, \sigma_3) = \frac{(\sigma_1 - \sigma_2)^2 + (\sigma_2 - \sigma_3)^2 + (\sigma_3 - \sigma_1)^2}{6} - k^2 = 0 \tag{3.2a}$$

因为 $\sqrt{J_2} = \frac{\tau_\pi}{\sqrt{2}}$(表 2.3),所以式(3.1)在 σ_π-τ_π 坐标系下可表示为

$$F(\tau_\pi) = \frac{\tau_\pi^2}{2} - k^2 = 0 \tag{3.2b}$$

即

$$\tau_\pi = \sqrt{2}k$$

公式中的 k 是试验常数,在主应力空间,这是一个半径为 $\sqrt{6}k$ 的圆柱面,其母线平行于静水压力轴,在 π 平面上的半径 $\tau_\pi = \sqrt{2}k$ 。由式(3.2)可知,米赛斯准则与静水压力无关,该强度准则不能反映土的压硬性。Drucker 提出的**广义米赛斯准则**,用公式表示为

$$F(J_2, I_1) = \sqrt{J_2} - \alpha I_1 - k = 0 \tag{3.3}$$

在主应力空间,这是一个以空间对角线为轴的圆锥面,见图 3.1。公式中的 k、α 与 c、φ 类似,是土性特征参数。若式(3.3)中 $k = 0$,子午面在 σ_π-τ_π 坐标系下的破坏面将通过原点。

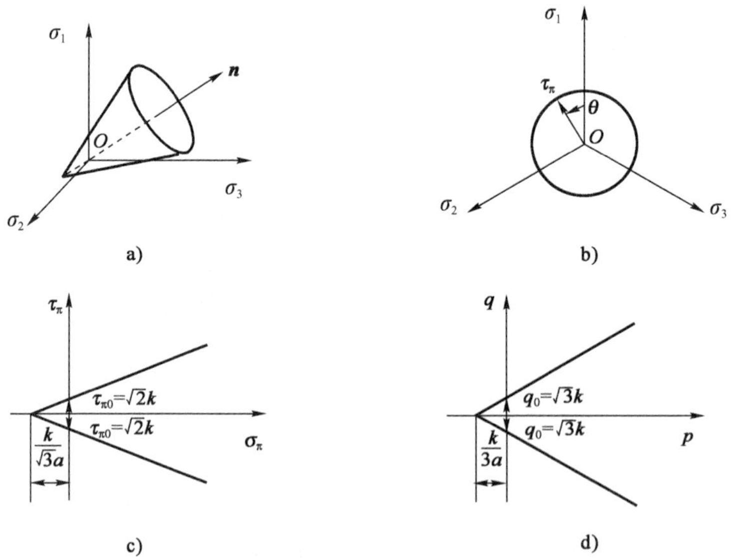

图 3.1　广义米赛斯准则

a)主应力空间;b)π 平面;c) σ_π-τ_π 面(θ=常数);d) p-q 面(θ=常数)

式(3.3)在 σ_π-τ_π 坐标系下可表示为

$$F(\sigma_\pi,\tau_\pi)=\tau_\pi-\alpha\sqrt{6}\sigma_\pi-\sqrt{2}k=0 \tag{3.4}$$

因为 $\sigma_\pi=\sqrt{3}p,\tau_\pi=\dfrac{\sqrt{2}}{\sqrt{3}}q$，所以式(3.3)在 p-q 坐标系下可表示为

$$F(p,q)=q-3\sqrt{3}\alpha p-\sqrt{3}k=0 \tag{3.5}$$

由式(3.5)可知，随着平均正应力的增加，广义剪应力也在增加。该公式表示出了土的压硬性。

广义米赛斯准则简单，只有两个参数 k 和 α，均可由常规三轴试验确定。当破坏面光滑时，可以方便地应用于分析计算。该破坏准则强度包线在 π 平面上是圆形，与应力洛德角 θ 无关。这与土的实际情况不符。

3.2.2 屈瑞斯卡(Tresca)准则和广义屈瑞斯卡准则

屈瑞斯卡准则是最大剪应力 $\tau_{\max}$ 达到某极限值时，材料破坏，见图 3.2a)，用公式表示为

$$\frac{1}{2}(\sigma_1-\sigma_3)=k \tag{3.6}$$

其中，k 是试验常数[与式(3.1)中的 k 值含义不同，值也不同]。为了在 π 平面上描述屈瑞斯卡准则，把式(2.47)代入式(3.6)，整理可得

$$F(\tau_\pi,\theta)=\tau_\pi\sin\left(\theta+\frac{\pi}{3}\right)-\sqrt{2}k=0 \tag{3.7a}$$

用 q、θ 表示的屈瑞斯卡准则为

$$F(q,\theta)=\sqrt{2}q\sin\left(\theta+\frac{\pi}{3}\right)-\sqrt{6k}=0 \tag{3.7b}$$

当 $\sigma_1\geqslant\sigma_2\geqslant\sigma_3$ 时，$0°\leqslant\theta\leqslant 60°$。在 π 平面上，强度包线扩展到 360°的范围后是正六角形，在主应力空间，是一个母线平行于静水压力轴的柱面。

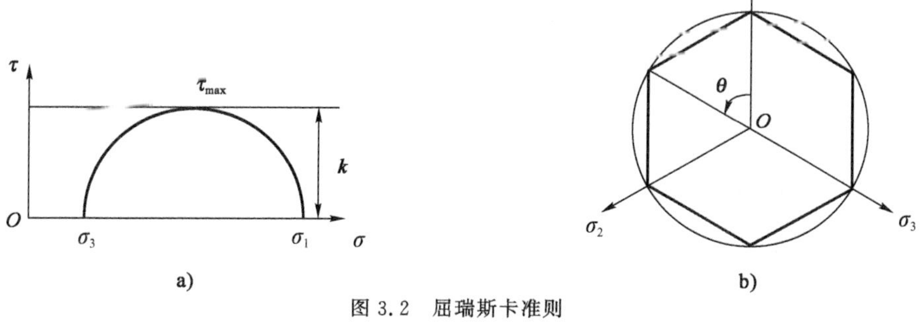

图 3.2 屈瑞斯卡准则

a)最大剪应力；b)π 平面上的屈瑞斯卡准则

屈瑞斯卡准则是金属材料常用的一个破坏准则。由式(3.6)可知,屈瑞斯卡准则与静水压力无关,对于摩擦性材料的土不适用,按照该准则,三轴压缩($\sigma_1 > \sigma_2 = \sigma_3$)与三轴伸长强度($\sigma_1 = \sigma_2 > \sigma_3$)相等。这也与土材料不同。该准则也没有考虑中主应力的影响。

然而在某些特殊情况下可以采用屈瑞斯卡准则,例如饱和土不排水条件下的总应力分析中,剪切强度与静水压力无关,此时式(3.6)中的常数 k 表示不排水的剪切强度 c_u,可以根据不固结不排水试验确定。

将屈瑞斯卡准则加以推广得广义屈瑞斯卡准则

$$\frac{1}{2}(\sigma_1 - \sigma_3) - k - \alpha I_1 = 0 \tag{3.8}$$

或

$$F(\tau_\pi, \sigma_\pi, \theta) = \tau_\pi \sin\left(\theta + \frac{\pi}{3}\right) - \sqrt{2}k - \sqrt{6}\alpha\sigma_\pi = 0 \tag{3.9a}$$

或

$$F(p, q, \theta) = \sqrt{2}q\sin\left(\theta + \frac{\pi}{3}\right) - \sqrt{6}k - 3\sqrt{6}\alpha p = 0 \tag{3.9b}$$

在主应力空间,这是一个以空间对角线为轴的正六角锥。

3.2.3 莫尔-库仑(Mohr-Coulomb)准则

(1)基本公式

莫尔-库仑准则认为应力比 $\left(\frac{\tau}{\sigma}\right)_{max}$ 达到某极限值时,材料破坏,用公式表示为

$$\left(\frac{\tau}{\sigma}\right)_{max} = 常数 \tag{3.10}$$

或者,如图 3.3a)所示,莫尔-库仑准则可以表示为式(3.11)

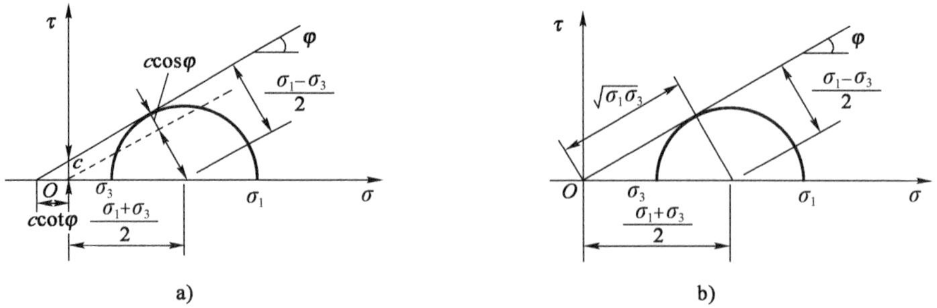

图 3.3 莫尔-库仑准则

$$\frac{1}{2}(\sigma_1-\sigma_3)-\frac{1}{2}(\sigma_1+\sigma_3)\sin\varphi-c\cos\varphi=0 \tag{3.11}$$

式中，c 是内聚力；φ 是内摩擦角。

或者可以表示为

$$\tau_n=c+\sigma_n\tan\varphi \tag{3.12}$$

当内聚力 $c=0$ 时，如图 3.3b)所示，莫尔-库仑准则可以表示为

$$\tan\varphi=\frac{\sigma_1-\sigma_3}{2\sqrt{\sigma_1\sigma_3}} \tag{3.13a}$$

或者可以表示为

$$\sin\varphi=\frac{\dfrac{\sigma_1-\sigma_3}{2}}{\dfrac{\sigma_1+\sigma_3}{2}}=\frac{\dfrac{\sigma_1}{\sigma_3}-1}{\dfrac{\sigma_1}{\sigma_3}+1} \tag{3.13b}$$

(2)π 平面上的几何表示

为了在 π 平面上表示莫尔-库仑准则，把式(2.47)代入式(3.11)得

$$\frac{\sqrt{6}}{6}\tau_\pi\left[\cos\theta-\cos\left(\theta+\frac{2}{3}\pi\right)\right]-\frac{\sqrt{3}}{3}\sigma_\pi\sin\varphi-\frac{\sqrt{6}}{6}\tau_\pi\left[\cos\theta+\cos\left(\theta+\frac{2}{3}\pi\right)\right]\sin\varphi-c\cos\varphi=0$$

展开公式中的 $\cos\left(\theta+\frac{2}{3}\pi\right)$ 项，整理得

$$F(\sigma_\pi,\tau_\pi,\theta)=\sigma_\pi\sin\varphi+\frac{\sqrt{2}}{4}\tau_\pi[(\cos\theta-\sqrt{3}\sin\theta)\sin\varphi-(3\cos\theta+\sqrt{3}\sin\theta)]+\sqrt{3}c\cos\varphi=0 \tag{3.14a}$$

用 p、q、θ 表示的莫尔-库仑准则为

$$F(p,q,\theta)=6p\sin\varphi+q[(\cos\theta-\sqrt{3}\sin\theta)\sin\varphi-(3\cos\theta+\sqrt{3}\sin\theta)]+6c\cos\varphi=0 \tag{3.14b}$$

式(3.14a)是用 σ_π、τ_π、θ 表示的莫尔-库仑准则，公式中 $0°\leqslant\theta\leqslant60°$。

$\theta=0°$是三轴压缩应力状态，此时式(3.14a)为

$$\sigma_\pi\sin\varphi+\frac{\sqrt{2}}{4}\tau_\pi(\sin\varphi-3)+\sqrt{3}c\cos\varphi=0 \tag{3.15}$$

$\theta=60°$ 是三轴伸长应力状态，此时式(3.14a)为

$$\sigma_\pi\sin\varphi-\frac{\sqrt{2}}{4}\tau_\pi(\sin\varphi+3)+\sqrt{3}c\cos\varphi=0 \tag{3.16}$$

当 $c=0$，$\theta=0°$ 时，在 π 平面上三轴压缩强度的矢径为

$$\tau_\pi^c = \frac{2\sqrt{2}\sin\varphi}{3-\sin\varphi}\sigma_\pi \tag{3.17}$$

当 $c=0,\theta=60^\circ$ 时,在 π 平面上三轴伸长强度的矢径为

$$\tau_\pi^e = \frac{2\sqrt{2}\sin\varphi}{3+\sin\varphi}\sigma_\pi \tag{3.18}$$

所以三轴压缩强度的矢径与三轴伸长强度的矢径之比为

$$\frac{\tau_\pi^c}{\tau_\pi^e} = \frac{3+\sin\varphi}{3-\sin\varphi} \tag{3.19}$$

若用 q、p 表示式(3.17),整理得三轴压缩破坏应力比 M_c 为

$$M_c = \frac{q_c}{p} = \frac{6\sin\varphi}{3-\sin\varphi} \tag{3.20}$$

同理得三轴伸长破坏应力比 M_e 为

$$M_e = \frac{q_e}{p} = \frac{6\sin\varphi}{3+\sin\varphi} \tag{3.21}$$

根据式(3.20)、式(3.21)得

$$\frac{M_c}{M_e} = \frac{3+\sin\varphi}{3-\sin\varphi} \tag{3.22}$$

图 3.4 是根据式(3.14a)在 π 平面上绘制出的莫尔-库仑强度包线,由图可知三轴伸长强度小于三轴压缩强度,强度包线在 360°范围内形成一个不等角的六边形,见图 3.4a);并且随着摩擦角的增大,π 平面上的强度的矢径增大,当摩擦角增大到 90°时,π 平面上的莫尔-库仑强度包线为正三角形,见图 3.4b)。

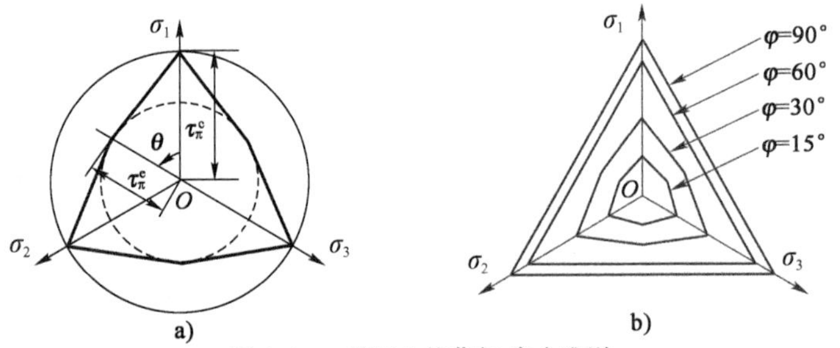

图 3.4 π 平面上的莫尔-库仑准则

a)莫尔-库仑准则与广义米赛斯准则比较;b)不同摩擦角的莫尔-库仑准则

(3)莫尔-库仑强度参数 c、φ 与广义米赛斯强度参数 α、k 的关系

若设广义米赛斯与莫尔-库仑这两个强度准则在三轴压缩状态重合($\theta=0^\circ$),此时在 π 平面上绘制出的广义米赛斯准则强度包线是莫尔-库仑准则强度包线的外接圆,见图 3.4a)。联立式(3.4)和式(3.15)可求得强度参数间的关系为

$$\alpha = \frac{2}{\sqrt{3}}\frac{\sin\varphi}{3-\sin\varphi}$$

$$k = 2\sqrt{3}c\,\frac{\cos\varphi}{3-\sin\varphi} \tag{3.23}$$

若设广义米赛斯与莫尔-库仑这两个强度准则在三轴伸长状态重合（$\theta = 60°$），此时在 π 平面上绘制出的广义米赛斯准则强度包线见图 3.4a)。联立式(3.4)和式(3.16)可求得强度参数间的关系为

$$\alpha = \frac{2}{\sqrt{3}}\,\frac{\sin\varphi}{3+\sin\varphi}$$

$$k = 2\sqrt{3}c\,\frac{\cos\varphi}{3+\sin\varphi} \tag{3.24}$$

莫尔-库仑强度准则因概念清楚，表达简单，在岩土工程中得到了广泛的应用。其不足之处是没有考虑中主应力的影响，并且破坏面上有奇点，在数值分析中较难处理。

3.2.4 拉德-邓肯(Lade-Duncan)准则

拉德-邓肯(1975)根据砂土真三轴试验成果提出的强度准则为

$$F(I_1, I_3) = \frac{I_1^3}{I_3} - k_1 = 0 \tag{3.25}$$

式中，k_1 是试验参数。根据式(2.22)、式(2.49)、式(3.25) 以及各应力之间的关系(表 2.2)，拉德-邓肯准则还可以用 σ_π、τ_π、θ 表示为

$$F(\sigma_\pi, \tau_\pi, \theta) = \tau_\pi^3\cos3\theta - \frac{3\sqrt{2}}{2}\sigma_\pi\tau_\pi^2 + 27\sqrt{2}\left(\frac{1}{27} - \frac{1}{k_1}\right)\sigma_\pi^3 = 0 \tag{3.26a}$$

用 p、q、θ 表示的拉德-邓肯准则为

$$F(p, q, \theta) = 2q^3\cos3\theta - 9pq^2 + 729\left(\frac{1}{27} - \frac{1}{k_1}\right)p^3 = 0 \tag{3.26b}$$

若设拉德-邓肯与莫尔-库仑这两个强度准则在三轴压缩状态重合，可以得出这两个强度准则试验参数间的关系。设主应力比 α 和中主应力参数 b 分别为

$$\left.\begin{aligned} \alpha &= \frac{\sigma_1}{\sigma_3} \\ b &= \frac{\sigma_2 - \sigma_3}{\sigma_1 - \sigma_3} \end{aligned}\right\} \tag{3.27}$$

根据式(3.25)和式(3.27)得

$$\frac{(\sigma_1 + \sigma_2 + \sigma_3)^3}{\sigma_1\sigma_2\sigma_3} = k_1$$

$$\frac{[\sigma_1 + b(\sigma_1 - \sigma_3) + \sigma_3 + \sigma_3]^3}{\sigma_1[b(\sigma_1 - \sigma_3) + \sigma_3]\sigma_3} = k_1$$

$$\frac{[\alpha + b(\alpha - 1) + 2]^3}{\alpha[b(\alpha - 1) + 1]} = k_1$$

即

$$k_1=\frac{[\alpha(1+b)+(2-b)]^3}{b\alpha^2+(1-b)\alpha} \tag{3.28}$$

三轴压缩情况下主应力比 α 和中主应力参数 b 分别为 $\alpha=\frac{\sigma_1}{\sigma_3}=\frac{1+\sin\varphi}{1-\sin\varphi}$(莫尔-库仑准则),$b=0$。把 α 和 b 代入式(3.28)即可得拉德-邓肯与莫尔-库仑这两个强度准则参数间的关系为

$$k_1=\frac{\left(\frac{1+\sin\varphi}{1-\sin\varphi}+2\right)^3}{\frac{1+\sin\varphi}{1-\sin\varphi}}=\frac{(3-\sin\varphi)^3}{1-\sin\varphi-\sin^2\varphi+\sin^3\varphi} \tag{3.29}$$

根据式(3.29)求得两个强度参数的关系,见表 3.1。由表可知 $k_1>27$。

拉德-邓肯与莫尔-库仑准则参数关系 表 3.1

内摩擦角 φ(°)	0	10	15	30	40	50	60
k_1	27	28.17	29.79	41.67	62.68	115.33	290.14

在主应力空间,拉德-邓肯准则是以静水压力轴为中心的锥体,在 π 平面上的轨迹见图 3.5。由图可知,当摩擦角较小时,破坏面接近于圆形,随着摩擦角的增大,破坏面渐渐趋近于三角形($\varphi=90°$)。

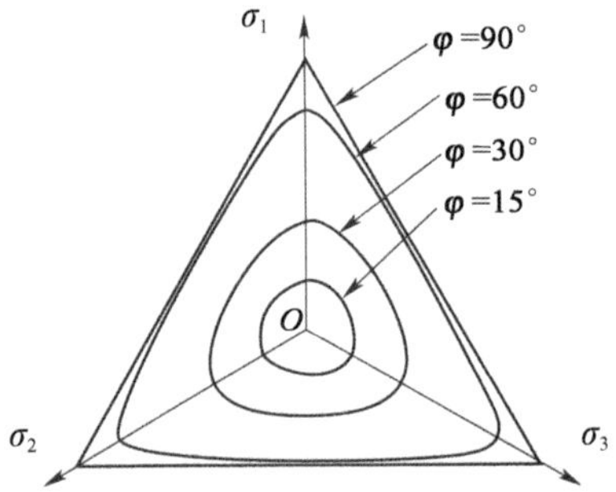

图 3.5 π 平面上的拉德-邓肯准则

3.2.5 松冈-中井(SMP)准则

(1)基本公式

松冈-中井提出的 SMP (Spatially Mobilized Plane)准则考虑了中主应力的影响,建立了三维应力条件下土的强度公式。该破坏准则认为当剪应力与正应力的比值达到某一数值时材料破坏,并把这个三维应力条件下的破坏面称为 SMP 空间滑动面。SMP 准则表示的空间滑动面见图 3.6,其中 φ_{moij} 表示二维内摩擦角。

图 3.7是二维条件下剪应力与正应力之比为最大时的滑动面。

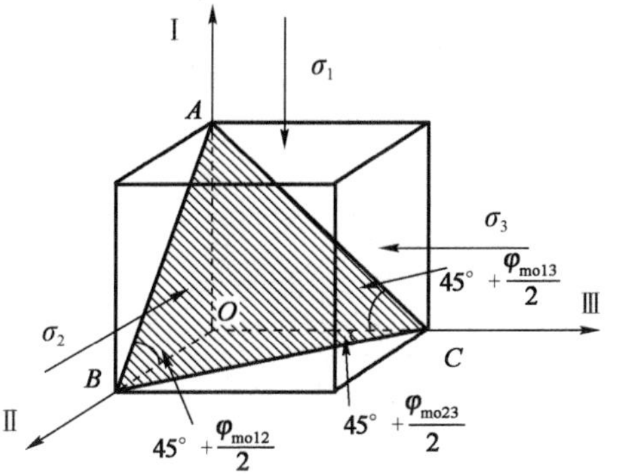

图 3.6 SMP 准则的空间滑动面

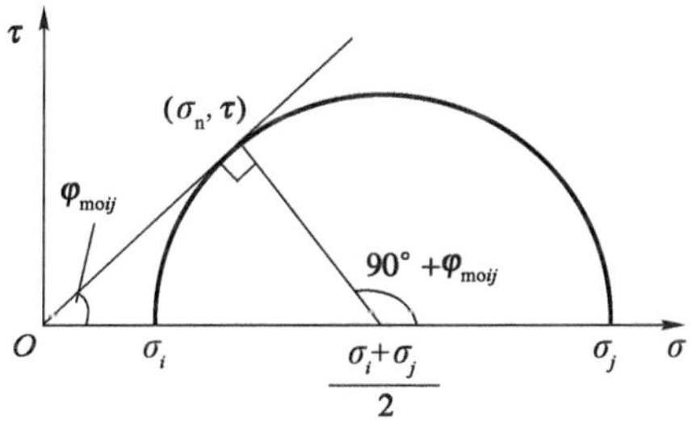

图 3.7 剪应力与正应力之比为最大时的二维滑动面

对于二维滑动面

$$\sin\varphi_{moij} = \frac{\sigma_i - \sigma_j}{\sigma_i + \sigma_j} \quad (i,j = 1,2,3; i < j) \tag{3.30}$$

$$\frac{\tau}{\sigma_n} = \tan\varphi_{moij} = \frac{\sigma_i - \sigma_j}{2\sqrt{\sigma_i\sigma_j}} = \frac{1}{2}\left(\sqrt{\frac{\sigma_i}{\sigma_j}} - \sqrt{\frac{\sigma_j}{\sigma_i}}\right) \quad (i,j = 1,2,3; i < j) \tag{3.31}$$

按照莫尔-库仑准则

$$\sigma_1 = \sigma_3 \tan^2\left(45° + \frac{\varphi_{13}}{2}\right)$$

两边开平方得

$$\sqrt{\sigma_1} = \sqrt{\sigma_3}\tan\left(45° + \frac{\varphi_{13}}{2}\right)$$

所以

$$\tan\left(45^\circ + \frac{\varphi_{moij}}{2}\right) = \sqrt{\frac{\sigma_i}{\sigma_j}} \quad (i,j = 1,2,3; i < j) \tag{3.32}$$

可以根据图 3.8 求出 SMP 面的方向余弦,根据式(3.32)可得图 3.8 中空间滑动面的位置为

$$\left.\begin{aligned} OA &= k\sqrt{\sigma_1} \\ OB &= k\sqrt{\sigma_2} \\ OC &= k\sqrt{\sigma_3} \end{aligned}\right\} \tag{3.33}$$

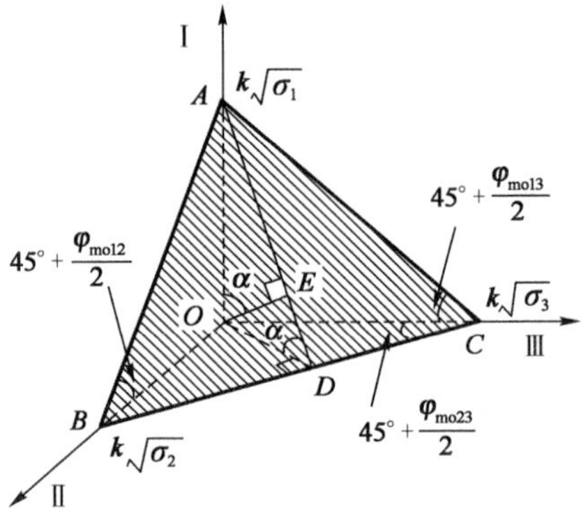

图 3.8 SMP 面的方向余弦

因为 OA、OB、OC 表示的是滑动面的位置,所以上式是在满足式(3.32)的基础上乘以某常数 k。

$$\sin\left(45^\circ + \frac{\varphi_{mo23}}{2}\right) = \frac{OB}{\sqrt{OB^2 + OC^2}} = \frac{\sqrt{\sigma_2}}{\sqrt{\sigma_2 + \sigma_3}} \tag{3.34}$$

由图 3.8 可知,SMP 面对于 I 方向的方向余弦为

$$\begin{aligned} n_1 = \cos\alpha = \frac{OE}{OA} = \frac{OD}{AD} &= \frac{OC\sin\left(45^\circ + \frac{\varphi_{mo23}}{2}\right)}{\sqrt{OA^2 + OD^2}} \\ &= \frac{\dfrac{\sqrt{\sigma_3}\sqrt{\sigma_2}}{\sqrt{\sigma_2 + \sigma_3}}}{\sqrt{\sigma_1 + \dfrac{\sigma_2\sigma_3}{\sigma_2 + \sigma_3}}} = \frac{\sqrt{\sigma_2\sigma_3}}{\sqrt{\sigma_1\sigma_2 + \sigma_1\sigma_3 + \sigma_2\sigma_3}} \\ &= \frac{\sqrt{\sigma_1\sigma_2\sigma_3}}{\sqrt{\sigma_1}\sqrt{\sigma_1\sigma_2 + \sigma_1\sigma_3 + \sigma_2\sigma_3}} = \frac{\sqrt{I_3}}{\sqrt{\sigma_1}\sqrt{I_2}} \end{aligned}$$

同理可得 SMP 空间滑动面的三个方向余弦为

$$n_i = \sqrt{\frac{I_3}{\sigma_i I_2}} \quad (i = 1,2,3) \tag{3.35}$$

根据式(2.15)验算

$$n_1^2 + n_2^2 + n_3^2 = \frac{I_3}{I_2}\left(\frac{1}{\sigma_1} + \frac{1}{\sigma_2} + \frac{1}{\sigma_3}\right) = \frac{I_3}{I_2}\frac{\sigma_2\sigma_3 + \sigma_1\sigma_3 + \sigma_1\sigma_2}{\sigma_1\sigma_2\sigma_3} = \frac{I_3}{I_2}\frac{I_2}{I_3} = 1$$

由式(3.35)可知,SMP 滑动面的方向余弦与主应力相关,例如三轴压缩与三轴伸长的 SMP 空间滑动面详见图 3.11。

用莫尔圆表示的 SMP 准则见图 3.9,其中点 P_i 所对应的滑动面是二维滑动面,点 P 所对应的滑动面为 SMP 准则的空间滑动面。根据式(3.35)可得空间滑动面上的正应力 σ_{SMP} 、剪应力 τ_{SMP} 分别为

$$\sigma_{\mathrm{SMP}} = \sigma_1 n_1^2 + \sigma_2 n_2^2 + \sigma_3 n_3^2 = 3\frac{I_3}{I_2} \tag{3.36}$$

$$\begin{aligned}\tau_{\mathrm{SMP}} &= \sqrt{(\sigma_1 - \sigma_2)^2 n_1^2 n_2^2 + (\sigma_2 - \sigma_3)^2 n_2^2 n_3^2 + (\sigma_3 - \sigma_1)^2 n_3^2 n_1^2} \\ &= \frac{\sqrt{I_1 I_2 I_3 - 9I_3^2}}{I_2}\end{aligned} \tag{3.37}$$

所以

$$\frac{\tau_{\mathrm{SMP}}}{\sigma_{\mathrm{SMP}}} = \sqrt{\frac{I_1 I_2 - 9I_3}{9I_3}} = C(常数) \tag{3.38}$$

SMP 准则还可以用主应力表示为

$$\begin{aligned}\frac{\tau_{\mathrm{SMP}}}{\sigma_{\mathrm{SMP}}} &= \frac{2}{3}\sqrt{\left(\frac{\sigma_1 - \sigma_2}{2\sqrt{\sigma_1\sigma_2}}\right)^2 + \left(\frac{\sigma_2 - \sigma_3}{2\sqrt{\sigma_2\sigma_3}}\right)^2 + \left(\frac{\sigma_3 - \sigma_1}{2\sqrt{\sigma_3\sigma_1}}\right)^2} \\ &= \frac{2}{3}\sqrt{\tan^2\varphi_{\mathrm{mo12}} + \tan^2\varphi_{\mathrm{mo23}} + \tan^2\varphi_{\mathrm{mo31}}} = 常数\end{aligned} \tag{3.39}$$

对于三轴压缩情况($\sigma_1 > \sigma_2 = \sigma_3$),由式(3.39)得

$$\frac{\tau_{\mathrm{SMP}}}{\sigma_{\mathrm{SMP}}} = \frac{\sqrt{2}}{3}\frac{\sigma_1 - \sigma_3}{\sqrt{\sigma_1\sigma_3}} = 常数 \tag{3.40}$$

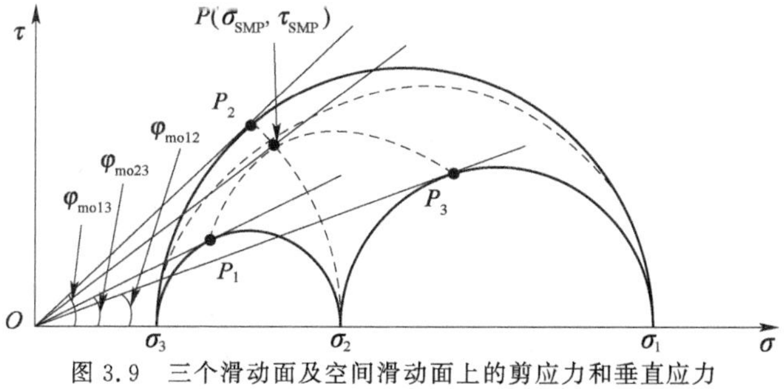

图 3.9　三个滑动面及空间滑动面上的剪应力和垂直应力

根据莫尔-库仑准则，三轴压缩情况下

$$\frac{\tau}{\sigma}=\tan\varphi=\frac{\sigma_1-\sigma_3}{2\sqrt{\sigma_1\sigma_3}} \tag{3.41}$$

其中，φ 为三轴压缩条件下土的内摩擦角。考虑在三轴压缩条件（$\sigma_1>\sigma_2=\sigma_3$）下，$\pi$ 平面上 SMP 破坏线与莫尔-库仑破坏线重合，根据式(3.40)、式(3.41)，得 SMP 准则式(3.38)、式(3.39)中的常数用三轴压缩内摩擦角表示为

$$\frac{\tau_{\text{SMP}}}{\sigma_{\text{SMP}}}=\sqrt{\frac{I_1I_2-9I_3}{9I_3}}=\frac{2\sqrt{2}}{3}\tan\varphi \tag{3.42}$$

SMP 准则还可以表示为

$$\frac{I_1I_2}{I_3}=\text{常数} \tag{3.43a}$$

整理式(3.42)得

$$F(I_1,I_2,I_3)=\frac{I_1I_2}{I_3}-8\tan^2\varphi-9=0 \tag{3.43b}$$

式(3.39)是用主应力表示的 SMP 准则，式(3.38)、式(3.43)是用 I_1、I_2、I_3 表示的 SMP 准则。经推导，用 p、q、θ 表示的 SMP 破坏准则为

$$F(p,q,\theta)=\left(\frac{16}{27}\tan^2\varphi+\frac{2}{3}\right)\frac{3\tan^2\theta-1}{(\tan^2\theta+1)^{\frac{3}{2}}}\left(\frac{q}{p}\right)^3+\left(\frac{8}{3}\tan^2\varphi+2\right)\left(\frac{q}{p}\right)^2-8\tan^2\varphi=0 \tag{3.44}$$

用 σ_π、τ_π、θ 表示 SMP 的破坏准则为

$$F(\sigma_\pi,\tau_\pi,\theta)=\frac{27}{2^{\frac{3}{2}}}\left(\frac{16}{27}\tan^2\varphi+\frac{2}{3}\right)\frac{3\tan^2\theta-1}{(\tan^2\theta+1)^{\frac{3}{2}}}\left(\frac{\tau_\pi}{\sigma_\pi}\right)^3+\frac{9}{2}\left(\frac{8}{3}\tan^2\varphi+2\right)\left(\frac{\tau_\pi}{\sigma_\pi}\right)^2-8\tan^2\varphi=0 \tag{3.45}$$

根据式(3.44)或式(3.45)绘制的 SMP 破坏面见图 3.10。由图可知，当 p 不变，内摩擦角较小时，SMP 破坏面接近圆形，随着内摩擦角的增大，SMP 破坏面成为光滑的外凸三角形，最后变为正三角形。

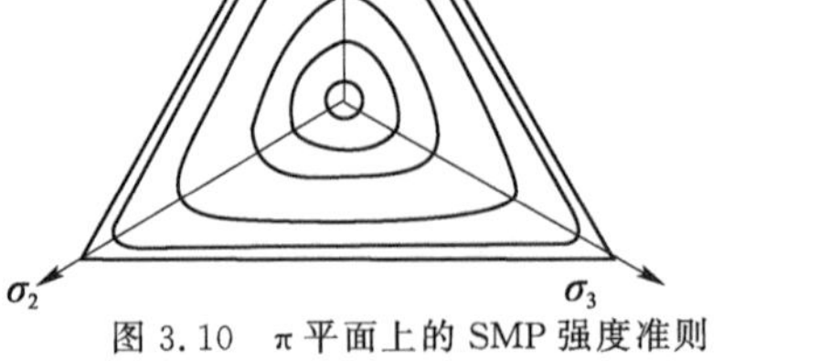

图 3.10 π 平面上的 SMP 强度准则

π 平面上的点与空间滑动面的对应关系见图 3.11。图 3.11b)中的实线绘出的空间滑动面对应图 3.11a)中的点 a，这是三轴压缩情况（$\sigma_1 > \sigma_2 = \sigma_3$），所以在图 3.11b)中 $OA > OB = OC$；图 3.11b)中的虚线绘出的空间滑动面对应图 3.11a)中的点 b，这是三轴拉伸情况（$\sigma_1 = \sigma_2 > \sigma_3$），所以在图 3.11b)中，$OA' = OB' > OC'$。

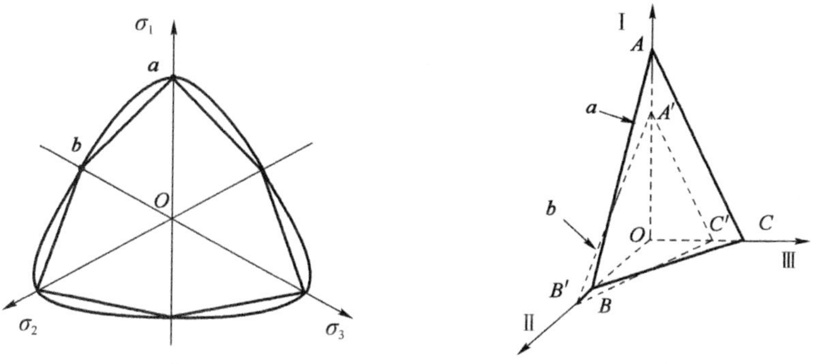

a)　　b)

图 3.11　π 平面上的点与空间滑动面的对应关系

a)π 平面上的 SMP 准则；b)三轴压缩与三轴伸长 SMP 空间滑动面

(2)扩展 SMP 准则

式(3.39)、式(3.43)给出的 SMP 准则适用于粒状体材料，即为 $c = 0$ 的 SMP 准则，对于 $c \neq 0$ 的情况可以通过坐标平移的方法转化，如图 3.12 所示。

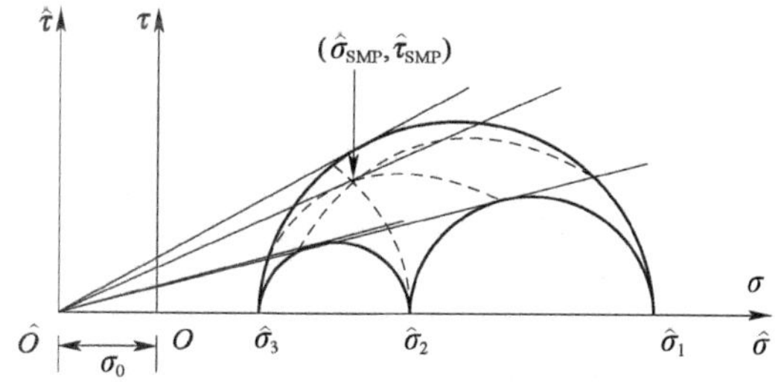

图 3.12　扩展 SMP 面上的剪应力和垂直应力

坐标平移公式为

$$\hat{\sigma} = \sigma + \sigma_0 \tag{3.46}$$

应力不变量为

$$\left.\begin{aligned} \hat{I}_1 &= \hat{\sigma}_1 + \hat{\sigma}_2 + \hat{\sigma}_3 \\ \hat{I}_2 &= \hat{\sigma}_1\hat{\sigma}_2 + \hat{\sigma}_2\hat{\sigma}_3 + \hat{\sigma}_3\hat{\sigma}_1 \\ \hat{I}_3 &= \hat{\sigma}_1\hat{\sigma}_2\hat{\sigma}_3 \end{aligned}\right\} \tag{3.47}$$

扩展 SMP 面方向余弦为

$$\hat{n}_i = \sqrt{\frac{\hat{I}_3}{\hat{\sigma}_i \hat{I}_2}} \quad (i = 1,2,3) \tag{3.48}$$

扩展 SMP 准则的空间滑动面见图 3.13。图中

$$\left.\begin{aligned} OA &= k\sqrt{\hat{\sigma}_1} = k\sqrt{\sigma_1 + \sigma_0} \\ OB &= k\sqrt{\hat{\sigma}_2} = k\sqrt{\sigma_2 + \sigma_0} \\ OC &= k\sqrt{\hat{\sigma}_3} = k\sqrt{\sigma_3 + \sigma_0} \end{aligned}\right\} \tag{3.49}$$

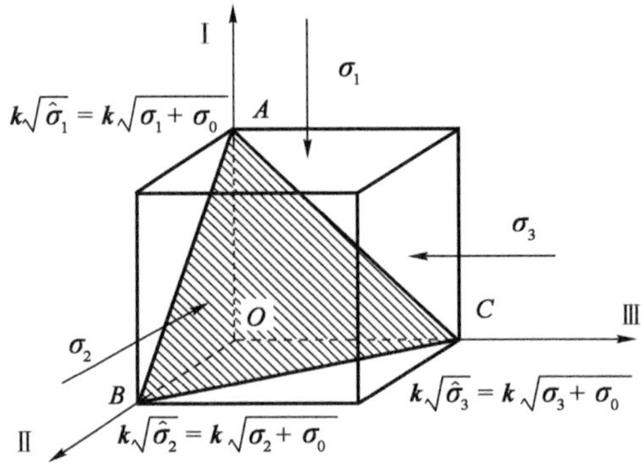

图 3.13 扩展 SMP 准则的空间滑动面

当 $\sigma_0 = 0$ 时,扩展 SMP 准则的空间滑动面就是 SMP 准则的空间滑动面,即 $\hat{n}_i = n_i$;当 $\sigma_0 \to \infty$ 时,相对于 σ_0,σ_i 小到可以忽略不计,此时 $OA = OB = OC = k\sqrt{\sigma_0}$,即扩展 SMP 准则的空间滑动面转化为八面体面,即 $\hat{n}_i = \frac{1}{\sqrt{3}}$。

由此可知,作为材料的破坏准则,扩展 SMP 准则可以描述从粒状体材料($\sigma_0 = 0$)到金属材料($\sigma_0 \to \infty$)的各种情况。

扩展 SMP 准则破坏面上的正应力 $\hat{\sigma}_{SMP}$、剪应力 $\hat{\tau}_{SMP}$ 分别为

$$\hat{\sigma}_{SMP} = \hat{\sigma}_1 \hat{n}_1^2 + \hat{\sigma}_2 \hat{n}_2^2 + \hat{\sigma}_3 \hat{n}_3^2 \tag{3.50}$$

$$\hat{\tau}_{SMP} = \sqrt{(\hat{\sigma}_1 - \hat{\sigma}_2)^2 \hat{n}_1^2 \hat{n}_2^2 + (\hat{\sigma}_2 - \hat{\sigma}_3)^2 \hat{n}_2^2 \hat{n}_3^2 + (\hat{\sigma}_3 - \hat{\sigma}_1)^2 \hat{n}_3^2 \hat{n}_1^2} \tag{3.51}$$

所以

$$\frac{\hat{\tau}_{SMP}}{\hat{\sigma}_{SMP}} = \frac{2}{3}\sqrt{\left(\frac{\hat{\sigma}_1 - \hat{\sigma}_2}{2\sqrt{\hat{\sigma}_1 \hat{\sigma}_2}}\right)^2 + \left(\frac{\hat{\sigma}_2 - \hat{\sigma}_3}{2\sqrt{\hat{\sigma}_2 \hat{\sigma}_3}}\right)^2 + \left(\frac{\hat{\sigma}_3 - \hat{\sigma}_1}{2\sqrt{\hat{\sigma}_3 \hat{\sigma}_1}}\right)^2} = \text{常数} \tag{3.52}$$

把三轴压缩条件 $\hat{\sigma}_2 = \hat{\sigma}_3$ 代入式(3.52)得

$$\frac{\hat{\tau}_{SMP}}{\hat{\sigma}_{SMP}} = \frac{\sqrt{2}}{3}\frac{\hat{\sigma}_1 - \hat{\sigma}_3}{\sqrt{\hat{\sigma}_1 \hat{\sigma}_3}} = \frac{\sqrt{2}}{3}\frac{\sigma_1 - \sigma_3}{\sqrt{(\sigma_1 + \sigma_0)(\sigma_3 + \sigma_0)}} = \text{常数} \tag{3.53}$$

莫尔-库仑准则的滑动面见图 3.14,三轴压缩情况下

$$\frac{\tau}{\sigma}=\tan\varphi=\frac{\sigma_1-\sigma_3}{2\sqrt{\hat{\sigma}_1\hat{\sigma}_3}}=\frac{\sigma_1-\sigma_3}{2\sqrt{(\sigma_1+\sigma_0)(\sigma_3+\sigma_0)}} \tag{3.54}$$

其中，φ 为三轴压缩条件下土的内摩擦角。考虑在三轴压缩条件（$\sigma_1>\sigma_2=\sigma_3$）下，$\pi$ 平面上 SMP 破坏线与莫尔-库仑破坏线重合，比较式(3.53)、式(3.54)，得扩展 SMP 准则式(3.52)中的常数用三轴压缩内摩擦角表示为

$$\frac{\hat{\tau}_{SMP}}{\hat{\sigma}_{SMP}}=\frac{2\sqrt{2}}{3}\frac{\sigma_1-\sigma_3}{2\sqrt{(\sigma_1+\sigma_0)(\sigma_3+\sigma_0)}}=\frac{2\sqrt{2}}{3}\tan\varphi \tag{3.55}$$

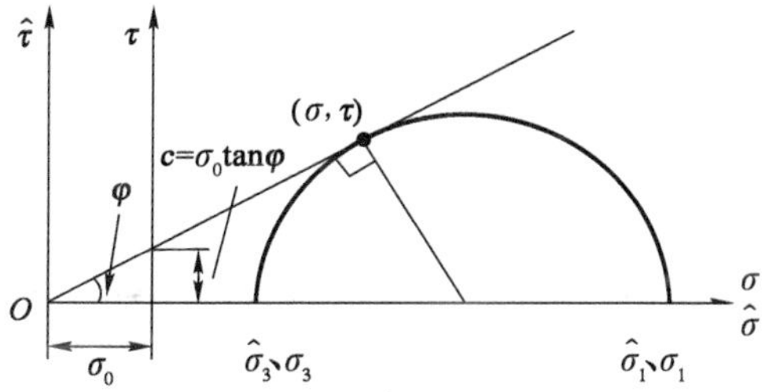

图 3.14　莫尔-库仑准则的滑动面

由图 3.14 可知

$$\sigma_0=\frac{c}{\tan\varphi} \tag{3.56}$$

综上所述，扩展 SMP 准则可以反映从二维到三维、从金属材料到粒状体材料的各种情况。

(3)几种强度参数之间的关系

把广义屈瑞斯卡准则、广义米赛斯准则、莫尔-库仑准则、拉德-邓肯准则、SMP 准则强度包络线绘制在 π 平面上，并且考虑在三轴压缩条件（$\sigma_1>\sigma_2=\sigma_3$）下各种破坏线重合，在 π 平面上表示的各种强度准则见图 3.15（图中 $\varphi=30°$）。由图可知，莫尔-库仑准则强度包络线在 π 平面上范围最小，广义米赛斯准则范围最大，其余三个准则在两者之间。SMP 准则、莫尔-库仑准则、拉德-邓肯准则都考虑了三轴压缩与三轴伸长强度的不同，SMP 准则、莫尔-库仑准则在三轴压缩和三轴伸长时强度相等。

不同的强度准则，因其建立的思路不同，所以强度参数不同。莫尔-库仑准则虽然没有考虑中主应力的影响，但因其概念清楚，公式简单，在极限强度分析方面得到了广泛的应用，并且工程技术人员熟知莫尔-库仑准则的强度参数 c、φ 的概念和测定方法。若考虑在三轴压缩条件（$\sigma_1>\sigma_2=\sigma_3$）下，各种破坏线重合，并且考虑破坏面通过原点，则各种破坏准则强度参数与 φ 的关系见表 3.2；若内聚力 $c\neq0$，则可以通过坐标平移得到解答。

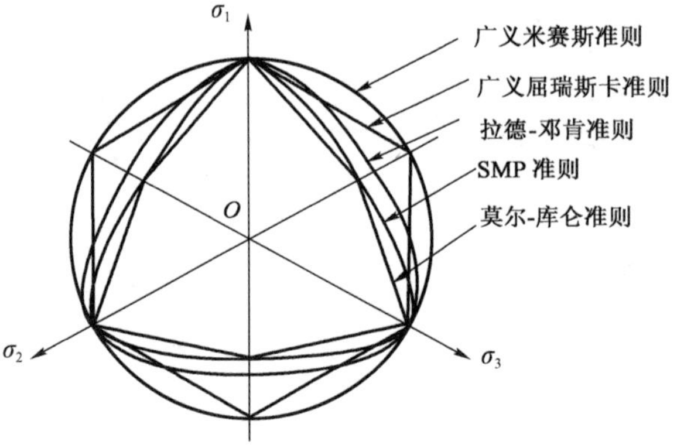

图 3.15 π 平面上各种强度准则比较

各种破坏准则强度参数与莫尔-库仑内摩擦角 φ 的关系 表 3.2

广义米赛斯	广义屈瑞斯卡	拉德-邓肯	SMP
$\alpha=\frac{2}{\sqrt{3}}\frac{\sin\varphi}{3-\sin\varphi}$	$\alpha=\frac{\sin\varphi}{3-\sin\varphi}$	$k_1=\frac{(3-\sin\varphi)^3}{1-\sin\varphi-\sin^2\varphi+\sin^3\varphi}$	$C=\frac{2\sqrt{2}}{3}\tan\varphi$

3.2.6 广义非线性强度准则

(1)建立公式

由图 3.15 可知各种强度准则在 π 平面上的轨迹由内向外依次为莫尔-库仑准则、SMP 准则、拉德-邓肯准则、广义屈瑞斯卡准则和广义米赛斯准则。因为莫尔-库仑准则不是光滑的曲线，姚仰平等基于 SMP 准则和广义米赛斯准则提出了广义非线性强度准则。

设三轴压缩条件下广义米赛斯准则与 SMP 准则重合，则广义剪应力 q_c 的表达式为

$$q_c=\alpha q_M+(1-\alpha)q_S \tag{3.57}$$

式中，α 为反映 π 平面上的拉压强度比的材料参数。

①当 $\alpha=1$ 时，为广义米赛斯准则，在 π 平面上的破坏线为圆。

②当 $\alpha=0$ 时，为 SMP 准则，在 π 平面上的破坏线为曲边三角形。

③当 $0<\alpha<1$，式(3.57)为广义米赛斯准则和 SMP 准则之间的光滑曲线，可以描述各种材料的强度特性。

q_M 为广义米赛斯准则对应的广义剪应力，见图 3.16a)。根据式(2.22)和 $J_2=\frac{q^2}{3}$ 得 q_M，可用公式表示为

$$q_M = \sqrt{I_1^2 - 3I_2} \tag{3.58}$$

q_S 为 SMP 准则对应的广义剪应力，见图 3.16b)，可表示为[推导见式(3.79)～式(3.83)]

$$q_S = \frac{2I_1}{3\sqrt{\frac{I_1 I_2 - I_3}{I_1 I_2 - 9I_3}} - 1} \tag{3.59}$$

图 3.16 是在 π 平面上表示的 q_c 。图中分别表示了三种情况下任意应力洛德角时 q 与三轴压缩时 q_c 的关系，即式(3.57)表示的是任意应力洛德角时的强度与三轴压缩时的强度 q_c 的关系，见图 3.16c)。

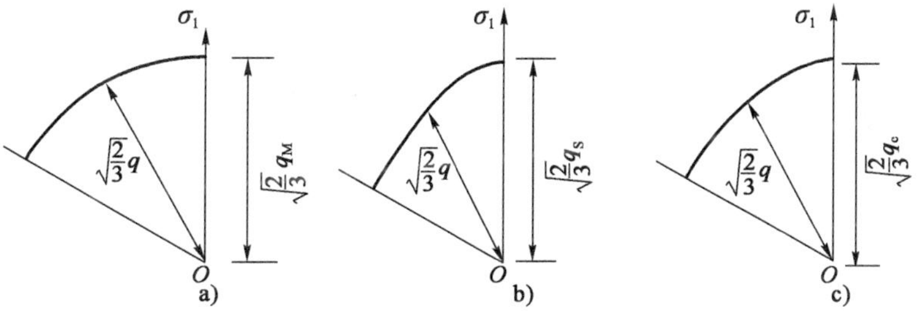

图 3.16 π 平面上表示的 q_c

a) $\alpha = 1, q_c = q_M$ ；b) $\alpha = 0, q_c = q_S$ ；c) $0 < \alpha < 1$

把式(3.58)和式(3.59)代入式(3.57)，并且在三轴压缩情况下破坏应力比为 $M_c = \frac{q_c}{p}$ ，得

$$q_c = \alpha\sqrt{I_1^2 - 3I_2} + \frac{2(1-\alpha)I_1}{3\sqrt{\frac{I_1 I_2 - I_3}{I_1 I_2 - 9I_3}} - 1} = M_c p \tag{3.60}$$

根据式(2.22)、式(2.49)可以推得，式(3.60)还可以用 p、q、$\theta(0° \leqslant \theta \leqslant 60°)$表示为

$$\alpha\eta + \frac{6(1-\alpha)\eta}{\sqrt{\frac{108 - 9\eta^2 - \cos3\theta\eta^3}{3 - \cos3\theta\eta}} - \eta} = M_c \tag{3.61}$$

式中，$\eta = \frac{q}{p}$。

根据式 (3.61) ，在 π 平面上绘制的广义非线性强度准则见图 3.17。当 $\alpha = 0$ 时，由式(3.61)可得 SMP 准则的另一种表示形式，即

$$F(p,q,\theta) = \frac{6\eta}{\sqrt{\frac{108 - 9\eta^2 - \cos3\theta\eta^3}{3 - \cos3\theta\eta}} - \eta} - M_c = 0 \tag{3.62}$$

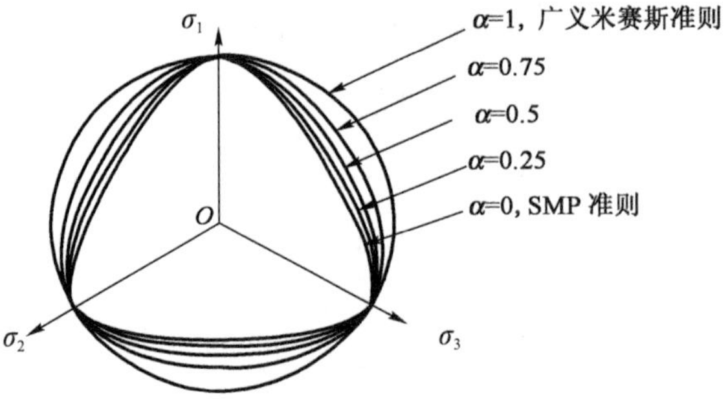

图 3.17 π平面上的广义非线性强度准则

(2)确定材料参数 α

材料参数 α 可以表示为三轴压缩条件下的内摩擦角 φ_c 与三轴伸长条件下的内摩擦角 φ_e 的函数,推导如下。

把三轴压缩条件 $\theta=0$,$\cos 3\theta=\cos 0=1$ 代入式(3.61)得

$$\alpha\eta+\frac{6(1-\alpha)\eta}{\sqrt{\dfrac{108-9\eta^2-\eta^3}{3-\eta}}-\eta}=M_c$$

整理上式

$$\alpha\eta+\frac{6(1-\alpha)\eta}{\sqrt{\dfrac{(108-36\eta)+(36\eta-12\eta^2)+(12\eta^2-9\eta^2-\eta^3)}{3-\eta}}-\eta}=M_c$$

$$\alpha\eta+\frac{6(1-\alpha)\eta}{\sqrt{36+12\eta+\eta^2}-\eta}=M_c$$

$$\alpha\eta+\frac{6(1-\alpha)\eta}{6+\eta-\eta}=M_c$$

得

$$\eta=M_c \tag{3.63}$$

即在三轴压缩条件下不论材料参数 α 为何值,都有 $\eta=M_c$。这个结论从图 3.17也可以表示出来。同理,把 $\theta=\dfrac{\pi}{3}$,$\cos 3\theta=\cos\pi=-1$ 的三轴伸长条件代入式(3.62)得

$$\alpha\eta+\frac{6(1-\alpha)\eta}{\sqrt{\dfrac{108-9\eta^2+\eta^3}{3+\eta}}-\eta}=M_c$$

整理得

$$\alpha\eta + (1-\alpha)\frac{3\eta}{3-\eta} = M_c \tag{3.64}$$

式(3.64)中的应力比 η 用三轴伸长的破坏应力比 M_e 代替，则式(3.64)可写为

$$\alpha M_e + (1-\alpha)\frac{3M_e}{3-M_e} = M_c \tag{3.65}$$

由式(3.65)解得

$$\alpha = \frac{M_e M_c + 3(M_e - M_c)}{{M_e}^2} \tag{3.66}$$

SMP 准则与莫尔-库仑准则在三轴压缩和三轴伸长时的强度相等，所以把根据莫尔-库仑准则得出的内摩擦角与破坏应力比的关系式(3.20)、式(3.21)代入式(3.66)，并取公式(3.20)中的摩擦角为三轴压缩试验得出的内摩擦角 φ_c，式(3.21)中的摩擦角为三轴伸长试验得出的内摩擦角 φ_e，则

$$\alpha = \frac{\dfrac{6\sin\varphi_e}{3+\sin\varphi_e}\dfrac{6\sin\varphi_c}{3-\sin\varphi_c} + 3\left(\dfrac{6\sin\varphi_e}{3+\sin\varphi_e} - \dfrac{6\sin\varphi_c}{3-\sin\varphi_c}\right)}{\left(\dfrac{6\sin\varphi_e}{3+\sin\varphi_e}\right)^2}$$

整理得

$$\alpha = \frac{3(3+\sin\varphi_e)(\sin\varphi_e - \sin\varphi_c)}{2\sin^2\varphi_e(3-\sin\varphi_c)} \tag{3.67}$$

由式(3.67)可知，可以根据三轴压缩试验和三轴伸长试验得出材料参数 α。当根据试验数据 M_c、M_e，由式(3.20)、式(3.21)求得的内摩擦角 $\varphi_c = \varphi_e$ 时，材料参数 $\alpha = 0$，此时在 π 平面上的破坏准则是 SMP 准则，见图 3.18 中的细实线；当求得的内摩擦角 $\varphi_e > \varphi_c$ 时，$\alpha > 0$，见图 3.18 中的粗实线；当 $\alpha = 1$ 时是广义米赛斯准则。

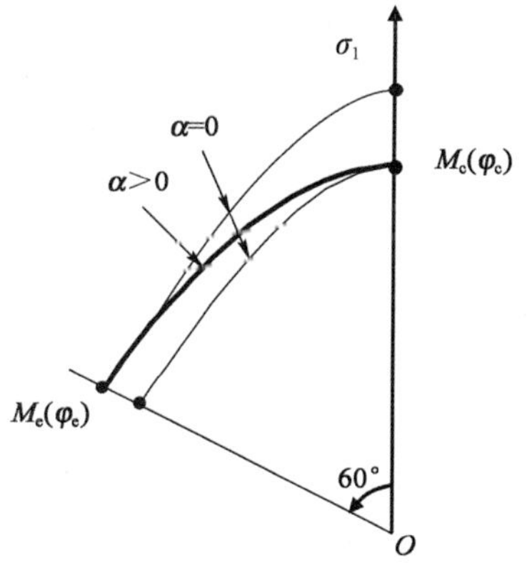

图 3.18　求材料参数 α

3.3 基于SMP准则的平面应变强度公式

平面应变状态是大坝、挡土墙、条形基础等地基中广泛存在着的一种应力状态。而在工程计算中,即使是平面应变状态,采用的土的抗剪强度参数大多是由三轴试验得出的。而三轴压缩试验是轴对称状态,轴对称状态与平面应变状态明显不同。对于平面应变问题,直接使用三轴压缩试验提供的土性指标与实际会有一定的差异,所以需要讨论三轴压缩状态与平面应变状态内摩擦角之间的关系。

3.3.1 摩擦材料的破坏准则

对于各向同性的摩擦材料,三轴压缩状态不但对应着明确的应力条件($\sigma_1 > \sigma_2 = \sigma_3$),也对应着明确的应变条件($d\varepsilon_1 > d\varepsilon_2 = d\varepsilon_3$);而平面应变状态对应着明确的应变条件($d\varepsilon_2 = 0$),但并不对应着明确的应力条件。因此从理论上建立平面应变条件下的应力条件公式,对于研究平面应变条件下的强度,进而建立平面应变条件与三轴压缩条件下抗剪强度的关系都是非常必要的。SMP准则可以很好地表示三维应力条件下土的强度,当然其中也包括了平面应变条件下的强度。佐武根据相关联流动法则和SMP准则推导出了平面应变条件下土体破坏时的应力条件公式

$$\sigma_2 = \sqrt{\sigma_1 \sigma_3} \tag{3.68}$$

根据式(3.68)中建立的σ_1、σ_2、σ_3之间的关系,可以绘制成图3.19所示的莫尔圆。由图3.19可以直观地看出,在平面应变条件下,对于由应力比控制的摩擦材料,两个小莫尔圆的公切线正好过原点,即从应力比的角度来讲,两个小莫尔圆具有相等的贡献。

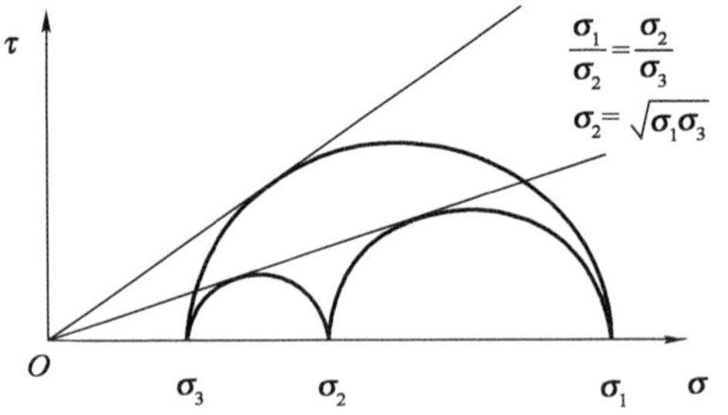

图3.19 摩擦材料的莫尔圆

对于金属材料,根据米赛斯准则,屈服函数为 $f = J_2 =$ 常数,根据平面应变条件 $d\varepsilon_2 = d\varepsilon_2^p + d\varepsilon_2^e \approx d\varepsilon_2^p = 0$ 和相关联流动法则 $d\varepsilon_2^p = \Lambda \dfrac{\partial f}{\partial \sigma_2}$(详见第5章),即

$$\frac{\partial f}{\partial \sigma_2}=\frac{\partial}{\partial \sigma_2}\left\{\frac{1}{6}\left[(\sigma_1-\sigma_2)^2+(\sigma_2-\sigma_3)^2+(\sigma_3-\sigma_1)^2\right]\right\}=0$$

求得平面应变条件下的应力条件公式为

$$\sigma_2=\frac{\sigma_1+\sigma_3}{2} \tag{3.69}$$

根据式(3.69)中建立的 σ_1、σ_2、σ_3 之间的关系，可以绘制成图 3.20 所示的莫尔圆。对于由剪应力控制的黏着性材料（金属），两个小莫尔圆的公切线正好为一条水平直线，即从应力差的角度来讲，两个小莫尔圆具有相等的贡献。

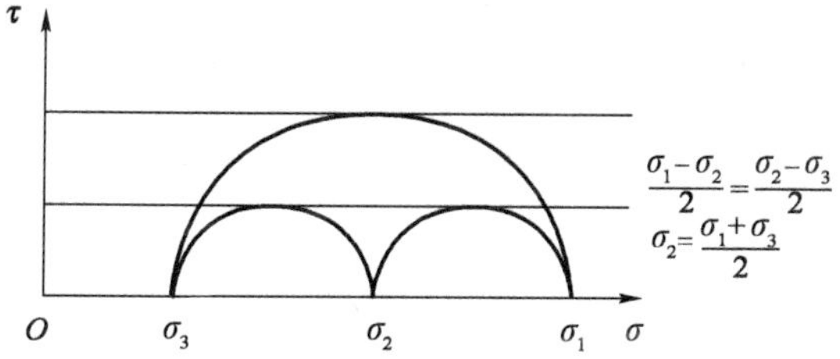

图 3.20 非摩擦性材料的莫尔圆

3.3.2 平面应变破坏角 φ_{PS} 与内摩擦角 φ 之间的关系

SMP 准则用式(3.43)表示为

$$\frac{I_1 I_2}{I_3}=8\tan^2\varphi+9$$

根据平面应变条件下破坏时的应力条件式(3.68)得应力不变量为

$$\left.\begin{aligned}
I_1&=\sigma_1+\sqrt{\sigma_1\sigma_3}+\sigma_3=(\sigma_1\sigma_3)^{\frac{1}{2}}(1+R_{PS}{}^{\frac{1}{2}}+R_{PS}{}^{-\frac{1}{2}})\\
I_2&=\sigma_1\sqrt{\sigma_1\sigma_3}+\sqrt{\sigma_1\sigma_3}\sigma_3+\sigma_3\sigma_1=(\sigma_1\sigma_3)(1+R_{PS}{}^{\frac{1}{2}}+R_{PS}{}^{-\frac{1}{2}})\\
I_3&=\sigma_1\sqrt{\sigma_1\sigma_3}\sigma_3=(\sigma_1\sigma_3)^{\frac{3}{2}}
\end{aligned}\right\} \tag{3.70}$$

式中，R_{PS} 是平面应变条件下破坏时的最大、最小主应力比，即 $R_{PS}=\frac{\sigma_1}{\sigma_3}$。

把式(3.70)代入式(3.43)，整理得

$$\frac{\sigma_1}{\sigma_3}=R_{PS}=\frac{1}{4}\left(\sqrt{8\tan^2\varphi+9}+\sqrt{8\tan^2\varphi+6-2\sqrt{8\tan^2\varphi+9}}-1\right)^3 \tag{3.71}$$

式(3.71)就是根据 SMP 准则和佐武的平面应变条件下的应力条件公式得出的平面应变状态下摩擦材料的破坏条件。如果把平面应变状态下土的内摩擦角用 φ_{PS} 表示，按照内摩擦角的定义

$$\sin\varphi_{PS}=\frac{\dfrac{\sigma_1-\sigma_3}{2}}{\dfrac{\sigma_1+\sigma_3}{2}}=\frac{R_{PS}-1}{R_{PS}+1} \tag{3.72}$$

把式(3.71)代入式(3.72),得

$$\varphi_{PS}=\sin^{-1}\frac{\left(\sqrt{8\tan^2\varphi+9}+\sqrt{8\tan^2\varphi+6-2\sqrt{8\tan^2\varphi+9}}-1\right)^2-4}{\left(\sqrt{8\tan^2\varphi+9}+\sqrt{8\tan^2\varphi+6-2\sqrt{8\tan^2\varphi+9}}-1\right)^2+4} \tag{3.73}$$

图 3.21 是根据式(3.73)绘出的平面应变条件下内摩擦角 φ_{PS} 与三轴压缩条件下内摩擦角 φ 的关系。由该图可以看出,当内摩擦角在 $0°<\varphi<90°$ 范围内时,$\varphi_{PS}>\varphi$。所以,可以说平面应变条件下的内摩擦角大于三轴压缩条件下的内摩擦角。

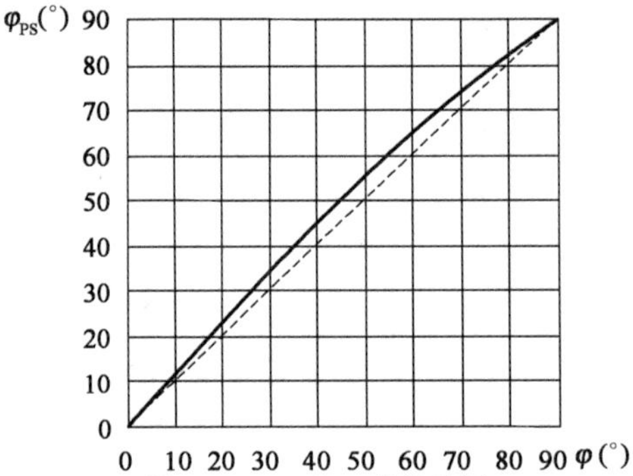

图 3.21 φ_{PS} 与 φ 的关系图

图 3.22 是把 Kimata、Uchida 和 Hasegawa 等研究者的试验结果与根据式(3.73)的计算值进行了比较。由图可以看出试验结果(实线)与计算值符合较好。

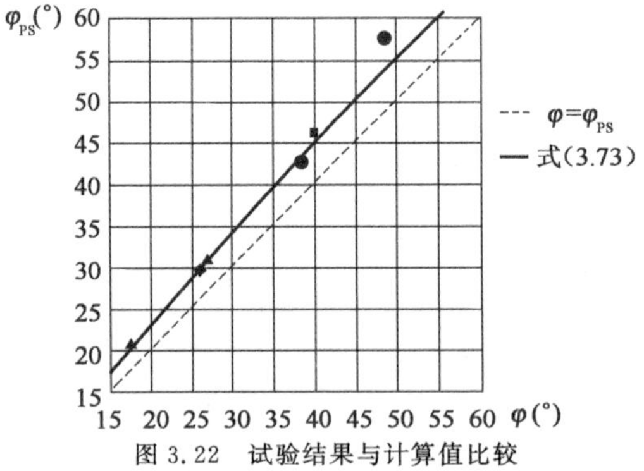

图 3.22 试验结果与计算值比较

3.3.3 平面应变状态对应洛德角 θ_{PS}

由图 2.7 可求得应力洛德角为

$$\tan\theta=\frac{\sqrt{3}(\sigma_2-\sigma_3)}{2\sigma_1-\sigma_2-\sigma_3} \tag{3.74}$$

把平面应变条件下破坏时的应力条件公式[式(3.68)]带入式(3.74),得平面应变状态对应的角度为

$$\theta_{PS} = \arctan \frac{\sqrt{3}\left(\sqrt{\sigma_1\sigma_3} - \sigma_3\right)}{2\sigma_1 - \sqrt{\sigma_1\sigma_3} - \sigma_3} \tag{3.75}$$

平面应变条件下的破坏条件为

$$\frac{\sigma_1}{\sigma_3} = \frac{1+\sin\varphi_{PS}}{1-\sin\varphi_{PS}} \tag{3.76}$$

把式(3.76)代入式(3.75)得

$$\theta_{PS} = \arctan \frac{\sqrt{3}\left(\sqrt{\dfrac{1+\sin\varphi_{PS}}{1-\sin\varphi_{PS}}} - 1\right)}{2\dfrac{1+\sin\varphi_{PS}}{1-\sin\varphi_{PS}} - \sqrt{\dfrac{1+\sin\varphi_{PS}}{1-\sin\varphi_{PS}}} - 1} \tag{3.77}$$

式(3.77)表示平面应变内摩擦角与洛德角的关系,根据该公式绘出的曲线见图 3.23。当 $\varphi_{PS} = 0°$ 时,$\theta_{PS} = 30°$ 。内摩擦角等于零就相当于金属材料。对于金属材料,三个主应力之间的关系如式(3.69)所示。把该公式代入洛德角公式[式(3.74)],亦可得到 $\theta_{PS} = 30°$。

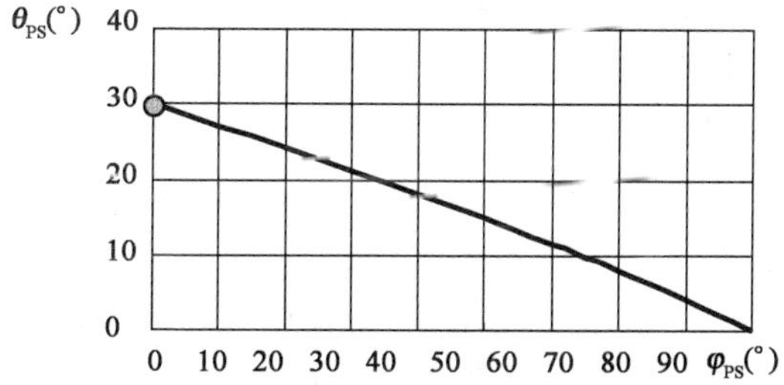

图 3.23　平面应变内摩擦角与应力洛德角关系

式(3.73)表示了平面应变条件下内摩擦角 φ_{PS} 与三轴压缩条件下内摩擦角 φ 的关系,式(3.77)表示了平面应变条件下内摩擦角 φ_{PS} 与洛德角 θ_{PS} 的关系,由此可得三轴压缩条件下内摩擦角与平面应变条件洛德角的关系,见图 3.24。该图是在 π 平面上绘出了不同内摩擦角的 SMP 准则强度包线轨迹上的相应平面应变洛德角的位置,如图中的圆点所示,具体的数值见表 3.3。

三种角度 φ、φ_{PS}、θ_{PS} 的关系　　表 3.3

三轴压缩内摩擦角 φ(°)	0	4.33	13.05	21.83	40.08	60	83.22	90
平面应变内摩擦角 φ_{PS}(°)	0	5	15	25	45	65	85	90
平面应变洛德角 θ_{PS}(°)	30	28.6	25.7	22.7	16.6	9.8	2.1	0

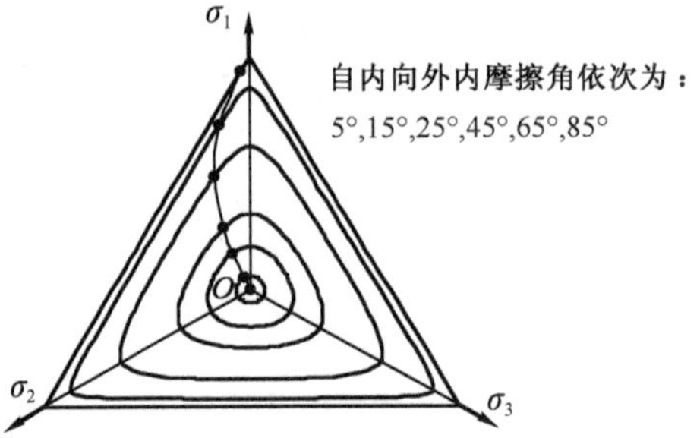

图 3.24　π平面上三轴压缩内摩擦角与平面应变相应应力洛德角的关系

3.4　基于 SMP 准则的变换应力

岩土材料是一种应力诱导各向异性的材料，表现在其强度服从摩擦规律，在π平面上强度包线呈现非圆的形状。如前所述，描述这种在应力空间非圆锥形状强度包线的强度准则有莫尔-库仑准则(线性)、拉德-邓肯准则(非线性)、SMP 准则(非线性)。把这种强度包线非圆形光滑的强度准则(拉德-邓肯准则和 SMP 准则)的概念扩展并与现行的岩土材料的本构模型结合将遇到困难，这个困难实质上就是由应力诱导性的强度表达式的非对称性引起的。因此可以通过一个应力变换的方法把具有应力诱导各向异性的主应力空间变换为各向同性的变换应力空间，从而可以使本构模型在变换应力空间非常简单地实现三维化。

例如，可以采用变换应力的方法把 SMP 外凸三角形变换为圆形。SMP 准则强度包线在π平面上是外凸的曲线三角形，若以 p、q、θ 表示 SMP 破坏准则，可写为式(3.44)。因屈服面在π平面的图形具有对称性，只需表示出洛德角 $\theta=0°\sim60°$范围的破坏准则即可。图 3.25 中绘出了洛德角 $\theta=0°\sim60°$范围内的三种屈服面。

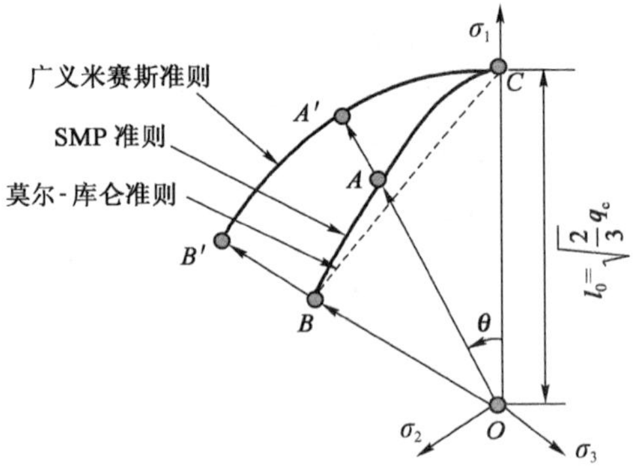

图 3.25　变换应力图示

变换应力方法是引入变换应力 $\tilde{\sigma}_{ij}$ 将 SMP 准则的曲面转换为变换主应力空间内的锥面，在图 3.25 中就是把长度 $\overline{OA}$ 变换为 $\overline{OA}'$，把长度 $\overline{OB}$ 变换为 $\overline{OB}'$。

为了把普通应力空间 σ_{ij} 上的 SMP 准则转换成新的变换应力空间 $\tilde{\sigma}_{ij}$ 上的广义米赛斯准则，并使新的变换应力张量在三轴压缩条件下与普通应力张量相等，变换应力为

$$\tilde{\sigma}_{ij} = p\delta_{ij} + \frac{q_c}{q}(\sigma_{ij} - p\delta_{ij}) \tag{3.78}$$

式中，$\tilde{\sigma}_{ij}$ 为变换应力空间中的应力(Pa)；σ_{ij} 为原应力空间中的应力(Pa)；p、q 分别为原应力空间中的平均主应力(Pa)和广义剪应力(Pa)；q_c 是用 SMP 准则表示的三轴压缩时($\theta = 0°$)的偏应力(Pa)[注：若采用的是其他在 π 平面上非圆形的强度准则，例如拉德-邓肯准则，则 q_c 是用拉德-邓肯准则表示的三轴压缩时($\theta = 0°$)的偏应力]。下面根据 SMP 准则求 q_c[注：在式(3.57)中，取 $\alpha = 0$ 得 $q_c = q_S$，所以此时的 q_c 即式(3.59)中的 q_S]。

根据 SMP 准则式(3.43)，SMP 曲线上任意点与三轴压缩时($\theta = 0°$)的关系为

$$\frac{I_1 I_2}{I_3} = \left(\frac{I_1 I_2}{I_3}\right)_{\theta=0°} \tag{3.79}$$

因为 $I_1 = (I_1)_{\theta=0°}$，所以式(3.79)简化为

$$\frac{I_2}{I_3} = \left(\frac{I_2}{I_3}\right)_{\theta=0°} \tag{3.80}$$

把公式(2.14)代入式(3.80)得

$$\frac{I_2}{I_3} = \left(\frac{\sigma_1\sigma_2 + \sigma_2\sigma_3 + \sigma_3\sigma_1}{\sigma_1\sigma_2\sigma_3}\right)_{\theta=0°}$$

洛德角 $\theta = 0°$ 时，$\sigma_2 = \sigma_3$，上式简化为

$$\frac{I_2}{I_3} = \frac{2\sigma_1 + \sigma_3}{\sigma_1\sigma_3} \tag{3.81}$$

根据应力不变量之间的关系式(2.48)，在三轴压缩条件下($\theta = 0°$)

$$\left.\begin{aligned}\sigma_1 &= p + \frac{2}{3}q_c \\ \sigma_3 &= p - \frac{1}{3}q_c\end{aligned}\right\} \tag{3.82}$$

把式(3.82)代入式(3.81)

$$\frac{I_2}{I_3} = \frac{2\left(p + \frac{2}{3}q_c\right) + p - \frac{1}{3}q_c}{\left(p + \frac{2}{3}q_c\right)\left(p - \frac{1}{3}q_c\right)}$$

因为 $I_1 = 3p$，所以上式为

$$\frac{I_2}{I_3}=9\frac{I_1+q_c}{I_1^2+I_1q_c-2q_c^2}$$

整理得

$$q_c=\frac{I_1I_2-9I_3+3\sqrt{(I_1I_2-I_3)(I_1I_2-9I_3)}}{4I_2} \tag{3.83}$$

式(3.59)分母有理化后就得式(3.83)。

图3.25中的 l_0 是SMP准则在π平面上三轴压缩情况下的矢径 τ_π，根据 τ_π 与 q 的关系 $q_c=\sqrt{\frac{3}{2}}l_0$，所以 l_0 为

$$l_0=\sqrt{\frac{2}{3}}\frac{I_1I_2-9I_3+3\sqrt{(I_1I_2-I_3)(I_1I_2-9I_3)}}{4I_2} \tag{3.84}$$

若用主应力表示，式(3.78)可写为

$$\left.\begin{aligned}\tilde{\sigma}_1&=p+\frac{q_c}{q}(\sigma_1-p)\\ \tilde{\sigma}_2&=p+\frac{q_c}{q}(\sigma_2-p)\\ \tilde{\sigma}_3&=p+\frac{q_c}{q}(\sigma_3-p)\end{aligned}\right\} \tag{3.85}$$

变换前

$$\left.\begin{aligned}p&=\frac{\sigma_1+\sigma_2+\sigma_3}{3}\\ q&=\sqrt{\frac{[(\sigma_1-\sigma_2)^2+(\sigma_2-\sigma_3)^2+(\sigma_3-\sigma_1)^2]}{2}}\end{aligned}\right\} \tag{3.86}$$

变换后

$$\left.\begin{aligned}\tilde{p}&=\frac{\tilde{\sigma}_1+\tilde{\sigma}_2+\tilde{\sigma}_3}{3}=p=\frac{\sigma_1+\sigma_2+\sigma_3}{3}\\ \tilde{q}&=\sqrt{\frac{(\tilde{\sigma}_1-\tilde{\sigma}_2)^2+(\tilde{\sigma}_2-\tilde{\sigma}_3)^2+(\tilde{\sigma}_3-\tilde{\sigma}_1)^2}{2}}\end{aligned}\right\} \tag{3.87}$$

变换后平均正应力不变，$\tilde{p}=p$，广义剪应力增大 $\tilde{q}\geqslant q$ 。

【例题3.1】 已知某屈服应力状态为 $\sigma_1=300\text{kPa}$，$\sigma_2=191\text{kPa}$，$\sigma_3=121.6\text{kPa}$，试根据SMP准则求变换应力，并在π平面上标记出相应的位置。

解：①点 A 的应力状态。

已知应力状态为图3.26中的点 A，此时 $\sigma_1=300\text{kPa}$，$\sigma_2=191\text{kPa}$，$\sigma_3=121.6\text{kPa}$，$p=204\text{kPa}$，$q=156.24\text{kPa}$ 。根据式(2.43)求得应力洛德角为 $\theta=22.8°$，根据式(3.83)求得三轴压缩时的偏应力为 $q_c=174.39\text{kPa}$，根据式(3.84)求得 $l_0=$

142.39kPa，此时的应力比为 $\frac{\tau_\pi}{\sigma_\pi}=\frac{\sqrt{\frac{2}{3}}q}{\sqrt{3}p}=\frac{\sqrt{2}}{3}\frac{q}{p}=0.361$。

②点 A' 的应力状态。

根据式(3.85)求得变换应力为 $\tilde{\sigma}_1=311.15\text{kPa}$，$\tilde{\sigma}_2=189.49\text{kPa}$，$\tilde{\sigma}_3=111.36\text{kPa}$，变换后的平均正应力和广义剪应力分别为 $\tilde{p}=204\text{kPa}$，$\tilde{q}=174.39\text{kPa}$。

③绘图。

把 $\theta=22.8°$，$\frac{\tau_\pi}{\sigma_\pi}=0.361$ 代入式(3.45)求得 $\tan^2\varphi=0.1628$，即可根据式(3.45)绘出 π 平面上的 SMP 曲线，如图 3.26 所示。

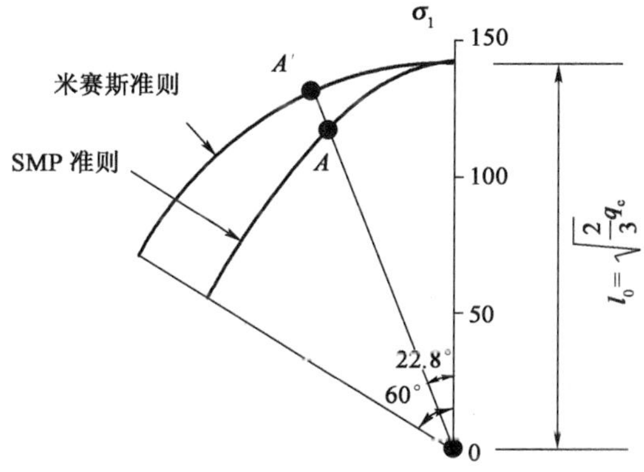

图 3.26　例题图示

3.5 本章小结

(1)岩土材料常用的强度准则有：广义米赛斯准则、广义屈瑞斯卡准则、莫尔-库仑准则、拉德-邓肯准则、松冈-中井(SMP)准则、扩展 SMP 准则等。为了便于读者在 π 平面上绘图进行分析比较，对于以上各强度准则均给出了形如 $F(\sigma_\pi,\tau_\pi,\theta)=0$ 或 $F(p,q,\theta)=0$ 的表达式，公式中的应力洛德角 θ 取岩土工程常用的三轴压缩时为 0°，并给出了以上各种破坏准则强度参数与莫尔-库仑准则参数内摩擦角 φ 的关系。

(2)平面应变状态是挡土墙、大坝等地基中广泛存在着的一种应力状态，而在工程计算中，即使是平面应变状态，采用的土的抗剪强度参数大多是由三轴压缩试验得出的。常规三轴压缩试验是轴对称状态，轴对称状态与平面应变状态明显不同。对于平面应变问题,直接使用三轴压缩试验提供的土性指标与实际会有一定的差异。本章基于 SMP 准则,得出了三轴压缩状态与平面应变状态内摩擦角之间的关系,可知:当内摩擦角在 $0°<\varphi<90°$ 范围内时,平面应变条件下的内摩擦角略大于三轴压缩条件下的内摩擦角。

(3)岩土材料是一种应力诱导各向异性的材料,表现在其强度服从摩擦规律,在 π 平面上强度包线呈现非圆的形状,描述这种在应力空间强度包线非圆锥形状的强度准则有 SMP 准则等。把这种强度包线非圆形光滑的强度准则的概念扩展并与现行的岩土材料的本构模型结合将遇到困难。根据本章介绍的基于 SMP 准则的变换应力方法,可以把具有应力诱导各向异性的主应力空间变换为各向同性的变换应力空间,结果可以使本构模型在变换应力空间非常简单地实现三维化。

第4章 土的弹性应力应变关系

弹性本构关系分为**线弹性本构关系**和**非线性弹性本构关系**，见图4.1。线弹性本构关系即按一般的弹性力学，应力应变关系服从广义胡克定律。非线性弹性本构关系是弹性理论中广义胡克定律的推广，按推广中采用的基本假设不同，可分为变弹性模型、超弹性模型和次弹性模型。本文主要介绍次弹性模型，即从整体上看应力应变关系是非线性的，但在小应力应变增量的范围内，应力应变关系可以看成是线性的，可以利用弹性力学的公式。土的**线性弹性模型**和**非线性弹性模型**主要有以下三种。

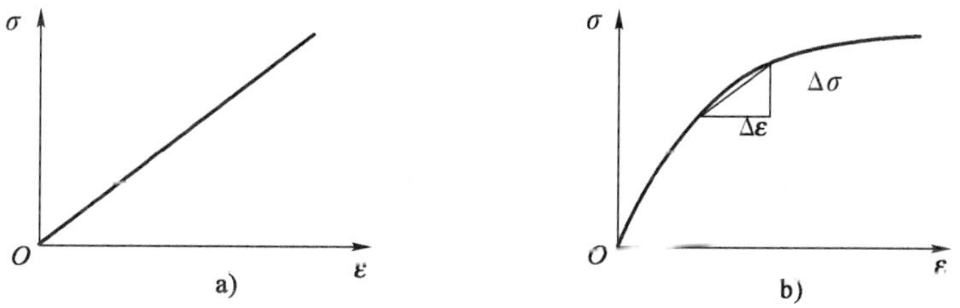

图4.1 材料的弹性本构关系

a)线性弹性材料；b)非线性弹性材料

(1)工程设计常用方法

以弹性理论为基础进行土体的应力分布和变形计算。在《建筑地基基础设计规范》(GB 50007—2011)中的地基变形计算方法，就是应用弹性力学的公式计算变形，计算中采用的土的基本参数是土的压缩模量 E_s 和泊松比 ν。

(2) E-ν 模型

这是用切线模量取代弹性参数的增量法。例如用切线模量 E_t 和切线泊松比 ν_t 代替弹性模量 E 和泊松比 ν。在土性基本参数中使用 E、ν 的本构模型称为 E-ν 模型，邓肯-张(Duncan-Chang)模型就是典型的 E-ν 模型。

(3) K-G 模型

在三维受力状态下，土在球应力 p 和偏应力 q 作用下的应力应变关系可以通过等向固结试验和等 p 剪切试验直接、独立，而且较准确地做出测定，因而能建立表示平均应力和体应变、剪应力和剪应变增量关系的 K-G 模型。

4.1 弹性应力应变关系

材料受力后会变形，当施加的力撤除后材料恢复它原来的形状和大小，这种材料称为弹性材料。弹性材料的基本特征是：

①弹性变形是可逆的，加荷、卸荷、再加荷应力应变关系相同。

②应力和应变一一对应，弹性材料当前的变形状态仅与当前的应力有关（忽略时间、温度对本构模型的影响），与应力路径无关，与加荷历史无关。

③应力和应变符合叠加原理，应力增量相同，相应的应变增量也相同。

④正应力与剪应变，剪应力与正应变无耦合作用。

假设初始无应变状态对应初始无应力状态，如果材料的力学性能在各个方向上是相同的，称为各向同性材料，各向同性弹性材料的弹性力学基本公式如下。

(1)三维情况

$$\begin{Bmatrix}\sigma_x\\ \sigma_y\\ \sigma_z\\ \tau_{xy}\\ \tau_{yz}\\ \tau_{zx}\end{Bmatrix}=\frac{E}{(1+\nu)(1-2\nu)}\begin{bmatrix}1-\nu & \nu & \nu & 0 & 0 & 0\\ \nu & 1-\nu & \nu & 0 & 0 & 0\\ \nu & \nu & 1-\nu & 0 & 0 & 0\\ 0 & 0 & 0 & \frac{1-2\nu}{2} & 0 & 0\\ 0 & 0 & 0 & 0 & \frac{1-2\nu}{2} & 0\\ 0 & 0 & 0 & 0 & 0 & \frac{1-2\nu}{2}\end{bmatrix}\begin{Bmatrix}\varepsilon_x\\ \varepsilon_y\\ \varepsilon_z\\ \gamma_{xy}\\ \gamma_{yz}\\ \gamma_{zx}\end{Bmatrix} \tag{4.1}$$

式(4.1)可以简记为

$$\{\sigma\}=[C]\{\varepsilon\} \tag{4.2}$$

式(4.2)中的$[C]$称为弹性刚度矩阵

$$[C]=\frac{E}{(1+\nu)(1-2\nu)}\begin{bmatrix}1-\nu & \nu & \nu & 0 & 0 & 0\\ \nu & 1-\nu & \nu & 0 & 0 & 0\\ \nu & \nu & 1-\nu & 0 & 0 & 0\\ 0 & 0 & 0 & \frac{1-2\nu}{2} & 0 & 0\\ 0 & 0 & 0 & 0 & \frac{1-2\nu}{2} & 0\\ 0 & 0 & 0 & 0 & 0 & \frac{1-2\nu}{2}\end{bmatrix} \tag{4.3a}$$

其中，E 是弹性模量，ν 是泊松比。

弹性刚度矩阵 $[C]$ 还可以用体积模量 K 和剪切模量 G 表示为

$$[C]=\begin{bmatrix} K+\frac{4}{3}G & K-\frac{2}{3}G & K-\frac{2}{3}G & 0 & 0 & 0 \\ K-\frac{2}{3}G & K+\frac{4}{3}G & K-\frac{2}{3}G & 0 & 0 & 0 \\ K-\frac{2}{3}G & K-\frac{2}{3}G & K+\frac{4}{3}G & 0 & 0 & 0 \\ 0 & 0 & 0 & G & 0 & 0 \\ 0 & 0 & 0 & 0 & G & 0 \\ 0 & 0 & 0 & 0 & 0 & G \end{bmatrix} \tag{4.3b}$$

其中，体积模量 K 和剪切模量 G 分别为

$$\left.\begin{aligned} K &= \frac{E}{3(1-2\nu)} \\ G &= \frac{E}{2(1+\nu)} \end{aligned}\right\} \tag{4.4}$$

对刚度矩阵 $[C]$ 求逆得柔度矩阵 $[D]$，式(4.1)可以改写为由应力求应变的形式

$$\{\varepsilon\}=[C]^{-1}\{\sigma\}=[D]\{\sigma\} \tag{4.5}$$

式(4.5)中的 $[D]$ 称为弹性柔度矩阵

$$[D]=\frac{1}{E}\begin{bmatrix} 1 & -\nu & -\nu & 0 & 0 & 0 \\ -\nu & 1 & -\nu & 0 & 0 & 0 \\ -\nu & -\nu & 1 & 0 & 0 & 0 \\ 0 & 0 & 0 & 2(1+\nu) & 0 & 0 \\ 0 & 0 & 0 & 0 & 2(1+\nu) & 0 \\ 0 & 0 & 0 & 0 & 0 & 2(1+\nu) \end{bmatrix} \tag{4.6}$$

(2)平面应力情况

平面应力条件是 $\sigma_z=\tau_{yz}=\tau_{zx}=0$，式(4.1)简化为

$$\begin{Bmatrix} \sigma_x \\ \sigma_y \\ \tau_{xy} \end{Bmatrix}=\frac{E}{1-\nu^2}\begin{bmatrix} 1 & \nu & 0 \\ \nu & 1 & 0 \\ 0 & 0 & \frac{1-\nu}{2} \end{bmatrix}\begin{Bmatrix} \varepsilon_x \\ \varepsilon_y \\ \gamma_{xy} \end{Bmatrix} \tag{4.7}$$

或者可以表示为

$$\begin{Bmatrix} \varepsilon_x \\ \varepsilon_y \\ \gamma_{xy} \end{Bmatrix}=\frac{1}{E}\begin{bmatrix} 1 & -\nu & 0 \\ -\nu & 1 & 0 \\ 0 & 0 & 2(1+\nu) \end{bmatrix}\begin{Bmatrix} \sigma_x \\ \sigma_y \\ \tau_{xy} \end{Bmatrix} \tag{4.8}$$

平面应力情况下 ε_z 不为零

$$\varepsilon_z = \frac{-\nu}{E}(\sigma_x + \sigma_y) = \frac{-\nu}{1-\nu}(\varepsilon_x + \varepsilon_y) \tag{4.9}$$

(3)平面应变情况

平面应变条件是 $\varepsilon_z = \gamma_{yz} = \gamma_{zx} = 0$,式(4.1)简化为

$$\begin{Bmatrix} \sigma_x \\ \sigma_y \\ \tau_{xy} \end{Bmatrix} = \frac{E}{(1+\nu)(1-2\nu)} \begin{bmatrix} 1-\nu & \nu & 0 \\ \nu & 1-\nu & 0 \\ 0 & 0 & \frac{1-2\nu}{2} \end{bmatrix} \begin{Bmatrix} \varepsilon_x \\ \varepsilon_y \\ \gamma_{xy} \end{Bmatrix} \tag{4.10}$$

或者可以表示为

$$\begin{Bmatrix} \varepsilon_x \\ \varepsilon_y \\ \gamma_{xy} \end{Bmatrix} = \frac{1+\nu}{E} \begin{bmatrix} 1-\nu & -\nu & 0 \\ -\nu & 1-\nu & 0 \\ 0 & 0 & 2 \end{bmatrix} \begin{Bmatrix} \sigma_x \\ \sigma_y \\ \tau_{xy} \end{Bmatrix} \tag{4.11}$$

此时其余的三个应力分量为

$$\left.\begin{aligned} \sigma_z &= \nu(\sigma_x + \sigma_y) \\ \tau_{yz} &= 0 \\ \tau_{zx} &= 0 \end{aligned}\right\} \tag{4.12}$$

(4)用主应力表示的关系

用主应力表示应力应变关系,式(4.1)表示为

$$\begin{Bmatrix} \sigma_1 \\ \sigma_2 \\ \sigma_3 \end{Bmatrix} = \frac{E}{(1+\nu)(1-2\nu)} \begin{bmatrix} 1-\nu & \nu & \nu \\ \nu & 1-\nu & \nu \\ \nu & \nu & 1-\nu \end{bmatrix} \begin{Bmatrix} \varepsilon_1 \\ \varepsilon_2 \\ \varepsilon_3 \end{Bmatrix} \tag{4.13}$$

(5)用 p、q 表示的关系

用 p、q 和 ε_v、ε_d 分别表示应力和应变,应力应变关系表示为

$$\begin{Bmatrix} p \\ q \end{Bmatrix} = \begin{bmatrix} K & 0 \\ 0 & 3G \end{bmatrix} \begin{Bmatrix} \varepsilon_v \\ \varepsilon_d \end{Bmatrix} \tag{4.14}$$

式(4.14)表明,对于弹性材料,体积应变只与平均正应力相关,剪应变只与广义剪应力相关,相互间无交叉影响。

4.2 土的线性弹性本构关系

土力学中计算应力用弹性理论,计算变形用直线变形体理论,即计算土体中的应力用布辛奈斯克(Boussinesq,1885)弹性理论,计算应变用胡克定律(Hooke),计算变形用分层总和法。计算过程如下。

(1)**应力**

例如，在集中荷载 P 作用下，半无限弹性体地基中的附加应力是

$$\begin{cases}\sigma_x = \dfrac{3P}{2\pi}\left\{\dfrac{x^2 z}{R^5} + \dfrac{1-2\nu}{3}\left[\dfrac{R^2 - Rz - z^2}{R^3(R+z)} - \dfrac{x^2(2R+z)}{R^3(R+z^2)}\right]\right\} \\ \sigma_y = \dfrac{3P}{2\pi}\left\{\dfrac{y^2 z}{R^5} + \dfrac{1-2\nu}{3}\left[\dfrac{R^2 - Rz - z^2}{R^3(R+z)} - \dfrac{y^2(2R+z)}{R^3(R+z^2)}\right]\right\} \\ \sigma_z = \dfrac{3P}{2\pi}\dfrac{z^3}{R^5} \\ \tau_{xy} = -\dfrac{3P}{2\pi}\left[\dfrac{xyz}{R^5} - \dfrac{1-2\nu}{3}\dfrac{xy(2R+z)}{R^3(R+z^2)}\right] \\ \tau_{yz} = -\dfrac{3P}{2\pi}\dfrac{yz^2}{R^5} \\ \tau_{zx} = -\dfrac{3P}{2\pi}\dfrac{xz^2}{R^5}\end{cases} \tag{4.15}$$

式中，R 是地面上的荷载作用点到计算点的距离。

对于分布在一定面积上的分布荷载，通过积分的方法可以求出地基中的附加应力。

(2)**应变**

在分层总和法沉降计算中，假设荷载作用面积无限大，即假设地基中水平方向没有变形，此时的应力应变关系可以写为

$$\frac{\sigma_1}{\varepsilon_1} = E_s \tag{4.16}$$

式中，E_s 是侧限条件下土的应力与应变之比。

式(4.6)虽然是弹性力学公式，实用上可以由侧限压缩试验(也称单向固结试验)求压缩模量 E_s。

对于荷载作用面积无限大的情况，垂直方向的荷载是大主应力，水平方向的荷载是小主应力，把水平方向应变为零 $\varepsilon_2 = \varepsilon_3 = 0$ 代入式(4.13)得

$$\sigma_1 = \frac{(1-\nu)E}{(1+\nu)(1-2\nu)}\varepsilon_1 \tag{4.17}$$

在假设地基是半无限弹性体的沉降计算中，式(4.13)中的 E 称为变形模量。因为假设水平方向没有变形，比较式(4.16)和式(4.17)得 E 与 E_s 的关系为

$$E = E_s\left(1 - \frac{2\nu^2}{1-\nu}\right) \tag{4.18}$$

若用式(4.5)计算应变，理论上其中的变形模量可用压缩模量求得。

(3)**变形**

变形计算用分层总和法。采用分层总和法解决土体材料非均质的问题，即沿

纵向把土体分成若干层，每一层都视为均质体。根据式(4.16)分别计算各层在荷载作用下的变形量，再求各层变形量的总和，用公式表示为

$$s=\sum_{i=1}^{n}s_i=\sum_{i=1}^{n}\frac{\sigma_{1i}}{E_{si}}h_i \tag{4.19}$$

式中，n 是划分的土层层数；h_i是每层土的厚度。

上述沉降计算过程表明，土的应力计算应用弹性理论，应变计算同样应用弹性理论，土性参数采用压缩模量。而实际土体应力应变关系既不是弹性的，又不是线性的，并且压缩模量本身包含有塑性变形的部分，直接用压缩模量取代弹性模量并利用弹性力学的公式计算应变和变形不能充分反映土体中实际的应力应变关系。

4.3 土的非线性弹性模型

以弹性模量 E 和泊松比 ν 为基本参数的本构模型称为 E-ν 模型。由式(4.1)可知，弹性模量 E 和泊松比 ν 是确定土的应力应变关系的基本参数。弹性模量 E 为常数，表示应力应变为直线关系；泊松比 ν 为常数，表示垂直方向应变与水平方向应变之比为常数。图 4.2 是无侧限抗压强度试验结果的图示，因为这是单轴受力情况，应力应变关系可以直接绘出。由图 4.2 可知，土的应力应变关系曲线具有曲线形态，土的泊松比也不一定为常数。

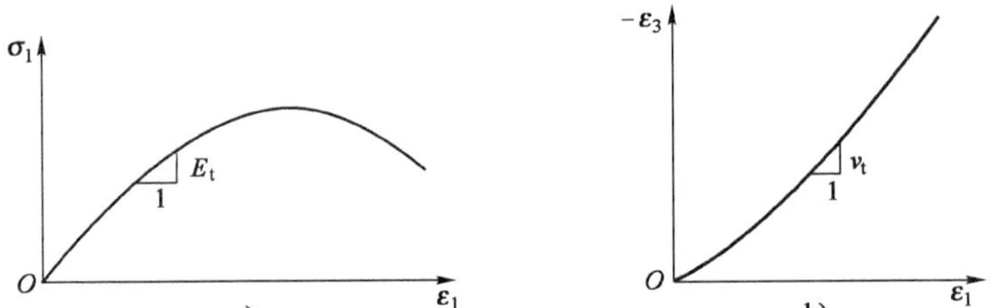

图 4.2 土的应力应变关系曲线

a)应力应变关系；b)应变之间的关系

对于这种土的应力应变关系非线性的特性，基于广义胡克定律基础上的增量非线性弹性模型认为，土体的变形虽然是非线性的，但在微小增量时可以看作是线性的，且服从增量线性的各向同性的广义胡克定律。这种沿着应力或应变路径在增量意义上表示为弹性的性质也称为**“次弹性”**，次弹性材料具有以下性质：

①应力或应变与应力路径相关，需根据当前应力状态求出新的应力增量。

②在当前的应力水平下，应力应变具有增量意义上的可逆性。

③不同的初始条件会得到不同的本构关系。

最简单的次弹性模型是将线性材料的弹性刚度矩阵和柔度矩阵改为与应力路

径相关的切线刚度矩阵和切线柔度矩阵，即对应于不同的应力状态，土的弹性参数可取不同应力、应变下的切线值。例如，切线模量 E_t 和切线泊松比 ν_t（注：E_t 和 ν_t 中的 t 表示与应力路径相关），土的应力与应变关系用增量形式来表示。

应力应变增量关系为

$$\{d\sigma\} = [C^{et}]\{d\varepsilon\} \tag{4.20}$$

对于三维情况，式(4.20)展开为

$$\begin{Bmatrix} d\sigma_x \\ d\sigma_y \\ d\sigma_z \\ d\tau_{xy} \\ d\tau_{yz} \\ d\tau_{zx} \end{Bmatrix} = \frac{E}{(1+\nu_t)(1-2\nu_t)} \begin{bmatrix} 1-\nu_t & \nu_t & \nu_t & 0 & 0 & 0 \\ \nu_t & 1-\nu_t & \nu_t & 0 & 0 & 0 \\ \nu_t & \nu_t & 1-\nu_t & 0 & 0 & 0 \\ 0 & 0 & 0 & \frac{1-2\nu_t}{2} & 0 & 0 \\ 0 & 0 & 0 & 0 & \frac{1-2\nu_t}{2} & 0 \\ 0 & 0 & 0 & 0 & 0 & \frac{1-2\nu_t}{2} \end{bmatrix} \begin{Bmatrix} d\varepsilon_x \\ d\varepsilon_y \\ d\varepsilon_z \\ d\gamma_{xy} \\ d\gamma_{yz} \\ d\gamma_{zx} \end{Bmatrix} \tag{4.21}$$

式中，$[C^{et}]$ 是与某应力状态相对应的弹性刚度矩阵。此时，只要求得用切线表示的各种弹性参数 E_t、ν_t，由它们及上述线弹性关系，即可用弹性增量法计算应变或应力。

4.3.1　邓肯-张模型

邓肯-张(Duncan-Chang)模型是 E-ν 模型的一种。获取土样基本参数的试验是常规三轴的固结排水试验(CD)，根据垂直方向应力与应变 $[(\sigma_1-\sigma_3)$-$\varepsilon_1]$ 关系曲线确定弹性参数 E_t，根据水平方向应变与垂直方向应变(ε_1-ε_3)关系曲线确定弹性参数 ν_t。

(1)切线模量 E_t

根据弹性模量的概念，在增量法中，切线模量定义为

$$E_t = \frac{d\sigma_1}{d\varepsilon_1} \tag{4.22}$$

在常规三轴试验中 σ_3 = 常数，$d\sigma_3 = 0$，所以可以直接根据垂直方向的应力应变关系求切线模量 E_t，即

$$E_t = \frac{d\sigma_1}{d\varepsilon_1} = \frac{d(\sigma_1-\sigma_3)}{d\varepsilon_1} \tag{4.23}$$

式(4.23)定义了切线模量 E_t 的概念，它是一个与应力路径相关的变量，需要确定切线模量 E_t 具体的表达式。

根据 σ_3 = 常数的固结排水三轴剪切试验结果，绘制垂直方向应力应变 $[(\sigma_1-\sigma_3)$-$\varepsilon_1]$ 关系曲线，见图 4.3a)。邓肯-张模型设该曲线为双曲线，双曲线方程为

$$\sigma_d = \sigma_1 - \sigma_3 = \frac{\varepsilon_1}{a + b\varepsilon_1} \tag{4.24}$$

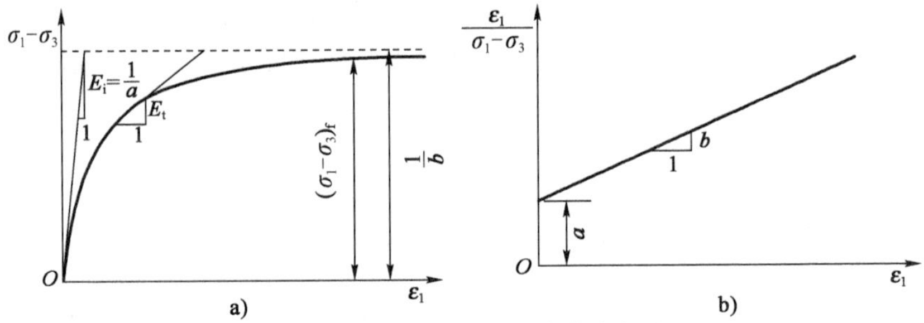

图 4.3 邓肯-张模型中的参数确定图

a)垂直应力垂直应变曲线;b)确定参数 a、b

双曲线方程中的参数 a、b 如图 4.3 所示。a 是初始切线模量 E_i 的倒数

$$E_i=\left(\frac{\sigma_d}{\varepsilon_1}\right)_{\varepsilon_1\to 0}=\frac{1}{a} \tag{4.25}$$

b 是应力应变曲线渐近线的倒数

$$(\sigma_d)_{\varepsilon_1\to\infty}=\frac{1}{b} \tag{4.26}$$

对于围压 σ_3 =常数的某一次试验,可以根据应力应变曲线确定相应的 a 和 b。

注意到,参数 b 是根据应力应变曲线的渐近线得到的,理论上应 $\varepsilon_1\to\infty$,实际试验中 ε_1 达不到无穷大,所以由试验通常不能直接得到 b。设破坏比 R_f 用公式表示为

$$R_f=\frac{\text{破坏时的强度}}{\text{强度的极限值}}=\frac{(\sigma_1-\sigma_3)_f}{(\sigma_1-\sigma_3)_u}=\frac{(\sigma_1-\sigma_3)_f}{\dfrac{1}{b}} \tag{4.27}$$

一般破坏比 R_f =0.75~0.95,由式(4.27)得

$$b=\frac{R_f}{(\sigma_1-\sigma_3)_f} \tag{4.28}$$

把式(4.28)、式(4.25)代入式(4.24)得

$$\sigma_1-\sigma_3=\frac{\varepsilon_1}{\dfrac{1}{E_i}+\dfrac{R_f\varepsilon_1}{(\sigma_1-\sigma_3)_f}} \tag{4.29}$$

式(4.29)可改写为

$$\varepsilon_1=\frac{\sigma_1-\sigma_3}{E_i\left[1-\dfrac{R_f(\sigma_1-\sigma_3)}{(\sigma_1-\sigma_3)_f}\right]} \tag{4.30}$$

由式(4.30)可知 $\varepsilon_1=f(\sigma_1,\sigma_3)$,对式(4.30)微分得

$$d\varepsilon_1=\frac{d\sigma_1}{E_i\left[1-\dfrac{R_f(\sigma_1-\sigma_3)}{(\sigma_1-\sigma_3)_f}\right]^2} \tag{4.31}$$

注意到，这是 σ_3 = 常数的试验。在式(4.31)的推导过程中有 $d(\sigma_1-\sigma_3)=d\sigma_1$，把式(4.31)代入式(4.22)得

$$E_t=\frac{d\sigma_1}{d\varepsilon_1}=E_i\left[1-\frac{R_f(\sigma_1-\sigma_3)}{(\sigma_1-\sigma_3)_f}\right]^2 \tag{4.32}$$

分析式(4.32)可知，邓肯-张模型的切线模量 E_t 的影响因素有三个：

a. 破坏比 R_f。

b. 初始切线模量 E_i，与围压 σ_3 相关。

c. 试验中的终值强度 $(\sigma_1-\sigma_3)_f$，与围压 σ_3 相关。

①求破坏比 R_f。

在以上的三个影响因素中，R_f 可以根据经验事先确定。

②求初始切线模量 E_i。

初始切线模量 E_i 采用以下经验公式

$$E_i=Kp_a\left(\frac{\sigma_3}{p_a}\right)^n \tag{4.33}$$

式(4.33)中引入大气压力(p_a=101kPa)是因为量纲的需要。式(4.33)中 K 是无量纲的系数，n 是无量纲幂次。由式(4.33)得 E_i 的量纲与大气压力 p_a 的量纲相同。

由式(4.33)可知初始切线模量 E_i 是与围压 σ_3 相关的参数，即不同的 σ_3 时 E_i 不同。经验式(4.33)把 σ_3 与 E_i 联系起来，根据几次不同围压的试验值求出式(4.33)中的参数 K 和 n，就可以得到任意围压 σ_3 时的初始切线模量 E_i。

下面求参数 K 和 n。由式(4.33)得

$$\lg\frac{E_i}{p_a}=\lg K+n\lg\frac{\sigma_3}{p_a} \tag{4.34}$$

分别以 $y=\lg\frac{E_i}{p_a}$，$x=\lg\frac{\sigma_3}{p_a}$ 为坐标轴，式(4.34)可表达为直线方程

$$y=a+nx \tag{4.35}$$

根据不同试验点(σ_3，E_i)，用曲线拟合的方法可求得直线方程的截距 $a=\lg K$ 和斜率 n，所以参数 K 为

$$K=10^a \tag{4.36}$$

例如，某试验结果如图 4.4 所示。图 4.4a)是一组不同围压下的应力应变关系图，图 4.4b)中的圆点是根据图 4.4a)中的试验结果得出的，再根据这些试验点得出式(4.35)的拟合曲线方程。由图 4.4b)中的拟合曲线方程可求得该土样的邓肯-张模型参数 $n=0.603$，$K=10^{2.7424}$。

③求终值强度 $(\sigma_1-\sigma_3)_f$。

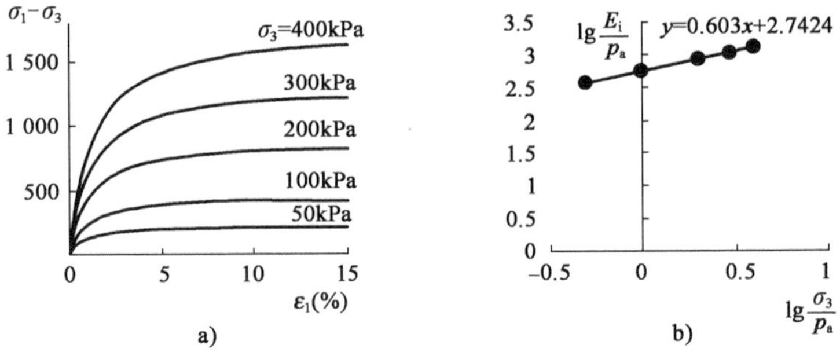

图 4.4 邓肯-张模型中参数 K、n

a)应力应变关系;b)参数 K、n

由图 4.4a)可知,终值强度 $(\sigma_1-\sigma_3)_f$ 也与围压 σ_3 相关,即不同的 σ_3 有不同的峰值强度。根据莫尔-库仑准则,峰值强度可以用土的内摩擦角和土的内聚力表示如下

$$(\sigma_1-\sigma_3)_f=\frac{2c\cos\varphi+2\sigma_3\sin\varphi}{1-\sin\varphi} \tag{4.37}$$

把式(4.33)、式(4.37)代入式(4.32)得

$$E_t=\left[1-\frac{R_f(\sigma_1-\sigma_3)(1-\sin\varphi)}{2c\cos\varphi+2\sigma_3\sin\varphi}\right]^2 Kp_a\left(\frac{\sigma_3}{p_a}\right)^n \tag{4.38}$$

式(4.38)就是邓肯-张模型的切线模量计算式,可知 $E_t=f(R_f,c,\varphi,K,n)$。要确定切线模量 E_t,首先需要确定 5 个土性参数,这 5 个土性参数中 R_f 可根据经验直接给出,其余 4 个参数由三轴固结排水试验求出。

(2)切线泊松比 ν_t

切线泊松比 ν_t 定义为

$$\nu_t=-\frac{d\varepsilon_3}{d\varepsilon_1} \tag{4.39}$$

在常规三轴固结排水试验中容易测得的应变增量有垂直应变增量 $d\varepsilon_1$ 和体积应变增量 $d\varepsilon_v$。求得 $d\varepsilon_3$ 为

$$d\varepsilon_3=\frac{d\varepsilon_v-d\varepsilon_1}{2} \tag{4.40}$$

邓肯-张模型假定 ε_1 和 ε_3 也是双曲线关系,形如图 4.2b)所示,用公式表示为

$$\varepsilon_1=\frac{-\varepsilon_3}{f-D\varepsilon_3} \tag{4.41}$$

其中,f、D 为模型参数。式(4.41)还可以改写为

$$\varepsilon_3=\frac{-\varepsilon_1 f}{1-D\varepsilon_1} \tag{4.42}$$

对式(4.42)求微分得

$$d\varepsilon_3 = \frac{-d\varepsilon_1 f}{(1 - D\varepsilon_1)^2} \tag{4.43}$$

把式(4.43)代入式(4.39),得

$$\nu_t = -\frac{d\varepsilon_3}{d\varepsilon_1} = \frac{f}{(1 - D\varepsilon_1)^2} \tag{4.44}$$

式(4.41)还可以改写为

$$\frac{-\varepsilon_3}{\varepsilon_1} = f - D\varepsilon_3 \tag{4.45}$$

在$\frac{-\varepsilon_3}{\varepsilon_1}$-$\varepsilon_3$坐标系下,式(4.45)是直线方程。根据围压$\sigma_3$不同的试验,可以求出不同的$f$、$D$。若求出的$D$值不同,可取平均值作为模型参数。下面求$f$。

由式(4.45)可知,当$\varepsilon_3 \to 0$时,$\frac{-\varepsilon_3}{\varepsilon_1} \to f$,所以$f$是$\varepsilon_1$-($-\varepsilon_3$)曲线初始切线斜率。

设初始切线斜率为

$$f = \nu_i = G - F\lg\frac{\sigma_3}{p_a} \tag{4.46}$$

根据不同的围压σ_3和相应的初始切线斜率ν_i,用曲线拟合的方法可以求出式(4.46)中的参数G、F。

为了得到垂直方向的应变与土的内摩擦角的关系,把式(4.37)代入式(4.30)得

$$\varepsilon_1 = \frac{\sigma_1 - \sigma_3}{E_i\left[1 - \frac{R_f(\sigma_1 - \sigma_3)(1 - \sin\varphi)}{2c\cos\varphi + 2\sigma_3\sin\varphi}\right]} \tag{4.47}$$

再把式(4.46)、式(4.47)代入式(4.44)得

$$\nu_t = -\frac{d\varepsilon_3}{d\varepsilon_1} = \frac{1}{\left\{1 - \frac{D(\sigma_1 - \sigma_3)}{E_i\left[1 - \frac{R_f(\sigma_1 - \sigma_3)(1 - \sin\varphi)}{2c\cos\varphi + 2\sigma_3\sin\varphi}\right]}\right\}^2}\left(G - F\lg\frac{\sigma_3}{p_a}\right) \tag{4.48}$$

式(4.48)就是邓肯-张模型的切线泊松比计算式。可知$\nu_t = f(R_f, c, \varphi, D, G, F)$,要确定切线泊松比$\nu_t$,需要确定6个土性参数。

由式(4.38)和式(4.48)可知,在邓肯-张模型求弹性参数E_t、ν_t的公式中,包含了K、n、R_f、c、φ和G、F、D共8个参数,它们均可由常规的三轴试验得到。

分析上述的邓肯-张模型可知:

①邓肯-张模型要求($\sigma_1 - \sigma_3$)-σ_1曲线为硬化型,而且是双曲线;ε_1-ε_3曲线也是

双曲线,如果这个要求得不到满足,该方法原则上将不适用。

②模型不能考虑土的剪胀性,也不能反映中主应力的影响。

③实践表明,用这个模型预估的土体沉降值在荷载较大时偏大。

④测定泊松比 ν 值时,ε_3 不易直接测量。由式(4.40)可知,ε_3 是根据体积应变 ε_v 和最大主应变 ε_1 按试样均匀变形计算,因此人们总想避开测定 ν 而用其他的弹性参数来代替。

例如,E-B 模型就是用 K_t 来替代 E-ν 模型中的 ν,因为

$$K=\frac{E}{3(1-2\nu)} \tag{4.49}$$

所以

$$\nu=\frac{3K-E}{6K} \tag{4.50}$$

在常规的三轴试验中,$d\sigma_2=d\sigma_3=0$,$dp=\frac{1}{3}(d\sigma_1+d\sigma_2+d\sigma_3)=\frac{d\sigma_1}{3}$

所以

$$K_t=\frac{dp}{d\varepsilon_v}=\frac{1}{3}\frac{d\sigma_1}{d\varepsilon_v}=\frac{1}{3}\frac{d\sigma_1-d\sigma_3}{d\varepsilon_v} \tag{4.51}$$

假定体积模量 K 与应力水平无关,仅随围压 σ_3 而变时,对于同一个 σ_3,K_t 应为常量 K。根据试验结果,分别以 $\frac{\sigma_1-\sigma_3}{3}$ 和 ε_v 为坐标轴做出的关系曲线可以用一条直线来拟合,直线的斜率即为 K。但试验结果往往并非直线,故 Duncan 等人取相应于应力水平 0.7 的 ε_v 和 $\frac{\sigma_1-\sigma_3}{3}$ 所对应的点与坐标原点的连线作为平均斜率,并由它算得的 K 用 B 来表示,从而形成了新的 E-B 模型。设 K(即 B)与不同的 σ_3 之间具有下列的关系

$$K=\frac{dp}{d\varepsilon_v}=k_b p_a\left(\frac{\sigma_3}{p_a}\right)^m \tag{4.52}$$

式中,k_b、m 均为试验常数。

4.3.2 K-G 模型

对于三维应力状态,常常引入球应力 p 与偏应力 q 两个分量反映土的复杂应力状态,而体积模量 K 和剪切模量 G 分别反映了土在球应力和偏应力作用下土的弹性性质。广义胡克定律可以用 E、ν 两个参数表示,也可以用 K、G 两个参数表示,由增量广义胡克定律可以得到

$$\begin{Bmatrix} dp \\ dq \end{Bmatrix}=\begin{bmatrix} K_t & 0 \\ 0 & 3G_t \end{bmatrix}\begin{Bmatrix} d\varepsilon_v \\ d\varepsilon_d \end{Bmatrix} \tag{4.53}$$

式(4.53)表明平均正应力 p 只与体积应变 ε_v 相关，广义剪应力 q 只与剪应变 ε_d 相关，这种应力应变关系称为非耦合的关系。这种非耦合模型一般分别进行 $q=0$ 和 $p=$ 常数的三轴试验，可以直接、独立，而且较准确地作出 K 和 G 的测定值。

K-G 模型的耦合模型考虑体积应变不但与 p 相关，还与 q 相关；剪应变不但与 q 相关，也与 p 相关。可以通过 $p=$ 常数或 $\eta=$ 常数或 $q=0$ 的等向固结试验得到函数 $\varepsilon_v=f_1(p,q)$，$\varepsilon_d=f_2(p,q)$，进而求解。这种方法考虑平均应力和剪应力对应变的交叉影响，考虑土的剪胀性和压硬性，在概念上更加完整，但是确定计算参数试验复杂。

下面介绍非耦合的 K-G 模型。

(1)Domaschuk-Villiappan 的方法

①切线体积模量 K_t。

根据 $q=0$ 的等向固结排水试验求切线体积模量 K_t。切线体积模量定义为

$$K_t = \frac{dp}{d\varepsilon_v} \tag{4.54}$$

a. 根据 $\ln p$-ε_v 曲线求 K_t。

在 p-ε_v 坐标系下由试验结果可得应力应变关系如图 4.5a) 所示。由图可知应力应变曲线非线性，K_t 是应力应变曲线的切线斜率，K_i 是应力应变曲线的初始切线斜率。把试验结果绘制在 $\ln p$-ε_v 坐标系下，应力应变关系如图 4.5b)所示。由图可得

$$\frac{d(\ln p)}{d\varepsilon_v} = \frac{1}{p}\frac{dp}{d\varepsilon_v} = \frac{1}{\lambda_1} \tag{4.55}$$

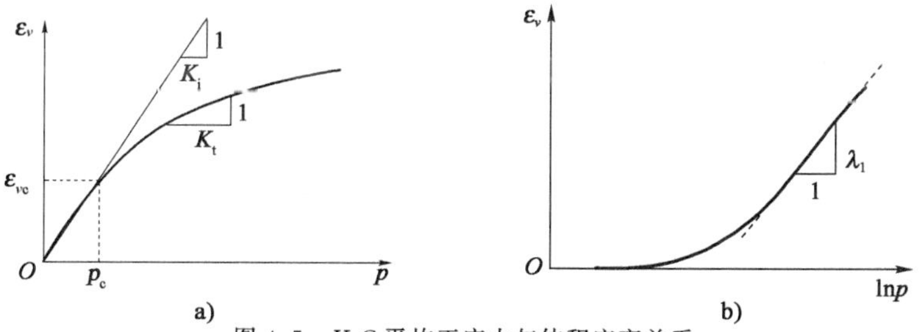

图 4.5 K-G 平均正应力与体积应变关系

a) p-ε_v 关系曲线；b) $\ln p$-ε_v 关系曲线

所以切线模量为

$$K_t = \frac{dp}{d\varepsilon_v} = p\frac{1}{\lambda_1} \tag{4.56}$$

得平均正应力增量与体积应变增量的关系为

$$d\varepsilon_v = \frac{1}{K_t}dp = \frac{\lambda_1}{p}dp \tag{4.57}$$

这是根据 $\ln p$-ε_v 曲线上的斜率 λ_1 求切线体积模量 K_t 的方法。由式(4.56)可知 K_t 与当前应力 p 相关,在不同的当前应力 p 的条件下具有不同的切线体积模量 K_t。

b. 根据 $\frac{p}{p_c}$-$\frac{\varepsilon_v}{\varepsilon_{vc}}$ 曲线求 K_t。

引入初始的等向应力 p_c 和相应的体应变的特征值 ε_{vc}。设 $\frac{p}{p_c}$-$\frac{\varepsilon_v}{\varepsilon_{vc}}$ 曲线为幂函数的形式

$$\frac{p}{p_c}=\frac{\varepsilon_v}{\varepsilon_{vc}}\left[1+\alpha\left(\frac{\varepsilon_v}{\varepsilon_{vc}}\right)^{n-1}\right] \tag{4.58}$$

根据 $\frac{p}{p_c}$-$\frac{\varepsilon_v}{\varepsilon_{vc}}$ 曲线求切线模量 K_t。式(4.58)中共有 4 个试验参数,其中 p_c、ε_{vc} 是初始值,α、n 可由试验结果由曲线拟合法求出。

式(4.58)可改写为

$$p=\frac{p_c}{\varepsilon_{vc}}\left[\varepsilon_v+\alpha\frac{(\varepsilon_v)^n}{(\varepsilon_{vc})^{n-1}}\right] \tag{4.59}$$

对式(4.59)求微分得

$$\mathrm{d}p=\frac{p_c}{\varepsilon_{vc}}\left[\mathrm{d}\varepsilon_v+n\alpha\left(\frac{\varepsilon_v}{\varepsilon_{vc}}\right)^{n-1}\mathrm{d}\varepsilon_v\right] \tag{4.60}$$

把式(4.60)代入式(4.54),得

$$K_t=\frac{\mathrm{d}p}{\mathrm{d}\varepsilon_v}=\frac{p_c}{\varepsilon_{vc}}\left[1+n\alpha\left(\frac{\varepsilon_v}{\varepsilon_{vc}}\right)^{n-1}\right] \tag{4.61}$$

设初始切线模量 K_i 为

$$K_i=\frac{p_c}{\varepsilon_{vc}} \tag{4.62}$$

所以切线体积模量 K_t 为

$$K_t=K_i\left[1+n\alpha\left(\frac{\varepsilon_v}{\varepsilon_{vc}}\right)^{n-1}\right] \tag{4.63}$$

由式(4.63)可知,切线体积模量为 $K_t=f(K_i,\alpha,n)$,其中 K_i 是初始条件;α、n 是土性参数,可根据式(4.58)由试验得到。图 4.6 是根据式(4.58)绘制的应力应变关系曲线。图 4.6a) 是 $\alpha=1$,n 不同时的应力应变关系,可知参数 n 表示了曲线的弯曲程度;图 4.6b)是 $n=1$,α 不同时的应力应变关系,可知此时应力应变关系为直线关系。

②切线剪切模量 G_t。

定义切线剪切模量 G_t 为

$$G_t=\frac{\mathrm{d}q}{3\mathrm{d}\varepsilon_d} \tag{4.64}$$

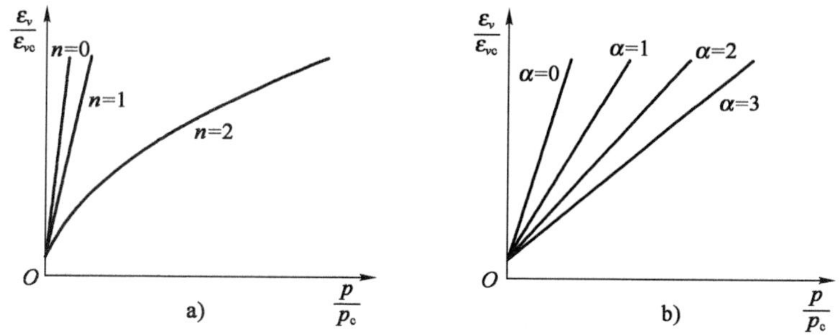

图 4.6 $\frac{p}{p_c}$-$\frac{\varepsilon_v}{\varepsilon_{vc}}$关系曲线

a)$\alpha=1$；b)$n=1$

求切线剪切模量 G_t 的试验是先使土样在三向等压条件下固结到某平均正应力 p，然后在 p=常数的条件下做排水的三轴剪切试验把试样剪切至破坏，在剪切的过程中 $dp=0$，所以变形只与偏应力增量 dq 相关。

设偏应力与偏应变之间具有双曲线关系

$$q=\frac{\varepsilon_d}{a+b\varepsilon_d} \tag{4.65}$$

式(4.65)可以改写为

$$\varepsilon_d=\frac{a}{1-bq} \tag{4.66}$$

对式(4.65)求微分，并把式(4.66)代入得

$$dq=\frac{1}{a}(1-bq)^2 d\varepsilon_d \tag{4.67}$$

把式(4.67)代入式(4.64)得

$$G_t=\frac{dq}{3d\varepsilon_d}=\frac{1}{3a}(1-bq)^2=G_i(1-bq)^2 \tag{4.68}$$

a. 求 a。

公式中的 G_i 是双曲线的初始切线斜率(图4.7)

$$G_i=\frac{1}{3a} \tag{4.69}$$

不同的超固结比$\frac{p_c}{p}$具有不同的初始切线模量。对于某一类黏土，由试验结果得

$$\ln\frac{G_i}{p}=A-B_1\frac{p}{p_c e_0}=A-Bp \tag{4.70}$$

式(4.70)中 e_0 是初始孔隙比。同类土中，A、B 基本是常数，初始切线模量是 p 的函数。由式(4.70)得

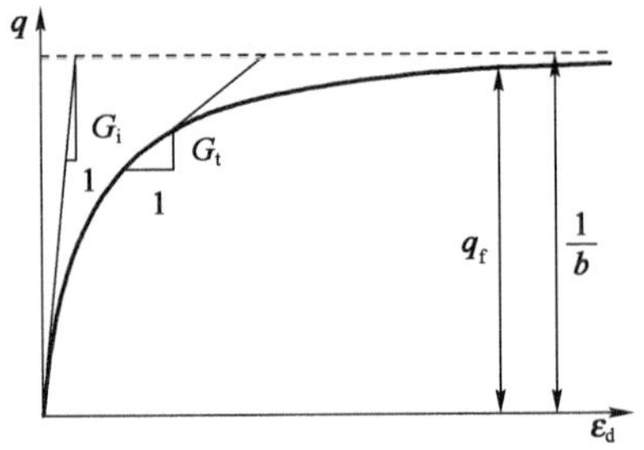

图 4.7　q-ε_d关系曲线

$$G_i = pe^{A-B_1\frac{p}{p_c e_0}} = \frac{1}{3a} \tag{4.71}$$

b. 求 b。

公式中的参数$\frac{1}{b}$是双曲线的渐近线,参考式(4.27)得

$$R_f = \frac{\text{破坏时的强度}}{\text{强度的极限值}} = \frac{q_f}{q_u} = \frac{q_f}{\frac{1}{b}} \tag{4.72}$$

根据试验结果,设破坏时的强度为

$$q_f = 10^{\alpha_1}\left(\frac{p}{p_c e_0}\right)^{\beta} \tag{4.73}$$

式(4.73)中,α_1、β 是根据不同的超固结比得到的试验参数。由式(4.72)和式(4.73)得

$$b = \frac{R_f}{10^{\alpha_1}\left(\frac{p}{p_c e_0}\right)^{\beta}} \tag{4.74}$$

c. 求 G_t。

把式(4.71)、式(4.74)代入式(4.68)得

$$G_t = pe^{A-B_1\frac{p}{p_c e_0}}\left(1 - \frac{R_f q}{10^{\alpha_1}\left(\frac{p}{p_c e_0}\right)^{\beta}}\right)^2 \tag{4.75}$$

由式(4.75)可知,若用函数表示切线模量 $G_t = f(p, p_c, e_0, A, B_1, \alpha_1, \beta)$,其中 p_c、e_0 是初始条件,A、B_1、α_1、β 是土样参数。

(2)《土工试验规程——土的变形参数试验》(SL 237-030—1999)方法

根据等向固结排水试验,测定应力与体积应变的关系曲线,计算土的体积变形模量 K_t。根据 p=常数的固结排水试验,测定应力与体积应变的关系曲线,计算土的剪切模量 G_t。

①根据 $\lg p$-ε_v 曲线求 K_t。

把等向固结排水试验结果绘制在 $\ln p$ -ε_v坐标系下应力应变关系如图 4.8b)中

曲线①所示，应力应变关系的斜率为 λ_1。若在 $\lg p$-ε_v 坐标系下绘制应力应变关系，如图 4.8b)中曲线②所示，应力应变关系的斜率为 λ_1'，即

$$\left.\begin{aligned}\frac{d\varepsilon_v}{d(\ln p)} &= \lambda_1\\ \frac{d\varepsilon_v}{d(\lg p)} &= \lambda_1'\end{aligned}\right\}\tag{4.76}$$

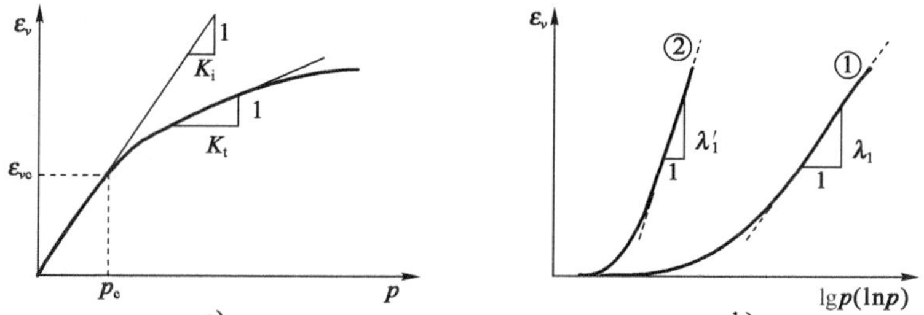

图 4.8　根据 $\lg p$-ε_v 曲线求 K_t

a) p-ε_v 关系曲线；b) $\ln p$-ε_v、$\lg p$-ε_v 关系曲线

因为

$$\lg p = \frac{\ln p}{\ln 10} = 0.434\ln p\tag{4.77}$$

所以

$$\lambda_1 = 0.434\lambda_1'\tag{4.78}$$

可得

$$K_t = \frac{dp}{d\varepsilon_v} = \frac{p\cdot d(\ln p)}{d\varepsilon_v} = \frac{p}{\dfrac{d\varepsilon_v}{d(\ln p)}} = \frac{p}{\lambda_1} = \frac{p}{0.434\lambda_1'}\tag{4.79}$$

这是根据 $\lg p$-ε_v 曲线上的斜率 λ_1' 求切线体积模量 K_t 的方法。由式(4.79)可知，K_t 与当前应力 p 相关，在不同的当前应力 p 的条件下具有不同的切线体积模量 K_t[注：此时的 λ_1 与剑桥模型中参数 λ 的不同之处在于，此处的 $\lambda_1=\dfrac{d\varepsilon_v}{d(\ln p)}$，剑桥模型中的 $\lambda=\dfrac{de}{d(\ln p)}$]。

②根据 q-ε_d 曲线求 G_t。

《土工试验规程——土的变形参数试验》(SL 237-030—1999)中 5.2.5 条为：绘制广义剪应力与广义剪应变关系曲线，根据采用的数学模型推求切线剪切模量和初始剪切模量。

例如，若试验曲线类似于双曲线，可设偏应力与偏应变之间的双曲线关系亦为式(4.65)，定义切线剪切模量 G_t 亦为式(4.64)，即

$$q=\frac{\varepsilon_d}{a+b\varepsilon_d}$$

$$G_t=\frac{dq}{3d\varepsilon_d}$$

根据式(4.66)、式(4.67)得切线剪切模量G_t亦为式(4.68),即

$$G_t=\frac{dq}{3d\varepsilon_d}=\frac{1}{3a}(1-bq)^2=G_i(1-bq)^2$$

a.求a。

由上式可知$G_i=\frac{1}{3a}$,因为此时是$p=$常数的试验,所以设

$$G_i=Kp_a\left(\frac{p}{p_a}\right)^n \tag{4.80}$$

采用与求式(4.33)中K、n类似的方法,可求得式(4.80)中的试验参数K、n的值。

b.求b。

根据式(4.72)可得

$$b=\frac{R_f}{q_f} \tag{4.81}$$

参考式(4.37)

$$q_f=(\sigma_1-\sigma_3)_f=\frac{2c\cos\varphi+2\sigma_3\sin\varphi}{1-\sin\varphi} \tag{4.82}$$

把式(4.82)代入式(4.81)得

$$b=\frac{R_f(1-\sin\varphi)}{2c\cos\varphi+2\sigma_3\sin\varphi} \tag{4.83}$$

c.求G_t。

把式(4.80)、式(4.83)代入式(4.68)得

$$G_t=Kp_a\left(\frac{p}{p_a}\right)^n\left[1-\frac{R_f(1-\sin\varphi)q}{2c\cos\varphi+2\sigma_3\sin\varphi}\right]^2 \tag{4.84}$$

4.4 本章小结

(1)学习弹性力基本应力应变关系是学习土本构关系的基础。

(2)一般在地基沉降计算中采用线性弹性本构关系、计算应力用弹性理论、计算变形用直线变形体理论。

(3)常用的土非线性弹性本构模型有邓肯-张(Duncan-Chang)模型和K-G模型。

第5章 剑桥模型

在单向应力状态下，各种材料的应力应变曲线见图5.1。由图可知：①弹性材料，应力应变关系为一一对应的线性关系。②理想弹塑性材料，当应力超过比例极限后，应力达峰值后不再增加，只产生塑性变形。③应变硬化材料，随着应力的增加，弹性变形区域增加，比例极限在增大，当应力达一定值后，应力不再增加，即达到峰值。这种弹塑性材料塑性变形的大小与应力历史相关，达到峰值前，历史上的最大应力是新的比例极限，应力在此范围内变化，只产生弹性变形，应力超过该点，将产生新的塑性变形。④应变软化材料，当应力超过峰值点之后，随着变形的增加，应力减小，比例极限也在减小，最后应力将稳定在某一临界值。

正常固结土属于应变硬化材料，应力应变关系曲线类似于图5.1c)；超固结土属于应变软化材料，应力应变关系曲线类似于图5.1d)，当应变充分大时应力达到临界状态值。

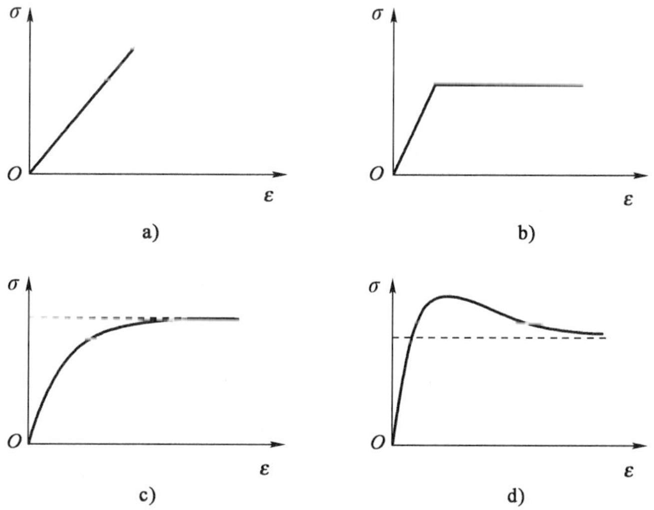

图5.1　不同材料的应力应变曲线

a)弹性材料；b)理想弹塑性材料；c)应变硬化材料；d)应变软化材料

与图 5.1 所示的单向应力状态不同,对于空间问题应力应变关系图不易简单绘出,为了描述空间应力应变关系,通常可在应力空间中绘出某种应变状态的等值面(如开始产生塑性变形的应力状态),但应力空间三个应力参量的应力等值面也不易简单绘出。通常采用平均正应力 p 和广义剪应力 q 这两个应力参量,在 p-q 坐标系中绘出满足某个条件地等值面,这是一种把三维问题二维化的方法,可以使三维问题直观地表示在平面上。这样,在一维条件下的弹性段就变成为二维问题的弹性域;在一维条件下的屈服应力就变成二维问题的屈服线。

5.1 基本概念

弹塑性理论定义材料在荷载作用下的变形是弹性变形与塑性变形之和,其中研究塑性变形需要解决三个方面的问题:

①产生塑性变形的起点。

②产生塑性变形的方向。

③产生塑性变形的大小。

以上在塑性变形中需要解决的三个方面的问题类似于力的三要素:大小、方向、作用点。在塑性理论中,描述以上三个问题的工具被称为是**塑性理论的三大支柱:屈服条件、流动法则和硬化规律**,它们分别被定义为:

①**屈服条件**是确定开始产生塑性变形的应力条件。

②**流动法则**是确定塑性应变增量方向的法则。

③**硬化规律**是确定塑性应变增量大小的规律,确定硬化规律实质上是要确定硬化参量。

或者可以这样说,屈服条件确定了塑性变形的起点,流动法则确定塑性变形的方向,硬化规律(确定硬化参量)确定了塑性变形的大小。

5.2 原始剑桥模型

由英国剑桥大学的罗斯柯(Roscoe)等 1963 年提出的土的弹塑性本构模型称为原始剑桥模型。原始剑桥模型从能量方程推导出应力比与应变增量比的关系,根据正交法则确定塑性势函数,再根据塑性势函数与屈服函数相同的相关联流动法则,确定屈服函数,根据等向固结试验结果确定屈服函数中的积分常数,进而确定出塑性的应力应变关系。

原始剑桥模型在 p-q 坐标系中建立了塑性体积应变等值面方程，其中塑性体积应变就是剑桥模型的硬化参量，建立的方程称为**屈服函数**，该函数在应力空间形成的曲面称为**屈服面**。当应力在屈服面以内变化，材料只有弹性变形；应力超过这个屈服面时，产生塑性变形。

对于理想塑性材料，屈服即等于破坏；对于应变硬化材料，随着塑性变形的发展，材料的屈服面扩大；对于应变软化材料，随着塑性变形的发展，材料的屈服面还会缩小。对于应变硬化材料，屈服面会随着荷载的变化而变化，可以用加载屈服函数表示屈服面与荷载的关系。加载屈服函数可由初始屈服条件按一定的规律逐渐向最终的破坏条件发展。加载屈服面方程式可写为 $\varphi(\sigma_{ij},H)=0$。其中，H 一般称为硬（软）化参量，它是用来描述这种加载屈服面随应力（应变）增长而发生变化规律的参数，即加载屈服面是硬（软）化参数 H 的等值面。例如，剑桥模型的屈服函数是 $f(p,q,\varepsilon_v^p)$，剑桥模型的屈服面是在 p-q 坐标系下塑性体积应变 ε_v^p 的等值面。从某一屈服面开始加载，会产生新的屈服面。确定新的屈服面时需确定塑性应变增量 $d\varepsilon_v^p$ 的大小。

图 5.2 是在 p-q 坐标系下绘制的剑桥模型的屈服面 f，当应力点位于屈服面内时，应力应变关系是线弹性的，当应力超出了原屈服面，将会产生新的塑性应变，屈服面将会扩大成新的屈服面，弹性域也将相应扩大。

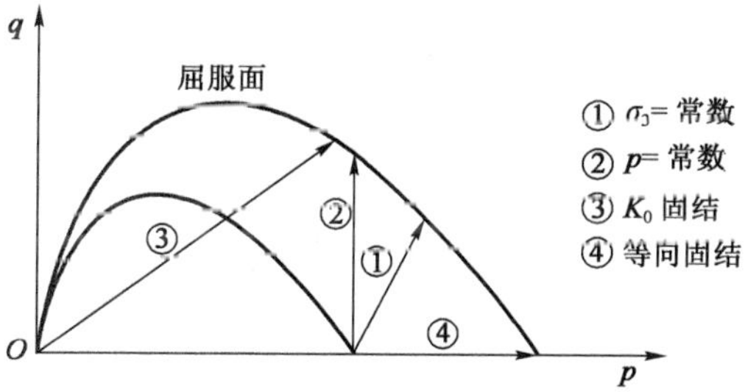

图 5.2　原始剑桥模型屈服面和应力路径

剑桥模型是目前得到广泛应用的土的弹塑性模型。在剑桥模型以前，人们把固结和剪切作为两个不同的问题考虑，**剑桥模型首次把两者统一起来**，用剑桥模型可以描述这两个看似不同的问题。

如图 5.2 所示，在以平均正应力 p 和广义剪应力 q 为坐标轴的应力空间中绘制了不同的应力路径和屈服面。①是三轴剪切试验中围压 $\sigma_3=$常数条件的应力路径，②是三轴剪切试验中 $p=$常数条件的应力路径，③是 K_0 固结应力路径 $\eta=\frac{3(1-K_0)}{1+2K_0}$，④是等向固结应力路径 $\eta=\frac{q}{p}=0$。

等向固结试验、K_0 固结试验通常称为**固结试验**，$p=$常数、围压 $\sigma_3=$常数试验通常称为**剪切试验**,剑桥模型用不同应力路径表示了固结和剪切这两个看似不同的问题。根据屈服面的概念,屈服面是硬化参量的等值面,剑桥模型以塑性体积应变为硬化参量,从某屈服面开始,沿着不同的应力路径走到另一屈服面上的塑性体积应变增量相等。等向固结试验塑性剪应变增量为零,只有塑性体积应变增量,因此可以根据等向固结试验求出塑性体积应变增量,得出相应的屈服面。

5.2.1 临界状态

临界状态定义为:**土体在荷载作用下达到应力不再变化、体积应变不再变化,而剪应变持续发展的流动状态。**此时意味着土体已经发生了流动破坏。Roscoe 等根据试验结果建立的临界状态方程为

$$q = Mp \tag{5.1}$$

$$v = \Gamma - \lambda \ln p \tag{5.2}$$

式(5.1)表示临界状态应力比是 M。式(5.2)表示的是临界状态线,v 是比容,$v=1+e$,Γ 是 $p=1$ 时的比容。若用 Γ_e 表示 $p=1$ 时的孔隙比,式(5.2)还可以表示为

$$e = \Gamma_e - \lambda \ln p \tag{5.3}$$

图 5.3 表示了不同的应力路径下土体被加荷到临界状态。图中①表示围压 σ_3=常数的应力路径,②表示 p=常数的应力路径,③表示不排水剪切应力路径,④表示等向固结应力路径。

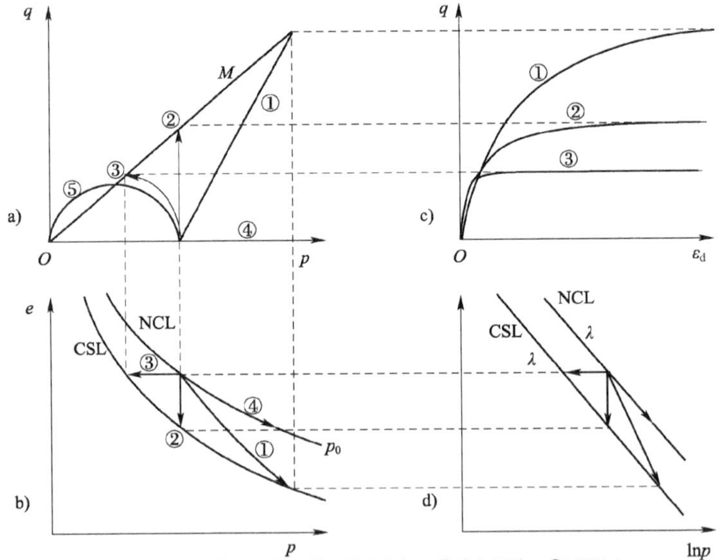

①σ_3=常数 ②p=常数 ③不排水剪切 ④等向固结 ⑤屈服面

图 5.3 土的临界状态

a)应力路径;b)p-e 曲线;c)ln$p$-e 曲线;d)ε_d-q 曲线

由图 5.3a)可知,①、②、③三种剪切路径在 p-q 坐标系下终值应力比都是 M。图 5.3b)是在 p-e 坐标系中绘制的正常固结线 NCL 和临界状态线 CSL。图 5.3c)是在 $\ln p$-e 坐标系中绘制的正常固结线 NCL 和临界状态线 CSL,在该坐标系下,这两条线的斜率都是 λ。图 5.3d)是在 ε_d-q 坐标系中不同应力路径的应力应变关系。其中,M 和 λ 是由试验得出的土性参数,详见本章 5.6 节。

5.2.2 本构关系

(1)塑性势函数

塑性势是用以确定塑性应变增量**方向的势面**,类似于流线与等势线正交,塑性流动方向(塑性应变增量方向)与塑性势面正交。

假定应力主轴与塑性应变增量主轴方向一致,即设 p 轴与 $d\varepsilon_v^p$ 轴重合,q 轴与 $d\varepsilon_d^p$ 轴重合,见图 5.4。考虑应力空间内某曲面 $g(p,q)$ 与塑性应变增量方向正交,正交条件为

$$dp d\varepsilon_v^p + dq d\varepsilon_d^p = 0 \tag{5.4}$$

式(5.4)可以改写为

$$\frac{dq}{dp}\frac{d\varepsilon_d^p}{d\varepsilon_v^p} = -1 \tag{5.5}$$

满足式(5.5)的曲面 $g(p,q)$ 就是塑性势面。

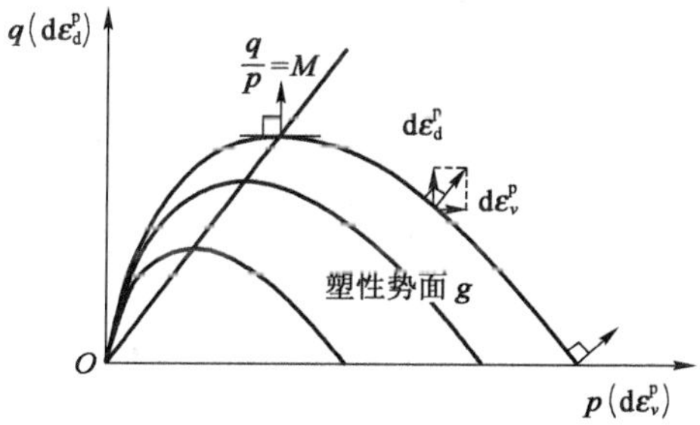

图 5.4 塑性势面和塑性应变增量

在力的作用下产生塑性变形所做的塑性功为

$$dW^p = p d\varepsilon_v^p + q d\varepsilon_d^p \tag{5.6}$$

在剑桥模型中,考虑到破坏时 $q_f = Mp$,$d\varepsilon_v^p = 0$,代式(5.6)得

$$dW^p = p d\varepsilon_v^p + q d\varepsilon_d^p = q_f d\varepsilon_d^p = Mp\, d\varepsilon_d^p \tag{5.7}$$

整理式(5.7)得

$$\frac{q}{p} = M - \frac{d\varepsilon_v^p}{d\varepsilon_d^p} \tag{5.8}$$

式(5.8)为剑桥模型建立的应力比与塑性应变增量比关系,**也称剪胀方程,**

表示了应力比与体积应变增量、剪应变增量的关系。 根据式(5.5)和式(5.8)整理得

$$\frac{\mathrm{d}q}{\mathrm{d}p}+M-\frac{q}{p}=0 \tag{5.9}$$

解常微分方程[式(5.9)]得塑性势函数为

$$g=M\ln p+\frac{q}{p}-C=0 \tag{5.10}$$

式中,C 是积分常数。C 取不同的值,得不同的塑性势函数。所以式(5.10)表示了一簇曲线族。塑性势函数表示的曲线称为塑性势面,见图 5.4。由式(5.8)可知特征点为 $\frac{q}{p}=M$ 时,$\mathrm{d}\varepsilon_{v}^{p}=0$;$q=0$ 时,$\frac{\mathrm{d}\varepsilon_{d}^{p}}{\mathrm{d}\varepsilon_{v}^{p}}=\frac{1}{M}$。

(2)屈服函数

采用屈服函数 f 与塑性势函数 g 相同的相关联流动法则,根据式(5.10)屈服函数为

$$f=M\ln p+\frac{q}{p}-C=0 \tag{5.11}$$

在式(5.11)中,当 $q=0$ 时,令 $p=p_{x}$,得 $C=M\ln p_{x}$,所以

$$f=M\ln p+\frac{q}{p}-M\ln p_{x}=0 \tag{5.12}$$

屈服函数式(5.12)表示了一簇曲线,曲线与 p 轴的交点记为 p_{x},见图 5.5。p_{x} 与塑性体积应变的关系见式(5.17)。

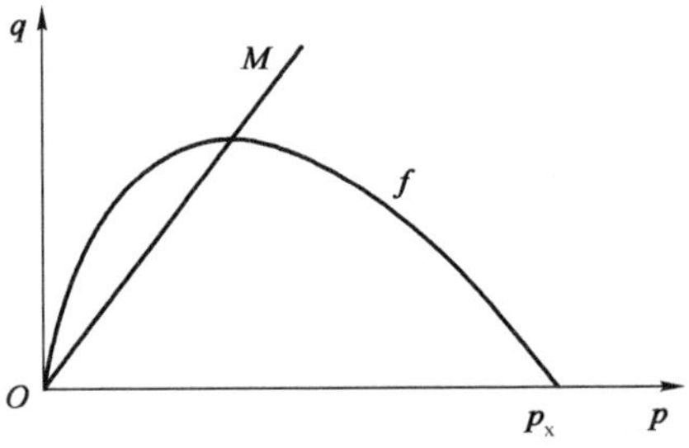

图 5.5 屈服函数

(3)应变硬化规律

正交法则确定了塑性应变增量的流动方向与塑性势面正交,下面确定塑性应变增量的大小。把等向固结($\sigma_1=\sigma_2=\sigma_3$)的试验结果绘制在 e-$\ln p$ 坐标系下,见图5.6。加荷曲线和回弹再加荷曲线的斜率分别是 λ 和 κ,荷载从 p_0 增加到 p_{x}时,孔隙比的改变量为

$$\Delta e=e-e_0=-\lambda\ln\frac{p_{x}}{p_0} \tag{5.13}$$

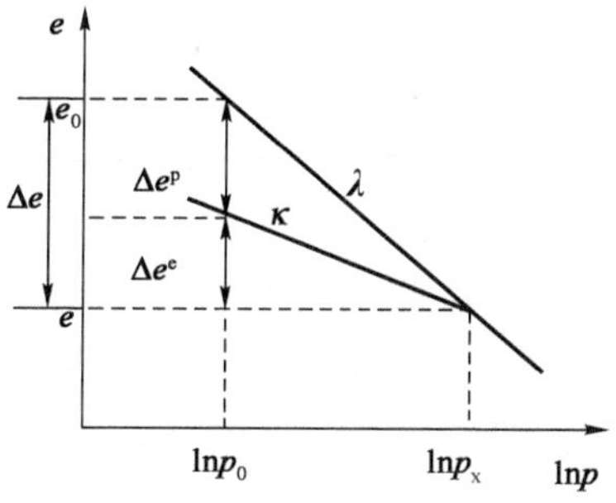

图 5.6　等向固结试验参数

总体积应变为

$$\varepsilon_v = \frac{-\Delta e}{1+e_0} = \frac{\lambda}{1+e_0}\ln\frac{p_x}{p_0} \tag{5.14}$$

其中,弹性体积应变为

$$\varepsilon_v^e = \frac{\kappa}{1+e_0}\ln\frac{p_x}{p_0} \tag{5.15}$$

所以,塑性体积应变为(硬化参数)

$$\varepsilon_v^p = \varepsilon_v - \varepsilon_v^e = \frac{\lambda-\kappa}{1+e_0}\ln\frac{p_x}{p_0} \tag{5.16}$$

根据式(5.16)整理得

$$\ln p_x = \frac{1+e_0}{\lambda-\kappa}\varepsilon_v^p + \ln p_0 \tag{5.17}$$

假定屈服面是塑性体积应变 ε_v^p 的等值面,把式(5.17)代入式(5.12)得

$$M\ln p + \frac{q}{p} - M\left(\frac{1+e_0}{\lambda-\kappa}\varepsilon_v^p + \ln p_0\right) = 0 \tag{5.18}$$

整理后得剑桥模型的屈服函数为

$$f = \frac{\lambda-\kappa}{1+e_0}\ln\frac{p}{p_0} + \frac{\lambda-\kappa}{1+e_0}\frac{1}{M}\frac{q}{p} - \varepsilon_v^p = 0 \tag{5.19}$$

式中,λ、κ、M 是土性基本参数;e_0 是初始平均正应力为 p_0 时的初始孔隙比。式(5.19)还可以写为

$$\varepsilon_v^p = \frac{\lambda-\kappa}{1+e_0}\ln\frac{p}{p_0} + \frac{\lambda-\kappa}{1+e_0}\frac{1}{M}\frac{q}{p} \tag{5.20}$$

由式(5.20)可见,塑性体积应变由两部分组成:第一部分表明,平均正应力 p 的增加产生了塑性体积应变;第二部分表明,塑性体积应变与应力比 $\frac{q}{p}$ 相关,即塑性体积应变不但与平均正应力 p 相关,还与广义剪应力 q 相关。式(5.19)可以简记为

$$f = f(p, q, \varepsilon_v^p) = 0 \tag{5.21}$$

式(5.21)表明剑桥模型的屈服函数是塑性体积应变 ε_v^p 的等值面,应力在屈服面以内变化只产生弹性变形,应力变化超过屈服面将产生塑性变形,随着屈服面的扩大,弹性范围增大,所以塑性体积应变也称为硬化参数。

因为剑桥模型屈服函数是塑性体积应变 ε_v^p 的等值面,所以可以根据特殊的应力路径求出不同屈服面之间塑性体积应变的增量。等向固结试验是 $q=0$ 的试验,应力路径沿着 p 轴变化,把 $q=0$,$p=p_x$,代入式(5.20)得

$$\varepsilon_v^p = \frac{\lambda - \kappa}{1 + e_0} \ln \frac{p_x}{p_0} \tag{5.22}$$

式(5.22)表示沿着 p 轴(等向固结试验),应力由 p_0 增加到 p_x,增加的塑性体积应变的值。对式(5.22)进行微分可得

$$\mathrm{d}\varepsilon_v^p = \frac{\lambda - \kappa}{1 + e_0} \frac{\mathrm{d}p_x}{p_x} \tag{5.23}$$

硬化参数与屈服函数的关系见图 5.7。

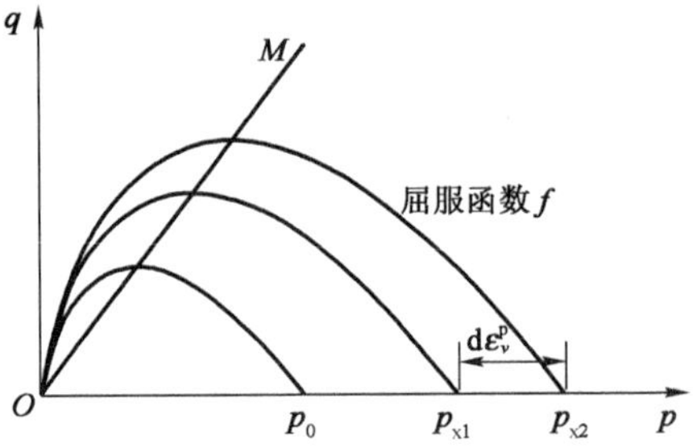

图 5.7 硬化参数与屈服函数

5.2.3 应变增量

根据弹塑性本构模型的概念,把总应变增量 $\mathrm{d}\varepsilon_{ij}$ 表示为弹性应变增量 $\mathrm{d}\varepsilon_{ij}^e$ 与塑性应变增量 $\mathrm{d}\varepsilon_{ij}^p$ 之和,即

$$\mathrm{d}\varepsilon_{ij} = \mathrm{d}\varepsilon_{ij}^e + \mathrm{d}\varepsilon_{ij}^p \tag{5.24}$$

体积应变增量 $\mathrm{d}\varepsilon_v$ 和剪应变增量 $\mathrm{d}\varepsilon_d$ 可以分别写为

$$\left.\begin{aligned} \mathrm{d}\varepsilon_v &= \mathrm{d}\varepsilon_v^e + \mathrm{d}\varepsilon_v^p \\ \mathrm{d}\varepsilon_d &= \mathrm{d}\varepsilon_d^e + \mathrm{d}\varepsilon_d^p \end{aligned}\right\} \tag{5.25}$$

式中,$\mathrm{d}\varepsilon_v^p$ 是塑性体积应变增量;$\mathrm{d}\varepsilon_d^p$ 是塑性剪应变增量;$\mathrm{d}\varepsilon_v^e$ 是弹性体积应变增量;$\mathrm{d}\varepsilon_d^e$ 是弹性剪应变增量。

在用弹性理论计算弹性应变增量 $\mathrm{d}\varepsilon_{ij}^e$ 时,不考虑剪切与压缩的耦合,认为弹性体应变增量仅由平均正应力的变化引起,弹性剪应变增量仅由剪切应力的变化引起。

在用岩土塑性理论计算塑性应变增量 $d\varepsilon_{ij}^{p}$ 时，要考虑剪切与压缩的耦合作用，认为平均正应力的变化不但会引起塑性体应变增量也会引起塑性剪应变增量，同时剪应力的变化不但会引起塑性剪应变增量也会引起塑性体应变增量。剑桥模型是通过建立塑性体应变增量 $d\varepsilon_{v}^{p}$ 和塑性剪应变增量 $d\varepsilon_{d}^{p}$ 之比与应力比的关系（剪胀方程）表示剪切与压缩的耦合作用。这种对剪切与压缩耦合作用的考虑使得计算的塑性应变更趋合理，这是岩土塑性理论区别于一般塑性理论的标志性特色之一。

5.2.4 应力应变关系

(1)弹性应力应变关系

①弹性体积应变增量。

根据各向同性条件下的弹性方程（胡克定律）可知，弹性应变增量 $d\varepsilon_{ij}^{e}$ 为

$$d\varepsilon_{ij}^{e} = \frac{1+\nu}{E}d\sigma_{ij} - \frac{\nu}{E}d\sigma_{kk}\delta_{ij} \tag{5.26}$$

式中，E 为弹性模量；ν 为泊松比。根据指标记法和求和约定，$d\sigma_{kk} = d\sigma_{11} + d\sigma_{22} + d\sigma_{33}$。

例如

$$d\varepsilon_{11}^{e} = \frac{1+\nu}{E}d\sigma_{11} - \frac{\nu}{E}(d\sigma_{11} + d\sigma_{22} + d\sigma_{33})$$

即

$$d\varepsilon_{11}^{e} = \frac{1}{E}[d\sigma_{11} - \nu(d\sigma_{22} + d\sigma_{33})] \tag{5.27}$$

所以弹性体积应变增量可表示为

$$d\varepsilon_{v}^{e} = d\varepsilon_{11}^{e} + d\varepsilon_{22}^{e} + d\varepsilon_{33}^{e} = \frac{3(1-2\nu)}{E}dp \tag{5.28}$$

②弹性剪应变增量。

根据弹性力学可知

$$d\varepsilon_{d}^{e} = \frac{\sqrt{2}}{3}\sqrt{(d\varepsilon_{11}^{e} - d\varepsilon_{22}^{e})^2 + (d\varepsilon_{22}^{e} - d\varepsilon_{33}^{e})^2 + (d\varepsilon_{33}^{e} - d\varepsilon_{11}^{e})^2} \tag{5.29}$$

根据式(5.26)、式(5.29)可以求得

$$d\varepsilon_{d}^{e} = \frac{2(1+\nu)}{3E}dq \tag{5.30}$$

把式(5.28)和式(5.30)写为

$$\left.\begin{aligned} d\varepsilon_{v}^{e} &= \frac{3(1-2\nu)}{E}dp \\ d\varepsilon_{d}^{e} &= \frac{2(1+\nu)}{3E}dq \end{aligned}\right\} \tag{5.31}$$

③弹性模量 E。

把等向固结试验结果绘制在 e-$\ln p$ 坐标系中,见图 5.6。根据图中再加载段可得

$$\Delta e^{e} = -\kappa \ln \frac{p}{p_0} \tag{5.32}$$

弹性体积应变

$$\varepsilon_v^e = \frac{\kappa}{1+e_0} \ln \frac{p}{p_0} \tag{5.33}$$

对式(5.33)求导得

$$d\varepsilon_v^e = \frac{\kappa}{1+e_0} \frac{dp}{p} \tag{5.34}$$

比较式(5.28)和式(5.34)得

$$E = \frac{3(1-2\nu)(1+e_0)}{\kappa} p \tag{5.35}$$

由式(5.35)可知,弹性模量 E 不是常数,与平均主应力 p 成正比。把式(5.35)代入式(5.31),并设 $c_\kappa = \dfrac{\kappa}{1+e_0}$,得

$$\left.\begin{aligned} d\varepsilon_v^e &= c_\kappa \frac{1}{p} dp \\ d\varepsilon_d^e &= \frac{2}{9} \frac{1+\nu}{1-2\nu} c_\kappa \frac{1}{p} dq \end{aligned}\right\} \tag{5.36}$$

(2)塑性应力应变关系

设 $c_p = \dfrac{\lambda-\kappa}{1+e_0}$,屈服函数式(5.19)可改写为

$$f = c_p \ln \frac{p}{p_0} + c_p \frac{1}{M} \frac{q}{p} - \varepsilon_v^p = 0 \tag{5.37}$$

由式(5.37)得

$$\frac{\partial f}{\partial p} dp + \frac{\partial f}{\partial q} dq + \frac{\partial f}{\partial \varepsilon_v^p} d\varepsilon_v^p = 0 \tag{5.38}$$

由式(5.37)求得

$$\frac{\partial f}{\partial \varepsilon_v^p} = -1 \tag{5.39}$$

根据正交条件,塑性应变增量方向与塑性势面 g 正交,则塑性体积应变增量为

$$d\varepsilon_v^p = \Lambda \frac{\partial g}{\partial p} \tag{5.40}$$

式中,Λ 为一非负数,是表示塑性应变增量大小的一个标量,称为塑性标量因

子；$\frac{\partial g}{\partial p}$表示塑性体积应变流动方向。

塑性标量因子 Λ 可按以下方法求出。把式(5.39)、式(5.40)代入式(5.38)得

$$\frac{\partial f}{\partial p}\mathrm{d}p+\frac{\partial f}{\partial q}\mathrm{d}q-\Lambda\frac{\partial g}{\partial p}=0 \tag{5.41}$$

根据式(5.41)求得标量 Λ 为

$$\Lambda=\frac{\frac{\partial f}{\partial p}\mathrm{d}p+\frac{\partial f}{\partial q}\mathrm{d}q}{\frac{\partial g}{\partial p}} \tag{5.42}$$

由式(5.37)得

$$\frac{\partial f}{\partial p}=c_{\mathrm{p}}\frac{1}{Mp}\left(M-\frac{q}{p}\right) \tag{5.43}$$

$$\frac{\partial f}{\partial q}=c_{\mathrm{p}}\frac{1}{Mp} \tag{5.44}$$

此外，根据式(5.10)得

$$\frac{\partial g}{\partial p}=\frac{1}{p}\left(M-\frac{q}{p}\right) \tag{5.45}$$

把式(5.43)～式(5.45)，代入式(5.42)得

$$\Lambda=\frac{c_{\mathrm{p}}\frac{1}{Mp}\left(M-\frac{q}{p}\right)\mathrm{d}p+c_{\mathrm{p}}\frac{1}{Mp}\mathrm{d}q}{\frac{1}{p}\left(M-\frac{q}{p}\right)}-c_{\mathrm{p}}\frac{1}{M}\left(\mathrm{d}p+\frac{1}{M-\frac{q}{p}}\mathrm{d}q\right) \tag{5.46}$$

把式(5.45)、式(5.46)代入式(5.40)得

$$\mathrm{d}\varepsilon_{\mathrm{v}}^{\mathrm{p}}=c_{\mathrm{p}}\frac{1}{Mp}\left(M-\frac{q}{p}\right)\left(\mathrm{d}p+\frac{1}{M-\frac{q}{p}}\mathrm{d}q\right) \tag{5.47}$$

设 $\eta=\frac{q}{p}$，式(5.47)还可以写为

$$\mathrm{d}\varepsilon_{\mathrm{v}}^{\mathrm{p}}=c_{\mathrm{p}}\frac{1}{Mp}(M-\eta)\left(\mathrm{d}p+\frac{1}{M-\eta}\mathrm{d}q\right) \tag{5.48}$$

把式(5.48)代入剪胀方程式(5.8)，得塑性剪应变 $\mathrm{d}\varepsilon_{\mathrm{d}}^{\mathrm{p}}$ 为

$$\mathrm{d}\varepsilon_{\mathrm{d}}^{\mathrm{p}}=c_{\mathrm{p}}\frac{1}{Mp}\left(\mathrm{d}p+\frac{1}{M-\eta}\mathrm{d}q\right) \tag{5.49}$$

把式(5.48)和式(5.49)写成矩阵形式

$$\begin{Bmatrix}\mathrm{d}\varepsilon_{\mathrm{v}}^{\mathrm{p}}\\ \mathrm{d}\varepsilon_{\mathrm{d}}^{\mathrm{p}}\end{Bmatrix}=\frac{c_{\mathrm{p}}}{Mp}\begin{bmatrix}M-\eta & 1\\ 1 & \frac{1}{M-\eta}\end{bmatrix}\begin{Bmatrix}\mathrm{d}p\\ \mathrm{d}q\end{Bmatrix} \tag{5.50}$$

(3)总应力应变关系

总体积应变增量等于弹性体积应变增量与塑性体积应变增量的和,把塑性应变增量公式[式(5.50)]和弹性变形引起的应变增量公式[式(5.36)]代入总应变增量公式[式(5.25)]并写成矩阵形式得

$$\begin{Bmatrix} d\varepsilon_v \\ d\varepsilon_d \end{Bmatrix} = [D^{ep}]\begin{Bmatrix} dp \\ dq \end{Bmatrix} = \frac{1}{p}\begin{bmatrix} D_{pp} & D_{pq} \\ D_{qp} & D_{qq} \end{bmatrix}\begin{Bmatrix} dp \\ dq \end{Bmatrix} \tag{5.51}$$

其中

$$\left.\begin{aligned} D_{pp} &= c_\kappa + \frac{c_p}{M}(M-\eta) \\ D_{pq} &= \frac{c_p}{M} \\ D_{qp} &= \frac{c_p}{M} \\ D_{qq} &= \frac{2}{9}c_\kappa\frac{1+\nu}{1-2\nu} + \frac{c_p}{M}\frac{1}{(M-\eta)} \end{aligned}\right\} \tag{5.52}$$

因为采用了相关联流动法则,式(5.51)中的柔度矩阵$[D^{ep}]$是一个对称矩阵。

5.3 修正剑桥模型

1963年提出来的剑桥模型,如图5.4所示,在与p轴相交处塑性势曲线与p轴不正交,对于等向固结情况,应力的变化沿着p轴,此时的塑性应变应该只有塑性体积应变增量$d\varepsilon_v^p$,塑性剪应变增量$d\varepsilon_d^p=0$,总塑性应变增量方向应沿着水平轴。而图5.4的应变增量方向不仅有体积应变增量还有剪应变增量,显然与实际不符。因此1968年罗斯柯等人提出了**修正剑桥模型**。

在修正剑桥模型中,塑性势线(=屈服线)与p轴正交,提出了椭圆形的塑性势面,与剑桥模型不同之处只是根据塑性功推导出的应力比与应变增量比的关系式不同。

5.3.1 塑性势函数

修正剑桥模型建立的塑性功表达式如下

$$dW^p = p d\varepsilon_v^p + q d\varepsilon_d^p = p\sqrt{(d\varepsilon_v^p)^2 + (M d\varepsilon_d^p)^2} \tag{5.53}$$

整理上式(5.53)得

$$\frac{d\varepsilon_v^p}{d\varepsilon_d^p} = \frac{M^2p^2 - q^2}{2pq} \tag{5.54}$$

根据塑性势面与塑性应变增量方向正交的条件[式(5.5)]得

$$\frac{\mathrm{d}q}{\mathrm{d}p}+\frac{M^2p^2-q^2}{2pq}=0 \tag{5.55}$$

解常微分方程式(5.55)得

$$q^2+M^2p^2-Cp=0$$

因此可得修正剑桥模型的塑性势函数 g 为

$$g=q^2+M^2p^2-Cp=0 \tag{5.56}$$

其中,C 是积分常数。C 取不同的值,得不同的塑性势函数。所以式(5.56)也表示了一簇曲线族。

图 5.8 中虚线表示的是剑桥模型的塑性势面,实线表示的是修正剑桥模型的塑性势面。修正剑桥模型的塑性势面是一个椭圆,在特征点 $\frac{q}{p}=M$ 处,塑性体积应变 $\mathrm{d}\varepsilon_v^p=0$,只有塑性剪应变;在 $q=0$ 处 $\mathrm{d}\varepsilon_d^p=0$,只有塑性体积应变,这与等向固结情况相符,改进了剑桥模型中不合理之处。

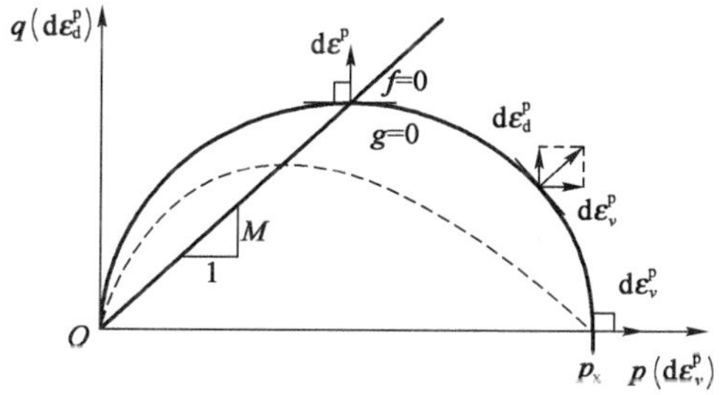

图 5.8 修正剑桥模型塑性势面与剑桥模型的对比

5.3.2 屈服函数

采用屈服函数 f 与塑性势函数 g 相等的相关联流动法则,根据式(5.56)屈服函数为

$$f=q^2+M^2p^2-Cp=0 \tag{5.57}$$

在式(5.57)中,当 $q=0$ 时,$p=p_x$,代入上式解得积分常数 $C=M^2p_x$,所以

$$f=q^2+M^2p^2-M^2p_xp=0 \tag{5.58}$$

根据上面的公式绘出椭圆形的屈服面,见图 5.8。

5.3.3 硬化参数

修正剑桥模型应变硬化准则的思考方法与剑桥模型相比,除屈服曲线改为椭圆外,其余全部相同。根据式(5.58)得

$$q^2+M^2p^2=M^2p^2\frac{p_x}{p} \tag{5.59}$$

对式(5.59)两边取自然对数并整理得

$$\ln\left(1+\frac{q^2}{M^2 p^2}\right)=\ln p_x-\ln p$$

把式(5.17)代入上式并整理得屈服函数为

$$f=\frac{\lambda-\kappa}{1+e_0}\ln\frac{p}{p_0}+\frac{\lambda-\kappa}{1+e_0}\ln\left(1+\frac{q^2}{M^2 p^2}\right)-\varepsilon_v^p=0 \tag{5.60}$$

修正剑桥模型与剑桥模型一样,应力分量用 p、q 表示,硬化参数是塑性体积应变 ε_v^p。

5.3.4 应力应变关系

(1)塑性应力应变关系

修正剑桥模型屈服函数式(5.60)可改写为

$$f=c_p\ln\frac{p}{p_0}+c_p\ln\left(1+\frac{q^2}{M^2 p^2}\right)-\varepsilon_v^p=0 \tag{5.61}$$

塑性应力应变关系的推导与剑桥模型类似,由式(5.61)得

$$\frac{\partial f}{\partial p}\mathrm{d}p+\frac{\partial f}{\partial q}\mathrm{d}q+\frac{\partial f}{\partial \varepsilon_v^p}\mathrm{d}\varepsilon_v^p=0 \tag{5.62}$$

因为$\frac{\partial f}{\partial \varepsilon_v^p}=-1$,所以

$$\mathrm{d}\varepsilon_v^p=\frac{\partial f}{\partial p}\mathrm{d}p+\frac{\partial f}{\partial q}\mathrm{d}q \tag{5.63}$$

求$\frac{\partial f}{\partial p}$,由式(5.61)得

$$\frac{\partial f}{\partial p}=c_p\frac{1}{p}\frac{M^2 p^2-q^2}{M^2 p^2+q^2} \tag{5.64}$$

求$\frac{\partial f}{\partial q}$,由式(5.61)得

$$\frac{\partial f}{\partial q}=c_p\frac{2q}{M^2 p^2+q^2} \tag{5.65}$$

把式(5.64)、式(5.65)代入式(5.63)得

$$\mathrm{d}\varepsilon_v^p=c_p\frac{1}{p}\left(\frac{M^2 p^2-q^2}{M^2 p^2+q^2}\right)\mathrm{d}p+c_p\frac{2q}{M^2 p^2+q^2}\mathrm{d}q \tag{5.66}$$

设 $\eta=\frac{q}{p}$,式(5.66)还可以整理为

$$\mathrm{d}\varepsilon_v^p=\frac{c_p}{p}\frac{M^2-\eta^2}{M^2+\eta^2}\mathrm{d}p+\frac{c_p}{p}\frac{2\eta}{M^2+\eta^2}\mathrm{d}q \tag{5.67}$$

把式(5.67)代入剪胀方程式(5.54),得塑性剪应变增量 $\mathrm{d}\varepsilon_d^p$为

$$\mathrm{d}\varepsilon_d^p=\frac{c_p}{p}\left(\frac{2\eta}{M^2+\eta^2}\mathrm{d}p+\frac{4\eta^2}{M^4-\eta^4}\mathrm{d}q\right) \tag{5.68}$$

整理式(5.67)和式(5.68)得

$$\begin{Bmatrix} d\varepsilon_v^p \\ d\varepsilon_d^p \end{Bmatrix} = \frac{c_p}{p}\frac{2\eta}{M^2+\eta^2}\begin{bmatrix} \frac{M^2-\eta^2}{2\eta} & 1 \\ 1 & \frac{2\eta}{M^2-\eta^2} \end{bmatrix}\begin{Bmatrix} dp \\ dq \end{Bmatrix} \tag{5.69}$$

(2)总应力应变关系

弹性应力应变关系也是式(5.36)，所以总应力应变关系也可以写成式(5.51)的矩阵的形式

$$\begin{Bmatrix} d\varepsilon_v \\ d\varepsilon_d \end{Bmatrix} = [D^{ep}]\begin{Bmatrix} dp \\ dq \end{Bmatrix} = \frac{1}{p}\begin{bmatrix} D_{pp} & D_{pq} \\ D_{qp} & D_{qq} \end{bmatrix}\begin{Bmatrix} dp \\ dq \end{Bmatrix}$$

把式(5.36)、式(5.69)代入总应变增量公式[式(5.51)]，解得此时式(5.51)中柔度矩阵的元素为

$$\left.\begin{aligned} D_{pp} &= c_\kappa + c_p\frac{M^2-\eta^2}{M^2+\eta^2} \\ D_{pq} &= c_p\frac{2\eta}{M^2+\eta^2} \\ D_{qp} &= c_p\frac{2\eta}{M^2+\eta^2} \\ D_{qq} &= \frac{2}{9}c_\kappa\frac{1+\nu}{1-2\nu} + c_p\frac{4\eta^2}{M^4-\eta^4} \end{aligned}\right\} \tag{5.70}$$

5.3.5 剑桥模型特性

在第1章1.2节中归纳了土材料的基本变形特性，剑桥模型和修正剑桥模型都可以反映正常固结黏土的基本变形特性。

(1)静压屈服特性

剑桥模型反映了土的**静压屈服特性**，在体积应力 p 的作用下产生了塑性体积应变和塑性剪应变，见式(5.50)。

(2)硬化或软化特性

剑桥模型反映土的应力应变关系为**硬化关系**。由式(5.70)可知，在 $\eta<M$ 并且$\nu<0.5$时，柔度矩阵的系数 D_{ij} 都是正值，即随着荷载的增大应变也在不断提高。或者说应力增量为正值时，应变增量也为正值。

软化定义为应变增量为正值时，应力增量为负值，见图5.1d)，从而可知剑桥模型不能反映土的软化现象。

(3)压硬性和剪胀性

剑桥模型反映土的**压硬性**和**剪缩特性**。由式(5.51)可知，体积应力不仅会产

生弹性与塑性的体积应变,还会引起剪应变,剪应力不仅会产生弹性与塑性的剪应变,还会引起体积应变。

由式(5.51)可知,在应力增量作用下,体积应变增量为正值,表示的体积变化为**体积收缩**,所以剑桥模型不能反映土的体积的**膨胀现象**。

5.4 弹塑性本构模型通析

前面对于剑桥模型和修正剑桥模型按照先求弹性应变,再求塑性应变,然后求总应变的方法得出了应力应变增量关系的式(5.51),其中的柔度矩阵的系数分别是式(5.52)和式(5.70)。下面按经典弹塑性理论得出修正剑桥模型的应力应变增量关系。

经典弹塑性理论是将应变 ε 分为弹性应变 ε^e 与塑性应变 ε^p 两部分,弹性应变按胡克定律计算,塑性应变按塑性理论计算。在采用增量法时有

$$\{d\varepsilon\} = \{d\varepsilon^e\} + \{d\varepsilon^p\} \tag{5.71}$$

应力增量和应变增量的关系为

$$\{d\sigma\} = [C^e][\{d\varepsilon\} - \{d\varepsilon^p\}] \tag{5.72}$$

或者直接表示为

$$\{d\sigma\} = [C^{ep}]\{d\varepsilon\} \tag{5.73}$$

式中,$[C^e]$是弹性刚度矩阵;$[C^{ep}]$是弹塑性刚度矩阵。

可见建立土的弹塑性模型需要根据塑性理论的原理和方法求出塑性应变$\{d\varepsilon^p\}$,或者求出弹塑性矩阵$[C^{ep}]$。

5.4.1 弹塑性本构关系

(1)屈服函数 f,塑性势函数 g

对于各向同性的硬化材料,已知屈服函数 f、塑性势函数 g 分别为

$$f(\sigma_{ij}, H) = 0 \tag{5.74}$$

$$g(\sigma_{ij}, C) = 0 \tag{5.75}$$

式中,H 是硬化参量,例如取 $H=H(\varepsilon^p)$;C 为常数。

(2)应变增量

加载时产生的总应变增量为弹性和塑性应变增量之和,即式(5.71)。

弹性应变增量$\{d\varepsilon^e\}$由广义胡克定律确定

$$\{d\varepsilon^e\} = [C^e]^{-1}\{d\sigma\} \tag{5.76}$$

式中,$[C^e]$为弹性刚度矩阵,可用式(5.77)表示

$$[C^e] = \frac{E}{(1+\nu)(1-2\nu)}\begin{bmatrix} 1-\nu & \nu & \nu & 0 & 0 & 0 \\ \nu & 1-\nu & \nu & 0 & 0 & 0 \\ \nu & \nu & 1-\nu & 0 & 0 & 0 \\ 0 & 0 & 0 & \frac{1-2\nu}{2} & 0 & 0 \\ 0 & 0 & 0 & 0 & \frac{1-2\nu}{2} & 0 \\ 0 & 0 & 0 & 0 & 0 & \frac{1-2\nu}{2} \end{bmatrix} \tag{5.77}$$

塑性应变增量$\{d\varepsilon^p\}$由塑性位势理论确定

$$\{d\varepsilon^p\} = \Lambda\left\{\frac{\partial g}{\partial \sigma}\right\} \tag{5.78}$$

式(5.78)表示塑性流动方向与塑性势面 g 垂直。式中，Λ 是表示塑性应变增量大小的一个标量，称为塑性标量因子，按以下方法求出。

(3)塑性标量因子

微分式(5.74)得

$$df = \left\{\frac{\partial f}{\partial \sigma}\right\}^T\{d\sigma\} + \frac{\partial f}{\partial H}\left\{\frac{\partial H}{\partial \varepsilon^p}\right\}^T\{d\varepsilon^p\} = 0 \tag{5.79}$$

把式(5.72)、式(5.78)代入式(5.79)，并整理得塑性标量因子为

$$\Lambda = \frac{\left\{\frac{\partial f}{\partial \sigma}\right\}^T[C^e]\{d\varepsilon\}}{-\frac{\partial f}{\partial H}\left\{\frac{\partial H}{\partial \varepsilon^p}\right\}^T\left\{\frac{\partial g}{\partial \sigma}\right\} + \left\{\frac{\partial f}{\partial \sigma}\right\}^T[C^e]\left\{\frac{\partial g}{\partial \sigma}\right\}} \tag{5.80}$$

(4)弹塑性刚度矩阵的一般形式

式(5.73)中应力增量、应变增量分别为

$$\{d\sigma\} = [d\sigma_x\ d\sigma_y\ d\sigma_z\ d\tau_{xy}\ d\tau_{yz}\ d\tau_{zx}]^T$$

$$\{d\varepsilon\} = [d\varepsilon_x\ d\varepsilon_y\ d\varepsilon_z\ d\gamma_{xy}\ d\gamma_{yz}\ d\gamma_{zx}]^T$$

把式(5.78)、式(5.80)代入式(5.72)并整理，用矩阵表示的弹塑性应力应变关系为

$$\begin{Bmatrix} d\sigma_x \\ d\sigma_y \\ d\sigma_z \\ d\tau_{xy} \\ d\tau_{yz} \\ d\tau_{zx} \end{Bmatrix}_{6\times1} = \left([C^e]_{6\times6} - \frac{[C^e]_{6\times6}\left\{\frac{\partial g}{\partial \sigma}\right\}_{6\times1}\left\{\frac{\partial f}{\partial \sigma}\right\}^T_{1\times6}[C^e]_{6\times6}}{-\frac{\partial f}{\partial H}\left\{\frac{\partial H}{\partial \varepsilon^p}\right\}^T_{1\times6}\left\{\frac{\partial g}{\partial \sigma}\right\}_{6\times1} + \left\{\frac{\partial f}{\partial \sigma}\right\}^T_{1\times6}[C^e]_{6\times6}\left\{\frac{\partial g}{\partial \sigma}\right\}_{6\times1}}\right)^{ep}\begin{Bmatrix} d\varepsilon_x \\ d\varepsilon_y \\ d\varepsilon_z \\ d\gamma_{xy} \\ d\gamma_{yz} \\ d\gamma_{zx} \end{Bmatrix}_{6\times1} \tag{5.81}$$

其中,弹性矩阵[C^{e}]见式(5.77),偏导数$\left\{\frac{\partial g}{\partial \sigma}\right\}$、$\left\{\frac{\partial f}{\partial \sigma}\right\}$、$\left\{\frac{\partial H}{\partial \varepsilon^{p}}\right\}$分别为

$$\left.\begin{aligned}\left\{\frac{\partial f}{\partial \sigma}\right\}&=\left[\frac{\partial f}{\partial \sigma_x}\quad \frac{\partial f}{\partial \sigma_y}\quad \frac{\partial f}{\partial \sigma_z}\quad \frac{\partial f}{\partial \tau_{xy}}\quad \frac{\partial f}{\partial \tau_{yz}}\quad \frac{\partial f}{\partial \tau_{zx}}\right]^{T}\\ \left\{\frac{\partial g}{\partial \sigma}\right\}&=\left[\frac{\partial g}{\partial \sigma_x}\quad \frac{\partial g}{\partial \sigma_y}\quad \frac{\partial g}{\partial \sigma_z}\quad \frac{\partial g}{\partial \tau_{xy}}\quad \frac{\partial g}{\partial \tau_{yz}}\quad \frac{\partial g}{\partial \tau_{zx}}\right]^{T}\\ \left\{\frac{\partial H}{\partial \varepsilon^{p}}\right\}&=\left[\frac{\partial H}{\partial \varepsilon_x^{p}}\quad \frac{\partial H}{\partial \varepsilon_y^{p}}\quad \frac{\partial H}{\partial \varepsilon_z^{p}}\quad \frac{\partial H}{\partial \gamma_{xy}^{p}}\quad \frac{\partial H}{\partial \gamma_{yz}^{p}}\quad \frac{\partial H}{\partial \gamma_{zx}^{p}}\right]^{T}\end{aligned}\right\} \tag{5.82}$$

式(5.81)简记为

$$\{d\sigma\}_{6\times1}=[C^{ep}]_{6\times6}\{d\varepsilon\}_{6\times1} \tag{5.83}$$

式中,弹塑性刚度矩阵[C^{ep}]为

$$\begin{aligned}[C^{ep}]_{6\times6}&=[C^{e}]_{6\times6}-\frac{[C^{e}]_{6\times6}\left\{\frac{\partial g}{\partial \sigma}\right\}_{6\times1}\left\{\frac{\partial f}{\partial \sigma}\right\}_{1\times6}^{T}[C^{e}]_{6\times6}}{-\frac{\partial f}{\partial H}\left\{\frac{\partial H}{\partial \varepsilon^{p}}\right\}_{1\times6}^{T}\left\{\frac{\partial g}{\partial \sigma}\right\}_{6\times1}+\left\{\frac{\partial f}{\partial \sigma}\right\}_{1\times6}^{T}[C^{e}]_{6\times6}\left\{\frac{\partial g}{\partial \sigma}\right\}_{6\times1}}\\ &=[C^{e}]_{6\times6}-[C^{p}]_{6\times6}\end{aligned} \tag{5.84}$$

弹塑性刚度矩阵[C^{ep}]由弹性刚度矩阵[C^{e}]与塑性刚度矩阵[C^{p}]之差确定,由式(5.84)可知,塑性刚度矩阵取决于屈服面 f、塑性势面 g 及硬化参量 H,它们的不同就形成了各种不同的弹塑性本构模型。

若用角标写弹塑性刚度矩阵[C^{ep}],式(5.83)可以写为

$$\begin{Bmatrix} d\sigma_x\\ d\sigma_y\\ d\sigma_z\\ d\tau_{xy}\\ d\tau_{yz}\\ d\tau_{zx}\end{Bmatrix}=\begin{bmatrix} C_{11} & C_{12} & C_{13} & C_{14} & C_{15} & C_{16}\\ C_{21} & C_{22} & C_{23} & C_{24} & C_{25} & C_{26}\\ C_{31} & C_{32} & C_{33} & C_{34} & C_{35} & C_{36}\\ C_{41} & C_{42} & C_{43} & C_{44} & C_{45} & C_{46}\\ C_{51} & C_{52} & C_{53} & C_{54} & C_{55} & C_{56}\\ C_{61} & C_{62} & C_{63} & C_{64} & C_{65} & C_{66}\end{bmatrix}^{ep}\begin{Bmatrix} d\varepsilon_x\\ d\varepsilon_y\\ d\varepsilon_z\\ d\gamma_{xy}\\ d\gamma_{yz}\\ d\gamma_{zx}\end{Bmatrix} \tag{5.85a}$$

式(5.85-a)中的 C_{ij}^{ep} 由式(5.84)求得。

式(5.83)中的弹塑性刚度矩阵[C^{ep}]若采用张量的角标可以表示为

$$\begin{Bmatrix} d\sigma_x\\ d\sigma_y\\ d\sigma_z\\ d\tau_{xy}\\ d\tau_{yz}\\ d\tau_{zx}\end{Bmatrix}=\begin{bmatrix} C_{1111} & C_{1122} & C_{1133} & C_{1112} & C_{1123} & C_{1131}\\ C_{2211} & C_{2222} & C_{2233} & C_{2212} & C_{2223} & C_{2231}\\ C_{3311} & C_{3322} & C_{3333} & C_{3312} & C_{3323} & C_{3331}\\ C_{1211} & C_{1222} & C_{1233} & C_{1212} & C_{1223} & C_{1231}\\ C_{2311} & C_{2322} & C_{2333} & C_{2312} & C_{2323} & C_{2331}\\ C_{3111} & C_{3122} & C_{3133} & C_{3112} & C_{3123} & C_{3131}\end{bmatrix}^{ep}\begin{Bmatrix} d\varepsilon_x\\ d\varepsilon_y\\ d\varepsilon_z\\ d\gamma_{xy}\\ d\gamma_{yz}\\ d\gamma_{zx}\end{Bmatrix} \tag{5.85b}$$

式(5.85-b)中的 C_{ijkl}^{ep} 由后续式(5.98)求得。弹塑性刚度矩阵的两种不同表示方法,相应位置元素的值相同。

若用主应力 σ_1、σ_2、σ_3 表示应力增量,相应的应变为主应变 ε_1、ε_2、ε_3,用矩阵表示的应力应变增量关系为

$$\begin{Bmatrix} \mathrm{d}\sigma_1 \\ \mathrm{d}\sigma_2 \\ \mathrm{d}\sigma_3 \end{Bmatrix}_{3\times1} = \left([C^e]_{3\times3} - \frac{[C^e]_{3\times3}\left\{\dfrac{\partial g}{\partial \sigma}\right\}_{3\times1}\left\{\dfrac{\partial f}{\partial \sigma}\right\}_{1\times3}^{\mathrm{T}}[C^e]_{3\times3}}{-\dfrac{\partial f}{\partial H}\left\{\dfrac{\partial H}{\partial \varepsilon^{\mathrm{p}}}\right\}_{1\times3}^{\mathrm{T}}\left\{\dfrac{\partial g}{\partial \sigma}\right\}_{3\times1} + \left\{\dfrac{\partial f}{\partial \sigma}\right\}_{1\times3}^{\mathrm{T}}[C^e]_{3\times3}\left\{\dfrac{\partial g}{\partial \sigma}\right\}_{3\times1}} \right) \begin{Bmatrix} \mathrm{d}\varepsilon_1 \\ \mathrm{d}\varepsilon_2 \\ \mathrm{d}\varepsilon_3 \end{Bmatrix}_{3\times1} \tag{5.86}$$

其中,弹性矩阵 $[C^e]$ 为

$$[C^e] = \frac{E}{(1+\nu)(1-2\nu)}\begin{bmatrix} 1-\nu & \nu & \nu \\ \nu & 1-\nu & \nu \\ \nu & \nu & 1-\nu \end{bmatrix} \tag{5.87}$$

$\left\{\dfrac{\partial g}{\partial \sigma}\right\}$、$\left\{\dfrac{\partial f}{\partial \sigma}\right\}$、$\left\{\dfrac{\partial H}{\partial \varepsilon^{\mathrm{p}}}\right\}$分别为

$$\left.\begin{aligned} \left\{\frac{\partial f}{\partial \sigma}\right\} &= \begin{bmatrix} \dfrac{\partial f}{\partial \sigma_1} & \dfrac{\partial f}{\partial \sigma_2} & \dfrac{\partial f}{\partial \sigma_3} \end{bmatrix}^{\mathrm{T}} \\ \left\{\frac{\partial g}{\partial \sigma}\right\} &= \begin{bmatrix} \dfrac{\partial g}{\partial \sigma_1} & \dfrac{\partial g}{\partial \sigma_2} & \dfrac{\partial g}{\partial \sigma_3} \end{bmatrix}^{\mathrm{T}} \\ \left\{\frac{\partial H}{\partial \varepsilon^{\mathrm{p}}}\right\} &- \begin{bmatrix} \dfrac{\partial H}{\partial \varepsilon_1^{\mathrm{p}}} & \dfrac{\partial H}{\partial \varepsilon_2^{\mathrm{p}}} & \dfrac{\partial H}{\partial \varepsilon_3^{\mathrm{p}}} \end{bmatrix}^{\mathrm{T}} \end{aligned}\right\} \tag{5.88}$$

若用平均正应力 p、广义剪应力 q 表示应力增量,则相应的应变体积应变 ε_v 和剪应变 ε_d,用矩阵表示的应力应变增量关系为

$$\begin{Bmatrix} \mathrm{d}p \\ \mathrm{d}q \end{Bmatrix}_{2\times1} = \left([C^e]_{2\times2} - \frac{[C^e]_{2\times2}\left\{\dfrac{\partial g}{\partial \sigma}\right\}_{2\times1}\left\{\dfrac{\partial f}{\partial \sigma}\right\}_{1\times2}^{\mathrm{T}}[C^e]_{2\times2}}{-\dfrac{\partial f}{\partial H}\left\{\dfrac{\partial H}{\partial \varepsilon^{\mathrm{p}}}\right\}_{1\times2}^{\mathrm{T}}\left\{\dfrac{\partial g}{\partial \sigma}\right\}_{2\times1} + \left\{\dfrac{\partial f}{\partial \sigma}\right\}_{1\times2}^{\mathrm{T}}[C^e]_{2\times2}\left\{\dfrac{\partial g}{\partial \sigma}\right\}_{2\times1}} \right) \begin{Bmatrix} \mathrm{d}\varepsilon_v \\ \mathrm{d}\varepsilon_d \end{Bmatrix}_{2\times1} \tag{5.89}$$

其中,弹性矩阵 $[C^e]$ 为

$$[C^e] = \begin{bmatrix} K & 0 \\ 0 & 3G \end{bmatrix} \tag{5.90}$$

式中的 K、G 分别是体积模量和剪切模量

$$\left.\begin{aligned} K &= \frac{E}{3(1-2\nu)} \\ G &= \frac{E}{2(1+\nu)} \end{aligned}\right\} \tag{5.91}$$

$\left\{\frac{\partial g}{\partial \sigma}\right\}$、$\left\{\frac{\partial f}{\partial \sigma}\right\}$、$\left\{\frac{\partial H}{\partial \varepsilon^{p}}\right\}$分别为

$$\left.\begin{aligned}\left\{\frac{\partial f}{\partial \sigma}\right\}&=\left[\frac{\partial f}{\partial p}\quad\frac{\partial f}{\partial q}\right]^{T}\\\left\{\frac{\partial g}{\partial \sigma}\right\}&=\left[\frac{\partial g}{\partial p}\quad\frac{\partial g}{\partial q}\right]^{T}\\\left\{\frac{\partial H}{\partial \varepsilon^{p}}\right\}&=\left[\frac{\partial H}{\partial \varepsilon_{v}^{p}}\quad\frac{\partial H}{\partial \varepsilon_{d}^{p}}\right]^{T}\end{aligned}\right\}\tag{5.92}$$

(5)弹性刚度矩阵和弹塑性刚度矩阵的张量表示

弹塑性应力应变关系用张量表示为

$$d\sigma_{ij}=C_{ijkl}^{e}\,d\varepsilon_{kl}^{e}=C_{ijkl}^{e}\,(d\varepsilon_{kl}-d\varepsilon_{kl}^{p})=C_{ijkl}^{ep}\,d\varepsilon_{kl}\tag{5.93}$$

式(5.93)中的应力增量分量与应变增量分量分别为

$$\begin{bmatrix}d\sigma_{11}&d\sigma_{12}&d\sigma_{13}\\d\sigma_{21}&d\sigma_{22}&d\sigma_{23}\\d\sigma_{31}&d\sigma_{32}&d\sigma_{33}\end{bmatrix}=\begin{bmatrix}d\sigma_{x}&d\tau_{xy}&d\tau_{xz}\\d\tau_{yx}&d\sigma_{y}&d\tau_{yz}\\d\tau_{zx}&d\tau_{zy}&d\sigma_{z}\end{bmatrix}\tag{5.94}$$

$$\begin{bmatrix}d\varepsilon_{11}&d\varepsilon_{12}&d\varepsilon_{13}\\d\varepsilon_{21}&d\varepsilon_{22}&d\varepsilon_{23}\\d\varepsilon_{31}&d\varepsilon_{32}&d\varepsilon_{33}\end{bmatrix}=\begin{bmatrix}d\varepsilon_{x}&d\gamma_{xy}/2&d\gamma_{xz}/2\\d\gamma_{yx}/2&d\varepsilon_{y}&d\gamma_{yz}/2\\d\gamma_{zx}/2&d\gamma_{zy}/2&d\varepsilon_{z}\end{bmatrix}\tag{5.95}$$

展开式(5.93),其含义可以表示为

$$\begin{Bmatrix}d\sigma_{11}\\d\sigma_{22}\\d\sigma_{33}\\d\sigma_{12}\\d\sigma_{23}\\d\sigma_{31}\\d\sigma_{21}\\d\sigma_{32}\\d\sigma_{13}\end{Bmatrix}=\begin{bmatrix}C_{1111}&C_{1122}&C_{1133}&C_{1112}&C_{1123}&C_{1131}&C_{1121}&C_{1132}&C_{1113}\\C_{2211}&C_{2222}&C_{2233}&C_{2212}&C_{2223}&C_{2231}&C_{2221}&C_{2232}&C_{2213}\\C_{3311}&C_{3322}&C_{3333}&C_{3312}&C_{3323}&C_{3331}&C_{3321}&C_{3332}&C_{3313}\\C_{1211}&C_{1222}&C_{1233}&C_{1212}&C_{1223}&C_{1231}&C_{1221}&C_{1232}&C_{1213}\\C_{2311}&C_{2322}&C_{2333}&C_{2312}&C_{2323}&C_{2331}&C_{2321}&C_{2332}&C_{2313}\\C_{3111}&C_{3122}&C_{3133}&C_{3112}&C_{3123}&C_{3131}&C_{3121}&C_{3132}&C_{3113}\\C_{2111}&C_{2122}&C_{2133}&C_{2112}&C_{2123}&C_{2131}&C_{2121}&C_{2132}&C_{2113}\\C_{3211}&C_{3222}&C_{3233}&C_{3212}&C_{3223}&C_{3231}&C_{3221}&C_{3232}&C_{3213}\\C_{1311}&C_{1322}&C_{1333}&C_{1312}&C_{1323}&C_{1331}&C_{1321}&C_{1332}&C_{1313}\end{bmatrix}_{9\times9}^{ep}\begin{Bmatrix}d\varepsilon_{11}\\d\varepsilon_{22}\\d\varepsilon_{33}\\d\varepsilon_{12}\\d\varepsilon_{23}\\d\varepsilon_{31}\\d\varepsilon_{21}\\d\varepsilon_{32}\\d\varepsilon_{13}\end{Bmatrix}\tag{5.96}$$

式(5.93)中的 C_{ijkl}^{e} 是用张量表示的弹性刚度矩阵,计算公式为

$$C_{ijkl}^{e}=\left(K-\frac{2}{3}G\right)\delta_{ij}\delta_{kl}+G(\delta_{ik}\delta_{jl}+\delta_{il}\delta_{jk})\tag{5.97}$$

式中的 K、G 分别是体积模量和剪切模量,见式(5.91)。

例如

$$C_{1111}^{e}=\left(K-\frac{2}{3}G\right)\delta_{11}\delta_{11}+G(\delta_{11}\delta_{11}+\delta_{11}\delta_{11})=\left(K-\frac{2}{3}G\right)+G(1+1)=\left(K+\frac{4}{3}G\right)$$

$$=\frac{E}{(1-2\nu)(1+\nu)}(1-\nu)$$

$$C^{e}_{3111}=\left(K-\frac{2}{3}G\right)\delta_{31}\delta_{11}+G(\delta_{31}\delta_{11}+\delta_{31}\delta_{11})=0$$

$$C^{e}_{3131}=\left(K-\frac{2}{3}G\right)\delta_{31}\delta_{31}+G(\delta_{33}\delta_{11}+\delta_{31}\delta_{13})=G=\frac{E}{(1-2\nu)(1+\nu)}\frac{1}{2}(1-2\nu)$$

$$C^{e}_{3311}=\left(K-\frac{2}{3}G\right)\delta_{33}\delta_{11}+G(\delta_{31}\delta_{31}+\delta_{31}\delta_{31})=K-\frac{2}{3}G=\frac{E}{(1-2\nu)(1+\nu)}\nu$$

上述结果与式(5.77)中相应位置的值相同。

弹塑性刚度矩阵 C^{ep}_{ijkl} 的计算公式为

$$C^{ep}_{ijkl}=C^{e}_{ijkl}-\frac{C^{e}_{ijmn}\frac{\partial g}{\partial\sigma_{mn}}\frac{\partial f}{\partial\sigma_{st}}C^{e}_{stkl}}{-\frac{\partial f}{\partial H}\frac{\partial H}{\partial\varepsilon^{p}_{ij}}\frac{\partial g}{\partial\sigma_{ij}}+\frac{\partial f}{\partial\sigma_{ij}}C^{e}_{ijkl}\frac{\partial g}{\partial\sigma_{kl}}}\tag{5.98}$$

式(5.98)中的$\frac{\partial f}{\partial\sigma_{ij}}$、$\frac{\partial g}{\partial\sigma_{ij}}$、$\frac{\partial H}{\partial\varepsilon^{p}_{ij}}$分别为

$$\left.\begin{array}{l}\left(\frac{\partial f}{\partial\sigma_{11}},\frac{\partial f}{\partial\sigma_{22}},\frac{\partial f}{\partial\sigma_{33}},\frac{\partial f}{\partial\tau_{12}},\frac{\partial f}{\partial\tau_{23}},\frac{\partial f}{\partial\tau_{31}},\frac{\partial f}{\partial\tau_{21}},\frac{\partial f}{\partial\tau_{32}},\frac{\partial f}{\partial\tau_{13}}\right)\\ \left(\frac{\partial g}{\partial\sigma_{11}},\frac{\partial g}{\partial\sigma_{22}},\frac{\partial g}{\partial\sigma_{33}},\frac{\partial g}{\partial\tau_{12}},\frac{\partial g}{\partial\tau_{23}},\frac{\partial g}{\partial\tau_{31}},\frac{\partial g}{\partial\tau_{21}},\frac{\partial g}{\partial\tau_{32}},\frac{\partial g}{\partial\tau_{13}}\right)\\ \left(\frac{\partial H}{\partial\varepsilon^{p}_{11}},\frac{\partial H}{\partial\varepsilon^{p}_{22}},\frac{\partial H}{\partial\varepsilon^{p}_{33}},\frac{\partial H}{\partial\varepsilon^{p}_{12}},\frac{\partial H}{\partial\varepsilon^{p}_{23}},\frac{\partial H}{\partial\varepsilon^{p}_{31}},\frac{\partial H}{\partial\varepsilon^{p}_{21}},\frac{\partial H}{\partial\varepsilon^{p}_{32}},\frac{\partial H}{\partial\varepsilon^{p}_{13}}\right)\end{array}\right\}\tag{5.99}$$

因为式(5.93)中的 $C^{ep}_{ijkl}=C^{ep}_{jikl}$，并且当 $k\neq l$ 时，$d\varepsilon_{kl}=d\gamma_{kl}/2$，所以，不论是按矩阵关系式[式(5.83)]还是按张量关系式[式(5.93)]计算出的应力增量是一致的。

5.4.2 修正剑桥模型的弹塑性刚度矩阵

(1)根据式(5.98)求弹塑性刚度矩阵

修正剑桥模型的屈服函数为 f，塑性势函数为 g

$$f=g=c_{p}\ln\frac{p}{p_{0}}+c_{p}\ln\left(1+\frac{q^{2}}{M^{2}p^{2}}\right)-\varepsilon^{p}_{v}=0$$

硬化参数为塑性体积应变 ε^{p}_{v}，式(5.98)中的偏导数

$$\frac{\partial f}{\partial\sigma_{ij}}=\frac{\partial f}{\partial p}\frac{\partial p}{\partial\sigma_{ij}}+\frac{\partial f}{\partial q}\frac{\partial q}{\partial\sigma_{ij}}$$

根据修正剑桥模型的屈服函数求得

$$\frac{\partial f}{\partial p}=\frac{c_{p}}{p}\frac{M^{2}p^{2}-q^{2}}{M^{2}p^{2}+q^{2}}$$

$$\frac{\partial f}{\partial q}=c_{p}\frac{2q}{M^{2}p^{2}+q^{2}}$$

根据 p、q 求$\frac{\partial p}{\partial \sigma_{ij}}$、$\frac{\partial q}{\partial \sigma_{ij}}$

$$p=\frac{\sigma_1+\sigma_2+\sigma_3}{3}=\frac{\sigma_{11}+\sigma_{22}+\sigma_{33}}{3}$$

$$\frac{\partial p}{\partial \sigma_{ij}}=\frac{\delta_{ij}}{3}$$

$$q=\frac{1}{\sqrt{2}}\sqrt{(\sigma_x-\sigma_y)^2+(\sigma_y-\sigma_z)^2+(\sigma_z-\sigma_x)^2+6(\tau_{xy}^2+\tau_{yz}^2+\tau_{zx}^2)}$$

例如

$$\frac{\partial q}{\partial \sigma_{11}}=\frac{1}{2\sqrt{2}}\frac{2(\sigma_{11}-\sigma_{22})-2(\sigma_{33}-\sigma_{11})}{\sqrt{(\sigma_{11}-\sigma_{22})^2+(\sigma_{22}-\sigma_{33})^2+(\sigma_{33}-\sigma_{11})^2+6(\sigma_{12}+\sigma_{23}+\sigma_{31})}}$$

$$\frac{\partial q}{\partial \sigma_{11}}=\frac{2\sigma_{11}-\sigma_{22}-\sigma_{33}}{2q}=\frac{3(\sigma_{11}-p)}{2q}$$

整理得

$$\frac{\partial q}{\partial \sigma_{ij}}=\frac{3(\sigma_{ij}-p\delta_{ij})}{2q}$$

所以

$$\frac{\partial f}{\partial \sigma_{ij}}=\frac{\partial g}{\partial \sigma_{ij}}=\frac{c_{\mathrm{p}}}{p}\frac{M^2p^2-q^2}{M^2p^2+q^2}\frac{\delta_{ij}}{3}+\frac{3c_{\mathrm{p}}(\sigma_{ij}-p\delta_{ij})}{M^2p^2+q^2} \tag{5.100}$$

求式(5.98)中的$-\frac{\partial f}{\partial H}\frac{\partial H}{\partial \varepsilon_{ij}^{\mathrm{p}}}\frac{\partial g}{\partial \sigma_{ij}}$,剑桥模型的硬化参数是塑性体积应变,所以

$$\frac{\partial f}{\partial H}=\frac{\partial f}{\partial \varepsilon_{\mathrm{v}}^{\mathrm{p}}}=-1$$

因为 $\varepsilon_{\mathrm{v}}^{\mathrm{p}}=\varepsilon_{11}^{\mathrm{p}}+\varepsilon_{22}^{\mathrm{p}}+\varepsilon_{33}^{\mathrm{p}}$,整理得

$$\frac{\partial H}{\partial \varepsilon_{ij}^{\mathrm{p}}}=\frac{\partial \varepsilon_{\mathrm{v}}^{\mathrm{p}}}{\partial \varepsilon_{ij}^{\mathrm{p}}}=\delta_{ij}$$

所以

$$-\frac{\partial f}{\partial \varepsilon_{\mathrm{v}}^{\mathrm{p}}}\frac{\partial \varepsilon_{\mathrm{v}}^{\mathrm{p}}}{\mathrm{d}\varepsilon_{ij}^{\mathrm{p}}}\frac{\partial f}{\partial \sigma_{ij}}=\frac{\partial \varepsilon_{\mathrm{v}}^{\mathrm{p}}}{\mathrm{d}\varepsilon_{11}^{\mathrm{p}}}\frac{\partial f}{\partial \sigma_{11}}+\frac{\partial \varepsilon_{\mathrm{v}}^{\mathrm{p}}}{\mathrm{d}\varepsilon_{22}^{\mathrm{p}}}\frac{\partial f}{\partial \sigma_{22}}+\frac{\partial \varepsilon_{\mathrm{v}}^{\mathrm{p}}}{\mathrm{d}\varepsilon_{33}^{\mathrm{p}}}\frac{\partial f}{\partial \sigma_{33}}=\frac{\partial f}{\partial \sigma_{11}}+\frac{\partial f}{\partial \sigma_{22}}+\frac{\partial f}{\partial \sigma_{33}}$$

上式常写成

$$-\frac{\partial f}{\partial \varepsilon_{\mathrm{v}}^{\mathrm{p}}}\frac{\partial \varepsilon_{\mathrm{v}}^{\mathrm{p}}}{\mathrm{d}\varepsilon_{ij}^{\mathrm{p}}}\frac{\partial f}{\partial \sigma_{ij}}=\frac{\partial f}{\partial \sigma_{11}}+\frac{\partial f}{\partial \sigma_{22}}+\frac{\partial f}{\partial \sigma_{33}}=\frac{\partial f}{\partial \sigma_{ii}}\text{(求和约定)} \tag{5.101}$$

把式(5.100)、式(5.101)、式(5.97)带入式(5.98),即可求得用张量表示的弹塑性刚度矩阵。因为修正剑桥模型的屈服面与塑性势面相等,所以该矩阵是对称矩阵。

(2)根据式(5.89)求弹塑性刚度矩阵

修正剑桥模型,按式(5.89),弹塑性刚度矩阵 $[C^{\mathrm{ep}}]$ 可以写为显式形式。

此时式(5.89)可简记如下

$$\begin{Bmatrix} \mathrm{d}p \\ \mathrm{d}q \end{Bmatrix} = [C^{\mathrm{ep}}]\begin{Bmatrix} \mathrm{d}\varepsilon_{\mathrm{v}} \\ \mathrm{d}\varepsilon_{\mathrm{d}} \end{Bmatrix} = \Big[[C^{\mathrm{e}}] - [C^{\mathrm{p}}]\Big]\begin{Bmatrix} \mathrm{d}\varepsilon_{\mathrm{v}} \\ \mathrm{d}\varepsilon_{\mathrm{d}} \end{Bmatrix} = \left[[C^{\mathrm{e}}] - \frac{[M]}{N}\right]\begin{Bmatrix} \mathrm{d}\varepsilon_{\mathrm{v}} \\ \mathrm{d}\varepsilon_{\mathrm{d}} \end{Bmatrix} \tag{5.102}$$

式中

$$[M] = [C^{\mathrm{e}}]\left\{\frac{\partial g}{\partial \sigma}\right\}\left\{\frac{\partial f}{\partial \sigma}\right\}^{\mathrm{T}}[C^{\mathrm{e}}] \tag{5.103}$$

$$N = -\frac{\partial f}{\partial H}\left\{\frac{\partial H}{\partial \varepsilon^{\mathrm{p}}}\right\}^{\mathrm{T}}\left\{\frac{\partial g}{\partial \sigma}\right\} + \left\{\frac{\partial f}{\partial \sigma}\right\}^{\mathrm{T}}[C^{\mathrm{e}}]\left\{\frac{\partial g}{\partial \sigma}\right\} \tag{5.104}$$

应力用 p、q 表示，应变用 ε_{v}、ε_{d} 表示时，弹性部分的应力应变关系为

$$\begin{Bmatrix} \mathrm{d}p \\ \mathrm{d}q \end{Bmatrix} = [C^{\mathrm{e}}]\begin{Bmatrix} \mathrm{d}\varepsilon_{\mathrm{v}}^{\mathrm{e}} \\ \mathrm{d}\varepsilon_{\mathrm{d}}^{\mathrm{e}} \end{Bmatrix} = \begin{bmatrix} K & 0 \\ 0 & 3G \end{bmatrix}\begin{Bmatrix} \mathrm{d}\varepsilon_{\mathrm{v}}^{\mathrm{e}} \\ \mathrm{d}\varepsilon_{\mathrm{d}}^{\mathrm{e}} \end{Bmatrix} \tag{5.105}$$

所以弹性刚度矩阵为

$$[C^{\mathrm{e}}] = \begin{bmatrix} K & 0 \\ 0 & 3G \end{bmatrix} \tag{5.106}$$

其中，K、G 分别是体积模量和剪切模量，可用式(5.91)表示。式(5.91)中的弹性模量 E 用式(5.35)表示。

设弹塑性刚度矩阵为

$$[C^{\mathrm{ep}}] = \begin{bmatrix} C_{\mathrm{pp}} & C_{\mathrm{pq}} \\ C_{\mathrm{qp}} & C_{\mathrm{qq}} \end{bmatrix} \tag{5.107}$$

根据修正剑桥模型的塑性势面 g，屈服面 $f=g$[式(5.61)]和硬化参量 $H=\varepsilon_{\mathrm{v}}^{\mathrm{p}}$，求得

$$\left\{\frac{\partial f}{\partial \sigma}\right\} = \left\{\frac{\partial g}{\partial \sigma}\right\} = \begin{Bmatrix} \dfrac{\partial f}{\partial p} \\ \dfrac{\partial f}{\partial q} \end{Bmatrix} = \frac{c_{\mathrm{p}}}{p}\begin{Bmatrix} \dfrac{M^2-\eta^2}{M^2+\eta^2} \\ \dfrac{2\eta}{M^2+\eta^2} \end{Bmatrix} \tag{5.108}$$

$$\frac{\partial f}{\partial H} = -1 \tag{5.109}$$

$$\left\{\frac{\partial H}{\partial \varepsilon^{\mathrm{p}}}\right\} = \begin{Bmatrix} \dfrac{\partial H}{\partial \varepsilon_{\mathrm{v}}^{\mathrm{p}}} \\ \dfrac{\partial H}{\partial \varepsilon_{\mathrm{d}}^{\mathrm{p}}} \end{Bmatrix} = \begin{Bmatrix} 1 \\ 0 \end{Bmatrix} \tag{5.110}$$

把式(5.106)、式(5.108)代入式(5.103)得

$$[M] = \left(\frac{c_{\mathrm{p}}}{p}\right)^2 \frac{1}{(M^2+\eta^2)^2}\begin{bmatrix} K^2(M^2-\eta^2)^2 & 6KG\eta(M^2-\eta^2) \\ 6KG\eta(M^2-\eta^2) & 36G^2\eta^2 \end{bmatrix} \tag{5.111}$$

把式(5.106)、式(5.108)～式(5.110)代入式(5.104)得

$$N = \frac{1}{p^2}\frac{c_p}{(M^2+\eta^2)^2}\left\{p(M^4-\eta^4)+c_p[K(M^2-\eta^2)^2+12G\eta^2]\right\} \tag{5.112}$$

所以

$$\frac{[M]}{N} = \frac{c_p\begin{bmatrix}K^2(M^2-\eta^2)^2 & 6KG\eta(M^2-\eta^2)\\ 6KG\eta(M^2-\eta^2) & 36G^2\eta^2\end{bmatrix}}{p(M^4-\eta^4)+c_p[K(M^2-\eta^2)^2+12G\eta^2]} \tag{5.113}$$

把式(5.113)代入式(5.102)求得弹塑性刚度矩阵式(5.107)中的元素为

$$\left.\begin{aligned}C_{pp} &= K\frac{p(M^4-\eta^4)+12c_pG\eta^2}{p(M^4-\eta^4)+c_pK(M^2-\eta^2)^2+12c_pG\eta^2}\\ C_{pq} = C_{qp} &= \frac{-6c_pKG\eta(M^2-\eta^2)}{p(M^4-\eta^4)+c_pK(M^2-\eta^2)^2+12c_pG\eta^2}\\ C_{qq} &= \frac{3G[(M^4-\eta^4)p+Kc_p(M^2-\eta^2)^2]}{p(M^4-\eta^4)+c_pK(M^2-\eta^2)^2+12c_pG\eta^2}\end{aligned}\right\} \tag{5.114}$$

由式(5.114)可知，此时$[C^{ep}]$是一个对称矩阵。

若应力比 $\eta \to M$，由式(5.114)解得

$$\left.\begin{aligned}C_{pp} &= K\\ C_{pq} = C_{qp} &= 0\\ C_{qq} &= 0\end{aligned}\right\} \tag{5.115}$$

即

$$\left.\begin{aligned}dp &= K\cdot d\varepsilon_v\\ dq &= 0\cdot d\varepsilon_d\end{aligned}\right\} \tag{5.116}$$

此时处于临界状态，平均正应力和广义剪应力无交叉影响，体积应变与平均正应力的关系退化为弹性；剪应变的变化不会影响剪应力的变化，即 $d\varepsilon_d \neq 0$，但 $dq=0$，和金属材料的塑性流动状态一致。

若 $\eta \to 0$，由式(5.114)和式(5.91)解得

$$\left.\begin{aligned}C_{pp} &= \frac{Kp}{p+c_pK} = \frac{1+e_0}{\lambda}p\\ C_{pq} = C_{qp} &= 0\\ C_{qq} &= 3G\end{aligned}\right\} \tag{5.117}$$

即

$$\left.\begin{aligned}dp &= \frac{1+e_0}{\lambda}p\,d\varepsilon_v\\ dq &= 3Gd\varepsilon_d\end{aligned}\right\} \tag{5.118}$$

此时是等向固结，$d\varepsilon_d=0$，所以 $dq=0$，dp 与 $d\varepsilon_v$ 的关系满足等向固结试验的规律。

按照经典弹塑性理论建立了由应变求应力的基本公式[式(5.73)],对于修正剑桥模型给出了弹塑性刚度矩阵[C^{ep}]的显式表达式,该矩阵中的元素[式(5.114)]也可以由式(5.51)和式(5.70)按照矩阵求逆的方法得到。

5.4.3 弹塑性刚度矩阵的几何与物理意义

为了可以简单地说明弹塑性刚度矩阵的几何与物理意义,用图 5.9 所示的单向受力 σ-ε 关系曲线进行说明。

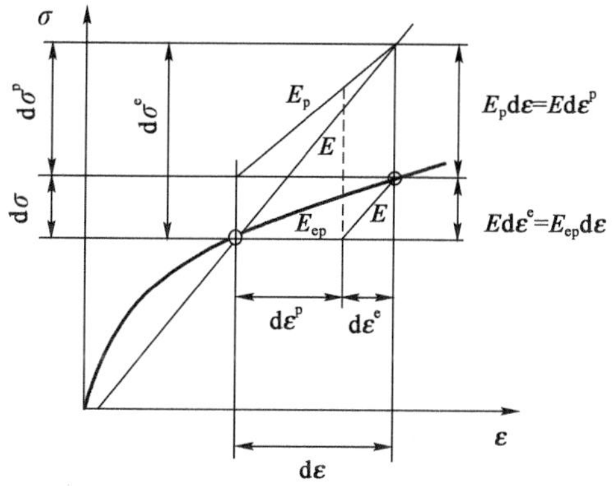

图 5.9 E、E_p、E_{ep}的几何与物理意义

从几何上,对于单向受力状态,弹性刚度矩阵[C^e]就是 σ-ε 关系曲线中弹性段的斜率,弹塑性刚度矩阵[C^{ep}]就是 σ-ε 关系曲线中弹塑性段的斜率,塑性刚度矩阵[C^p]就是 σ-ε 关系曲线中塑性段的斜率,见图 5.9,即[C^e]$=E$,[C^p]$=E_p$,[C^{ep}]$=E_{ep}$。应力应变关系$\{d\sigma\}=[C^e]\{d\varepsilon^e\}$可以表示为 $d\sigma=E d\varepsilon^e$,$\{d\sigma\}=[C^{ep}]\{d\varepsilon\}$可以表示为$d\sigma=E_{ep}d\varepsilon$,因为 $d\varepsilon=d\varepsilon^e+d\varepsilon^p$,所以弹塑性应力应变关系为

$$d\sigma=E_{ep}d\varepsilon \tag{5.119}$$

$$\begin{aligned} d\sigma &= E d\varepsilon^e = E(d\varepsilon - d\varepsilon^p) \\ &= E\left(d\varepsilon - \frac{d\varepsilon^p}{d\varepsilon}d\varepsilon\right) \\ &= \left(E - E\frac{d\varepsilon^p}{d\varepsilon}\right)d\varepsilon \end{aligned} \tag{5.120}$$

比较式(5.119)与式(5.120)可得

$$E_{ep} = E - E\frac{d\varepsilon^p}{d\varepsilon} = E - E_p \tag{5.121}$$

即

$$E_p = E\frac{d\varepsilon^p}{d\varepsilon} \tag{5.122}$$

图 5.9 中表示的几何关系与上面的推导结果相同。

5.5 分析预测

在本构关系的分析中,常常需要对试验结果进行预测,下面在本构关系公式[式(5.51)、式(5.70)]的基础上,模拟试验应力路径,建立便于应用的预测基本公式。

5.5.1 三轴压缩

在常规三轴压缩试验中,$d\sigma_2 = d\sigma_3$、$d\varepsilon_2 = d\varepsilon_3$,应力增量与应变增量的关系为

$$\left.\begin{aligned} dp &= \frac{1}{3}(d\sigma_1 + 2d\sigma_3) \\ dq &= d\sigma_1 - d\sigma_3 \end{aligned}\right\} \tag{5.123}$$

$$\left.\begin{aligned} d\varepsilon_v &= d\varepsilon_1 + 2d\varepsilon_3 \\ d\varepsilon_d &= \frac{2}{3}(d\varepsilon_1 - d\varepsilon_3) \end{aligned}\right\} \tag{5.124}$$

常规三轴试验中通过水压力施加围压,通过垂直方向上的变形增加垂直方向的应力。下面根据不同的应力路径整理出 $d\varepsilon_3$、$d\sigma_1$、$d\sigma_3$ 与 $d\varepsilon_1$ 的关系。

(1)p=常数剪切路径

p=常数的试验条件是

$$dp = 0 \tag{5.125}$$

把式(5.123)~式(5.125)代入式(5.51)得

$$\begin{Bmatrix} d\varepsilon_1 + 2d\varepsilon_3 \\ \frac{2}{3}(d\varepsilon_1 - d\varepsilon_3) \end{Bmatrix} = \frac{1}{p}\begin{bmatrix} D_{pp} & D_{pq} \\ D_{qp} & D_{qq} \end{bmatrix}\begin{Bmatrix} 0 \\ d\sigma_1 - d\sigma_3 \end{Bmatrix}$$

由上式解得

$$\left.\begin{aligned} d\sigma_3 &= -\frac{p}{D_{pq} + 3D_{qq}} d\varepsilon_1 \\ d\varepsilon_3 &= \frac{1}{2}\,\frac{2D_{pq} - 3D_{qq}}{D_{pq} + 3D_{qq}} d\varepsilon_1 \\ d\sigma_1 &= \frac{2p}{D_{pq} + 3D_{qq}} d\varepsilon_1 \end{aligned}\right\} \tag{5.126}$$

(2)围压 σ_3=常数剪切路径

围压 σ_3=常数的试验条件是

$$d\sigma_3 = 0 \tag{5.127}$$

根据式(5.51)、式(5.123)、式(5.124)、式(5.127)得

$$\left.\begin{aligned}
d\sigma_3 &= 0 \\
d\sigma_1 &= \frac{9p}{D_{pp}+3D_{pq}+3D_{qp}+9D_{qq}}d\varepsilon_1 \\
d\varepsilon_3 &= \frac{1}{2}\frac{2D_{pp}+6D_{pq}-3D_{qp}-9D_{qq}}{D_{pp}+3D_{pq}+3D_{qp}+9D_{qq}}d\varepsilon_1
\end{aligned}\right\} \tag{5.128}$$

(3)不排水剪切路径

不排水的试验条件是

$$d\varepsilon_v = 0 \tag{5.129}$$

根据式(5.51)、式(5.123)、式(5.124)、式(5.129)得

$$\left.\begin{aligned}
d\varepsilon_3 &= -\frac{1}{2}d\varepsilon_1 \\
d\sigma_3 &= \frac{p}{3}\frac{D_{pp}+3D_{pq}}{D_{qp}D_{pq}-D_{qq}D_{pp}}d\varepsilon_1 \\
d\sigma_1 &= -\frac{p}{3}\frac{2D_{pp}-3D_{pq}}{D_{qp}D_{pq}-D_{qq}D_{pp}}d\varepsilon_1
\end{aligned}\right\} \tag{5.130}$$

根据上面的方法,可以求出其他不同的应力路径下相应的公式。

以上的预测公式是根据弹塑性柔度矩阵[式(5.70)]整理的预测公式,同理也可以根据刚度矩阵[(式(5.114)]进行预测。预测公式详见本书7.7节。

5.5.2 三轴伸长

设三轴伸长的临界状态应力比为 M_e、三轴压缩的临界状态应力比为 M_c,若按莫尔-库仑强度准则设定强度包线,根据莫尔-库仑强度准则,由式(3.22)可得 M_e 与 M_c 的关系为

$$M_e = \frac{3-\sin\varphi}{3+\sin\varphi}M_c \tag{5.131}$$

若假设屈服面与应力洛德角无关,例如修正剑桥模型,在 π 平面上屈服面为圆形,则三轴伸长的临界状态应力比与三轴压缩的临界状态应力比相等,即 $M_e = M_c$。

三轴伸长试验中,$d\sigma_1 = d\sigma_2 > d\sigma_3$、$d\varepsilon_1 = d\varepsilon_2$,平均正应力、广义剪应力增量与主应力的关系为

$$\left.\begin{aligned}
dp &= \frac{1}{3}(2d\sigma_1 + d\sigma_3) \\
dq &= d\sigma_1 - d\sigma_3
\end{aligned}\right\} \tag{5.132}$$

体积应变增量,偏应变增量与主应变的关系为

$$\left.\begin{aligned}
d\varepsilon_v &= 2d\varepsilon_1 + d\varepsilon_3 \\
d\varepsilon_d &= \frac{2}{3}(d\varepsilon_1 - d\varepsilon_3)
\end{aligned}\right\} \tag{5.133}$$

把式(5.132)、式(5.133)代入式(5.51)得

$$\begin{Bmatrix} 2\mathrm{d}\varepsilon_1+\mathrm{d}\varepsilon_3 \\ \dfrac{2}{3}(\mathrm{d}\varepsilon_1-\mathrm{d}\varepsilon_3) \end{Bmatrix}=\frac{1}{p}\begin{bmatrix} D_{\mathrm{pp}} & D_{\mathrm{pq}} \\ D_{\mathrm{qp}} & D_{\mathrm{qq}} \end{bmatrix}\begin{Bmatrix} \dfrac{1}{3}(2\mathrm{d}\sigma_1+\mathrm{d}\sigma_3) \\ \mathrm{d}\sigma_1-\mathrm{d}\sigma_3 \end{Bmatrix} \tag{5.134}$$

(1)σ_3=常数

σ_3=常数的固结排水试验是先施加固结压力$\sigma_1=\sigma_3=c$,再在排水的条件下保持垂直方向应力σ_3=常数,施加环向压力$\Delta\sigma_1$至破坏,试验中控制垂直方向应力增量$\mathrm{d}\sigma_3=0$,所以在p-q坐标系中的应力路径是$\dfrac{\mathrm{d}q}{\mathrm{d}p}=\dfrac{3(\mathrm{d}\sigma_1-\mathrm{d}\sigma_3)}{2\mathrm{d}\sigma_1+\mathrm{d}\sigma_3}=\dfrac{3}{2}$。把$\mathrm{d}\sigma_3=0$代入式(5.134)得

$$\begin{Bmatrix} 2\mathrm{d}\varepsilon_1+\mathrm{d}\varepsilon_3 \\ \dfrac{2}{3}(\mathrm{d}\varepsilon_1-\mathrm{d}\varepsilon_3) \end{Bmatrix}=\frac{1}{p}\begin{bmatrix} D_{\mathrm{pp}} & D_{\mathrm{pq}} \\ D_{\mathrm{qp}} & D_{\mathrm{qq}} \end{bmatrix}\begin{Bmatrix} \dfrac{2}{3}\mathrm{d}\sigma_1 \\ \mathrm{d}\sigma_1 \end{Bmatrix}$$

若以环向应力$\mathrm{d}\sigma_1$为自变量,由上式解得预测公式为

$$\left.\begin{aligned} &\mathrm{d}\sigma_3=0 \\ &\mathrm{d}\varepsilon_1=\frac{1}{18p}(4D_{\mathrm{pp}}+6D_{\mathrm{pq}}+6D_{\mathrm{qp}}+9D_{\mathrm{qq}})\mathrm{d}\sigma_1 \\ &\mathrm{d}\varepsilon_3=\frac{1}{9p}(2D_{\mathrm{pp}}+3D_{\mathrm{pq}}-6D_{\mathrm{qp}}-9D_{\mathrm{qq}})\mathrm{d}\sigma_1 \end{aligned}\right\} \tag{5.135}$$

(2)σ_1=常数

σ_1=常数的固结排水试验是先施加固结压力$\sigma_1=\sigma_3=c$,再在排水条件下保持环向应力σ_1=常数,垂直方向卸载$\Delta\sigma_3$至破坏,试验中始终保持$\mathrm{d}\sigma_1=0$,所以在p-q坐标系中的应力路径是$\dfrac{\mathrm{d}q}{\mathrm{d}p}=\dfrac{3(\mathrm{d}\sigma_1-\mathrm{d}\sigma_3)}{2\mathrm{d}\sigma_1+\mathrm{d}\sigma_3}=-3$。把$\mathrm{d}\sigma_1=0$代入式(5.134)得

$$\begin{Bmatrix} 2\mathrm{d}\varepsilon_1+\mathrm{d}\varepsilon_3 \\ \dfrac{2}{3}(\mathrm{d}\varepsilon_1-\mathrm{d}\varepsilon_3) \end{Bmatrix}=\frac{1}{p}\begin{bmatrix} D_{\mathrm{pp}} & D_{\mathrm{pq}} \\ D_{\mathrm{qp}} & D_{\mathrm{qq}} \end{bmatrix}\begin{Bmatrix} \dfrac{1}{3}\mathrm{d}\sigma_3 \\ -\mathrm{d}\sigma_3 \end{Bmatrix}$$

以轴向应变$\mathrm{d}\varepsilon_3$为自变量(预测中取负值),由上式解得预测公式如下

$$\left.\begin{aligned} &\mathrm{d}\sigma_1=0 \\ &\mathrm{d}\sigma_3=\frac{9p}{D_{\mathrm{pp}}-3D_{\mathrm{pq}}-3D_{\mathrm{qp}}+9D_{\mathrm{qq}}}\mathrm{d}\varepsilon_3 \\ &\mathrm{d}\varepsilon_1=\frac{1}{2}\,\frac{2D_{\mathrm{pp}}-6D_{\mathrm{pq}}+3D_{\mathrm{qp}}-9D_{\mathrm{qq}}}{D_{\mathrm{pp}}-3D_{\mathrm{pq}}-3D_{\mathrm{qp}}+9D_{\mathrm{qq}}}\mathrm{d}\varepsilon_3 \end{aligned}\right\} \tag{5.136}$$

需要注意的是,$\mathrm{d}q/\mathrm{d}p=-3$的应力路径,开始时进入剑桥模型屈服面内,在屈服面内的应力路径只产生弹性应变,自屈服面向外的应力路径,产生弹塑性应变。

(3)p=常数

p=常数的固结排水试验是先施加固结压力 $\sigma_1=\sigma_3=c$，再在排水条件下加荷，并始终保持 $\mathrm{d}p=(2\mathrm{d}\sigma_1+\mathrm{d}\sigma_3)=0$，把 $\mathrm{d}\sigma_3=-2\mathrm{d}\sigma_1$ 代入式(5.134)，以轴向应变 $\mathrm{d}\varepsilon_3$ 为自变量(预测中取负值)，解得

$$\left.\begin{aligned}\mathrm{d}\varepsilon_1&=\frac{1}{2}\frac{2D_{\mathrm{pq}}+3D_{\mathrm{qq}}}{D_{\mathrm{pq}}-3D_{\mathrm{qq}}}\mathrm{d}\varepsilon_3\\ \mathrm{d}\sigma_1&=\frac{p}{D_{\mathrm{pq}}-3D_{\mathrm{qq}}}\mathrm{d}\varepsilon_3\\ \mathrm{d}\sigma_3&=-\frac{2p}{D_{\mathrm{pq}}-3D_{\mathrm{qq}}}\mathrm{d}\varepsilon_3\end{aligned}\right\}\tag{5.137}$$

(4)不排水剪切

饱和黏土不排水剪切试验条件是体积应变为零，用公式表示为 $\mathrm{d}\varepsilon_v=2\mathrm{d}\varepsilon_1+\mathrm{d}\varepsilon_3=0$，把 $\mathrm{d}\varepsilon_1=-\mathrm{d}\varepsilon_3/2$ 代入式(5.134)，以轴向应变 $\mathrm{d}\varepsilon_3$ 为自变量(预测中取负值)，解得

$$\left.\begin{aligned}\mathrm{d}\varepsilon_1&=-\mathrm{d}\varepsilon_3/2\\ \mathrm{d}\sigma_1&=-\frac{p}{3}\frac{-D_{\mathrm{pp}}+3D_{\mathrm{pq}}}{D_{\mathrm{qp}}D_{\mathrm{pq}}-D_{\mathrm{qq}}D_{\mathrm{pp}}}\mathrm{d}\varepsilon_3\\ \mathrm{d}\sigma_3&=-\frac{p}{3}\frac{2D_{\mathrm{pp}}+3D_{\mathrm{pq}}}{D_{\mathrm{qp}}D_{\mathrm{pq}}-D_{\mathrm{qq}}D_{\mathrm{pp}}}\mathrm{d}\varepsilon_3\end{aligned}\right\}\tag{5.138}$$

5.5.3 预测

【例题 5.1】 某黏性土土样，测得剑桥模型的四个土样参数为 $\lambda=0.0853$，$\kappa=0.0188$，$M=1.36$，$\nu=0.3$；初始孔隙比 $e_0=0.68$，初始固结应力 $\sigma_1=\sigma_3=\sigma_3=196\mathrm{kPa}$。根据上述式(5.51)、式(5.70)、式(5.123)～式(5.130)，分别用修正剑桥模型做了三种应力路径的预测：①围压 σ_3=常数；②p=常数；③不排水剪切试验。

预测结果见图 5.10，其中图 5.10a)是应力路径，图 5.10b)是应力应变关系。表 5.1是围压 σ_3=常数应力路径的预测计算过程，其余预测计算过程略。

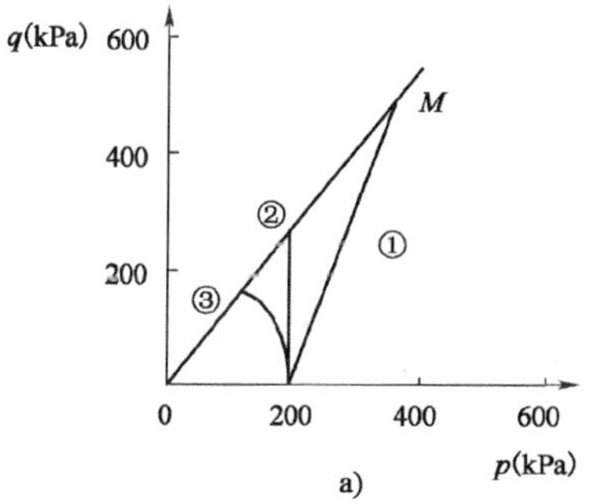

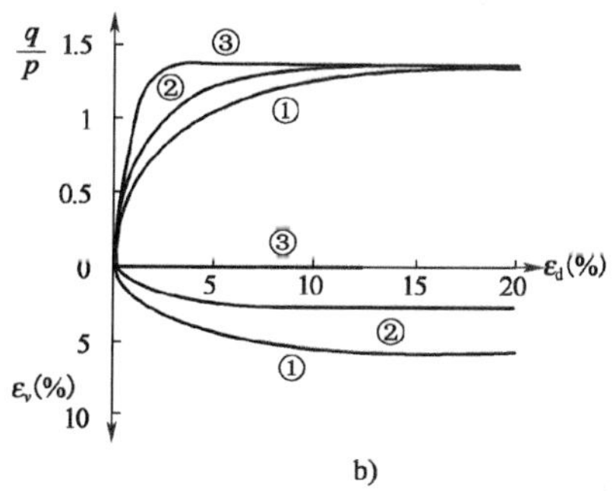

图 5.10 修正剑桥模型预测

a)应力路径；b)应力应变关系

围压 σ_3 = 常数应力路径预测计算表

表 5.1

p	q	$\frac{q}{p}$	D	D	D	D	$d\varepsilon_1$	$d\varepsilon_3$	$d\sigma_1$	$d\sigma_3$	dp	dq	$d\varepsilon_v$	ε_v	$d\varepsilon_d$	ε_d	σ_1	σ_3
196.0	0.0	0.000												0.00		0.00	196.0	196
219.8	71.4	0.325	0.051	0.000	0.000	0.008	0.005	0.0006	71.41	0.0	23.80	71.41	0.006	0.006	0.003	0.003	267.4	196
247.0	153.1	0.620	0.047	0.013	0.013	0.013	0.010	0.0003	81.65	0.0	27.22	81.65	0.011	0.017	0.006	0.009	349.1	196
274.2	234.6	0.856	0.037	0.022	0.022	0.027	0.015	−0.0018	81.57	0.0	27.19	81.57	0.011	0.028	0.011	0.021	430.6	196
300.7	314.2	1.045	0.028	0.026	0.026	0.048	0.02	−0.0048	79.59	0.0	26.53	79.59	0.010	0.039	0.017	0.037	510.2	196
319.5	370.6	1.160	0.021	0.028	0.028	0.086	0.02	−0.0067	56.35	0.0	18.78	56.35	0.007	0.045	0.018	0.055	566.6	196
332.7	410.2	1.233	0.017	0.029	0.029	0.140	0.02	−0.0079	39.62	0.0	13.21	39.62	0.004	0.049	0.019	0.074	606.2	196
341.8	437.3	1.280	0.015	0.029	0.029	0.225	0.02	−0.0086	27.09	0.0	9.03	27.09	0.003	0.052	0.019	0.093	633.3	196
347.8	455.3	1.309	0.014	0.029	0.029	0.358	0.02	−0.0091	18.04	0.0	6.01	18.04	0.002	0.054	0.019	0.112	651.3	196
351.7	467.1	1.328	0.013	0.029	0.029	0.570	0.02	−0.0094	11.77	0.0	3.92	11.77	0.001	0.055	0.020	0.132	663.1	196
354.2	474.7	1.340	0.012	0.029	0.029	0.910	0.02	−0.0096	7.56	0.0	2.52	7.56	0.001	0.056	0.020	0.151	670.7	196
355.8	479.5	1.347	0.012	0.029	0.029	1.453	0.02	−0.0098	4.81	0.0	1.60	4.81	0.000	0.056	0.020	0.171	675.5	196
356.8	482.5	1.352	0.012	0.029	0.029	2.322	0.02	−0.0099	3.04	0.0	1.01	3.04	0.000	0.057	0.020	0.191	678.5	196
357.5	484.4	1.355	0.011	0.029	0.029	3.714	0.02	−0.0099	1.91	0.0	0.64	1.91	0.000	0.057	0.020	0.211	680.4	196
357.9	485.6	1.357	0.011	0.029	0.029	5.944	0.02	−0.0099	1.20	0.0	0.40	1.20	0.000	0.057	0.020	0.231	681.6	196
358.1	486.4	1.358	0.011	0.029	0.029	9.516	0.02	−0.0100	0.75	0.0	0.25	0.75	0.000	0.057	0.020	0.251	682.4	196
358.3	486.8	1.359	0.011	0.029	0.029	15.236	0.02	−0.0100	0.47	0.0	0.16	0.47	0.000	0.057	0.020	0.271	682.8	196

由预测结果可知，修正剑桥模型的应力应变关系是应变硬化型关系，不同应力路径的最终应力比都是 M，并且体积应变只有体积剪缩，没有剪胀。

5.5.4 关于加卸荷准则

剑桥模型中采用的加荷、卸荷时土的应力应变关系如图 1.4 所示。加荷时产生的弹塑性变形由式(5.51)计算，卸荷时产生的弹性变形由式(5.36)计算，卸荷后重新再加荷时，当荷载没有超过原有屈服点只产生弹性变形，当荷载超过原有屈服点就产生新的弹塑性变形。或者说屈服面扩大就是加荷，应力点向屈服面内变化就是卸荷。

剑桥模型、修正剑桥模型中的应力用 p，q 表示，此时的加卸荷准则为

$$f=0\quad \left.\begin{aligned} &\mathrm{d}f=\frac{\partial f}{\partial p}\mathrm{d}p+\frac{\partial f}{\partial q}\mathrm{d}q>0 &&\text{加荷}\\ &\mathrm{d}f=\frac{\partial f}{\partial p}\mathrm{d}p+\frac{\partial f}{\partial q}\mathrm{d}q=0 &&\text{中性变荷}\\ &\mathrm{d}f=\frac{\partial f}{\partial p}\mathrm{d}p+\frac{\partial f}{\partial q}\mathrm{d}q<0 &&\text{卸荷}\end{aligned}\right\}\tag{5.139}$$

例如，图 5.11 表示了修正剑桥模型加荷时屈服面与应力应变曲线的关系。图 5.11a)表示了常规三轴固结排水 $\sigma_3=c$ 试验中的不同屈服面，图 5.11b)表示试验中偏应力 q 与偏应变 ε_d 的关系曲线。比较两图可知，点 $A(p=p_0,q=0)$ 为初始等向固结压力对应的点，此时的屈服面是图 a)中点 A 对应的屈服面。随着荷载的增加，屈服面由 $A\rightarrow B\rightarrow C\rightarrow D$ 不断扩大，最后到应力路径 $\overrightarrow{AD}$ 与峰值应力比 M 相交的点 D 为止，之后的应力应变关系是剪应变不断增大而荷载不再增加，屈服面不再变化。

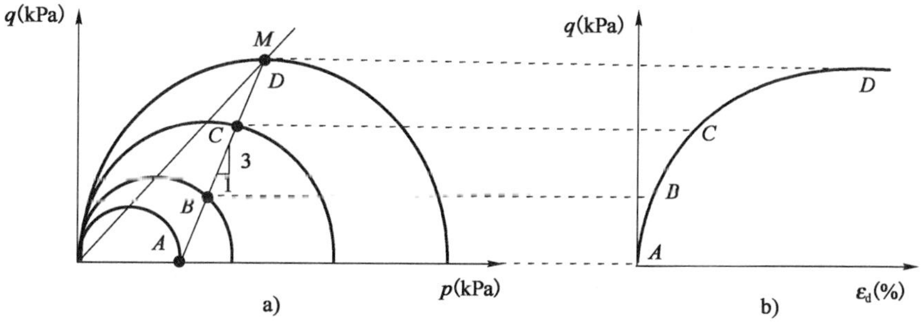

图 5.11 修正剑桥模型的屈服面与应力应变曲线关系

a)屈服面；b)偏应力-偏应变关系

注:有的同学用式(5.51)进行模型预测,式的原形是由应力预测应变,即给出应力增量 dp、dq,预测应变增量 $d\varepsilon_v$、$d\varepsilon_d$。在预测的过程中同学们会发现预测的结果是在应变还很小时就算不下去了,例如应变只有3%左右,因而怀疑是不是自己的计算有误。分析图5.11b)可知,剑桥模型当 q 达峰值后就不再增加,预测中当给出的应力增量 dp、dq 过大,自然无法得出正确结果。改正的方法有两种,第一种方法是在接近峰值后,需给出很小的应力增量,此时会算出很大的应变增量;第二种方法是由应变求应力,可使用由应变预测应力的式(5.102)进行预测。例如,对于 σ_3=常数的固结排水试验,还可以直接使用式(5.128),这也是由应变预测应力,这样在预测的后期,给出了应变增量,计算出的应力不再增加,应力应变曲线就如同图5.11b)所示。

【例题5.2】 某黏性土的三轴伸长试验预测,设临界状态应力比 $M_e=0.94$,土样其他参数与【例题5.1】相同,根据式(5.132)~式(5.138),预测三轴伸长试验应力应变关系见图5.12。图5.12a)是应力路径,其中曲线①是 σ_3=常数路径,曲线②是 p=常数路径,曲线③是 σ_1=常数路径,曲线④是不排水有效应力路径。图5.12b)是应力应变关系曲线。

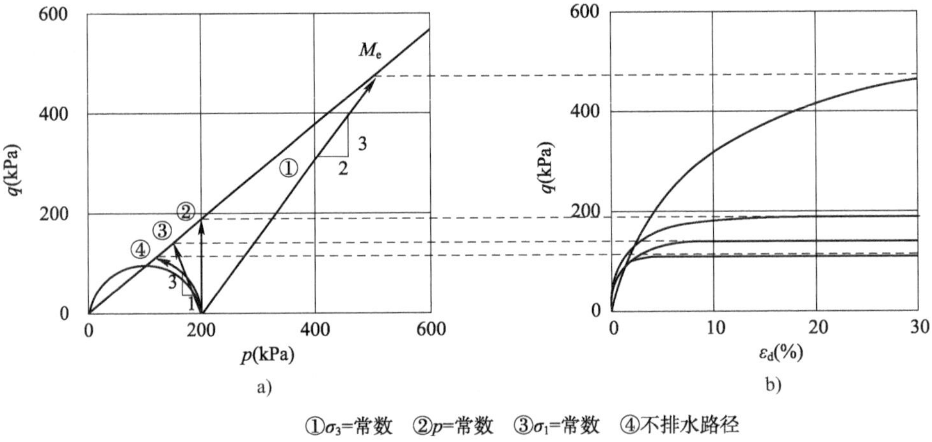

图5.12 三轴伸长应力应变关系

a)应力路径;b)ε_d-q 曲线

【例题5.3】 设一点的应力状态由 $\sigma^{(1)}$ 改变为 $\sigma^{(2)}$ 或 $\sigma^{(3)}$,已知 $M=1.4$,问:对于修正剑桥模型是加荷还是卸荷?

$$\sigma^{(1)}=\begin{bmatrix}400&0&0\\0&200&0\\0&0&200\end{bmatrix},\sigma^{(2)}=\begin{bmatrix}400&0&0\\0&300&0\\0&0&300\end{bmatrix},\sigma^{(3)}=\begin{bmatrix}400&0&0\\0&50&0\\0&0&50\end{bmatrix}$$

解：

由题目可求得，$\sigma^{(1)}=\begin{Bmatrix}p\\q\end{Bmatrix}=\begin{Bmatrix}266.67\\200\end{Bmatrix}$，$\sigma^{(2)}=\begin{Bmatrix}p\\q\end{Bmatrix}=\begin{Bmatrix}333.33\\100\end{Bmatrix}$，$\sigma^{(3)}=\begin{Bmatrix}p\\q\end{Bmatrix}=\begin{Bmatrix}166.67\\350\end{Bmatrix}$

对于修正剑桥模型，由式(5.108)可知

$$\begin{Bmatrix}\dfrac{\partial f}{\partial p}\\ \dfrac{\partial f}{\partial q}\end{Bmatrix}=\frac{c_{\mathrm{p}}}{p}\begin{Bmatrix}\dfrac{M^2-\eta^2}{M^2+\eta^2}\\ \dfrac{2\eta}{M^2+\eta^2}\end{Bmatrix}$$

从 $\sigma^{(1)}$ 改变为 $\sigma^{(2)}$

$$\begin{aligned}\mathrm{d}f&=\frac{\partial f}{\partial p}\mathrm{d}p+\frac{\partial f}{\partial q}\mathrm{d}q=\frac{c_{\mathrm{p}}}{p}\left(\frac{M^2-\eta^2}{M^2+\eta^2}\mathrm{d}p+\frac{2\eta}{M^2+\eta^2}\mathrm{d}q\right)\\&=\frac{c_{\mathrm{p}}}{p}\frac{1}{M^2+\eta^2}\left[1.4^2-\left(\frac{266.67}{200}\right)^2\times(333.33-267.67)+2\times\frac{266.67}{200}\times(100-200)\right]\\&=\frac{c_{\mathrm{p}}}{p}\frac{1}{M^2+\eta^2}\times(-254.53)\end{aligned}$$

$\mathrm{d}f<0$，由 $\sigma^{(1)}$ 改变为 $\sigma^{(2)}$ 是卸荷。

由 $\sigma^{(1)}$ 改变为 $\sigma^{(3)}$

$$\begin{aligned}\mathrm{d}f&=\frac{c_{\mathrm{p}}}{p}\frac{1}{M^2+\eta^2}\left[1.4^2-\left(\frac{266.67}{200}\right)^2\times(166.67-266.67)+2\times\frac{266.67}{200}\times(350-200)\right]\\&=\frac{c_{\mathrm{p}}}{p}\frac{1}{M^2+\eta^2}\times381.79\end{aligned}$$

$\mathrm{d}f>0$，由 $\sigma^{(1)}$ 改变为 $\sigma^{(3)}$ 是加荷。

5.6 土性指标

5.6.1 临界状态应力比 M

M 值定义为临界状态应力比，与土的强度指标 φ 值的概念类似。对于正常固结土，在 p-q 坐标系下斜率 $M=\dfrac{q}{p}$ 的线是一条不可逾越线。由土力学可知，三轴压缩条件下土的内摩擦角 φ 为

$$\sin\varphi=\frac{\dfrac{\sigma_1-\sigma_3}{2}}{\dfrac{\sigma_1+\sigma_3}{2}}=\frac{\dfrac{\sigma_1}{\sigma_3}-1}{\dfrac{\sigma_1}{\sigma_3}+1}$$

整理得

$$\frac{\sigma_1}{\sigma_3}=\frac{1+\sin\varphi}{1-\sin\varphi} \tag{5.140}$$

三轴压缩条件下临界状态应力比 M 为

$$M=\frac{q}{p}=\frac{\sigma_1-\sigma_3}{\dfrac{\sigma_1+2\sigma_3}{3}}=3\,\frac{\dfrac{\sigma_1}{\sigma_3}-1}{\dfrac{\sigma_1}{\sigma_3}+2} \tag{5.141}$$

把式(5.140)代入式(5.141)得

$$M=\frac{6\sin\varphi}{3-\sin\varphi} \tag{5.142}$$

5.6.2 压缩参数 λ 和回弹参数 κ

由定义可知,土的压缩性指标是由等向固结试验得出的,见图 5.6。实际预测中常利用固结试验的压缩指数和回弹指数 C_c、C_s 求出 λ、κ,下面对此加以说明。

图 5.13 表示了修正剑桥模型的屈服面与孔隙比的关系,而硬化参量又与孔隙比相关,所以可以说图 5.13 直观地描述了屈服面与硬化参量的关系。

图 5.13a)是根据修正剑桥模型绘制的屈服面 f_1 和屈服面 f_2。图 5.13b)是在 p-e 坐标系中绘制的等向固结试验的试验结果。图中的 NCL 线是等向固结线,CSL 线是临界状态线,图中表示了于屈服面上与等向固结应力 p_{x1}、p_{x2} 相对应的孔隙比的变化。图 5.13c)是在 $\ln p$-e 坐标系中绘制的等向固结的结果。

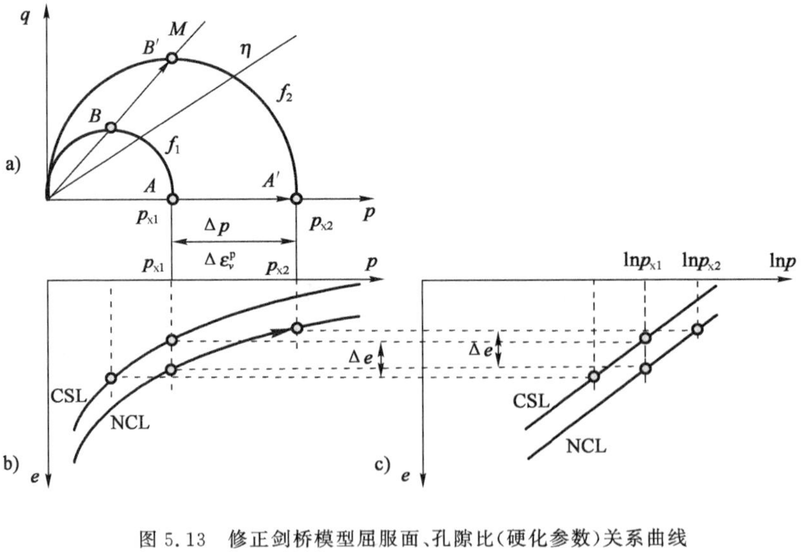

图 5.13 修正剑桥模型屈服面、孔隙比(硬化参数)关系曲线

a)屈服面;b)e-p 关系曲线;c)e-$\ln p$ 关系曲线

(1)η=常数应力路径

图 5.13a)中的屈服面 f_1 是与等向固结应力 p_{x1} 相对应的塑性体积应变等值面，屈服面 f_2 是与等向固结应力 p_{x2} 相对应的塑性体积应变等值面。从屈服面 f_1 到屈服面 f_2 特征点的塑性体积应变增量计算如下。

①等向固结试验($\eta=0$)。

在等向固结试验中，当固结压力由初始值 p_0 增加到 p_{x1} 时，图 5.13a)中屈服面 f_1 的塑性体积应变为

$$\varepsilon_{1v}^{p} = c_{p}\ln\frac{p_{x1}}{p_0} \tag{5.143}$$

当固结压力由初始值 p_0 增加到 p_{x2} 时，图中屈服面 f_2 上的塑性体积应变为

$$\varepsilon_{2v}^{p} = c_{p}\ln\frac{p_{x2}}{p_0} \tag{5.144}$$

从屈服面 f_1 到屈服面 f_2 产生的塑性体积应变的增量为

$$\Delta\varepsilon_{v}^{p} = \varepsilon_{2v}^{p} - \varepsilon_{1v}^{p} = c_{p}(\ln p_{x2} - \ln p_{x1}) \tag{5.145}$$

根据体积应变与孔隙比的关系得

$$\Delta\varepsilon_{v}^{p} = \frac{\Delta e^{p}}{1+e_0} = \frac{\lambda-\kappa}{1+e_0}(\ln p_{x2} - \ln p_{x1})$$

所以图 5.13 中孔隙比的增量为

$$\Delta e = \Delta e^{e} + \Delta e^{p} = \lambda(\ln p_{x2} - \ln p_{x1}) \tag{5.146}$$

②$\eta=M$。

把屈服面 f_1 和屈服面 f_2 上两个顶点的坐标$\left(p=\dfrac{p_x}{2}, q=Mp\right)$分别代入屈服面式(5.61)得

$$c_{p}\ln\frac{p_{x1}}{2p_0} + c_{p}\ln 2 = \varepsilon_{1v}^{p}$$

$$c_{p}\ln\frac{p_{x2}}{2p_0} + c_{p}\ln 2 = \varepsilon_{2v}^{p}$$

由此得两个屈服面间的塑性体积应变增量为

$$\Delta\varepsilon_{v}^{p} = \varepsilon_{2v}^{p} - \varepsilon_{1v}^{p} = c_{p}\left(\ln\frac{p_{x2}}{2p_0} - \ln\frac{p_{x1}}{2p_0}\right) = c_{p}(\ln p_{x2} - \ln p_{x1})$$

上式与式(5.145)结果相同，所以可以得到以下结论：沿着不同的应力比($\eta=0,\eta=M$)路径，从一个屈服面到另一个屈服面时，塑性体积应变的增量相等，孔隙比的增量也相等，见图 5.13b)、c)。

按照修正剑桥模型的概念，从屈服面 f_1 到屈服面 f_2 的塑性体积应变增量都相等。即在图 5.13a)中，应力路径$\overrightarrow{AA'}$，应力比为 η_1，应力路径$\overrightarrow{BB'}$，应力比为 η_2，应力路径$\overrightarrow{CC'}$，应力比为 $\eta=M$，等向固结应力路径$\overrightarrow{p_{x1}p_{x2}}$，应力比为 $\eta=0$，塑性体积应

变增量都是 $\Delta\varepsilon_v^p=c_p(\ln p_{x2}-\ln p_{x1})$,孔隙比的改变量都是 $\Delta e=\lambda(\ln p_{x2}-\ln p_{x1})$。

(2)等 p 应力路径

根据式(5.61),当固结压力由初始值 p_0 增加到 p 时,塑性体积应变为 $\varepsilon_v^p=\frac{\lambda-\kappa}{1+e_0}\ln\frac{p}{p_0}+\frac{\lambda-\kappa}{1+e_0}\ln\left(1+\frac{q^2}{M^2p^2}\right)$,由等向压缩试验可知弹性体积应变是

$$\varepsilon_v^e=\frac{\kappa}{1+e_0}\ln\frac{p}{p_0} \tag{5.147}$$

总体积应变为

$$\varepsilon_v=\varepsilon_v^e+\varepsilon_v^p=\frac{\lambda}{1+e_0}\ln\frac{p}{p_0}+c_p\ln\left(1+\frac{\eta^2}{M^2}\right) \tag{5.148}$$

计算图5.14中沿着 p=常数的应力路径产生的体积应变的增量值,把 $p=p_0$ 和 $\eta=M$ 带入式(5.148),得

$$\varepsilon_v=\frac{\lambda}{1+e_0}\ln\frac{p_0}{p_0}+c_p\ln2=c_p\ln2 \tag{5.149}$$

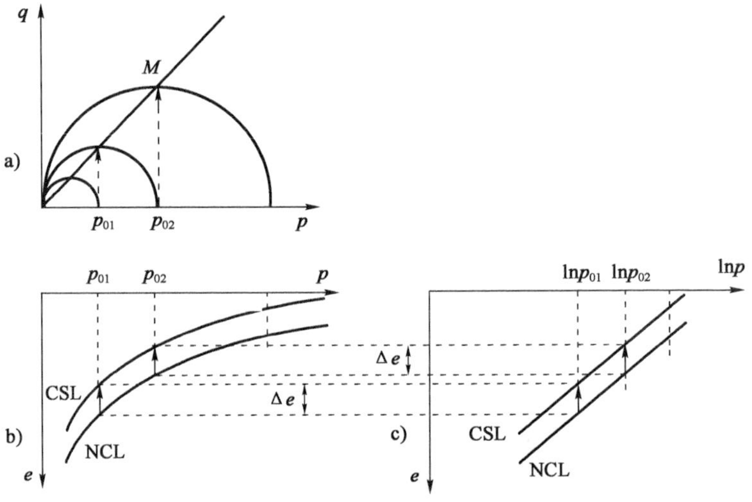

图5.14 等 p 应力路径屈服面、孔隙比(硬化参数)关系曲线

a)应力路径;b)e-p 关系曲线;c)e-$\ln p$ 关系曲线

式(5.149)表示无论 p_0 是何值,从 $\eta=0$ 到 $\eta=M$ 总体积应变增量相等。

把体积应变增量改写为孔隙比的增量,根据体积应变与孔隙比的关系得 $\varepsilon_v=\frac{\Delta e}{1+e_0}=\frac{\lambda-\kappa}{1+e_0}\ln2$,所以

$$\Delta e=(\lambda-\kappa)\ln2 \tag{5.150}$$

式(5.150)表示,临界状态线 CSL 与正常固结线 NCL 在 p 相等的情况下相差一个常数。在 $e\text{-}\ln p$ 坐标系下因为正常固结线 NCL 的斜率是 λ,所以临界状态线 CSL 的斜率也是 λ,两条曲线孔隙比的差值为 $\Delta e=(\lambda-\kappa)\ln 2$,见图 5.14c)。从而证明了在 $e\text{-}\ln p$ 坐标系中,等向固结线 NCL 与破坏线 CSL 平行。

(3)根据侧限压缩试验求试验参数 λ

图 5.15 表示了当 p=常数且终值应力比为 $\eta=\kappa M(0<\kappa<1)$ 时的应力路径。把该试验条件代入式(5.148)得

$$\varepsilon_v=\frac{\lambda}{1+e_0}\ln\frac{p_0}{p_0}+c_p\ln(1+\kappa^2)=c_p\ln(1+\kappa^2) \tag{5.151}$$

式(5.151)表明,从任意点 p_0 开始,至 $\eta=\kappa M$ 为止,体积应变增量值相等,或者说孔隙比改变量相等,其值为 $\Delta e=(\lambda-\kappa)\ln(1+\kappa^2)$。

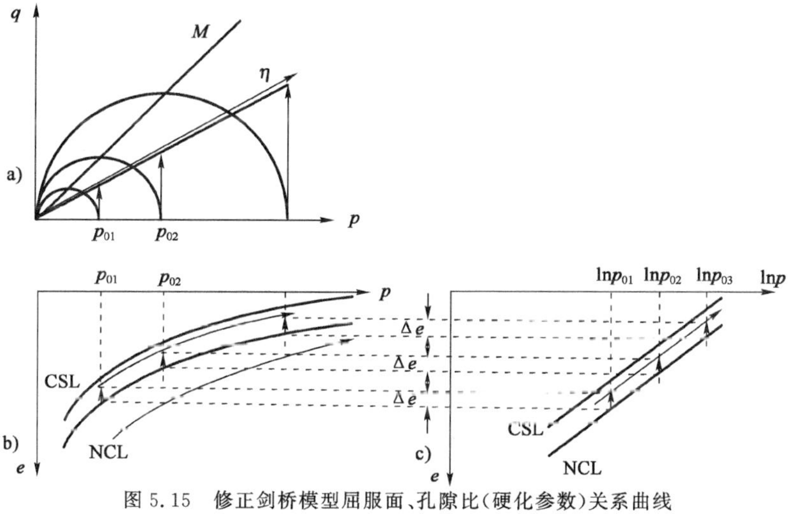

图 5.15 修正剑桥模型屈服面、孔隙比(硬化参数)关系曲线

a)应力路径;b)$e\text{-}p$ 关系曲线;c)$e\text{-}\ln p$ 关系曲线

由上述结果可以推广为,沿着 $\eta=\kappa M$ 应力路径,在 $e\text{-}\ln p$ 坐标系下绘制的试验曲线与正常固结线 NCL 平行,二者的差值为 $\Delta e=(\lambda-\kappa)\ln(1+\kappa^2)$。即,在侧限压缩条件下应力比为常数,在 $e\text{-}\ln p$ 坐标系下绘制的压缩曲线与正常固结线 NCL 线平行,所以,可以根据侧限压缩试验求等向固结试验中的斜率 λ。显然,侧限压缩试验(固结试验)比等向固结试验的三轴试验简单易行。

压缩指数 C_c 和回弹指数 C_s 是把侧限压缩试验结果绘制在 $e\text{-}\lg p$ 坐标系下得到的,而 λ 和 κ 是在 $e\text{-}\ln p$ 坐标系下试验曲线的斜率,经过坐标变换得

$$\left.\begin{aligned}\lambda&=0.434C_c\\ \kappa&=0.434C_s\end{aligned}\right\} \tag{5.152}$$

5.7 状 态 面

5.7.1 罗斯科线(Roscoe)

正常固结土不排水试验在 p-q 坐标系中的应力路径如图 5.16 所示。其中图 5.16a)表示的是在不同的前期固结压力下得到不同的应力路径,这些应力路径几何相似。把图 5.16a)中的三条应力路径绘制在$\frac{p}{p_e}$-$\frac{q}{p_e}$坐标系下,得到了相同的应力路径,称为罗斯科线,如图 5.16b)所示。对于正常固结土,这种归一化处理中的 p_e值是各个不排水试验应力路径的起点的 p_0值。

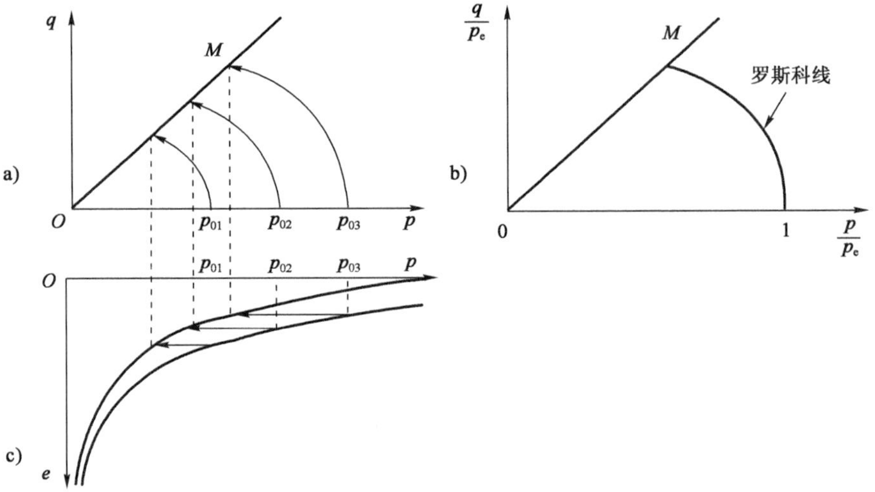

图 5.16 罗斯科线

a)不排水应力路径;b)罗斯科线;c)不排水试验 e-p 关系曲线

5.7.2 伏斯列夫线(Hvorslev)

图 5.16 中的 M 线是正常固结土不可逾越的破坏包线,而试验表明,超固结土的应力路径可能会超过 M 线,若用 OCR 表示超固结度,则

$$\mathrm{OCR}=\frac{p_0}{p_1} \tag{5.153}$$

图 5.17 中,固结压力加到 p_0 后卸荷,卸荷只产生弹性变形,沿着回弹线 κ 卸荷至 p_1,若从 p_1 开始进行不排水剪,此时的超固结比是 $\mathrm{OCR}=\frac{p_0}{p_1}$。图中的 p_e 是与超固结压力 p_1 等孔隙比的条件下,在正常固结线上相应的孔隙比所对应的固结压力。

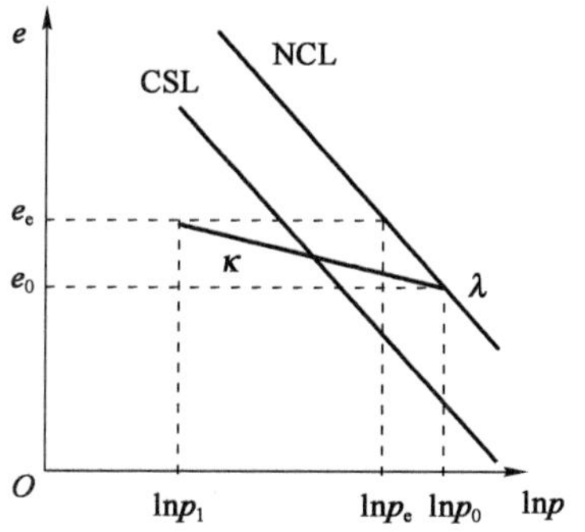

图 5.17 归一化参数 p_e 的含义

OCR＝1 表示 $p_0=p_1$，此时的应力路径是正常固结土的应力路径，正常固结土在 p-q 坐标系中的应力路径不超过破坏线 M。超固结土由于超固结度的影响，在同等压力的条件下孔隙比小，强度高，所以超固结土的应力路径会位于正常固结土破坏线 M 之上。

根据不同超固结度的土，在 $\frac{p}{p_e}$-$\frac{q}{p_e}$ 坐标系下绘制的不排水剪试验应力路径图示见图 5.18。其中应力路径包线斜率定义为伏斯列夫线斜率 M_h，伏斯列夫线斜率 M_h 小于正常固结土破坏线斜率 M。

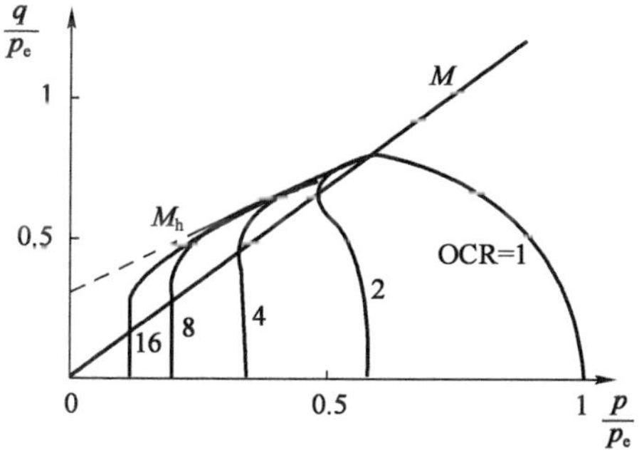

图 5.18 归一化的超固结土应力路径

p-q 坐标分别除以 p_e 称为归一化整理。经过归一化整理，不论前期固结应力 p_0 是多少，应力路径是相同的，即可以求出唯一的 M_h。图 5.19 中分别给出了不同超固结比时归一化参数 p_e 的具体求法的图示。例如，加荷至点 $A(p_0)$ 处，卸荷至点 $A'(p_1)$ 处，此时的 p_e 为点 A'' 处的应力 p_e。

剑桥模型中描述的正常固结土不排水应力路径应位于正常固结土破坏线 M 线以下，而超固结土的应力路径会超过 M，超固结土表现出较高的强度，这也是实际土表现出的性质。

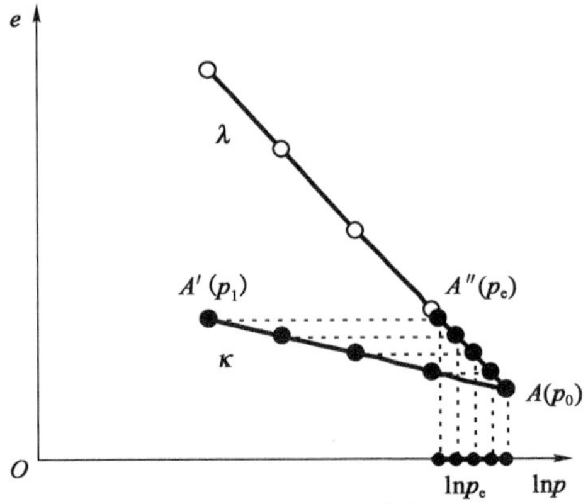

图 5.19 求归一化参数 p_e

5.7.3 归一化的状态边界面

当围压 $\sigma_3=0$ 时的应力路径称为**零拉力线**。在常规三轴试验中,$\sigma_3=$常数的应力路径在 p-q 坐标系下是一条斜率为 3 的直线,即 $\frac{dq}{dp}=\frac{3(d\sigma_1-d\sigma_3)}{d\sigma_1+2d\sigma_3}=3$。当围压为零时,该应力路径通过圆点。因为土材料不能承受拉力,围压不可能小于零,所以这也是一条不可逾越线。

图 5.20 表示了 $\frac{p}{p_e}$-$\frac{q}{p_e}$ 坐标系下应力的变化范围,也称为归一化的状态面。

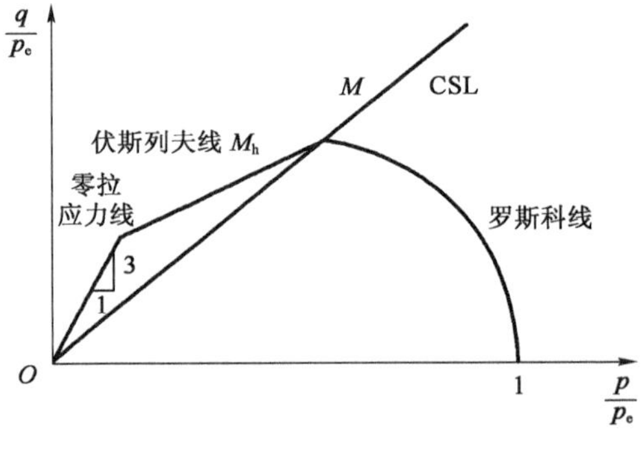

图 5.20 归一化的状态边界面

对于正常固结土,不排水试验应力变化范围是由正常固结线$\left(\frac{q}{p_e}=0\right)$、罗斯科线、破坏线($q=Mp$)围成。超固结土应力变化范围是由正常固结线、罗斯科线、伏斯列夫线、零拉力线围成。

5.8 本章小结

(1)塑性理论的三大支柱是:屈服条件、流动法则和硬化规律。

(2)剑桥模型从能量方程推导出应力比与应变增量比的关系,根据正交法则确定塑性势函数,再根据塑性势函数与屈服函数相等的相关联流动法则,确定屈服函数,根据等向固结试验结果确定屈服函数中的积分常数,进而确定出塑性和弹性的应力应变关系。

(3)修正剑桥模型使塑性势线与 p 轴正交,提出了椭圆形的塑性势面,与剑桥模型不同之处只是根据塑性功推导出的应力比-应变增量比关系不同。

(4)根据经典弹塑性理论得出了修正剑桥模型弹塑性矩阵的显式表达式。

(5)建立了模拟实验室试验的预测基本公式。作为预测实例,用修正剑桥模型进行了预测,同时分析了屈服面与加载的关系,并对模型预测中的常见问题进行了说明。

(6)给出了剑桥模型的基本参数临界状态应力比 M、压缩参数 λ 和回弹参数 κ 的概念和求法。

(7)根据屈服面与硬化参量的关系,证明了剑桥模型中的土性参数 λ 可以用单向固结试验代替三轴试验求出。

第6章 土的硬化参量构成

6.1 硬化参量的概念

在土的弹塑性应力应变关系中，硬化及决定其发展规律的硬化参量与屈服面形状密切相关。屈服面是在应力空间满足某条件的应力面(硬化参量等值面)，对于屈服面只有通过与其相对应的硬化参量的变化规律才能建立应力应变的具体定量关系并进行应力应变的计算。作为决定土硬化的塑性应变可能是应力路径无关的，也可能是应力路径相关的，但是作为弹塑性模型的硬化参量必须是应力路径无关的。当屈服面确定以后，判定某一物理量(内变量)能否作为与之相对应的硬化参量的条件就是看其是否满足应力路径无关条件，具体内容是：

①从某一应力点出发沿着不同的应力路径加荷到另一屈服面上的不同点应满足硬化参量等值。

②从某一应力点出发沿着不同的应力路径加荷到另一屈服面上的同一点其硬化参量也应等值。

6.1.1 弹性域、屈服面

图 6.1 是在 p-q 坐标系下，绘制的修正剑桥模型的屈服面 f。当应力点位于屈服面内时，应力应变关系是线弹性的，当应力超出了原屈服面，将会产生新的塑性应变，屈服面将会扩大成新的屈服面，弹性域也将相应扩大。

在图 6.1a)中，当沿着等 p 路径加卸载时，即沿着路径$\overrightarrow{abcb'a'}$时，点 b 位于初始屈服面 f_1上，当应力超出该点，在 bc 段便会产生新的塑性应变。若在点 c 卸载，那么将形成通过点 c 的新的屈服面 f_2，当卸载至点 a'，即 $q=0$ 时，和原应力点 a 相比产生了塑性体积应变增量 $d\varepsilon_v^p$、塑性剪应变增量 $d\varepsilon_d^p$[图 6.1b)]。当沿着等向压缩路径时，即沿着路径$\overrightarrow{aded'a'}$时，也会得到同剪切相类似的应力应变曲线[图 6.1c)]，其中点 d 位于初始屈服面 f_1上，点 e 为新屈服面 f_2上的一个点，卸载至点 a'时，也产生了塑性

体积应变增量 $d\varepsilon_v^p$，因为 $q=0$，所以 $d\varepsilon_d^p=0$。这里应该注意的是点 $b(b')$ 与点 $d(d')$ 同位于初始屈服面 f_1 上，点 c 与点 e 同位于新的屈服面 f_2 上。对于正常固结黏土，在加卸载路径 $\overrightarrow{abcb'a'}$ 与 $\overrightarrow{aded'a'}$ 上会产生大小相同的塑性体积应变增量 $d\varepsilon_v^p=c_1$。

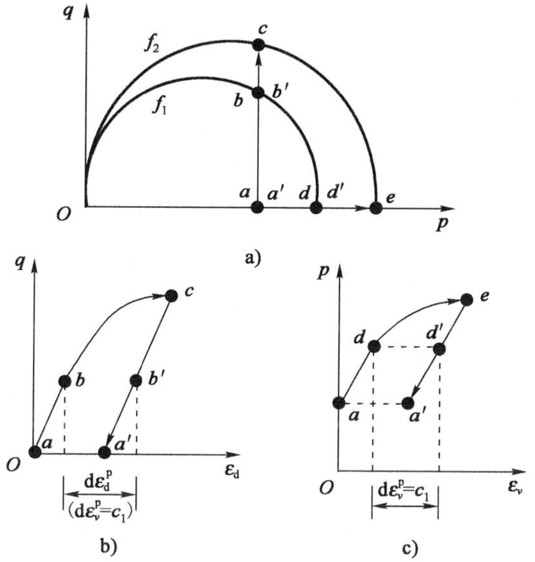

图 6.1 正常固结土屈服面及弹塑性应力-应变关系

a)屈服面；b) $p=$ 常数应力路径；c)等向固结应力路径

6.1.2 硬化、硬化参量

当加载超过了原来的屈服面，使土体产生新的塑性变形，屈服应力得到了提高，这种特性称为硬化，硬化的根源就是有塑性应变产生。为了计算土的应力状态从一个屈服面到另一个屈服面所产生的塑性应变，需要给出每个屈服面所对应的内参量(与已产生的塑性应变有关)。这样便可以通过研究从一个屈服面到另一个屈服面内参量的变化多少求得塑性应变增量大小，这个内参量称之为硬化参量。与应力路径无关条件是判断这个内参量能否作为硬化参量的基本条件。硬化参量还应该具有可以方便地根据特征路径求出的特点。

在土的弹塑性分析中常要用到的两个基本塑性应变参量是塑性体积应变 ε_v^p 和塑性剪切应变 ε_d^p。对于正常固结黏性土，大量的试验已证实，塑性体积应变 ε_v^p 可作为硬化参量，因为它具备了作为硬化参量的应力路径无关条件，但塑性剪应变 ε_d^p 却不能作为硬化参量。例如在图 6.1 中，沿路径 $\overrightarrow{abc}$ 和 $\overrightarrow{ade}$ 所产生的塑性剪应变增量 $d\varepsilon_d^p$ 不相等，其中沿路径 $\overrightarrow{ade}$ 所产生的塑性剪应变增量 $d\varepsilon_d^p$ 为 0，即塑性剪应变是与应力路径相关的。

6.2 修正剑桥模型的硬化参量

6.2.1 修正剑桥模型屈服函数

硬化参量一般被直接构造成某个塑性应变或几个塑性应变的组合。对于正常固结黏性土,塑性体积应变满足了作为硬化参量的基本条件。例如,在图 6.1 中分别沿路径 $\overrightarrow{abc}$ 及 $\overrightarrow{ade}$ 所产生的塑性体积应变相等。

由第 5 章可知,修正剑桥模型根据能量方程和相关连流动法则建立的屈服函数为

$$f = q^2 + M^2 p^2 - M^2 p_x p = 0 \tag{6.1}$$

这是一个椭圆屈服面,椭圆方程为

$$\frac{\left(p - \dfrac{p_x}{2}\right)^2}{\left(\dfrac{p_x}{2}\right)^2} + \frac{q^2}{\left(M \cdot \dfrac{p_x}{2}\right)^2} = 1 \tag{6.2}$$

其中,p_x(Pa)是椭圆与 p 轴的交点。根据等向固结试验得到以塑性体积应变为硬化参量的屈服函数为

$$f = c_p \ln \frac{p}{p_0} + c_p \ln\left(1 + \frac{q^2}{M^2 p^2}\right) - \varepsilon_v^p = 0 \tag{6.3}$$

式(6.3)也可以写为

$$f = c_p \ln \frac{p}{p_0} + c_p \ln\left(1 + \frac{q^2}{M^2 p^2}\right) - \int \mathrm{d}\varepsilon_v^p = 0 \tag{6.4}$$

6.2.2 修正剑桥模型硬化参量

式(6.3)是修正剑桥模型屈服函数。其中的硬化参量是塑性体积应变,或者说该屈服面方程表示的是塑性体积应变的等值面,既然是等值面,当然硬化参量与应力路径无关。例如,考察两个特殊应力路径。

①p=常数应力路径。把(p_0,q)代入式(6.3)可得图 6.2 中从 $A(p_0,0)$ 到 $C(p_0,q)$ 塑性体积应变

$$\varepsilon_v^p = c_p \ln\left(1 + \frac{q^2}{M^2 p_0^2}\right) \tag{6.5}$$

②等向固结应力路径 $q=0$。把(p_x,0)代入式(6.3)可得图 6.2 中从 $A(p_0,0)$ 到 $B(p_x,0)$ 塑性体积应变

$$\varepsilon_v^p = c_p \ln \frac{p_x}{p_0} \tag{6.6}$$

根据椭圆方程式(6.2)得

$$p_x = p_0 + \frac{q^2}{p_0 M^2} \tag{6.7}$$

把式(6.7)代入式(6.6)同样可得式(6.5),即硬化参量与应力路径无关。

以塑性体积应变为硬化参量的修正剑桥模型,塑性体积应变不同,屈服面不同,可以根据特殊的应力路径(等向固结试验)求出塑性体积应变大小,从而求出新屈服面的位置。

由图 6.2 可知,修正剑桥模型的弹性区域由三条曲线围成:

a. 屈服面方程 $f(p,q,\varepsilon_v^p)$。

b. 破坏线 $\frac{q}{p}=M$。

c. 等向固结线 $q=0$。

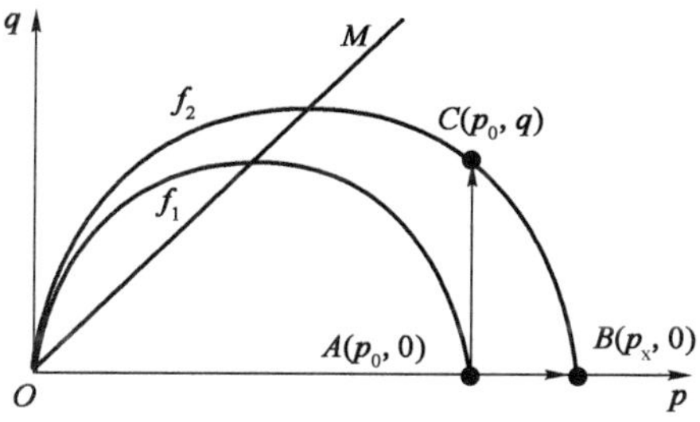

图 6.2 修正剑桥模型屈服面

应力状态在这三条曲线所围成的区域内变化将产生弹性变形,应力状态在屈服线上需通过加卸载准则判别是否产生塑性变形。注意到在 p 轴上只产生塑性体积应变增量,剪应变增量为零。在曲线最高点[即屈服面方程 $f(p,q,\varepsilon_v^p)$ 与破坏线 $\frac{q}{p}=M$ 交点]只产生剪应变增量,体积应变增量为零。在 M 线的左侧应力比超过最大值 M,体积应变为负值,此时的情况已超出了计算范围,在剑桥模型或修正剑桥模型中定义为已破坏。所以修正剑桥模型都是对于正常固结黏土建立的土的弹塑性模型,不能预测塑性体积应变为负值的情况,不能预测砂土的剪胀特性。

6.3 岩土材料应力路径无关硬化参量的构成方法

6.3.1 剪切体胀材料 ε_v^p 和 ε_d^p 的应力路径相关性

试验表明,具有剪切体胀特性土的塑性体积应变和塑性剪应变均是应力路径相关的参量,不宜直接作为硬化参量。塑性体积应变 ε_v^p 和塑性剪应变 ε_d^p 的应力路径相关性可用以下的试验结果说明。

图 6.3 表示了日本 Toyoura 砂在三轴压缩试验中所采用的应力路径。图中,从应力点 $A(\sigma_1=196\text{kPa},\sigma_3=196\text{kPa})$ 或 $(p=196\text{kPa},q=0\text{kPa})$ 至应力点 $F(\sigma_1=1176\text{kPa},$

$\sigma_3=294\text{kPa}$)或($p=588\text{kPa}$,$q=882\text{kPa}$)有 4 条不同的应力路径:$\overrightarrow{ADEF}$、$\overrightarrow{AF}$、$\overrightarrow{ABEF}$和$\overrightarrow{ABCF}$。在不同的应力路径下产生了不同的塑性应变,见图 6.4。图 6.4a)给出了沿着以上 4 种应力路径时的塑性体积应变 ε_v^p、广义剪应力 q 与平均应力 p 的关系。图 6.4b)给出了沿着以上 4 种应力路径时的塑性剪应变 ε_d^p 与平均应力 p、广义剪应力 q 的关系。

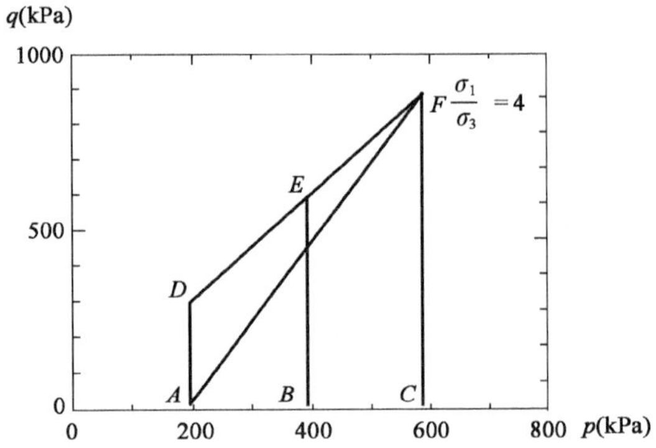

图 6.3 三轴压缩试验的应力路径

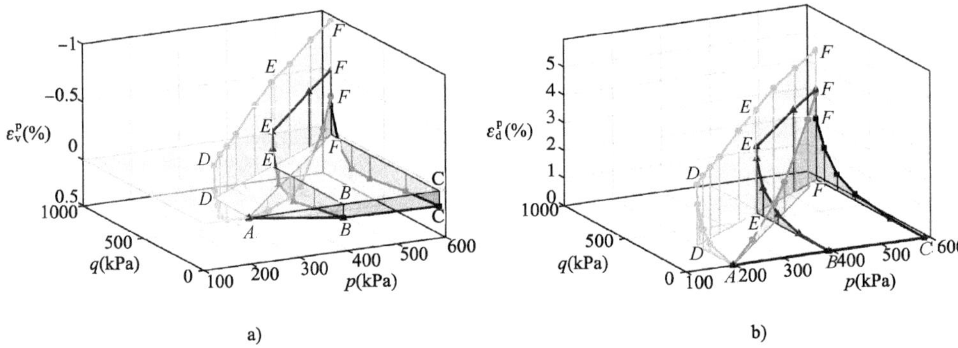

图 6.4 塑性体积应变 ε_v^p 及塑性剪应变 ε_d^p 与应力 p,q 的关系

a)ε_v^p 与 p,q 的关系;b)ε_d^p 与 p,q 的关系

从图 6.4 可以看出,当沿着不同的路径分别加荷至点 $F\left(\frac{\sigma_1}{\sigma_3}=4,\eta=\frac{q}{p}=1.5,p=588\text{kPa}\right)$,其塑性体积应变 ε_v^p 和塑性剪应变 ε_d^p 的值均相差较大,说明对于砂土,ε_v^p 和 ε_d^p 均具有很强的应力路径相关性。经分析可全面比较两个特殊应力路径$\overrightarrow{ADEF}$和$\overrightarrow{ABCF}$的关系:

$$\varepsilon^p_{AD(p=196\text{kPa},\eta=0\to1.5)} \approx \varepsilon^p_{CF(p=588\text{kPa},\eta=0\to1.5)}$$

$$\varepsilon^p_{DF(\eta=1.5,p=196\text{kPa}\to588\text{kPa})} \gg \varepsilon^p_{AC(\eta=0,p=196\text{kPa}\to588\text{kPa})}$$

可见,可以把应力路径$\overrightarrow{ADEF}$和$\overrightarrow{ABCF}$分为两部分,即$\overrightarrow{AD}$、$\overrightarrow{DF}$和$\overrightarrow{AC}$、$\overrightarrow{CF}$,其中

产生的塑性应变增量相同部分发生在路径$\overrightarrow{AD}$和$\overrightarrow{CF}$上，并且从图 6.4 可知，$\overrightarrow{BE}$段的起点与终点与$\overrightarrow{AD}$和$\overrightarrow{CF}$段具有相同的应力比，产生的塑性应变增量也基本相同。在应力路径$\overrightarrow{ADEF}$和$\overrightarrow{ABCF}$中，产生的塑性应变增量不同部分发生在路径$\overrightarrow{DF}$和$\overrightarrow{AC}$上，这是由于在$\overrightarrow{DF}$段比$\overrightarrow{AC}$段对应着更大的应力比。

所以对于应力平面上的两个始末点，加载应力路径对塑性应变影响的根本原因在于不同的路径对应着大小不同的应力比。由图可知，大应力比经历过的路径越长，产生的塑性应变则越大。

6.3.2 用塑性功作为硬化参量的分析

如前所述，塑性应变的产生是土体硬化的根本原因，所以，硬化参量中的基本要素是塑性应变。许多研究者分别将塑性体积应变 ε_v^p、塑性剪应变 ε_d^p及塑性应变的某种组合 $f(\varepsilon_v^p,\varepsilon_d^p)$等作为硬化参量。

如果能用一个与应力路径有关的修正系数去除掉塑性应变增量中与应力路径有关的成分，即对于相当于路径$\overrightarrow{AC}$与$\overrightarrow{DF}$段所产生的塑性应变增量用修正系数进行归一处理，再进行积分，则可能构造出满足应力路径无关的硬化参量。当然这个修正系数一定与应力比 η 密切相关。

构造硬化参量的思路简化为：寻找一个与应力路径相关的因子 $R(\eta)$ 去除塑性体积应变增量 $d\varepsilon_v^p$ 中和应力路径相关的成分，使得商$\dfrac{d\varepsilon_v^p}{R(\eta)}$与应力路径无关，最后再沿着应力路径进行积分即得与应力路径无关的硬化参量，即该积分结果只与终点应力水平有关。

对于正常固结黏土，塑性体积应变 ε_v^p 与应力路径无关，这时，应力路径相关因子 $R(\eta)$ 应退化为 1。与应力路径无关的硬化参量的一般表达式可写成

$$H=\int dH=\int\frac{d\varepsilon_v^p}{R(\eta)} \tag{6.8}$$

塑性功 $W^p=\int dW^p=\int(p d\varepsilon_v^p+q d\varepsilon_d^p)$ 是典型的用增量积分构造硬化参量的方法。

对图 6.3 所示的应力路径的试验结果进行整理，可得到图 6.5 所示的塑性功 W^p和平均应力 p、广义剪应力 q 的关系。从图可以看出，W^p具有应力路径无关特性，即从点 A 开始沿着 4 条不同的应力路径，加荷至点 F，塑性功基本相等。

若以与应力路径无关的塑性功为硬化参量，塑性功也可由与应力路径相关的塑性体积应变增量 $d\varepsilon_v^p$除以应力路径相关的因子 $R(\eta)$得到，分析如下：

$$W^p=\int dW^p=\int(p d\varepsilon_v^p+q d\varepsilon_d^p)=\int p(d\varepsilon_v^p+\eta d\varepsilon_d^p) \tag{6.9}$$

引入修正剑桥模型剪胀方程$\dfrac{d\varepsilon_v^p}{d\varepsilon_d^p}=\dfrac{M^2-\eta^2}{2\eta}$，塑性功可以写为

$$W^{\mathrm{p}}=\int \mathrm{d}W^{\mathrm{p}}=\int p\left(\mathrm{d}\varepsilon_{\mathrm{v}}^{\mathrm{p}}+\frac{2\eta^{2}}{M^{2}-\eta^{2}}\mathrm{d}\varepsilon_{\mathrm{v}}^{\mathrm{p}}\right)$$

$$=\int \frac{M^{2}+\eta^{2}}{M^{2}-\eta^{2}}p\,\mathrm{d}\varepsilon_{\mathrm{v}}^{\mathrm{p}}=\int \frac{\mathrm{d}\varepsilon_{\mathrm{v}}^{\mathrm{p}}}{\dfrac{M^{2}-\eta^{2}}{(M^{2}+\eta^{2})p}} \tag{6.10}$$

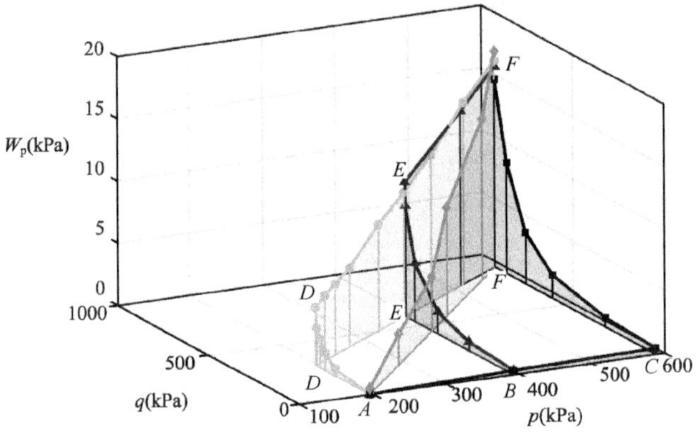

图 6.5 塑性功 W^{p} 与应力 p,q 的关系

在式(6.10)中,与应力路径无关的塑性功增量被表达成了两个与应力路径相关的参数之商。其中一个与应力路径有关的参数是塑性体积应变增量;另一个参数是$\dfrac{M^{2}-\eta^{2}}{(M^{2}+\eta^{2})p}$,这个应力函数也就是式(6.8)中的应力路径相关因子 $R(\eta)$,即

$$R(\eta)=\frac{M^{2}-\eta^{2}}{(M^{2}+\eta^{2})p} \tag{6.11}$$

由此可见,构造硬化参量的关键就是寻找一个与应力路径相关的修正因子 $R(\eta)$。

对式(6.10)进行变换得,$\mathrm{d}\varepsilon_{\mathrm{v}}^{\mathrm{p}}=\dfrac{M^{2}-\eta^{2}}{M^{2}+\eta^{2}}\dfrac{1}{p}\mathrm{d}W^{\mathrm{p}}$。由于 $\mathrm{d}W^{\mathrm{p}}\geqslant 0$,所以用塑性功作为硬化参量能反映土的剪缩、剪胀特性,即

①$0\leqslant\eta<M$,$\mathrm{d}\varepsilon_{\mathrm{v}}^{\mathrm{p}}>0$(剪缩)。

②$\eta=M$, $\mathrm{d}\varepsilon_{\mathrm{v}}^{\mathrm{p}}=0$(剪缩到剪胀的变相条件)。

③$M<\eta\leqslant M_{\mathrm{f}}$,$\mathrm{d}\varepsilon_{\mathrm{v}}^{\mathrm{p}}<0$(剪胀)。

式中,M 为定义 p=常数试验由剪缩到剪胀的特征状态应力比;M_{f} 为峰值应力比。应力应变关系见图 6.6,屈服面见图 6.7。当应力比 η 超过 M 时,发生剪胀现象,继续加荷,直至应力比达峰值应力比 M_{f}。

对于具有剪胀特性的材料,弹性区域是由①屈服面方程 $f(p,q,H)$、②破坏线 $\dfrac{q}{p}=M_{\mathrm{f}}$、③等向固结线 $q=0$ 三条曲线所围成,应力状态在区域内变化将产生弹性变形。应力状态在屈服线上通过加卸载准则判别是否产生塑性变形。注意到

$M < \eta \leqslant M_f$时根据相关联流动法则，塑性体积应变增量为负值。

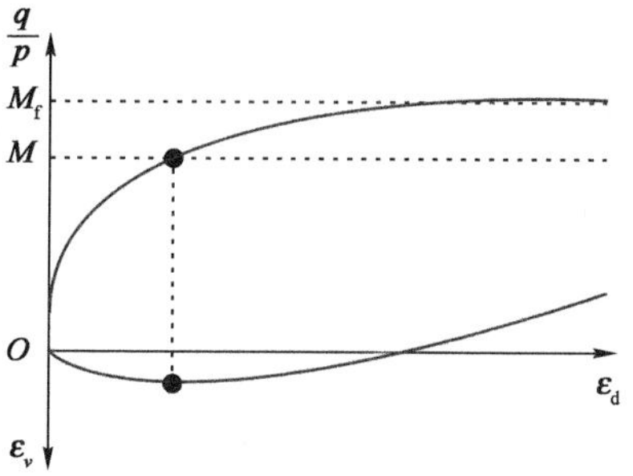

图 6.6　具有剪胀特性材料的应力应变关系

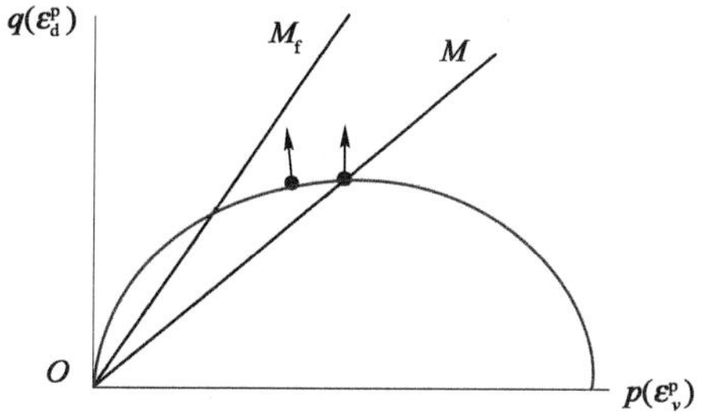

图 6.7　具有剪胀特性材料的屈服面

尽管塑性功已基本具备与应力路径无关的这个作为硬化参量的基本条件，但它并不是理想的硬化参量。例如，在图 6.5 中应力路径$\overrightarrow{AD}$和$\overrightarrow{CF}$的增量段（对应着平均应力不同，但应力比增量相同），应具有相同的剪切特性，会产生大致相同的塑性体积应变增量和塑性剪切应变增量，包括对应的硬化参量增量也应基本相同，但实际的塑性功增量却相差较多；此外，对于剪切体胀程度很弱的土（接近正常固结黏土），塑性功不能退化为塑性体积应变$\left(W^p = \int \frac{M^2+\eta^2}{M^2-\eta^2} p \mathrm{d}\varepsilon_v^p \neq \int \mathrm{d}\varepsilon_v^p\right)$，从而不能反映临界状态的特性。为此需寻找更为合适的应力路径相关因子$R(\eta)$。

6.3.3　岩土材料应力路径无关硬化参量的构成方法

根据以上分析，建立的硬化参量应满足以下几个条件：

①与应力路径无关。

②可以反映砂土的剪胀特性。

③对于正常固结黏土，建立的硬化参量应可以退化为剑桥模型的硬化参量——塑性体积应变。

④可以根据特征点方便的求出。

(1)构造硬化参量 H

参考修正剑桥模型公式[式(6.3)]，设硬化参量为H，则屈服面是

$$f = \ln\frac{p}{p_0} + \ln\left(1+\frac{q^2}{M^2p^2}\right) - \frac{1}{c_p}H = 0 \tag{6.12}$$

设

$$H = \int \frac{\mathrm{d}\varepsilon_v^p}{R(\eta)}$$

其中，$R(\eta)$是应力路径相关因子[待求，剑桥模型$R(\eta)=1$]。

由式(6.12)得

$$df = \frac{\partial f}{\partial p}dp + \frac{\partial f}{\partial q}dq - \frac{1}{c_p}dH = 0 \tag{6.13}$$

即

$$df = \frac{\partial f}{\partial p}dp + \frac{\partial f}{\partial q}dq - \frac{1}{c_p}\frac{d\varepsilon_v^p}{R(\eta)} = 0 \tag{6.14}$$

因为塑性流动方向与塑性势面正交

$$d\varepsilon_v^p = \Lambda \cdot \frac{\partial g}{\partial p} \tag{6.15}$$

所以

$$df = \frac{\partial f}{\partial p}dp + \frac{\partial f}{\partial q}dq - \frac{1}{c_p}\frac{1}{R(\eta)}\Lambda\frac{\partial g}{\partial p} = 0$$

由上式求得标量 Λ 为

$$\Lambda = \frac{\dfrac{\partial f}{\partial p}dp + \dfrac{\partial f}{\partial q}dq}{\dfrac{1}{c_p}\dfrac{1}{R(\eta)}\dfrac{\partial g}{\partial p}} \tag{6.16}$$

由屈服面公式[式(6.12)]求得

$$\left.\begin{aligned} \frac{\partial f}{\partial p} &= \frac{1}{p}\cdot\frac{M^2-\eta^2}{M^2+\eta^2} \\ \frac{\partial f}{\partial q} &= \frac{1}{p}\cdot\frac{2\eta}{M^2+\eta^2} \end{aligned}\right\} \tag{6.17}$$

根据相关联流动法则 $f=g$

$$\left.\begin{aligned} d\varepsilon_v^p &= \Lambda\cdot\frac{\partial g}{\partial p} = \Lambda\cdot\frac{\partial f}{\partial p} \\ d\varepsilon_d^p &= \Lambda\cdot\frac{\partial g}{\partial q} = \Lambda\cdot\frac{\partial f}{\partial q} \end{aligned}\right\} \tag{6.18}$$

把式(6.16)代入式(6.18)得

$$\left.\begin{aligned} d\varepsilon_v^p &= c_pR(\eta)\left(\frac{\partial f}{\partial p}dp + \frac{\partial f}{\partial q}dq\right) \\ d\varepsilon_d^p &= c_pR(\eta)\left[\frac{\partial f}{\partial q}dp + \frac{\left(\dfrac{\partial f}{\partial q}\right)^2}{\dfrac{\partial f}{\partial p}}dq\right] \end{aligned}\right\} \tag{6.19}$$

式(6.19)是塑性应变增量的计算公式，塑性应变增量与应力路径相关因子 $R(\eta)$ 相关。

下面根据两个典型的应力路径，等 p 应力路径($dp=0$)，和等向固结应力路径($dq=0$)，求应力路径相关因子 $R(\eta)$。

(2)等 p 应力路径分析

由等 p 应力路径求应力路径相关因子 $R(\eta)$。

等 p 应力路径($\mathrm{d}p=0$)，由式(6.17)和式(6.19)求得图 6.8 中从点 A 到点 C 塑性剪应变增量为

$$\mathrm{d}\varepsilon_{\mathrm{d}}^{\mathrm{p}} = c_{\mathrm{p}} R(\eta) \frac{4\eta^2}{M^4 - \eta^4} \frac{1}{p} \mathrm{d}q \tag{6.20}$$

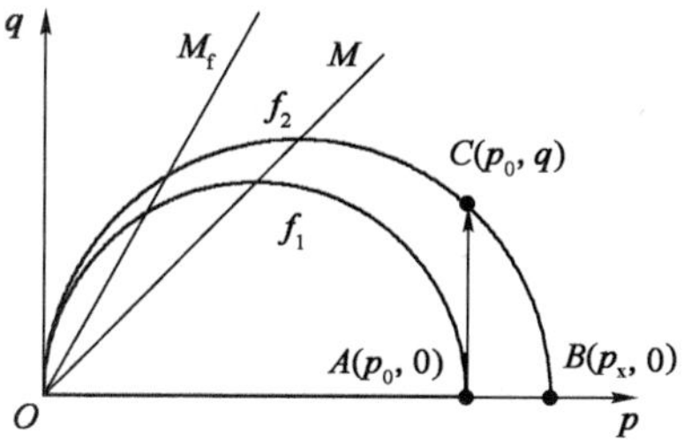

图 6.8 确定硬化参量 H

当 p=常数时式(6.20)可改写为

$$\mathrm{d}\varepsilon_{\mathrm{d}}^{\mathrm{p}} = c_{\mathrm{p}} R(\eta) \frac{4\eta^2}{M^4 - \eta^4} \mathrm{d}\eta \tag{6.21}$$

图 6.9 是根据试验资料整理的等 p 应力路径条件下 ε_{d}-η 关系曲线。从图中看出，砂土和黏土的曲线形状是相似的。黏土具有破坏应力比 M，设砂土的破坏应力比为 M_{f}。

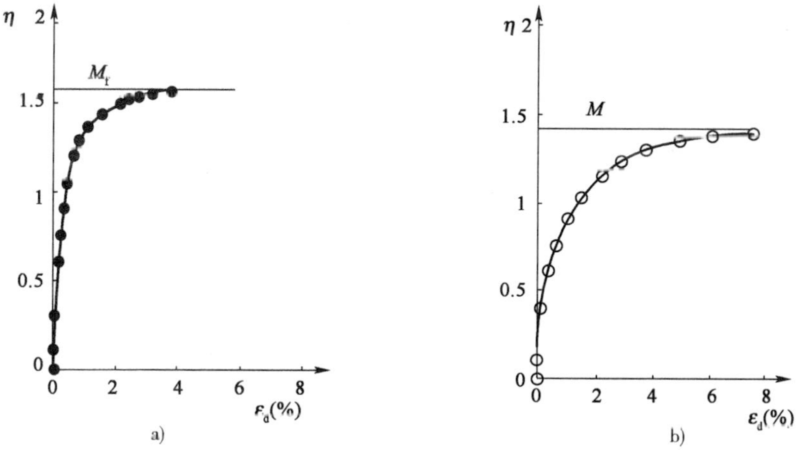

图 6.9 ε_{d}-η 关系曲线

a)砂土；b)黏土

对于正常固结土(修正剑桥模型)$R(\eta)=1$，根据式(6.21)得塑性剪应变增量与偏应力增量比之间的关系为

$$\mathrm{d}\varepsilon_{\mathrm{d}}^{\mathrm{p}} = c_{\mathrm{p}} \frac{4\eta^2}{M^4 - \eta^4} \mathrm{d}\eta \tag{6.22}$$

由图 6.9 可知,在 ε_d-η 坐标系中,砂土和黏土的曲线形状是相似的,所以设砂土的塑性剪应变增量与偏应力增量比之间的关系为

$$d\varepsilon_d^p = \rho \cdot c_p \frac{4\eta^2}{M_f^4 - \eta^4} d\eta \tag{6.23}$$

式中,ρ 是待定常数。从概念上讲,ρ 表示了砂土与黏土之间塑性剪应变增量的比例关系。式(6.22)和式(6.23)还可以改写为

黏土

$$\frac{M^4 - \eta^4}{4\eta^2} = c_p \frac{d\eta}{d\varepsilon_d^p} \tag{6.24}$$

砂土

$$\frac{M_f^4 - \eta^4}{4\eta^2} = \rho \cdot c_p \frac{d\eta}{d\varepsilon_d^p} \tag{6.25}$$

图 6.10 是根据试验资料整理的$\frac{d\eta}{d\varepsilon_d}$-$\frac{M^4-\eta^4}{4\eta^2}$关系曲线。由图可知,在该坐标系下,砂土和黏土都近似为直线关系,只是两者的斜率不同。

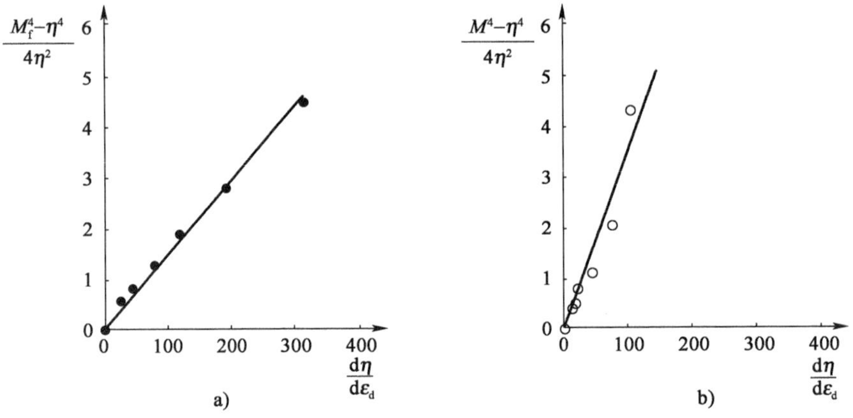

图 6.10 $\frac{M^4-\eta^4}{4\eta^2}$-$\frac{d\eta}{d\varepsilon_d}$关系曲线

a)砂土;b)黏土

联立式(6.25)和式(6.21)得

$$R(\eta) = \rho \frac{M^4 - \eta^4}{M_f^4 - \eta^4} \tag{6.26}$$

把式(6.26)代入式(6.8)得硬化参量为

$$H = \int \frac{1}{\rho} \frac{M_f^4 - \eta^4}{M^4 - \eta^4} d\varepsilon_v^p \tag{6.27}$$

下面根据等向固结应力路径求待定常数 ρ。

(3)等向固结应力路径

硬化参量 H 是与应力路径无关的量，所以图 6.8 中沿应力路径$\overrightarrow{AB}$与$\overrightarrow{AC}$的硬化参量的增量应相等。

当应力比 $\eta=0$(应力路径$\overrightarrow{AC}$)，式(6.27)成为

$$H=\int\frac{1}{\rho}\frac{M_f^4}{M^4}\mathrm{d}\varepsilon_v^p \tag{6.28}$$

由修正剑桥模型屈服面公式[式(6.4)]，当 $\eta=0$ 时

$$\ln\frac{p}{p_0}=\frac{1}{c_p}\int\mathrm{d}\varepsilon_v^p \tag{6.29}$$

由式(6.12)得

$$\ln\frac{p}{p_0}=\frac{1}{c_p}H \tag{6.30}$$

所以此时

$$H=\int\mathrm{d}\varepsilon_v^p \tag{6.31}$$

联立式(6.28)和式(6.31)得

$$\rho=\frac{M_f^4}{M^4} \tag{6.32}$$

把上式代入式(6.27)中，求得硬化参量为

$$H=\int\frac{M^4}{M_f^4}\frac{M_f^4-\eta^4}{M^4-\eta^4}\mathrm{d}\varepsilon_v^p=\int\frac{\mathrm{d}\varepsilon_v^p}{R(\eta)} \tag{6.33}$$

在式(6.33)中，与应力路径无关的硬化参量 H 被表达成了两个与应力路径相关的参数之商，其中一个与应力路径有关的参数是塑性体积应变增量，另一个与应力路径相关因子 $R(\eta)$ 为

$$R(\eta)=\frac{M_f^4}{M^4}\frac{M^4-\eta^4}{M_f^4-\eta^4} \tag{6.34}$$

(4)分析

前面在建立硬化参量时，在 6.3.3 节中提到的 4 点要求，下面一一给予验证。

图 6.11 给出了图 6.3 所示应力路径条件下硬化参量 H[式(6.33)]与平均应力 p、广义剪应力 q 的关系。从图中可以看出，从点 A 开始沿着 4 条不同的应力路径，加荷至点 F，硬化参量 H 等值，即满足了第①点要求：**硬化参量 H 与应力路径无关。**

通过对式(6.33)进行变换，得

$$\mathrm{d}\varepsilon_v^p=\frac{M_f^4}{M^4}\frac{M^4-\eta^4}{M_f^4-\eta^4}\mathrm{d}H \tag{6.35}$$

因为 $\mathrm{d}H \geqslant 0$,所以 $\mathrm{d}\varepsilon_v^p$ 在不同的应力状态下具有不同的特性:

①$\eta=0$,$\mathrm{d}\varepsilon_v^p=\mathrm{d}H$(等向压缩)。

②$0<\eta<M$,$\mathrm{d}\varepsilon_v^p>0$(剪缩)。

③$\eta=M$,$\mathrm{d}\varepsilon_v^p=0$(特征状态点)。

④$M<\eta\leqslant M_f$,$\mathrm{d}\varepsilon_v^p<0$(剪胀)。

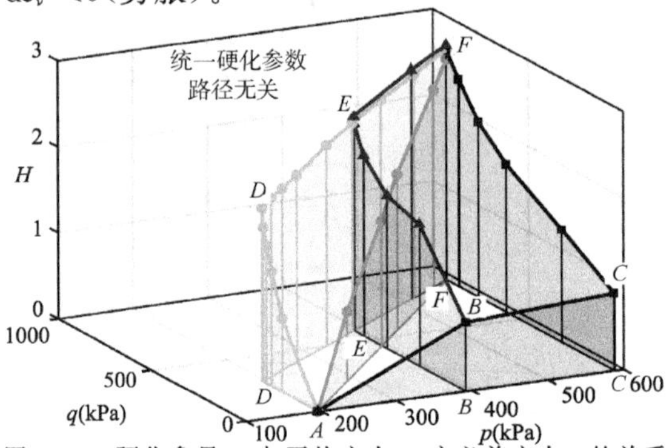

图 6.11 硬化参量 H 与平均应力 p、广义剪应力 q 的关系

在图 6.3 所示的应力路径 $\overrightarrow{AD}$ 和 $\overrightarrow{CF}$ 段,新的硬化参量 H 的增量也基本相同,它克服了塑性功作为硬化参量的缺陷。

以上特性也是剪切体胀材料(砂土)在剪切中的试验表现,即硬化参量 H 满足了 6.3.3 节中第②点要求:**可以考虑砂土剪胀性。**

对于正常固结黏土,$M_f=M$,$R(\eta)=1$,硬化参量退化为塑性体积应变,满足了第③点要求:**对于正常固结黏土,该硬化参量可以退化为剑桥模型的硬化参量——塑性体积应变。**

硬化参量公式[式(6.33)]中 M 和 M_f 是试验参数,塑性体积应变 ε_v^p 可以根据等向固结试验求出,构造的硬化参量满足了硬化参数的第④点要求,即**可以根据特征点方便的求出。**

所以,岩土材料硬化参量应力路径相关因子 $R(\eta)$ 的确定思路可归纳为:

①确定屈服面的形状,它可以和塑性势面相同,也可以不同。

②根据应力路径无关条件建立硬化参量,即通过从某应力点出发,沿着两个不同的应力路径分别加荷到同一屈服面上的不同点,使硬化参量等值来决定硬化参量的具体形式。例如,像图 6.1a)那样,从点 a 出发,分别沿着等 p 路径 $\overrightarrow{ac}$ 及等向压缩路径 $\overrightarrow{ae}$ 加荷,点 c 和点 e 同位于一个相同的新的屈服面上,这样可通过让增量 $\mathrm{d}H$ 相等来确定硬化参量中的应力路径 $R(\eta)$。

③通过试验检验硬化参量的应力路径无关条件,即从某应力点出发,沿着不同的应力路径分别加荷到屈服面上的同一点,用试验检验硬化参量是否等值。

6.4 统一硬化模型

通过用提出的新硬化参量 H 代替修正剑桥模型中的硬化参量，即塑性体积应变，可使修正剑桥模型简单地扩展为既能描述剪缩又能预测剪胀的统一模型，称为统一硬化模型。该模型采用相关联流动法则，屈服函数与塑性势函数相等，都是椭圆。

6.4.1 基本公式

(1)塑性势面

参考修正剑桥模型，建立塑性势函数为

$$g = q^2 + M^2 p^2 - M^2 p_x p = 0 \tag{6.36}$$

(2)硬化参量

由式(6.33)可知，采用的硬化参量为

$$H = \int \frac{M^4}{M_f^4} \frac{M_f^4 - \eta^4}{M^4 - \eta^4} \mathrm{d}\varepsilon_v^p$$

若设

$$\frac{1}{\Omega} = \frac{M^4}{M_f^4} \frac{M_f^4 - \eta^4}{M^4 - \eta^4} \tag{6.37}$$

则硬化参量可以简记为

$$H = \int \frac{1}{\Omega} \mathrm{d}\varepsilon_v^p \tag{6.38}$$

(3)屈服函数

用硬化参量 H 代替修正剑桥模型中的硬化参量 ε_v^p，把式(6.33)代入式(6.12)得屈服函数为

$$f = c_p \ln \frac{p}{p_0} + c_p \ln\left(1 + \frac{q^2}{M^2 p^2}\right) - \int \frac{M^4}{M_f^4} \frac{M_f^4 - \eta^4}{M^4 - \eta^4} \mathrm{d}\varepsilon_v^p = 0 \tag{6.39}$$

6.4.2 推导应力应变关系方法一

根据土的弹塑性本构理论，若屈服面用 $f = f[\sigma_{ij}, H(\varepsilon_v^p)]$ 表示，塑性势函数用 $g = g(\sigma_{ij})$ 表示时，土的应力应变关系基本公式是式(5.81)，即为式(6.40)

$$\{\mathrm{d}\sigma\} = \left([C^e] - \frac{[C^e]\left\{\frac{\partial g}{\partial \sigma}\right\}\left\{\frac{\partial f}{\partial \sigma}\right\}^{\mathrm{T}}[C^e]}{-\frac{\partial f}{\partial H}\left\{\frac{\partial H}{\partial \varepsilon^p}\right\}^{\mathrm{T}}\left\{\frac{\partial g}{\partial \sigma}\right\} + \left\{\frac{\partial f}{\partial \sigma}\right\}^{\mathrm{T}}[C^e]\left\{\frac{\partial g}{\partial \sigma}\right\}} \right)\{\mathrm{d}\varepsilon\} \tag{6.40}$$

若变量用主应力表示，此时式(6.40)可以写为

$$\begin{Bmatrix} d\sigma_1 \\ d\sigma_2 \\ d\sigma_3 \end{Bmatrix} = \left[[C^e] - \frac{[M]}{N} \right] \begin{Bmatrix} d\varepsilon_1 \\ d\varepsilon_2 \\ d\varepsilon_3 \end{Bmatrix} = [C^{ep}] \begin{Bmatrix} d\varepsilon_1 \\ d\varepsilon_2 \\ d\varepsilon_3 \end{Bmatrix} \tag{6.41}$$

式(6.41)中

$$[M] = [C^e] \left\{ \frac{\partial g}{\partial \sigma} \right\} \left\{ \frac{\partial f}{\partial \sigma} \right\}^T [C^e] \tag{6.42}$$

$$N = -\frac{\partial f}{\partial H} \left\{ \frac{\partial H}{\partial \varepsilon^p} \right\}^T \left\{ \frac{\partial g}{\partial \sigma} \right\} + \left\{ \frac{\partial f}{\partial \sigma} \right\}^T [C^e] \left\{ \frac{\partial g}{\partial \sigma} \right\} \tag{6.43}$$

弹塑性刚度矩阵为

$$[C^{ep}] = \begin{bmatrix} C_{11} & C_{12} & C_{13} \\ C_{21} & C_{22} & C_{23} \\ C_{31} & C_{32} & C_{33} \end{bmatrix} \tag{6.44}$$

其中，弹性刚度矩阵为

$$[C^e] = \frac{E}{(1+\nu)(1-2\nu)} \begin{bmatrix} 1-\nu & \nu & \nu \\ \nu & 1-\nu & \nu \\ \nu & \nu & 1-\nu \end{bmatrix} \tag{6.45}$$

若设 $R = \dfrac{E}{(1+\nu)(1-2\nu)}$，则式(6.45)可改写为

$$[C^e] = R \begin{bmatrix} 1-\nu & \nu & \nu \\ \nu & 1-\nu & \nu \\ \nu & \nu & 1-\nu \end{bmatrix} \tag{6.46}$$

由屈服函数的公式可知

$$\frac{\partial f}{\partial \sigma_i} = \frac{\partial f}{\partial p} \frac{\partial p}{\partial \sigma_i} + \frac{\partial f}{\partial q} \frac{\partial q}{\partial \sigma_i} \quad (i = 1,2,3) \tag{6.47}$$

由式(6.39)求得

$$\frac{\partial f}{\partial p} = c_p \frac{1}{p} \cdot \frac{M^2 p^2 - q^2}{M^2 p^2 + q^2} \tag{6.48}$$

$$\frac{\partial p}{\partial \sigma_i} = \frac{\partial \dfrac{\sigma_1 + \sigma_2 + \sigma_3}{3}}{\partial \sigma_i} = \frac{1}{3} \quad (i = 1,2,3) \tag{6.49}$$

$$\frac{\partial f}{\partial q} = c_p \cdot \frac{2q}{M^2 p^2 + q^2} \tag{6.50}$$

$$\frac{\partial q}{\partial \sigma_i} = \frac{3(\sigma_i - p)}{2q} \quad (i = 1,2,3) \tag{6.51}$$

把式(6.48)～式(6.51)代入式(6.47)得

$$\frac{\partial f}{\partial \sigma_i} = c_{\mathrm{p}} \cdot \left\{\frac{M^2 p^2 - q^2}{M^2 p^2 + q^2}\frac{1}{3p} + \frac{3(\sigma_i - p)}{M^2 p^2 + q^2}\right\} \quad (i = 1,2,3) \tag{6.52}$$

所以式(6.40)中

$$\left\{\frac{\partial f}{\partial \sigma}\right\} = \begin{Bmatrix} \frac{\partial f}{\partial \sigma_1} \\ \frac{\partial f}{\partial \sigma_2} \\ \frac{\partial f}{\partial \sigma_3} \end{Bmatrix} = c_{\mathrm{p}} \begin{Bmatrix} \frac{M^2 p^2 - q^2}{M^2 p^2 + q^2}\frac{1}{3p} + \frac{3(\sigma_1 - p)}{M^2 p^2 + q^2} \\ \frac{M^2 p^2 - q^2}{M^2 p^2 + q^2}\frac{1}{3p} + \frac{3(\sigma_2 - p)}{M^2 p^2 + q^2} \\ \frac{M^2 p^2 - q^2}{M^2 p^2 + q^2}\frac{1}{3p} + \frac{3(\sigma_3 - p)}{M^2 p^2 + q^2} \end{Bmatrix} \tag{6.53}$$

设 $A = \frac{M^2 p^2 - q^2}{M^2 p^2 + q^2}\frac{1}{3p}$，$B_1 = \frac{3(\sigma_1 - p)}{M^2 p^2 + q^2}$，$B_2 = \frac{3(\sigma_2 - p)}{M^2 p^2 + q^2}$，$B_3 = \frac{3(\sigma_3 - p)}{M^2 p^2 + q^2}$，可知 $B_1 + B_2 + B_3 = 0$，式(6.53)可以简记为

$$\left\{\frac{\partial f}{\partial \sigma}\right\} = \begin{Bmatrix} \frac{\partial f}{\partial \sigma_1} \\ \frac{\partial f}{\partial \sigma_2} \\ \frac{\partial f}{\partial \sigma_3} \end{Bmatrix} = c_{\mathrm{p}} \begin{Bmatrix} A + B_1 \\ A + B_2 \\ A + B_3 \end{Bmatrix} \tag{6.54}$$

根据屈服函数与塑性势函数相等的相关联流动法则，有

$$\left\{\frac{\partial g}{\partial \sigma}\right\} = \begin{Bmatrix} \frac{\partial f}{\partial \sigma_1} \\ \frac{\partial f}{\partial \sigma_2} \\ \frac{\partial f}{\partial \sigma_3} \end{Bmatrix} = c_{\mathrm{p}} \begin{Bmatrix} A + B_1 \\ A + B_2 \\ A + B_3 \end{Bmatrix} \tag{6.55}$$

把式(6.45)、式(6.54)、式(6.55)代入式(6.42)，求得

$$[M] = [C^{\mathrm{e}}]\left\{\frac{\partial f}{\partial \sigma}\right\}\left\{\frac{\partial f}{\partial \sigma}\right\}^{\mathrm{T}}[C^{\mathrm{e}}] = R^2 c_{\mathrm{p}}^2 \begin{bmatrix} M_{11} & M_{12} & M_{13} \\ M_{21} & M_{22} & M_{23} \\ M_{31} & M_{32} & M_{33} \end{bmatrix} \tag{6.56}$$

其中

$$M_{11} = [A(1+\nu) + B_1(1-2\nu)]^2, M_{22} = [A(1+\nu) + B_2(1-2\nu)]^2$$

$$M_{33} = [A(1+\nu) + B_3(1-2\nu)]^2$$

$$M_{12} = M_{21} = [A(1+\nu) + B_1(1-2\nu)][A(1+\nu) + B_2(1-2\nu)]$$

$$M_{23} = M_{32} = [A(1+\nu) + B_2(1-2\nu)][A(1+\nu) + B_3(1-2\nu)]$$

$$M_{13} = M_{31} = [A(1+\nu) + B_1(1-2\nu)][A(1+\nu) + B_3(1-2\nu)]$$

由式(6.38)、式(6.39)得

$$\frac{\partial f}{\partial H}=-1 \tag{6.57}$$

因为

$$\varepsilon_{\nu}^{p}=\varepsilon_{1}^{p}+\varepsilon_{2}^{p}+\varepsilon_{3}^{p} \tag{6.58}$$

由式(6.38)得

$$\left\{\frac{\partial H}{\partial \varepsilon^{p}}\right\}^{T}=\left[\frac{\partial H}{\partial \varepsilon_{\nu}^{p}} \frac{\partial \varepsilon_{\nu}^{p}}{\partial \varepsilon_{1}^{p}} \quad \frac{\partial H}{\partial \varepsilon_{\nu}^{p}} \frac{\partial \varepsilon_{\nu}^{p}}{\partial \varepsilon_{2}^{p}} \quad \frac{\partial H}{\partial \varepsilon_{\nu}^{p}} \frac{\partial \varepsilon_{\nu}^{p}}{\partial \varepsilon_{3}^{p}}\right]=\frac{1}{\Omega}\left[\begin{array}{lll}1 & 1 & 1\end{array}\right] \tag{6.59}$$

把式(6.45)、式(6.54)、式(6.55)、式(6.57)、式(6.59)代入式(6.43),求得

$$N=3 c_{p} \frac{1}{\Omega} A+\left(c_{p}\right)^{2} R\left[3 A^{2}(1+\nu)+\left(B_{1}^{2}+B_{2}^{2}+B_{3}^{2}\right)(1-2 \nu)\right] \tag{6.60}$$

设

$$\frac{1}{\Omega}=\frac{M^{4}}{M_{f}^{4}} \frac{M_{f}^{4}-\eta^{4}}{M^{4}-\eta^{4}}=\beta \frac{M_{f}^{4}-\eta^{4}}{\left(M^{2}-\eta^{2}\right)\left(M^{2}+\eta^{2}\right)} \tag{6.61}$$

其中

$$\beta=\frac{M^{4}}{M_{f}^{4}} \tag{6.62}$$

则式(6.60)中

$$3 \frac{1}{\Omega} \cdot A=3 \beta \frac{M_{f}^{4}-\eta^{4}}{\left(M^{2}-\eta^{2}\right)\left(M^{2}+\eta^{2}\right)} \cdot\left(\frac{M^{2}-\eta^{2}}{M^{2}+\eta^{2}} \frac{1}{3 p}\right)=3 \beta \frac{M_{f}^{4}-\eta^{4}}{\left(M^{2}+\eta^{2}\right)^{2}} \cdot \frac{1}{3 p}=\beta \alpha \tag{6.63}$$

其中

$$\alpha=\frac{M_{f}^{4}-\eta^{4}}{\left(M^{2}+\eta^{2}\right)^{2}} \cdot \frac{1}{p} \tag{6.64}$$

把式(6.45)、式(6.56)、式(6.60)代入式(6.41),并取 $3 \frac{1}{\Omega} \cdot A=\beta\alpha$,求得式(6.41)中弹塑性矩阵$[C^{ep}]$的系数分别为

当 $i=j$ 时

$$C_{ij}=R(1-\nu)-\frac{R^{2} c_{p}\left[A(1+\nu)+B_{i}(1-2 \nu)\right]^{2}}{\alpha\beta+c_{p} R\left[3 A^{2}(1+\nu)+\left(B_{1}^{2}+B_{2}^{2}+B_{3}^{2}\right)(1-2 \nu)\right]} \tag{6.65}$$

当 $i \neq j$ 时

$$C_{ij}=R \nu-\frac{R^{2} c_{p}\left[A(1+\nu)+B_{i}(1-2 \nu)\right]\left[A(1+\nu)+B_{j}(1-2 \nu)\right]}{\alpha\beta+c_{p} R\left[3 A^{2}(1+\nu)+\left(B_{1}^{2}+B_{2}^{2}+B_{3}^{2}\right)(1-2 \nu)\right]} \tag{6.66}$$

对于修正剑桥模型,在式(6.61)中取 $M=M_f$ 即可。注意到式(6.41)是直接用主应力表示应力应变增量关系,使用起来更为方便。

6.4.3 推导应力应变关系方法二

若用 p、q、ε_v、ε_d表示应力应变，采用与5.2、5.3节相同的方法，可得：

(1)弹性应力应变关系

弹性应力应变关系与修正剑桥模型相同，为式(5.31)

$$\left.\begin{aligned} d\varepsilon_v^e &= \frac{3(1-2\nu)}{E}\cdot dp \\ d\varepsilon_d^e &= \frac{2(1+\nu)}{3E}\cdot dq \end{aligned}\right\} \tag{6.67}$$

或式(5.36)

$$\left.\begin{aligned} d\varepsilon_v^e &= c_\kappa \frac{1}{p}dp \\ d\varepsilon_d^e &= \frac{2}{9}\cdot\frac{1+\nu}{1-2\nu}\cdot c_\kappa \frac{1}{p}dq \end{aligned}\right\} \tag{6.68}$$

(2)塑性应力应变关系

采用与求式(5.69)类似的方法，求得塑性应力应变关系为

$$\begin{Bmatrix} d\varepsilon_v^p \\ d\varepsilon_d^p \end{Bmatrix} = c_p \frac{M_f^4}{M^4}\frac{M^4-\eta^4}{M_f^4-\eta^4}\frac{1}{p}\begin{bmatrix} \dfrac{M^2-\eta^2}{M^2+\eta^2} & \dfrac{2\eta}{M^2+\eta^2} \\ \dfrac{2\eta}{M^2+\eta^2} & \dfrac{4\eta^2}{M^4-\eta^4} \end{bmatrix}\begin{Bmatrix} dp \\ dq \end{Bmatrix} \tag{6.69}$$

(3)总应力应变关系

总应力应变关系还是式(5.51)

$$\begin{Bmatrix} d\varepsilon_v \\ d\varepsilon_d \end{Bmatrix} = [D^{ep}]\begin{Bmatrix} dp \\ dq \end{Bmatrix} = \frac{1}{p}\begin{bmatrix} D_{pp} & D_{pq} \\ D_{qp} & D_{qq} \end{bmatrix}\begin{Bmatrix} dp \\ dq \end{Bmatrix} \tag{6.70}$$

把式(6.68)、式(6.69)代入总应变增量公式[式(6.70)]，解得统一硬化模型式(6.70)中的系数为

$$\begin{aligned} D_{pp} &= c_\kappa + c_p \frac{M_f^4}{M^4}\frac{M^4-\eta^4}{M_f^4-\eta^4}\frac{M^2-\eta^2}{M^2+\eta^2} \\ &= c_\kappa + c_p \frac{M_f^4}{M^4}\frac{(M^2-\eta^2)^2}{M_f^4-\eta^4} = c_\kappa + c_p\beta\frac{(M^2-\eta^2)^2}{M_f^4-\eta^4} \end{aligned} \tag{6.71}$$

整理可得

$$\left.\begin{aligned} D_{pp} &= c_\kappa + c_p\beta\frac{(M^2-\eta^2)^2}{M_f^4-\eta^4} \\ D_{pq} &= c_p\beta\frac{(M^2-\eta^2)2\eta}{M_f^4-\eta^4} \\ D_{qp} &= c_p\beta\frac{(M^2-\eta^2)2\eta}{M_f^4-\eta^4} \\ D_{qq} &= \frac{2}{9}c_\kappa\frac{1+\nu}{1-2\nu} + c_p\beta\frac{4\eta^2}{M_f^4-\eta^4} \end{aligned}\right\} \tag{6.72}$$

在式(6.72)中取 $M=M_{\mathrm{f}}$，$\beta=1$ 即为修正剑桥模型公式[式(5.70)]。

6.4.4 与修正剑桥模型的主要不同之处

统一硬化模型与修正剑桥模型不同之处如下。

(1)硬化参量不同

因为硬化参量不同，对于不同的屈服面，修正剑桥模型是塑性体积应变增量 $\mathrm{d}\varepsilon_v^{\mathrm{p}}$ 相等，而统一硬化模型是硬化参量增量 $\mathrm{d}H$ 相等，如图 6.12 所示。统一硬化模型中，塑性体积应变增量与硬化参量增量的关系为式(6.35)，$\mathrm{d}\varepsilon_v^{\mathrm{p}}=\dfrac{M_{\mathrm{f}}^4}{M^4}\dfrac{M^4-\eta^4}{M_{\mathrm{f}}^4-\eta^4}\mathrm{d}H$。

由式(6.12)可得，对于等向固结试验，应力由 p_0 增加到 p_{x} 时，硬化参量可写为

$$H=c_{\mathrm{p}}\ln\frac{p_{\mathrm{x}}}{p_0} \tag{6.73}$$

图 6.12 中的屈服面是统一硬化模型的屈服面，图中的屈服面 f_1 是与等向固结应力 p_{x1} 相应的屈服面，也是硬化参量 H_1 的等值面。根据式(6.73)得

$$H_1=c_{\mathrm{p}}\ln\frac{p_{\mathrm{x1}}}{p_0} \tag{6.74}$$

同理，图 6.12 中的屈服面 f_2 是与等向固结应力 p_{x2} 相应的屈服面，也是硬化参量 H_2 的等值面，根据式(6.73)得

$$H_2=c_{\mathrm{p}}\ln\frac{p_{\mathrm{x2}}}{p_0} \tag{6.75}$$

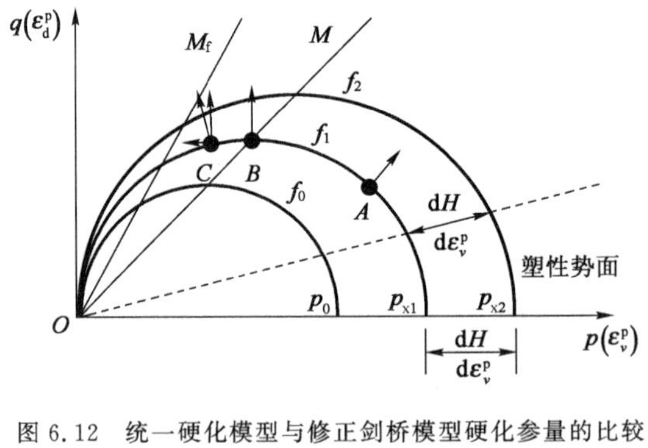

图 6.12 统一硬化模型与修正剑桥模型硬化参量的比较

屈服面从 f_1 变化到 f_2，硬化参量 H 的增量为

$$\Delta H=H_2-H_1=c_{\mathrm{p}}(\ln p_{\mathrm{x2}}-\ln p_{\mathrm{x1}}) \tag{6.76}$$

根据硬化参量的概念，从一个屈服面到另一个屈服面硬化参量增量相等。在图 6.12 中，沿着不同应力比的应力路径从屈服面 f_1 变化到 f_2，硬化参量的增量都

是 $\Delta H=c_p(\ln p_{x2}-\ln p_{x1})$。根据式(6.33)可得,塑性体积应变增量

$$\Delta\varepsilon_v^p\big|_{统一硬化}=\frac{M_f^4}{M^4}\frac{M^4-\eta^4}{M_f^4-\eta^4}c_p(\ln p_{x2}-\ln p_{x1})=\Omega\Delta H=\Omega\Delta\varepsilon_v^p\big|_{剑桥} \tag{6.77}$$

式(6.77)中,称 Ω 为塑性体积应变增量修正系数。绘出应力比 η 与 Ω 的关系,见图 6.13。由图可直观看出,$\eta=0$ 时,$\Omega=1$;$\eta=M$ 时,$\Omega=0$;$\eta=M_f$ 时,$\Omega\to-\infty$,即 η 以 M_f 为渐近线。

$$\Omega=\frac{\Delta\varepsilon_v^p\big|_{统一硬化}}{\Delta\varepsilon_v^p\big|_{剑桥}}=\frac{M_f^4}{M^4}\frac{M^4-\eta^4}{M_f^4-\eta^4} \tag{6.78}$$

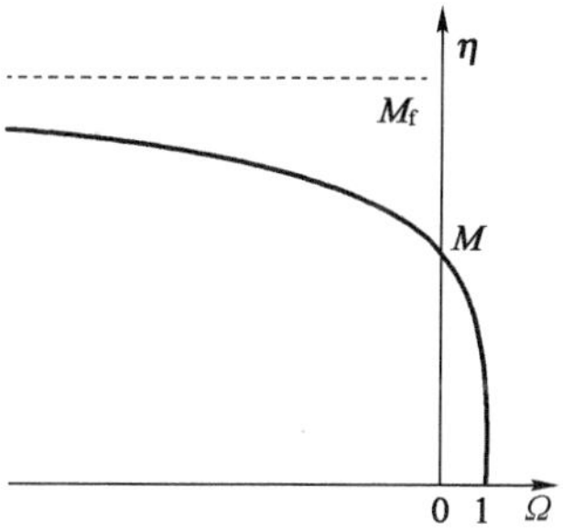

图 6.13　应力比 η 与 Ω 关系曲线

(2)统一硬化模型可以表示出砂土的剪胀特性

图 6.12 中的点 B 是椭圆的顶点,对于修正剑桥模型,此处的塑性体积应变增量为零,$q=Mp$ 线是不可逾越的破坏线。

统一硬化模型中塑性体积应变增量为 $\mathrm{d}\varepsilon_v^p=\dfrac{M_f^4}{M^4}\dfrac{M^4-\eta^4}{M_f^4-\eta^4}\mathrm{d}H$。在椭圆顶点 B 的右侧,即 $\mathrm{d}H>0$,此时 $\eta<M$,所以系数 $\dfrac{M_f^4}{M^4}\dfrac{M^4-\eta^4}{M_f^4-\eta^4}>0$,则 $\mathrm{d}\varepsilon_v^p>0$;顶点处,$\eta=M$,塑性剪应变增量为 $\mathrm{d}\varepsilon_d^p=\dfrac{\sqrt{2}}{3}\sqrt{(\mathrm{d}\varepsilon_1^p-\mathrm{d}\varepsilon_2^p)^2+(\mathrm{d}\varepsilon_2^p-\mathrm{d}\varepsilon_3^p)^2+(\mathrm{d}\varepsilon_3^p-\mathrm{d}\varepsilon_1^p)^2}$,可知该值不可能是负值,由剪胀方程算得的塑性体积应变增量为 $\mathrm{d}\varepsilon_v^p=\dfrac{M^2-\eta^2}{2\eta}\mathrm{d}\varepsilon_d^p$,所以 $\mathrm{d}H=\mathrm{d}\varepsilon_v^p\dfrac{M^4}{M_f^4}\dfrac{M_f^4-\eta^4}{M^4-\eta^4}=\dfrac{M^2-\eta^2}{2\eta}\mathrm{d}\varepsilon_d^p\dfrac{M^4}{M_f^4}\dfrac{M_f^4-\eta^4}{M^4-\eta^4}=\dfrac{M^4}{M_f^4}\dfrac{1}{2\eta}\dfrac{M_f^4-\eta^4}{M^2+\eta^2}\mathrm{d}\varepsilon_d^p>0$,即硬化参量增量 $\mathrm{d}H>0$。在椭圆顶点 B 的左侧,$M<\eta<M_f$(图中点 C),塑性体积应变增量 $\mathrm{d}\varepsilon_v^p=\dfrac{M^2-\eta^2}{2\eta}\mathrm{d}\varepsilon_d^p<0$,而 $\mathrm{d}H=\mathrm{d}\varepsilon_v^p\dfrac{M^4}{M_f^4}\dfrac{M_f^4-\eta^4}{M^4-\eta^4}>0$,从而表示出当应力比超过特征状态应力比 M 后,砂土具有的剪胀特性,见图 6.12 中点 C。

修正剑桥模型中塑性体积应变增量和剪应变增量始终是正值[式 5.69)],统一硬化模型中塑性体积应变增量 $d\varepsilon_v^p$ 和剪应变增量 $d\varepsilon_d^p$ 的变化如表 6.1 所示。

统一硬化模型 $d\varepsilon_v^p$、$d\varepsilon_d^p$ 变化规律 表 6.1

应力状态	dH	$d\varepsilon_v^p$	$d\varepsilon_d^p$	说　明
$\eta=0$	$=d\varepsilon_v^p$	>0	$=0$	等向固结
$0<\eta<M$	>0	>0	>0	剪缩
$\eta=M$	>0	0	>0	剪缩到剪胀的变相点
$M<\eta<M_f$	>0	<0	>0	剪胀

本节要点:

①修正剑桥模型的硬化参数是塑性体积应变,所以从一个屈服面到另一个屈服面,产生的塑性体积应变增量相同。

②统一硬化模型的硬化参数是 $H=\int \frac{1}{\Omega}d\varepsilon_v^p$ 。从一个屈服面到另一个屈服面,产生的硬化参量增量相同,而塑性体积应变增量不同。

6.5 本章小结

(1)本章从屈服、硬化等基本概念入手,通过对决定土的硬化规律的塑性应变的应力路径相关性进行试验分析,揭示了塑性应变变化的应力路径相关性的本质;介绍了以塑性应变增量为基本内变量构造与应力路径无关的硬化参量的基本思路和方法,并给出了应力路径无关硬化参量的一般表达式,见式(6.8)。

(2)结合砂土实测数据,根据特殊应力路径:①$p=$常数应力路径、②等向固结应力路径,求出式(6.8)中应力路径相关因子 $R(\eta)$,构造了适用于黏土和砂土的硬化参量[式(6.33)]。

(3)将具体的硬化参量直接与修正剑桥模型结合,以式(6.33)为硬化参量的弹塑性本构模型为统一硬化模型。根据弹塑性本构理论,给出了统一硬化模型用主应力 σ_1、σ_2、σ_3 和主应变 ε_1、ε_2、ε_3 表示的应力应变增量关系的显式,并给出了用 p、q、ε_v、ε_d 表示应力应变增量的公式。

第7章 考虑渐近状态特性的本构模型

7.1 基本概念

天然地基中的土通常是在某种约束下受力而发生变形的。完全排水条件下受力后的自由变形和完全不排水条件下的受力变形是两种典型的极端状况。部分排水(或吸水)条件下,也即某种变形约束下的受力变形才是普遍的。例如,固结实验中环向应变为零的 K_0 固结;控制体应变为零的不排水剪切试验;已知一个方向上的应变分量为零的平面应变试验等。实践表明,土材料的这种变形约束常会影响到土的应力应变关系,即使是对于同一种土,不同的变形约束条件会对应着不同的应力应变规律,而且在变形约束下的剪切受力极限应力比有时会比峰值破坏应力比低很多。通过实测可知,极限应力比与应力路径相关,峰值强度与应力路径的关系见图 7.1。图中,曲线①对应的是常规三轴不排水应力路径,没有体变发生 $d\varepsilon_v=0$,极限应力比是 M_0。曲线②是 p=常数排水应力路径,曲线③是常规三轴排水应力路径,即围压 σ_3=常数应力路径,由于在受力过程中体变是可以自由发展的,所以,这两种情况对应的极限应力比最大,同为 M_f。曲线④对应着部分排水应力路径,即 $\frac{d\varepsilon_v}{d\varepsilon_1}=n>0$,极限应力比小于 M_0;曲线⑤对应着部分吸水应力路径,$\frac{d\varepsilon_v}{d\varepsilon_1}=n<0$,极限应力比大于 M_0,但小于峰值应力比 M_f。图 7.1 中的应力比 M 是在 p=常数的排水条件下,由剪缩到剪胀的变相应力比(此时 $d\varepsilon_v=d\varepsilon_v^p=0$),应力比 M 与峰值应力比 M_f 的不同之处见图 7.2。图 7.3 是不同应力路径下极限应力比及应力应变关系。

由图 7.1 和图 7.3 可知,不同的约束条件具有不同的极限应力比,Gudehus 等最早提出了渐近状态的概念来解释上述现象。渐近状态是临界状态概念的扩展,临界状态也是渐近状态中的一种特殊状态。把不同的应力路径下达到极限应力比的应力比绘制在同一张图上得到的曲线即为渐近状态曲线,如图 7.4 所示。图 7.4 是 Chu 和 Lo 通过试验研究得出的渐近状态的特性。图中试验点用 Δ 表示,直线是根据预测公式[式(7.1)]绘出的。

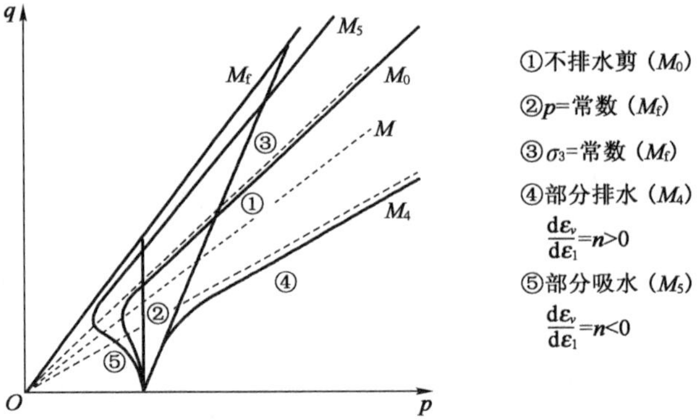

图 7.1　不同的应力路径及其极限应力比

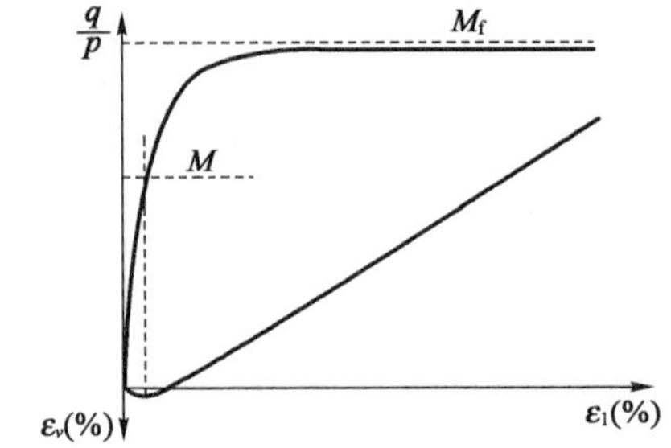

图 7.2　p＝常数试验应力应变关系及变相应力比

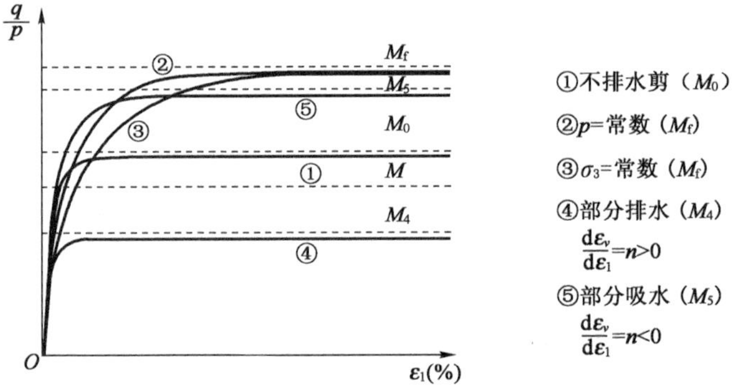

图 7.3　不同应力路径下的应力应变关系

$$\frac{d\varepsilon_v}{d\varepsilon_1}=\frac{3(M_0-\eta)}{M_0} \tag{7.1}$$

式中，$\frac{d\varepsilon_v}{d\varepsilon_1}$为三轴压缩条件下体积应变增量与轴向应变增量之比；$\eta$ 为不同试验条件下的终值应力比；M_0 是不排水条件下$\left(\frac{d\varepsilon_v}{d\varepsilon_1}=0\right)$的终值应力比。为便于分析，设$\frac{d\varepsilon_v}{d\varepsilon_1}=n$，$n$取不同值对应着不同的应力状态：

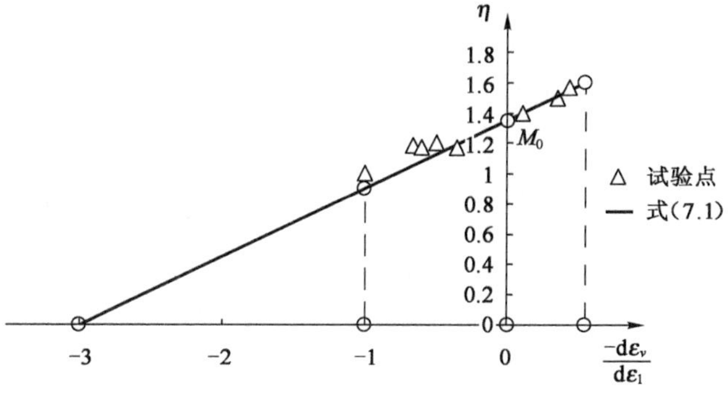

图 7.4 渐近状态的试验结果及其描述

①$n=n_f$对应着破坏应力状态，应力比将达到破坏应力比，即$\eta=M_f$。

②$n=0$对应着不排水应力路径，应力比将达到不排水的相应终值应力比，即$\eta=M_0$。

③$n=1$对应着一维固结应力路径，应力比将达到K_0约束条件下的应力比，即$\eta=\frac{2}{3}M_0$。

④$n=3$对应着等向压缩应力路径，应力比将达到0，即$\eta=0$。

能否合理描述上述各种变形约束条件下的应力应变规律及其极限应力比是判断一个本构模型可否真正反映应力路径影响的一个有效验证途径。实际情况是，现行的本构模型还不能合理描述如此复杂的应力路径所对应的应力变形特性。很多模型是基于排水条件而建立的。例如，剑桥模型、Asaoka等的模型、Nakai等的模型、姚仰平等的模型都能对排水应力路径下的应力应变特性给出较好的预测，但却不能合理地预测不排水应力路径下的应力应变特性，也未见过使用这些模型对复杂的部分排水(吸水)变形约束路径下的应力应变进行预测。本章在统一硬化模型的基础上，采用耦合硬化和非耦合相结合的思路给出了一个新本构模型，该模型能够合理预测上述各种复杂应力路径下的应力应变规律，也包括合理预测各种路径下的极限应力比(渐近状态应力比)。

7.2 硬化参量

修正剑桥模型以塑性体积应变ε_v^p为硬化参量，屈服函数是式(5.61)，可以简记为

$$f = c_{\mathrm{p}} \ln \frac{p}{p_0} + c_{\mathrm{p}} \ln\left(1 + \frac{q^2}{M^2 p^2}\right) - \varepsilon_{\mathrm{v}}^{\mathrm{p}} = f_1(\sigma) - \varepsilon_{\mathrm{v}}^{\mathrm{p}} = 0 \tag{7.2}$$

若 H 为硬化参量,屈服函数可以简记为

$$f = f_1(\sigma) - H = 0 \tag{7.3}$$

在统一硬化模型中的硬化参数为

$$H = \int \frac{M^4}{M_{\mathrm{f}}^4} \frac{M_{\mathrm{f}}^4 - \eta^4}{M^4 - \eta^4} \mathrm{d}\varepsilon_{\mathrm{v}}^{\mathrm{p}}$$

为了能够合理地表示不同约束条件的影响,把硬化参量 H 分解为耦合硬化参量 H^{c} 和非耦合硬化参量 H^{unc} 两部分,屈服函数还是采用式(7.3)的表示形式。其中的硬化参量 H 定义为

$$H = H^{\mathrm{c}} + H^{\mathrm{unc}} \tag{7.4}$$

耦合硬化参量 H^{c}[参照式(6.33)]定义为

$$H^{\mathrm{c}} = \int \frac{M^4}{M_{\mathrm{f}}^4} \frac{M_{\mathrm{f}}^4 - \eta^4}{M^4 - \eta^4} \mathrm{d}\varepsilon_{\mathrm{v}}^{\mathrm{pc}} \tag{7.5}$$

该部分中的塑性体积应变 $\mathrm{d}\varepsilon_{\mathrm{v}}^{\mathrm{pc}}$ 与塑性剪应变 $\mathrm{d}\varepsilon_{\mathrm{d}}^{\mathrm{pc}}$ 相关,两者之间的关系通过剪胀方程相关联,所以称之为耦合硬化参量。

非耦合硬化参量 H^{unc} 定义为

$$H^{\mathrm{unc}} = \int \mathrm{d}\varepsilon_{\mathrm{v}}^{\mathrm{punc}} = \varepsilon_{\mathrm{v}}^{\mathrm{punc}} = \mu c_{\mathrm{p}} \ln \frac{p}{p_0} \tag{7.6}$$

与该部分中的塑性体积应变 $\mathrm{d}\varepsilon_{\mathrm{v}}^{\mathrm{punc}}$ 相应的塑性剪应变 $\mathrm{d}\varepsilon_{\mathrm{d}}^{\mathrm{punc}}=0$,所以称之为非耦合硬化参量。

注意到,公式中的 $c_{\mathrm{p}} \ln \frac{p}{p_0}$ 是等向固结试验固结压力从 p_0 至 p 产生的塑性体积应变。定义非耦合硬化参量 H^{unc} 为塑性体积应变的一部分,即 $\mu c_{\mathrm{p}} \ln \frac{p}{p_0}$。其中,耦合参量 $0 \leqslant \mu \leqslant 1$。

7.3 应变增量及剪胀方程

7.3.1 应变增量

根据弹塑性本构模型的概念,把总应变增量 $\mathrm{d}\varepsilon_{ij}$ 表示为弹性应变增量 $\mathrm{d}\varepsilon_{ij}^{\mathrm{e}}$ 与塑性应变增量 $\mathrm{d}\varepsilon_{ij}^{\mathrm{p}}$ 之和,即

$$\mathrm{d}\varepsilon_{ij} = \mathrm{d}\varepsilon_{ij}^{\mathrm{e}} + \mathrm{d}\varepsilon_{ij}^{\mathrm{p}} \tag{7.7}$$

在用弹性理论计算弹性应变增量 $\mathrm{d}\varepsilon_{ij}^{\mathrm{e}}$ 时,不考虑剪切与压缩的耦合,认为

弹性体应变增量仅由球应力的变化引起，弹性剪应变增量仅由剪切应力的变化引起。

在用岩土塑性理论计算塑性应变增量 $d\varepsilon_{ij}^{p}$ 时，要考虑剪切与压缩的耦合作用，认为球应力的变化不但会引起塑性体应变增量，也会引起塑性剪应变增量；同时剪应力的变化不但会引起塑性剪应变增量，也会引起塑性体应变增量。剑桥模型是通过建立塑性体应变增量 $d\varepsilon_{v}^{p}$、塑性剪应变增量 $d\varepsilon_{d}^{p}$ 之比与应力比的关系（剪胀方程）表示剪切与压缩的耦合作用。这种对剪切与压缩耦合的考虑使得计算的塑性应变更趋合理。这是岩土塑性理论区别于一般塑性理论的标志性特色之一。

通过剪胀方程对剪切与压缩耦合的考虑在简单应力路径下还是比较合理的，包括 p＝常数和 σ_3＝常数的路径等。但是中井（Nakai）等的试验结果表明，在复杂应力路径下（例如，控制不同的体积应变或排水条件，即控制 $\frac{d\varepsilon_v}{d\varepsilon_1}$ 值时），剪胀曲线 $\left(\frac{d\varepsilon_v^p}{d\varepsilon_d^p}\text{-}\eta\right)$ 与应力路径密切相关。因此，在复杂应力路径下，若继续使用与应力路径无关的剪胀方程建立本构模型，计算的塑性应变将与试验结果相差较远。为了考虑应力路径对应力应变特性的影响，假定只有部分塑性体积应变与塑性剪切应变有耦合作用，其余的塑性体积应变则不参与耦合作用。

定义塑性应变的增量分为两部分：由耦合硬化引起的耦合塑性应变增量 $d\varepsilon_{ij}^{pc}$ 和由非耦合硬化引起的非耦合塑性应变增量 $d\varepsilon_{ij}^{punc}$。这样总应变增量 $d\varepsilon_{ij}$ 就可表示为弹性应变增量 $d\varepsilon_{ij}^{e}$，由耦合硬化引起的耦合塑性应变增量 $d\varepsilon_{ij}^{pc}$ 和由非耦合硬化引起的非耦合塑性应变增量 $d\varepsilon_{ij}^{punc}$ 三部分之和，即

$$d\varepsilon_{ij} = d\varepsilon_{ij}^{e} + d\varepsilon_{ij}^{pc} + d\varepsilon_{ij}^{punc} \tag{7.8}$$

体积应变增量 $d\varepsilon_v$ 和剪应变增量 $d\varepsilon_d$ 可以分别写为

$$\left.\begin{aligned} d\varepsilon_v &= d\varepsilon_v^{e} + d\varepsilon_v^{pc} + d\varepsilon_v^{punc} \\ d\varepsilon_d &= d\varepsilon_d^{e} + d\varepsilon_d^{pc} + d\varepsilon_d^{punc} \end{aligned}\right\} \tag{7.9}$$

式中，$d\varepsilon_v^{pc}$ 是由耦合硬化引起的耦合塑性体积应变增量；$d\varepsilon_v^{punc}$ 是由非耦合硬化引起的塑性体积应变增量；$d\varepsilon_d^{pc}$ 是由耦合硬化引起的耦合塑性剪应变增量；$d\varepsilon_d^{punc}$ 是由非耦合硬化引起的塑性剪应变增量；$d\varepsilon_v^{e}$ 是弹性体积应变增量；$d\varepsilon_d^{e}$ 是弹性剪应变增量。

7.3.2 非耦合塑性应变增量的计算

根据式（7.6），非耦合塑性体积应变为 $\varepsilon_v^{punc} = \mu c_p \ln \frac{p}{p_0}$，对其进行微分，得非耦合塑性体积应变增量为

$$d\varepsilon_v^{punc} = \mu c_p \frac{1}{p} dp \tag{7.10}$$

式(7.10)表明,非耦合塑性体积应变增量只与平均正应力有关,与剪应力无关。非耦合塑性剪切应变增量为

$$d\varepsilon_d^{punc} \equiv 0 \tag{7.11}$$

由此,可以写出非耦合塑性应变增量的一般表达式为

$$d\varepsilon_{ij}^{punc} = \frac{\mu c_p}{3} \frac{1}{p} dp\delta_{ij} \tag{7.12}$$

式中

$$\delta_{ij} = \begin{cases} 1 & i = j \\ 0 & i \neq j \end{cases} \tag{7.13}$$

7.3.3 剪胀方程

塑性体积应变增量与塑性剪切应变增量之比的总剪胀方程为

$$\frac{d\varepsilon_v^p}{d\varepsilon_d^p} = \frac{d\varepsilon_v^{pc} + d\varepsilon_v^{punc}}{d\varepsilon_d^{pc} + d\varepsilon_d^{punc}} \tag{7.14}$$

参照修正剑桥模型,设耦合塑性体积应变增量 $d\varepsilon_v^{pc}$ 与耦合塑性剪应变增量 $d\varepsilon_d^{pc}$ 满足下述剪胀方程

$$\frac{d\varepsilon_v^{pc}}{d\varepsilon_d^{pc}} = \frac{M^2 - \eta^2}{2\eta} \tag{7.15}$$

把式(7.15)、式(7.10)、式 (7.11)代入式(7.14),得塑性体积应变增量与塑性剪切应变增量之比的总剪胀方程为

$$\frac{d\varepsilon_v^p}{d\varepsilon_d^p} = \frac{d\varepsilon_v^{pc} + d\varepsilon_v^{punc}}{d\varepsilon_d^{pc} + d\varepsilon_d^{punc}\big|_{\equiv 0}} = \frac{d\varepsilon_v^{pc} + d\varepsilon_v^{punc}}{d\varepsilon_d^{pc}} = \frac{M^2 - \eta^2}{2\eta} + \frac{\mu c_p}{d\varepsilon_d^p} \frac{dp}{p} \tag{7.16}$$

由式(7.16)可以看出,尽管耦合硬化的剪胀方程与应力路径无关,但塑性体积应变增量与塑性剪切应变增量之比却与应力路径相关。与应力路径的相关性主要表现在$\frac{\mu c_p}{d\varepsilon_d^p}\frac{dp}{p}$项的影响上。

在 p=常数的应力路径下,因为 $dp=0$,则非耦合塑性体积应变增量 $d\varepsilon_v^{punc}$ 和非耦合塑性剪应变增量 $d\varepsilon_d^{punc}$ 均为零,即

$$\left.\begin{aligned} d\varepsilon_v^p &= d\varepsilon_v^{pc} \\ d\varepsilon_d^p &= d\varepsilon_d^{pc} \end{aligned}\right\} \tag{7.17}$$

此时，式(7.14)退化为修正剑桥模型的剪胀方程，即

$$\frac{\mathrm{d}\varepsilon_{\mathrm{v}}^{\mathrm{p}}}{\mathrm{d}\varepsilon_{\mathrm{d}}^{\mathrm{p}}}=\frac{M^2-\eta^2}{2\eta} \tag{7.18}$$

7.4 渐近状态弹塑性本构模型

7.4.1 塑性势函数

式(7.15)给出了耦合塑性体积应变增量 $\mathrm{d}\varepsilon_{\mathrm{v}}^{\mathrm{pc}}$ 与耦合塑性剪应变增量 $\mathrm{d}\varepsilon_{\mathrm{d}}^{\mathrm{pc}}$ 满足的剪胀方程。根据方程[式(7.15)]及正交流动法则，可得到塑性势函数为

$$g=\ln\frac{p}{p_{\mathrm{x}}}+\ln\left(1+\frac{q^2}{M^2p^2}\right)=0 \tag{7.19}$$

式中，p_{x} 为塑性势面与 p 轴的交点。

7.4.2 屈服函数

把式(7.4)代入式(7.3)得渐近状态本构模型的屈服函数为

$$f=c_{\mathrm{p}}\ln\frac{p}{p_0}+c_{\mathrm{p}}\ln\left(1+\frac{\eta^2}{M^2}\right)-(H^{\mathrm{c}}+H^{\mathrm{unc}})=0 \tag{7.20}$$

把非耦合硬化参量 H^{unc}[式(7.6)]代入到式(7.20)得

$$f=(1-\mu)c_{\mathrm{p}}\ln\frac{p}{p_0}+c_{\mathrm{p}}\ln\left(1+\frac{\eta^2}{M^2}\right)-H^{\mathrm{c}}=0 \tag{7.21}$$

根据式(7.21)得初始屈服面方程为

$$q=Mp\sqrt{\left(\frac{p_0}{p}\right)^{1-\mu}-1} \tag{7.22a}$$

一般情况下，当等向固结压力为 p_{x} 时，屈服面方程为

$$q=Mp\sqrt{\left(\frac{p_{\mathrm{x}}}{p}\right)^{1-\mu}-1} \tag{7.22b}$$

式中，μ 是耦合参量。μ 不同，屈服面的形状不同。图 7.5 给出了不同 μ 时的屈服面。当 $\mu=0$ 时，式(7.21)所对应的屈服面为修正剑桥模型的椭圆屈服面；当 $\mu\neq0$ 时，临界状态线 $q=Mp$ 没有过屈服面的峰值点。例如，当 $\mu=0.8$ 时，屈服面的峰值点是点 A，由于考虑非相关联流动法则，应力位于点 A 的左侧时，体积应变增量并不一定为负值，详见图 7.15。μ 的具体求法见 7.6.3 节。

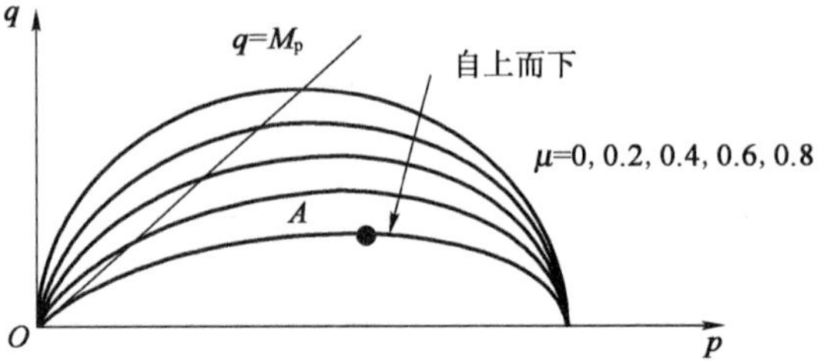

图 7.5 耦合参量 μ 对屈服面形状的影响

7.4.3 应力应变关系

如第 5 章、第 6 章所述,建立岩土材料的应力应变增量关系通常有两种方法:一种方法是根据所采用的本构模型,分别计算塑性应变增量和弹性应变增量,再进行叠加求总应变,即直接求出弹塑性柔度矩阵$[D^{ep}]$,从而得出由应力增量求应变增量的应力应变增量的关系。例如,对于修正剑桥模型可用式(5.51)、式(5.70)表示应力应变增量关系。另一种方法是根据经典弹塑性理论直接求出弹塑性刚度矩阵$[C^{ep}]$,从而得出由应变增量求应力增量的应力应变增量关系。例如,对于修正剑桥模型可用式(5.92)、式(5.97)、式(5.104)表示应力应变增量关系。下面根据经典弹塑性理论,求考虑土渐近状态特性的本构模型的应力应变增量关系。

(1)基本公式

根据经典弹塑性理论,若屈服面用 $f=f[\sigma_{ij},H(\varepsilon_v^p)]$表示,塑性势函数用 $g=g(\sigma_{ij})$表示时,应力应变增量关系为式(5.81),即

$$\{d\sigma\}=\left([C^e]-\frac{[C^e]\left\{\frac{\partial g}{\partial \sigma}\right\}\left\{\frac{\partial f}{\partial \sigma}\right\}^T[C^e]}{-\frac{\partial f}{\partial H}\left\{\frac{\partial H}{\partial \varepsilon^p}\right\}^T\left\{\frac{\partial g}{\partial \sigma}\right\}+\left\{\frac{\partial f}{\partial \sigma}\right\}^T[C^e]\left\{\frac{\partial g}{\partial \sigma}\right\}}\right)\{d\varepsilon\} \tag{7.23}$$

若用 p、q、ε_v、ε_d 分别表示应力与应变,则式(7.23)可简记如下

$$\begin{Bmatrix} dp \\ dq \end{Bmatrix}=\left[[C^e]-\frac{[M]}{N}\right]\begin{Bmatrix} d\varepsilon_v \\ d\varepsilon_d \end{Bmatrix}=[C^{ep}]\begin{Bmatrix} d\varepsilon_v \\ d\varepsilon_d \end{Bmatrix} \tag{7.24}$$

式中

$$[M]=[C^e]\left\{\frac{\partial g}{\partial \sigma}\right\}\left\{\frac{\partial f}{\partial \sigma}\right\}^T[C^e] \tag{7.25}$$

$$N=-\frac{\partial f}{\partial H}\left\{\frac{\partial H}{\partial \varepsilon^p}\right\}^T\left\{\frac{\partial g}{\partial \sigma}\right\}+\left\{\frac{\partial f}{\partial \sigma}\right\}^T[C^e]\left\{\frac{\partial g}{\partial \sigma}\right\} \tag{7.26}$$

式(7.24)还可以表示为

$$\begin{Bmatrix} \mathrm{d}p \\ \mathrm{d}q \end{Bmatrix} = [C^{\mathrm{ep}}] \begin{Bmatrix} \mathrm{d}\varepsilon_{\nu} \\ \mathrm{d}\varepsilon_{\mathrm{d}} \end{Bmatrix} = \begin{bmatrix} C_{\mathrm{pp}} & C_{\mathrm{pq}} \\ C_{\mathrm{qp}} & C_{\mathrm{qq}} \end{bmatrix} \begin{Bmatrix} \mathrm{d}\varepsilon_{\nu} \\ \mathrm{d}\varepsilon_{\mathrm{d}} \end{Bmatrix} \tag{7.27}$$

下面求渐近状态模型的弹塑性刚度矩阵$[C^{\mathrm{ep}}]$。

(2)渐近状态模型的二维刚度矩阵

渐近状态模型中定义应变增量为式(7.9)，即

$$\left.\begin{aligned} \mathrm{d}\varepsilon_{\nu} &= \mathrm{d}\varepsilon_{\nu}^{\mathrm{e}} + \mathrm{d}\varepsilon_{\nu}^{\mathrm{pc}} + \mathrm{d}\varepsilon_{\nu}^{\mathrm{punc}} \\ \mathrm{d}\varepsilon_{\mathrm{d}} &= \mathrm{d}\varepsilon_{\mathrm{d}}^{\mathrm{e}} + \mathrm{d}\varepsilon_{\mathrm{d}}^{\mathrm{pc}} + \mathrm{d}\varepsilon_{\mathrm{d}}^{\mathrm{punc}} \end{aligned}\right\}$$

设

$$\left.\begin{aligned} (\mathrm{d}\varepsilon_{\nu}^{\mathrm{e}})^{*} &= \mathrm{d}\varepsilon_{\nu}^{\mathrm{e}} + \mathrm{d}\varepsilon_{\nu}^{\mathrm{punc}} \\ (\mathrm{d}\varepsilon_{\mathrm{d}}^{\mathrm{e}})^{*} &= \mathrm{d}\varepsilon_{\mathrm{d}}^{\mathrm{e}} + \mathrm{d}\varepsilon_{\mathrm{d}}^{\mathrm{punc}} \end{aligned}\right\} \tag{7.28}$$

则式(7.9)可改写为

$$\left.\begin{aligned} \mathrm{d}\varepsilon_{\nu} &= (\mathrm{d}\varepsilon_{\nu}^{\mathrm{e}})^{*} + \mathrm{d}\varepsilon_{\nu}^{\mathrm{pc}} \\ \mathrm{d}\varepsilon_{\mathrm{d}} &= (\mathrm{d}\varepsilon_{\mathrm{d}}^{\mathrm{e}})^{*} + \mathrm{d}\varepsilon_{\mathrm{d}}^{\mathrm{pc}} \end{aligned}\right\} \tag{7.29}$$

①准弹性刚度矩阵。

在弹塑性问题中，应变由弹性部分和塑性部分两部分组成。弹性部分体积应变由平均正应力引起，剪应变由偏应力引起；塑性部分的体积应变和剪应变与平均正应力和偏应力都相关，或者说剪应变和体积应变分别都是由平均正应力和偏应力共同作用引起的，所以也称为在平均正应力和偏应力的耦合作用下产生了剪应变和体积应变。

式(7.29)与此类似，应变由准弹性部分(非耦合)和塑性部分(耦合)组成。定义非耦合塑性应变增量为

$$\left.\begin{aligned} \mathrm{d}\varepsilon_{\nu}^{\mathrm{punc}} &= \langle\mu\rangle c_{\mathrm{p}} \frac{1}{p}\mathrm{d}p \\ \mathrm{d}\varepsilon_{\mathrm{d}}^{\mathrm{punc}} &= 0 \end{aligned}\right\} \tag{7.30}$$

式中，弹塑性区$\langle\mu\rangle=\mu$，弹性区$\langle\mu\rangle=0$。弹性应变增量为

$$\left.\begin{aligned} \mathrm{d}\varepsilon_{\nu}^{\mathrm{e}} &= \frac{1}{K}\mathrm{d}p \\ \mathrm{d}\varepsilon_{\mathrm{d}}^{\mathrm{e}} &= \frac{1}{3G}\mathrm{d}q \end{aligned}\right\} \tag{7.31}$$

其中

$$\left.\begin{aligned} K &= \frac{E}{3(1-2\nu)} \\ G &= \frac{E}{2(1+\nu)} \end{aligned}\right\} \tag{7.32}$$

把式(7.30)、式(7.31)代入式(7.28)得

$$\left.\begin{aligned}(\mathrm{d}\varepsilon_{\mathrm{v}}^{\mathrm{e}})^{*}&=\left(\frac{1}{K}+\frac{\langle\mu\rangle c_{\mathrm{p}}}{p}\right)\mathrm{d}p\\(\mathrm{d}\varepsilon_{\mathrm{d}}^{\mathrm{e}})^{*}&=\frac{1}{3G}\mathrm{d}q\end{aligned}\right\}\tag{7.33}$$

考虑到$(\mathrm{d}\varepsilon_{\mathrm{v}}^{\mathrm{e}})^{*}$只与平均正应力$p$相关，$(\mathrm{d}\varepsilon_{\mathrm{d}}^{\mathrm{e}})^{*}$只与广义剪应力$q$相关，故称为准弹性应变增量。可以把式(7.33)整理为与弹性应力应变增量关系类似的公式

$$\begin{Bmatrix}\mathrm{d}p\\\mathrm{d}q\end{Bmatrix}=[C^{\mathrm{e}}]^{*}\begin{Bmatrix}(\mathrm{d}\varepsilon_{\mathrm{v}}^{\mathrm{e}})^{*}\\(\mathrm{d}\varepsilon_{\mathrm{d}}^{\mathrm{e}})^{*}\end{Bmatrix}\tag{7.34}$$

其中，准弹性刚度矩阵

$$[C^{\mathrm{e}}]^{*}=\begin{bmatrix}K^{*}&0\\0&3G\end{bmatrix}\tag{7.35}$$

由式(7.33)得

$$K^{*}=\frac{Kp}{p+\langle\mu\rangle Kc_{\mathrm{p}}}\tag{7.36}$$

当$\langle\mu\rangle=0$时，$K^{*}=K$。

②弹塑性刚度矩阵。

应变增量中的塑性部分即体积应变、剪应变，与正应力、剪应力相互耦合部分，需要根据屈服函数、塑性势函数、硬化参数求出。渐近状态模型的屈服函数是式(7.21)，塑性势函数为式(7.19)，耦合硬化参量H^{c}是式(7.5)。根据屈服函数、塑性势函数和硬化参量分别求得

$$\begin{Bmatrix}\dfrac{\partial g}{\partial\sigma}\end{Bmatrix}=\begin{Bmatrix}\dfrac{\partial g}{\partial p}\\[2mm]\dfrac{\partial g}{\partial q}\end{Bmatrix}=\frac{c_{\mathrm{p}}}{p}\begin{Bmatrix}\dfrac{M^{2}-\eta^{2}}{M^{2}+\eta^{2}}\\[2mm]\dfrac{2\eta}{M^{2}+\eta^{2}}\end{Bmatrix}\tag{7.37}$$

$$\begin{Bmatrix}\dfrac{\partial f}{\partial\sigma}\end{Bmatrix}=\begin{Bmatrix}\dfrac{\partial f}{\partial p}\\[2mm]\dfrac{\partial f}{\partial q}\end{Bmatrix}=\frac{c_{\mathrm{p}}}{p}\begin{Bmatrix}\dfrac{(M^{2}-\eta^{2})-\mu(M^{2}+\eta^{2})}{M^{2}+\eta^{2}}\\[2mm]\dfrac{2\eta}{M^{2}+\eta^{2}}\end{Bmatrix}\tag{7.38}$$

$$\frac{\partial f}{\partial H}=\frac{\partial f}{\partial H^{\mathrm{c}}}=-1\tag{7.39}$$

$$\begin{Bmatrix}\dfrac{\partial H}{\partial\varepsilon^{\mathrm{p}}}\end{Bmatrix}=\begin{Bmatrix}\dfrac{\partial H^{\mathrm{c}}}{\partial\varepsilon^{\mathrm{pc}}}\end{Bmatrix}=\begin{Bmatrix}\dfrac{\partial H^{\mathrm{c}}}{\partial\varepsilon_{\mathrm{v}}^{\mathrm{pv}}}\\[2mm]\dfrac{\partial H^{\mathrm{c}}}{\partial\varepsilon_{\mathrm{d}}^{\mathrm{pc}}}\end{Bmatrix}=\begin{Bmatrix}\dfrac{M^{4}}{M_{\mathrm{f}}^{4}}\dfrac{M_{\mathrm{f}}^{4}-\eta^{4}}{M^{4}-\eta^{4}}\\[2mm]0\end{Bmatrix}\tag{7.40}$$

把式(7.37)、式(7.38)代入式(7.25)，并取$[C^{\mathrm{e}}]=[C^{\mathrm{e}}]^{*}$，$K=K^{*}$得

$$[M]=\left(\frac{c_{\mathrm{p}}}{p}\right)^{2}\frac{1}{(M^{2}+\eta^{2})^{2}}\begin{bmatrix}(K^{*})^{2}[(M^{2}-\eta^{2})^{2}-\mu(M^{4}-\eta^{4})] & 6K^{*}G\eta(M^{2}-\eta^{2})\\ 6K^{*}G\eta[(M^{2}-\eta^{2})-\mu(M^{2}+\eta^{2})] & 36G^{2}\eta^{2}\end{bmatrix} \tag{7.41}$$

把式(7.37)～式(7.40)代入式(7.26)得

$$N=\left[\left(\frac{1}{p}\right)^{2}\frac{c_{\mathrm{p}}}{(M^{2}+\eta^{2})^{2}}\right]\left[p\left(\frac{M^{4}}{M_{\mathrm{f}}^{4}}\frac{M_{\mathrm{f}}^{4}-\eta^{4}}{M^{4}-\eta^{4}}\right)(M^{4}-\eta^{4})+c_{\mathrm{p}}\{K^{*}[(M^{2}-\eta^{2})^{2}-\mu(M^{4}-\eta^{4})]+12G\eta^{2}\}\right] \tag{7.42}$$

所以

$$\frac{[M]}{N}=\frac{c_{\mathrm{p}}\begin{bmatrix}(K^{*})^{2}[(M^{2}-\eta^{2})^{2}-\mu(M^{4}-\eta^{4})] & 6K^{*}G\eta(M^{2}-\eta^{2})\\ 6K^{*}G\eta[(M^{2}-\eta^{2})-\mu(M^{2}+\eta^{2})] & 36G^{2}\eta^{2}\end{bmatrix}}{p\left(\frac{M^{4}}{M_{\mathrm{f}}^{4}}\frac{M_{\mathrm{f}}^{4}-\eta^{4}}{M^{4}-\eta^{4}}\right)(M^{4}-\eta^{4})+c_{\mathrm{p}}\{K^{*}[(M^{2}-\eta^{2})^{2}-\mu(M^{4}-\eta^{4})]+12G\eta^{2}\}} \tag{7.43}$$

把式(7.43)代入式(7.24)，求得式(7.27)中弹塑性刚度矩阵 $[C^{\mathrm{ep}}]$ 中的系数分别为

$$\left.\begin{aligned}
C_{\mathrm{pp}}&=K^{*}\frac{p\beta(M_{\mathrm{f}}^{4}-\eta^{4})+12c_{\mathrm{p}}G\eta^{2}}{p\beta(M_{\mathrm{f}}^{4}-\eta^{4})+c_{\mathrm{p}}K^{*}[(M^{2}-\eta^{2})^{2}-\mu(M^{4}-\eta^{4})]+12c_{\mathrm{p}}G\eta^{2}}\\
C_{\mathrm{pq}}&=\frac{-6c_{\mathrm{p}}K^{*}G\eta(M^{2}-\eta^{2})}{p\beta(M_{\mathrm{f}}^{4}-\eta^{4})+c_{\mathrm{p}}K^{*}[(M^{2}-\eta^{2})^{2}-\mu(M^{4}-\eta^{4})]+12c_{\mathrm{p}}G\eta^{3}}\\
C_{\mathrm{qp}}&=\frac{-6c_{\mathrm{p}}K^{*}G\eta[(M^{2}-\eta^{2})-\mu(M^{2}+\eta^{2})]}{p\beta(M_{\mathrm{f}}^{4}-\eta^{4})+c_{\mathrm{p}}K^{*}[(M^{2}-\eta^{2})^{2}-\mu(M^{4}-\eta^{4})]+12c_{\mathrm{p}}G\eta^{2}}\\
C_{\mathrm{qq}}&=3G\frac{p\beta(M_{\mathrm{f}}^{4}-\eta^{4})+c_{\mathrm{p}}K^{*}[(M^{2}-\eta^{2})^{2}-\mu(M^{4}-\eta^{4})]}{p\beta(M_{\mathrm{f}}^{4}-\eta^{4})+c_{\mathrm{p}}K^{*}[(M^{2}-\eta^{2})^{2}-\mu(M^{4}-\eta^{4})]+12c_{\mathrm{p}}G\eta^{2}}
\end{aligned}\right\} \tag{7.44}$$

其中，$\beta=\frac{M^{4}}{M_{\mathrm{f}}^{4}}$。

注意到，此时由于耦合参数 μ 的存在，弹塑性矩阵是非对称矩阵。

考虑土渐近状态特性的本构模型不但可以考虑土的压硬性、剪胀性，还可以考虑不同的约束条件下土的终值应力比的不同的特点。

修正剑桥模型是其中的一个特例。由屈服函数式(7.21)可知，当耦合参数 $\mu=0$，并且 $M_{\mathrm{f}}=M$ 时，就是修正剑桥模型。修正剑桥模型的塑性势面同样是式(7.19)，在弹塑性矩阵系数公式[式(7.44)]中，取 $\mu=0$ 和 $M_{\mathrm{f}}=M(\beta=1)$，就是修正剑桥模型的解，即式(5.104)。

7.5 三维化方法

通常情况下取本构模型中的屈服面与应力洛德角无关。例如,修正剑桥模型的屈服面为 $f = f(p,q,\varepsilon_v^p)$,而岩土材料的三维化是通过假设其屈服面在 π 平面上为圆形来实现的,模型的剪切屈服和剪切破坏均采用扩展米赛斯准则。实际上,岩土材料是一种应力诱导各向异性的材料,表现在其强度服从摩擦规律,在 π 平面上呈现非圆的形状。莫尔-库仑破坏准则和 SMP 破坏准则均表示了这种情况,两者在 π 平面上的破坏面见图 3.25。三轴压缩强度为图中的点 C,三轴伸长强度为图中的点 B,三轴压缩强度大于三轴伸长的强度。

为了能够准确地预测出不同情况下的应力应变关系,可以采用变换应力的方法把 SMP 外凸三角形变换为圆形,在变换应力空间用本构模型进行预测就可以反映三维的应力应变特性。

7.5.1 屈服函数、塑性势函数

为了把普通应力空间 σ_{ij} 上的 SMP 准则转换成新的转换应力空间 $\tilde{\sigma}_{ij}$ 上的扩展米赛斯准则,并使新的转换应力张量在三轴压缩条件下与普通应力张量相等,设变换应力为式(3.78),为方便起见该公式在本节中重新编号为式(7.45)。

$$\tilde{\sigma}_{ij} = p\delta_{ij} + \frac{q_c}{q}(\sigma_{ij} - p\delta_{ij}) \tag{7.45}$$

式中,q_c 是 SMP 线在三轴压缩条件下的对应值,见式(3.83)。

$$q_c = \frac{I_1 I_2 - 9I_3 + 3\sqrt{(I_1 I_2 - I_3)(I_1 I_2 - 9I_3)}}{4I_2}$$

在变换应力空间,平均正应力和广义剪应力分别为(包括与普通应力的关系)

$$\left.\begin{aligned}\tilde{p} &= \frac{1}{3}\tilde{I}_1 = p = \frac{1}{3}I_1 \\ \tilde{q} &= \sqrt{\tilde{I}_1^2 - 3\tilde{I}_2} = q_c\end{aligned}\right\} \tag{7.46}$$

在变换应力空间屈服函数为

$$f = (1-\mu)c_p \ln\frac{\tilde{p}}{\tilde{p}_0} + c_p \ln\left(1 + \frac{\tilde{q}^2}{M^2\tilde{p}^2}\right) - \tilde{H}^c = 0 \tag{7.47}$$

式中,$\tilde{H}^c = \int \frac{M^4}{M_f^4}\frac{M_f^4 - \tilde{\eta}^4}{M^4 - \tilde{\eta}^4} d\varepsilon_v^{pc}$。塑性势函数为

$$g = \ln\frac{\tilde{p}}{\tilde{p}_x} + \ln\left(1 + \frac{\tilde{q}^2}{M^2\tilde{p}^2}\right) = 0 \tag{7.48}$$

7.5.2 基于弹塑性理论的增量公式

由一般的弹塑性理论可知,应力增量与应变增量弹塑性本构张量可写为

$$d\sigma_{ij} = C^{e}_{ijkl} d\varepsilon^{e}_{kl} = C^{e}_{ijkl}(d\varepsilon_{kl} - d\varepsilon^{p}_{kl}) \tag{7.49}$$

考虑非耦合塑性应变后

$$d\sigma_{ij} = (C^{e}_{ijkl})^{*}(d\varepsilon_{kl} - d\varepsilon^{pc}_{kl}) \tag{7.50}$$

其中,准弹性本构张量可表示为

$$(C^{e}_{ijkl})^{*} = L^{*}\delta_{ij}\delta_{kl} + G(\delta_{ik}\delta_{jl} + \delta_{il}\delta_{jk}) \tag{7.51}$$

式中,L^{*} 称为拉梅常数

$$L^{*} = K^{*} - \frac{2}{3}G \tag{7.52}$$

式中,K^{*} 是考虑非耦合塑性应变后的准弹性体积模量,可由式(7.36)给出。把式(7.36)代入式(7.52)得

$$L^{*} = \frac{Kp}{p + \langle\mu\rangle Kc_{p}} - \frac{2}{3}G \tag{7.53}$$

根据弹塑性本构模型,在变换应力空间耦合的塑性应变增量为

$$d\varepsilon^{pc}_{ij} = \Lambda \frac{\partial g}{\partial \tilde{\sigma}_{ij}} \tag{7.54}$$

塑性体积应变增量为

$$d\varepsilon^{pc}_{v} = d\varepsilon^{pc}_{11} + d\varepsilon^{pc}_{22} + d\varepsilon^{pc}_{33} = \Lambda \frac{\partial g}{\partial \tilde{\sigma}_{11}} + \Lambda \frac{\partial g}{\partial \tilde{\sigma}_{22}} + \Lambda \frac{\partial g}{\partial \tilde{\sigma}_{33}}$$

根据指标记法和求和约定为

$$d\varepsilon^{pc}_{v} = \Lambda \frac{\partial g}{\partial \tilde{\sigma}_{mm}} \tag{7.55}$$

对式(7.47)进行全微分得

$$\frac{\partial f}{\partial \sigma_{ij}} d\sigma_{ij} + \frac{\partial f}{\partial H^{c}} \frac{\partial H^{c}}{\partial \varepsilon^{pc}_{v}} d\varepsilon^{pc}_{v} = 0 \tag{7.56}$$

把硬化参数公式[式(7.5)]代入式(7.56)得

$$\frac{\partial f}{\partial \sigma_{ij}} d\sigma_{ij} - \frac{1}{\tilde{\Omega}} d\varepsilon^{pc}_{v} = 0 \tag{7.57}$$

其中

$$\tilde{\Omega} - \frac{M^{4}_{f}}{M^{4}} \frac{M^{4} - \tilde{\eta}^{4}}{M^{4}_{f} - \tilde{\eta}^{4}} \tag{7.58}$$

把式(7.55)代入式(7.57)并整理得

$$d\sigma_{ij} = \frac{\dfrac{1}{\tilde{\Omega}} \dfrac{\partial g}{\partial \tilde{\sigma}_{mm}}}{\dfrac{\partial f}{\partial \sigma_{ij}}} \Lambda \tag{7.59}$$

再把式(7.54)、式(7.59)代入式(7.50)整理得

$$\Lambda = \frac{\dfrac{\partial f}{\partial \sigma_{ij}} (D^{e}_{ijkl})^{*} \, d\varepsilon_{kl}}{\dfrac{1}{\tilde{\Omega}} \dfrac{\partial g}{\partial \tilde{\sigma}_{mm}} + \dfrac{\partial f}{\partial \sigma_{ij}} (D^{e}_{ijkl})^{*} \dfrac{\partial g}{\partial \tilde{\sigma}_{kl}}} \tag{7.60}$$

最后，把式(7.54)、式(7.60)代入式(7.50)得

$$d\sigma_{ij} = \left((C^{e}_{ijkl})^{*} - \frac{(C^{e}_{ijmn})^{*} \dfrac{\partial g}{\partial \tilde{\sigma}_{mn}} \dfrac{\partial f}{\partial \sigma_{st}} (C^{e}_{stkl})^{*}}{\dfrac{1}{\tilde{\Omega}} \dfrac{\partial g}{\partial \tilde{\sigma}_{mm}} + \dfrac{\partial f}{\partial \sigma_{ij}} (C^{e}_{ijkl})^{*} \dfrac{\partial g}{\partial \tilde{\sigma}_{kl}}} \right) d\varepsilon_{kl} = C^{ep}_{ijkl} \, d\varepsilon_{kl} \tag{7.61}$$

下面给出式(7.61)中两个偏导数的计算公式。

由屈服函数式(7.47)得

$$\frac{\partial f}{\partial \sigma_{ij}} = \frac{\partial f}{\partial \tilde{p}} \frac{\partial \tilde{p}}{\partial \sigma_{ij}} + \frac{\partial f}{\partial \tilde{q}} \frac{\partial \tilde{q}}{\partial \sigma_{ij}} \tag{7.62}$$

进一步写成

$$\frac{\partial f}{\partial \sigma_{ij}} = \frac{c_p}{p} \left[\left(\frac{M^2 - \tilde{\eta}^2}{M^2 + \tilde{\eta}^2} - \mu \right) \frac{\delta_{ij}}{3} + \frac{2\tilde{\eta}}{M^2 + \tilde{\eta}^2} \sum_{m=1}^{3} \frac{\partial q_c}{\partial I_m} \frac{\partial I_m}{\partial \sigma_{ij}} \right] \tag{7.63}$$

式中，$I_m = I_1, I_2, I_3$。

由塑性势函数式(7.48)得

$$\frac{\partial g}{\partial \tilde{\sigma}_{ij}} = \frac{\partial g}{\partial \tilde{p}} \frac{\partial \tilde{p}}{\partial \tilde{\sigma}_{ij}} + \frac{\partial g}{\partial \tilde{q}} \frac{\partial \tilde{q}}{\partial \tilde{\sigma}_{ij}} \tag{7.64}$$

进一步写成

$$\frac{\partial g}{\partial \tilde{\sigma}_{ij}} = \frac{c_p}{\tilde{p}} \left[\frac{(M^2 - \tilde{\eta}^2)}{M^2 + \tilde{\eta}^2} \frac{\delta_{ij}}{3} + \frac{3(\tilde{\sigma}_{ij} - \tilde{p}\delta_{ij})}{\tilde{p}(M^2 + \tilde{\eta}^2)} \right] \tag{7.65}$$

把式(7.51)、式(7.63)、式(7.65)代入到式(7.61)，即可得到考虑了土的三维化的渐近状态模型应力应变增量关系。

7.6 渐近状态本构模型中的特征参数

修正剑桥模型的模型参数有 4 个，分别是 λ、κ、ν、M。

渐近状态模型与统一硬化模型相同的计算参数有 5 个，分别是 λ、κ、ν、M、M_f，其中 λ、κ、ν 与修正剑桥模型的概念相同。由图 7.3 可知，M 是 p = 常数试验由剪缩到剪胀变相时的应力比；M_f 是峰值应力比，可以根据 p = 常数的三轴试验求出。

若是正常固结土，只有剪缩无剪胀，则 $M=M_f$。

在渐近状态模型定义的 M_0 是三轴不排水试验极限应力比，可以建立 M_0 与 M、M_f 之间的关系（见 7.6.2 节），不作为基本试验参数。图 7.2 中的 M_4 和 M_5 等可以根据模型预测得出，也不是基本参数。

渐近状态本构模型中定义的耦合参量 μ 可以根据 M、M_f 求出（见 7.6.3 节）。

7.6.1 峰值应力比 M_f

剪胀性是影响砂土强度的最主要因素之一。在一些应力路径控制的试验如 p=常数或围压 σ_3=常数中，剪胀可以充分发挥，应力比可任意增加到破坏值，即可获得最大的破坏应力比 M_f。但如果在受力过程中约束变形，即不让剪胀充分发挥，所获得的极限应力比（即渐近状态应力比）也相应较小。

图 7.6 中绘制了 p-q 坐标系下不同的应力路径。由该图可知，在 p=常数和围压 σ_3=常数的三轴排水应力路径下（可以自由变形的条件下），应力路径达到峰值应力比 M_f 后停滞不前，而三轴不排水剪应力路径的最终应力比达到小于 M_f 的某数值 M_0。

图 7.7 是把图 7.6 中相同的应力路径的结果绘制在 $\frac{d\varepsilon_v}{d\varepsilon_1}$-$\eta$ 坐标系中。可以更直观地观察到，在 p=常数和围压 σ_3=常数的常规三轴排水应力路径下，当应变比 $\frac{d\varepsilon_v}{d\varepsilon_1}$ 达到 n_f 时，极限应力比将达到破坏应力比，即 $\eta=M_f$。三轴不排水剪最终应力比达到小于 M_f 的某一数值 M_0。

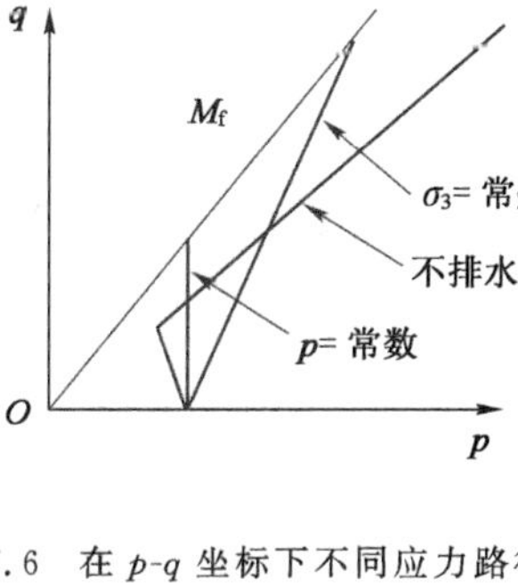

图 7.6 在 p-q 坐标下不同应力路径的极限应力比

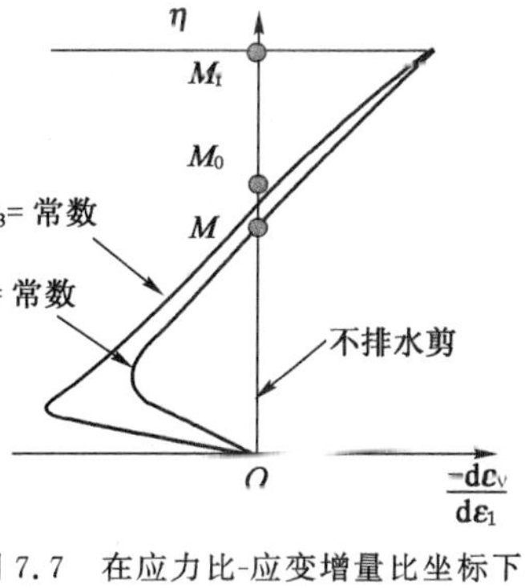

图 7.7 在应力比-应变增量比坐标下不同应力路径的极限应力比

7.6.2 确定不排水应力路径的极限应力比 M_0

由图 7.1 可知，较密实的砂（即有剪胀趋势的情况下）不排水应力路径下的极限应力比 M_0 与特征状态点应力比 M 和破坏应力比 M_f 之间的关系为 $M \leqslant M_0 \leqslant$

M_f，但对于很松散的砂 $M=M_0=M_f$。

可以根据 $p=$常数的排水试验确定的参数 M 和 M_f 推导出不排水条件下极限应力比 M_0 的公式。

根据试验结果得出了渐近状态方程式(7.1)，常规三轴压缩试验条件为 $d\varepsilon_2=d\varepsilon_3$。根据应变增量之间的关系

$$\left.\begin{aligned} d\varepsilon_v &= d\varepsilon_1 + 2d\varepsilon_3 \\ d\varepsilon_d &= \frac{2}{3}(d\varepsilon_1 - d\varepsilon_3) \end{aligned}\right\}$$

整理得

$$d\varepsilon_1 = d\varepsilon_d + \frac{1}{3}d\varepsilon_v \tag{7.66}$$

把式(7.66)代入到渐近线方程式(7.1)，得

$$\frac{d\varepsilon_v}{d\varepsilon_d} = \frac{3(M_0-\eta)}{\eta} \tag{7.67}$$

式(7.67)是用$\frac{d\varepsilon_v}{d\varepsilon_d}$表示的渐近线方程，是渐近状态方程[式(7.1)]的另一种表示形式。

公式$\frac{d\varepsilon_v^{pc}}{d\varepsilon_d^{pc}}=\frac{M^2-\eta^2}{2\eta}$是耦合塑性体积应变增量 $d\varepsilon_v^{pc}$ 与耦合塑性剪应变增量 $d\varepsilon_d^{pc}$ 满足的剪胀方程。把剪胀方程和渐近线方程绘在同一张图中。根据剪胀方程[式(7.15)]绘出的曲线见图 7.8 中曲线(a)。该曲线上峰值应力比是 M_f，体积应变由压缩到剪胀时$\left(\frac{d\varepsilon_v^{pc}}{d\varepsilon_d^{pc}}=0\right)$的特征状态应力比是 M。根据渐近状态方程[式(7.67)]绘出的曲线见图 7.8 中曲线 (b)。在曲线(b)中，不同的应变约束条件$\frac{d\varepsilon_v}{d\varepsilon_d}$对应的极限应力比 η 不同。例如，不排水试验($d\varepsilon_v=0$)对应的极限应力比是 M_0，最大峰值应力比是 M_f。

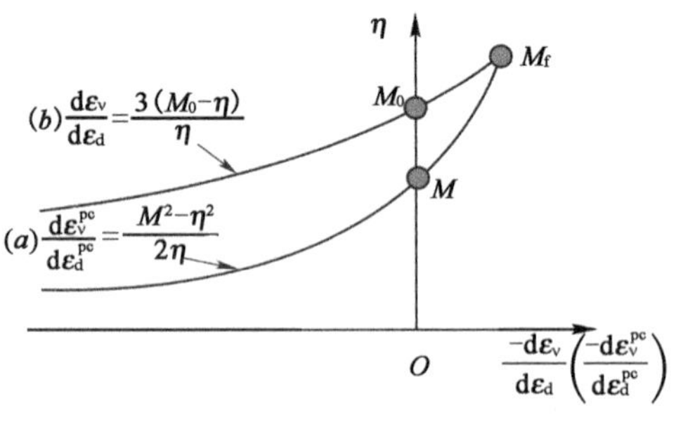

图 7.8 剪胀方程曲线及渐近状态曲线

渐近状态曲线(b)上的两个特征点：

①在不排水条件下，应变约束条件$\frac{d\varepsilon_v}{d\varepsilon_d}=0$所对应的极限应力比$\eta$为$M_0$。

②在无变形约束或剪胀充分发挥的条件下，所对应的极限应力比η为M_f。

对于无应变约束破坏时有如下关系：

a. 应力条件

$$\left.\begin{aligned}\eta &= M_f \\ p &= p_f\end{aligned}\right\} \tag{7.68}$$

b. 应变条件

$$\left.\begin{aligned}&d\varepsilon_v^e = d\varepsilon_d^e = 0 \\ &d\varepsilon_v^{punc} = 0, d\varepsilon_d^{punc} \equiv 0 \\ &d\varepsilon_d^{pc} \to \infty\end{aligned}\right\} \tag{7.69}$$

所以

$$\left(\frac{d\varepsilon_v}{d\varepsilon_d}\right)_f = \frac{d\varepsilon_v^e + d\varepsilon_v^{pc} + d\varepsilon_v^{punc}}{d\varepsilon_d^e + d\varepsilon_d^{pc} + d\varepsilon_d^{punc}} = \frac{0 + d\varepsilon_v^{pc} + 0}{0 + d\varepsilon_d^{pc} + 0} = \frac{d\varepsilon_v^{pc}}{d\varepsilon_d^{pc}} \tag{7.70}$$

在图 7.8 中，两条曲线交点所对应的应力比为M_f。

联立式(7.15)、式(7.67)和式(7.70)，得

$$\frac{3(M_0 - M_f)}{M_f} = \frac{M^2 - M_f^2}{2M_f} \tag{7.71}$$

解得

$$M_0 = \frac{6M_f - M_f^2 + M^2}{6} \tag{7.72}$$

由式(7.72)可以看出，$M \leqslant M_0 \leqslant M_f$，但当$M = M_f$时，$M_0 = M = M_f$。

式(7.72)可作为由排水试验确定的试验参数M和M_f推求不排水抗剪强度M_0的简单方法。

7.6.3 根据不排水条件推求耦合参量 μ

耦合参量μ定义为土的特性指标，可以根据特殊的应力路径(不排水条件)求出。不排水条件是

$$d\varepsilon_v = d\varepsilon_v^e + d\varepsilon_v^{pc} + d\varepsilon_v^{punc} = 0 \tag{7.73}$$

(1)弹性体积应变增量 $d\varepsilon_v^e$

弹性体应变增量仅由球应力的变化引起，弹性剪应变增量仅由剪切应力的变化引起，不考虑剪切与压缩的耦合，所以可以根据等向固结试验求出$d\varepsilon_v^e$。

$$d\varepsilon_v^e = \frac{\kappa}{1 + e_0}\frac{1}{p}dp$$

(2)非耦合塑性体积应变增量 $d\varepsilon_v^{punc}$

非耦合塑性体积应变增量为式(7.10),即

$$d\varepsilon_v^{punc} = \mu c_p \frac{1}{p} dp$$

(3)耦合的塑性体积应变增量 $d\varepsilon_v^{pc}$

不排水应力路径见图7.9。当荷载达一定值以后应力比 $\frac{q}{p}$ = 常数,可以根据 $\frac{q}{p}$ = 常数的情况求耦合的塑性体积应变增量 $d\varepsilon_v^{pc}$。

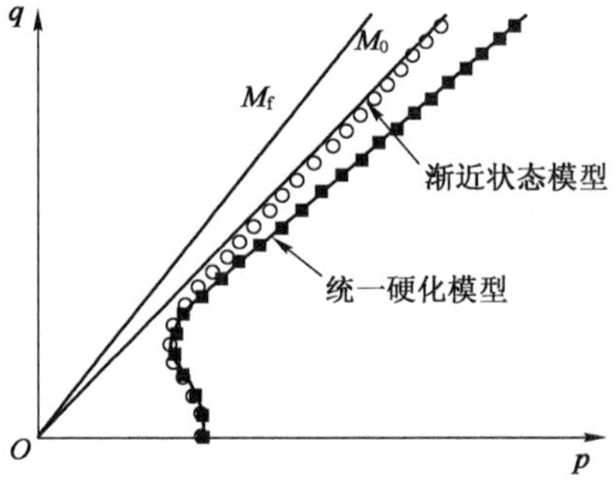

图7.9 不排水剪应力路径比较

屈服函数为式(7.21),即

$$f = (1-\mu)c_p \ln\frac{p}{p_0} + c_p \ln\left(1+\frac{\eta^2}{M^2}\right) - H^c = 0$$

上式简记为 $f = f(p,\eta,H^c)$,以 p、η、H^c 为自变量。对式(7.21)进行全微分,得

$$df = \frac{\partial f}{\partial p}dp + \frac{\partial f}{\partial \eta}d\eta - dH^c = 0 \tag{7.74}$$

当 η = 常数时,$d\eta=0$,式(7.74)成为

$$dH^c = \frac{\partial f}{\partial p}dp \tag{7.75}$$

由式(7.21)得

$$\frac{\partial f}{\partial p} = c_p \frac{1}{p}(1-\mu) \tag{7.76}$$

由式(7.5)得

$$dH^c = \frac{M^4}{M_f^4} \cdot \frac{M_f^4 - \eta^4}{M^4 - \eta^4} d\varepsilon_v^{pc} \tag{7.77}$$

把式(7.76)、式(7.77)代入式(7.74)得

$$d\varepsilon_v^{pc} = (1-\mu)c_p \frac{M_f^4}{M^4} \cdot \frac{M^4 - \eta^4}{M_f^4 - \eta^4} \frac{1}{p} dp \tag{7.78}$$

(4)**耦合参量 μ**

把体积应变增量弹性部分[式(5.34)]、耦合部分[式(7.78)]、非耦合部分[式(7.10)]代入式(7.73),并取 $\eta = M_0$,得

$$\mathrm{d}\varepsilon_v = \frac{\kappa}{1+e_0}\frac{1}{p}\mathrm{d}p + (1-\mu)c_p\frac{M_f^4}{M^4}\cdot\frac{M^4-M_0^4}{M_f^4-M_0^4}\frac{1}{p}\mathrm{d}p + \mu c_p\frac{1}{p}\mathrm{d}p = 0 \tag{7.79}$$

即

$$\mu c_p M_0^4(M^4-M_f^4) = c_p M_f^4(M^4-M_0^4) + \frac{\kappa}{1+e_0}M^4(M_f^4-M_0^4)$$

可求得

$$\mu = \frac{1}{M_0^4(M_f^4-M^4)}\left[M_f^4(M_0^4-M^4) + \frac{\kappa}{\lambda-\kappa}M^4(M_0^4-M_f^4)\right] \tag{7.80}$$

分析式(7.80)可知,因为 M_0 是排水试验参数 M 和 M_f 的函数[式(7.72)],所以渐近状态模型耦合参量 μ 就只与排水试验参数 M 和 M_f 有关。

对于黏土,取 $M=M_0=M_f$,对式(7.80)求极限得

$$\mu = 1 - \frac{\lambda M}{3(\lambda-\kappa)} \tag{7.81}$$

(5)**预测比较**

图7.1是概念分析图。其中表明,在不排水试验条件下,当荷载达一定值后应力比 $\frac{q}{p}$=常数,并且该常数为 M_0。

图7.9中分别绘出了不排水剪试验条件下分别根据渐近状态模型($\mu \neq 0$)和统一硬化模型($\mu = 0$)(计算参数相同)进行的预测结果。图中表示,在不排水剪试验后期,根据统一硬化模型的预测结果是应力比为常数但 $\frac{q}{p} < M_0$,根据渐近状态模型的预测结果是 $\frac{q}{p} = M_0$。

7.6.4 屈服面、硬化参量的关系

在第6章中分析了屈服面与硬化参量的关系,对于考虑渐近状态特性的本构模型,屈服面是式(7.21)或者是式(7.22-2),即

$$f = (1-\mu)c_p\ln\frac{p}{p_0} + c_p\ln\left(1+\frac{q^2}{M^2p^2}\right) - H^c = 0$$

$$q = Mp\sqrt{\left(\frac{p_x}{p}\right)^{1-\mu} - 1}$$

当 μ 为某一确定值时得出相应的屈服面,该屈服面同样是相应的硬化参量 H^c 的等值面。根据等向固结试验,当固结应力由 p_0 增加到 p_x 时,由式(7.21)可得硬

化参量为

$$H^{c}=(1-\mu)c_{p}\ln\frac{p_{x}}{p_{0}}$$

对于图7.10中的屈服面 f_1 和屈服面 f_2，根据以上分析得

$$H_{1}^{c}=(1-\mu)c_{p}\ln\frac{p_{x1}}{p_{0}} \tag{7.82}$$

$$H_{2}^{c}=(1-\mu)c_{p}\ln\frac{p_{x2}}{p_{0}} \tag{7.83}$$

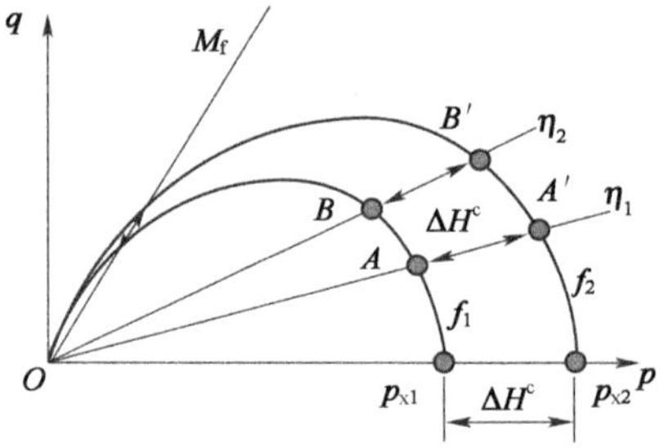

图7.10 渐近状态模型的屈服面、硬化参数

屈服面从 f_1 变化到 f_2，耦合部分硬化参量 H^c 的增量为

$$\Delta H^{c}=H_{1}^{c}-H_{2}^{c}=c_{p}(1-\mu)(\ln p_{x2}-\ln p_{x1}) \tag{7.84}$$

在图7.10中，应力路径 $\overrightarrow{AA'}$，应力比为 η_1，应力路径 $\overrightarrow{BB'}$，应力比为 η_2，等向固结应力路径 $\overrightarrow{p_{x1}p_{x2}}$，应力比为 $\eta=0$。沿着以上的应力路径变化，耦合部分硬化参量的增量都是 $\Delta H^{c}=(1-\mu)c_{p}(\ln p_{x2}-\ln p_{x1})$，耦合塑性体积应变增量是 $\Delta\varepsilon_{v}^{pc}=\frac{M_{f}^{4}}{M^{4}}\frac{M^{4}-\eta^{4}}{M_{f}^{4}-\eta^{4}}(1-\mu)c_{p}(\ln p_{x2}-\ln p_{x1})$。对于渐近状态模型，从一个屈服面到另一个屈服面，沿着应力比不同的应力路径产生的**耦合硬化参量增量**相同，而**塑性体积应变增量**不同(与 η 相关)。

7.6.5 静止土压力系数 K_0

在单向固结试验中，$d\varepsilon_2=d\varepsilon_3=0$，所以，$\frac{d\varepsilon_v}{d\varepsilon_1}=1$。将该值代入到式(7.1)中，可得极限应力比为 $\eta=\frac{2M_0}{3}$，则有

$$\eta=\frac{q}{p}=\frac{3(\sigma_1-\sigma_3)}{\sigma_1+2\sigma_3}=\frac{3(1-K_0)}{1+2K_0}=\frac{2}{3}M_0 \tag{7.85}$$

式中，K_0 为静止土压力系数即 $K_0 = \frac{\sigma_3}{\sigma_1}$ 。由式(7.85)解得

$$K_0 = \frac{9 - 2M_0}{9 + 4M_0} \tag{7.86}$$

在三轴压缩条件下有 $M_0 = \frac{6\sin\varphi'_{\mathrm{und}}}{3 - \sin\varphi'_{\mathrm{und}}}$，所以

$$K_0 = \frac{9 - 7\sin\varphi'_{\mathrm{und}}}{9 + 5\sin\varphi'_{\mathrm{und}}} \tag{7.87}$$

式中，φ'_{und} 是(不排水）三轴剪切试验有效内摩擦角(°)。由式(7.87)可以看出，φ'_{und} 越小，K_0 就越大。

式(7.87)是根据渐近状态公式[式(7.1)]和一维固结条件推导出的土的侧压力系数的计算公式，与常用的经验公式相比，在内摩擦角小于45°时比较接近。例如，如果土成为类似于液体的材料（$\varphi'_{\mathrm{und}} = 0$），则 K_0 达到最大值1，与经验公式 $K_0 = 1 - \sin\varphi'_{\mathrm{und}} = 1 - \sin 0° = 1$ 一致；如果土的内摩擦角很大（$\varphi' \to 90°$，$\varphi'_{\mathrm{und}} \to 90°$），则由式(7.87)计算的 K_0 达到最小值 $\frac{1}{7}$，比 $K_0 = 1 - \sin\varphi' = 1 - \sin 90° = 0$ 合理。因为即便是弹性材料$\left(K_0 = \frac{\nu}{1-\nu}\right.$，$\nu$ 为泊松比，一般不为0$\left.\right)$，K_0 也不应为0。两个计算公式的比较见图7.11。

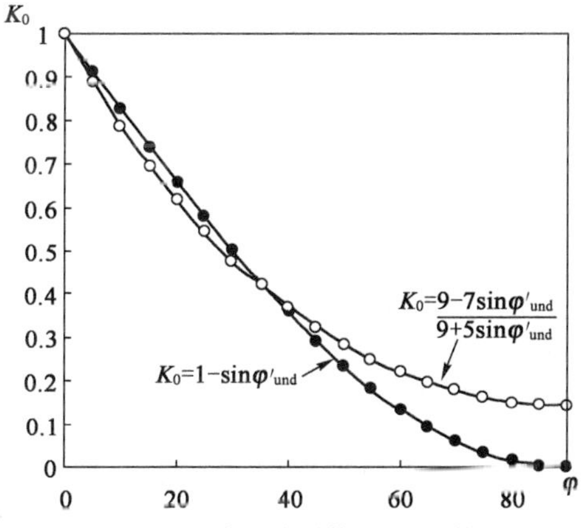

图7.11　侧压力系数 K_0 的比较

7.6.6　确定减压屈服应力比

减压屈服的概念是：不增加剪应力，只减少平均压力，土体会产生塑性变形。这是实际中存在的现象，而修正剑桥模型等不能解释这个问题。

图7.12表示了修正剑桥模型的椭圆屈服面，加卸载准则为

$$f=0\quad\left.\begin{array}{ll}\text{当}\ \vec{n}\ \overrightarrow{\mathrm{d}\sigma}>0\ \text{时} & \text{加载}\\ \text{当}\ \vec{n}\ \overrightarrow{\mathrm{d}\sigma}=0\ \text{时} & \text{中性变载}\\ \text{当}\ \vec{n}\ \overrightarrow{\mathrm{d}\sigma}<0\ \text{时} & \text{卸载}\end{array}\right\}\tag{7.88}$$

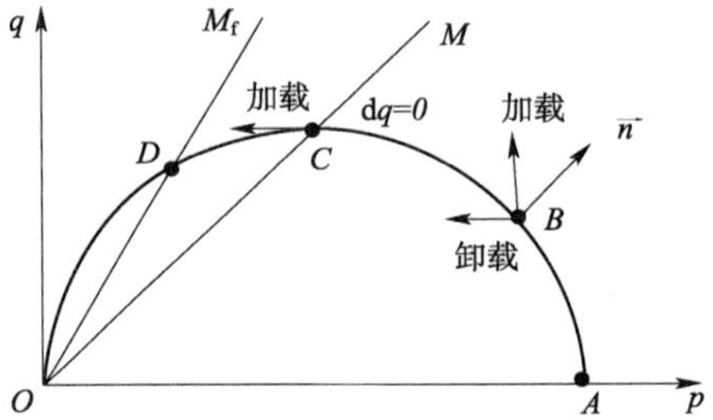

图 7.12　椭圆屈服面下的减压剪切

在屈服面上沿着 $\mathrm{d}q=0$,$\mathrm{d}p<0$ 的应力路径是减压应力路径(不增加剪应力,只减少平均压力),例如图中的点 B,沿着水平方向减压,满足卸载的条件,只产生弹性变形。图中的点 C 是椭圆的顶点,是屈服面与 $\eta=M$ 的交点,不可能减压剪切。

统一硬化模型采用了与修正剑桥模型相同的椭圆屈服面,与剑桥模型的不同之处是因为引入了极限应力比 M_f 和变相应力比 M 的概念。在图 7.12 中屈服面顶点 C 处,沿着 $\mathrm{d}q=0$,$\mathrm{d}p<0$ 的应力路径将产生**减压屈服**。这个减压剪切**屈服的起始应力比**是 $\eta=M$ 。

渐近状态模型的屈服面见图 7.13,变相应力比 M 与屈服面的交点没有对应曲线最高点 E ,与屈服面最高点 E 相交的应力比称为**减压屈服应力比** η_{cr} **,可以根据曲线的最高点导数为零的方法求出** η_{cr} 。

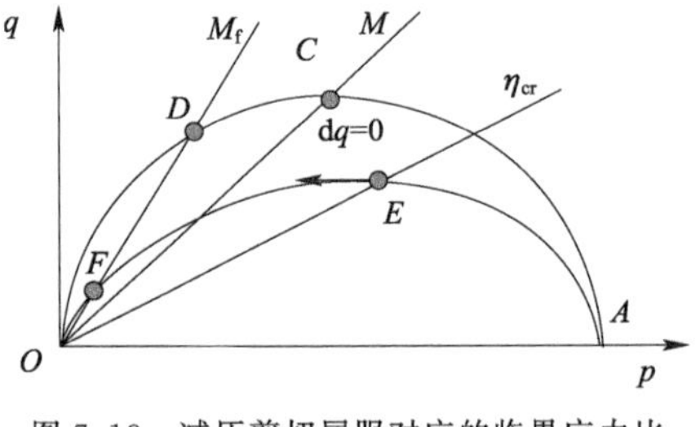

图 7.13　减压剪切屈服对应的临界应力比

对渐近状态模型的屈服函数 $q=Mp\sqrt{\left(\dfrac{p_0}{p}\right)^{1-\mu}-1}$ [式(7.22)]求导得

$$\frac{\mathrm{d}q}{\mathrm{d}p}=M\sqrt{\left(\frac{p_0}{p}\right)^{1-\mu}-1}+Mp\,\frac{1}{2}\left[\left(\frac{p_0}{p}\right)^{1-\mu}-1\right]^{-\frac{1}{2}}(1-\mu)\left(\frac{p_0}{p}\right)^{-\mu}\left(\frac{-p_0}{p^2}\right)=0$$

所以

$$\left(\frac{p_0}{p}\right)^{1-\mu}-1=\frac{1}{2}(1-\mu)\left(\frac{p_0}{p}\right)^{1-\mu} \tag{7.89}$$

整理得

$$2\left(\frac{p_0}{p}\right)^{1-\mu}-2=\left(\frac{p_0}{p}\right)^{1-\mu}-\mu\left(\frac{p_0}{p}\right)^{1-\mu} \tag{7.90}$$

把屈服曲线最高点的坐标 (p_E, q_E) 代入式(7.90)得

$$\left(\frac{p_0}{p_E}\right)^{1-\mu}=\frac{2}{1+\mu} \tag{7.91}$$

把式(7.91)带入式(7.22)得

$$\eta_{cr}=M\sqrt{\frac{2}{1+\mu}-1}=M\sqrt{\frac{1-\mu}{1+\mu}} \tag{7.92}$$

与修正剑桥模型的不同之处是减压屈服的范围增大，减压屈服应力比 η_{cr} 小于 M，M 是剪缩与剪胀的变相应力比，所以在减缩范围内可以发生减压屈服。

7.6.7 剪胀方程的应力路径相关性

总剪胀方程[式(7.16)]表示了塑性体积应变增量与塑性剪切应变增量之比与应力路径相关。

$$\frac{d\varepsilon_v^p}{d\varepsilon_d^p}=\frac{d\varepsilon_v^{pc}+d\varepsilon_v^{punc}}{d\varepsilon_d^{pc}+d\varepsilon_d^{punc}\,|\equiv 0}=\frac{d\varepsilon_v^{pc}+d\varepsilon_v^{punc}}{d\varepsilon_d^{pc}}=\frac{M^2-\eta^2}{2\eta}+\frac{\mu c_p}{d\varepsilon_d^p}\frac{dp}{p}$$

图 7.14 给出了不同应力路径下，$\frac{d\varepsilon_v}{d\varepsilon_d}$-$\eta$、$\frac{d\varepsilon_v^p}{d\varepsilon_d^p}$-$\eta$、$\frac{d\varepsilon_v^{pc}}{d\varepsilon_d^{pc}}$-$\eta$ 的模型计算结果和公式预测结果。图 7.14a) 中的实线是不同约束条件下模型预测的 $\frac{d\varepsilon_v^p}{d\varepsilon_d^p}$-$\eta$ 曲线。图 7.14a) 中的曲线 a、b、c、d、e 分别对应着 p＝常数、围压 σ_3＝常数、部分吸水 $\frac{d\varepsilon_v}{d\varepsilon_1}=-0.43$、不排水 $\frac{d\varepsilon_v}{d\varepsilon_1}=0$、部分排水 $\frac{d\varepsilon_v}{d\varepsilon_1}=0.5$ 的应力路径，图中的圆点是不同条件下，达到终值应力比 η 时的总应变增量比 $\frac{d\varepsilon_v}{d\varepsilon_d}$。图 7.14b) 中的实线分别为按照渐近线[式(7.67)]和剪胀方程[式(7.15)]绘出的曲线。图 7.14b) 中的圆点与图 7.14a) 中的圆点相同，为不同条件下，达到终值应力比 η 时的总应变增量比 $\frac{d\varepsilon_v}{d\varepsilon_d}$。由图 7.14a) 可知，尽管采用了统一的剪胀方程 $\frac{d\varepsilon_v^{pc}}{d\varepsilon_d^{pc}}=\frac{M^2-\eta^2}{2\eta}$，但渐近状态本构模型却能计算出不同应力路径所对应的 $\frac{d\varepsilon_v^p}{d\varepsilon_d^p}$-$\eta$ 关系，即能反映应力路径的影响。由图 7.14b) 还可知，渐近状态本构模型计算出不同应变约束下的 $\frac{d\varepsilon_v}{d\varepsilon_d}$-$\eta$ 关系[图 7.14b) 中的圆点]与公式的计算结果吻合较好，说

明该渐近状态弹塑性本构模型具有解释应力路径影响的功能。

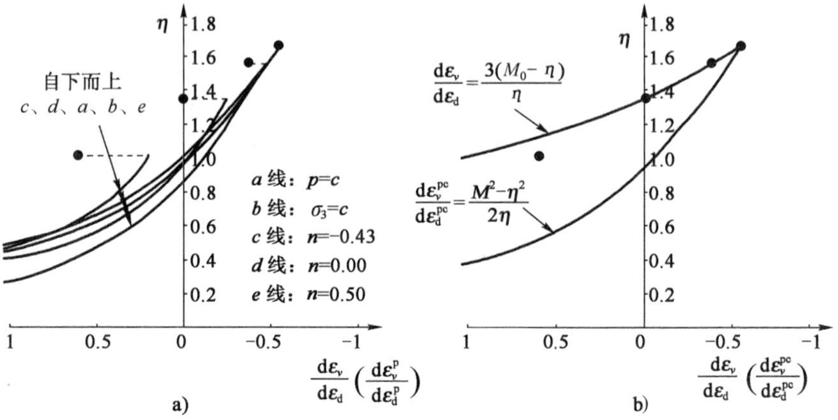

图 7.14 剪胀方程的应力路径相关性

a）模型预测；b）模型预测及公式计算

7.6.8 非关联流动法则

塑性应变增量矢量的方向由塑性势面确定，大小由屈服面确定。图 7.15 表示了渐近状态模型屈服面与塑性势面的关系。椭圆塑性势面方程为 $q=M\sqrt{p_xp-p^2}$，公式中的 p_x是塑性势函数与 p 轴交点处的坐标，见图 7.15 中的虚线。渐近状态模型屈服面是 $q=Mp\sqrt{\left(\frac{p_x}{p}\right)^{1-\mu}-1}$，式中 p_x 是屈服面与 p 轴交点处的坐标，见图 7.15中的实线。采用塑性势面与屈服面不相等的非关联流动法则表明屈服面上的不同点具有不同的塑性势面，塑性流动方向是屈服面上与椭圆塑性势面正交的方向。

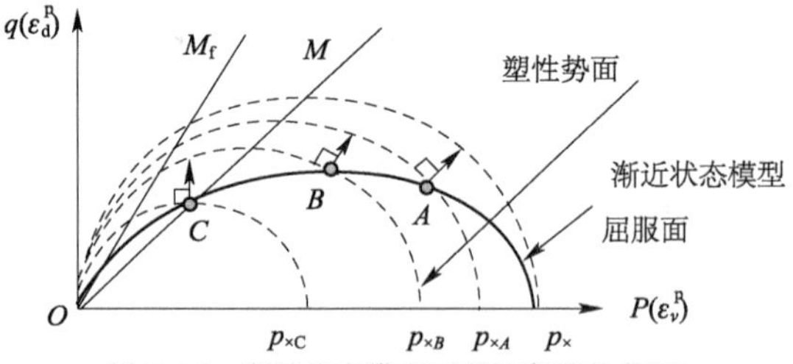

图 7.15 渐近状态模型屈服面与塑性势面

图 7.15 中的点 A 塑性流动的方向与该点的塑性势面垂直，此时有 $d\varepsilon_v^{pc}>0$，$d\varepsilon_d^{pc}>0$；图中的点 B 是屈服面的最高点，因为采用的是非相关联流动法则，此处仍然有 $d\varepsilon_v^{pc}>0$，$d\varepsilon_d^{pc}>0$；图中的点 C 是与M 线的交点，此处有 $d\varepsilon_v^{pc}=0$，$d\varepsilon_d^{pc}>0$；在点 C

左侧会产生剪胀，$d\varepsilon_v^{pc}<0$，$d\varepsilon_d^{pc}>0$。

由剪胀方程$\frac{d\varepsilon_v^{pc}}{d\varepsilon_d^{pc}}=\frac{M^2-\eta^2}{2\eta}$可知，当$\eta<M$时，$\frac{d\varepsilon_v^{pc}}{d\varepsilon_d^{pc}}>0$；当$\eta=M$时，$\frac{d\varepsilon_v^{pc}}{d\varepsilon_d^{pc}}=0$；当$\eta>M$时，$\frac{d\varepsilon_v^{pc}}{d\varepsilon_d^{pc}}<0$。采用了非相关联流动法则，满足了上述的要求。若按照相关联流动法则，则在屈服面的最高点B处应该有$\frac{d\varepsilon_v^{pc}}{d\varepsilon_d^{pc}}=0$，在点$B$左侧，$\frac{d\varepsilon_v^{pc}}{d\varepsilon_d^{pc}}<0$。

7.7　三轴压缩预测基本公式

式(7.27)是应力应变增量关系的基本公式，但在试验的过程中，一般情况下体积应变增量和剪应变增量不会直接给出，而$d\varepsilon_1$在试验中是可以控制的，若根据不同的应力路径得出$d\varepsilon_3$，$d\sigma_1$、$d\sigma_3$同$d\varepsilon_1$之间的关系，其应力应变关系的解就得到了。

三轴压缩试验中，$\sigma_1>\sigma_2=\sigma_3$、$d\sigma_2=d\sigma_3$，三轴压缩试验的基本公式在第5章中已给出，为方便起见，在本章编号为

$$\left.\begin{aligned} dp &= \frac{1}{3}(d\sigma_1+2d\sigma_3) \\ dq &= d\sigma_1-d\sigma_3 \end{aligned}\right\} \tag{7.93}$$

体积应变增量，偏应变增量基本公式

$$\left.\begin{aligned} d\varepsilon_d &= \frac{2}{3}(d\varepsilon_1-d\varepsilon_3) \\ d\varepsilon_v &= d\varepsilon_1+2d\varepsilon_3 \end{aligned}\right\} \tag{7.94}$$

下面推导各种不同的应力路径条件下，由应变求应力的预测公式，其中应力应变刚度矩阵的系数见式(7.44)。

7.7.1　不排水剪切路径

不排水剪的体积应变为零，对于应变控制的常规三轴试验，试验中增加垂直应变直至破坏，所以在预测过程中要根据给定的垂直方向应变增量预测$d\sigma_1$、$d\sigma_3$和$d\varepsilon_3$，即

已知：$d\varepsilon_1$和$d\varepsilon_v=0$，求：$d\sigma_1$、$d\sigma_3$和$d\varepsilon_3$。

不排水条件为

$$d\varepsilon_v = 0 \tag{7.95}$$

把式(7.93)～式(7.95)代入式(7.27)得

$$\begin{Bmatrix} \frac{1}{3}(d\sigma_1 + 2d\sigma_3) \\ d\sigma_1 - d\sigma_3 \end{Bmatrix} = \begin{bmatrix} C_{pp} & C_{pq} \\ C_{qp} & C_{qq} \end{bmatrix} \begin{Bmatrix} 0 \\ \frac{2}{3}(d\varepsilon_1 - d\varepsilon_3) \end{Bmatrix} \tag{7.96}$$

解得

$$\left.\begin{aligned} d\varepsilon_3 &= \frac{-d\varepsilon_1}{2} \\ d\sigma_1 &= \left(C_{pq} + \frac{2}{3}C_{qq}\right)d\varepsilon_1 \\ d\sigma_3 &= \left(C_{pq} - \frac{1}{3}C_{qq}\right)d\varepsilon_1 \end{aligned}\right\} \tag{7.97}$$

7.7.2 p=常数路径

p=常数剪切路径的试验条件为

$$dp = 0 \tag{7.98}$$

根据式(7.27)、式(7.93)、式(7.94)和式(7.98)解得

$$\left.\begin{aligned} d\varepsilon_3 &= \frac{3C_{pp} + 2C_{pq}}{-6C_{pp} + 2C_{pq}}d\varepsilon_1 \\ d\sigma_1 &= \frac{4(C_{pq}C_{qp} - C_{pp}C_{qq})}{-6C_{pp} + 2C_{pq}}d\varepsilon_1 \\ d\sigma_3 &= \frac{-d\sigma_1}{2} = \frac{-2(C_{pq}C_{qp} - C_{pp}C_{qq})}{-6C_{pp} + 2C_{pq}}d\varepsilon_1 \end{aligned}\right\} \tag{7.99}$$

7.7.3 围压 σ_3=常数路径

围压 σ_3 =常数剪切路径的试验条件为

$$d\sigma_3 = 0 \tag{7.100}$$

根据式(7.27)、式(7.93)、式(7.94)和式(7.100)解得

$$\left.\begin{aligned} d\sigma_3 &= 0 \\ d\varepsilon_3 &= \frac{9C_{pp} + 6C_{pq} - 3C_{qp} - 2C_{qq}}{-18C_{pp} + 6C_{pq} + 6C_{qp} - 2C_{qq}}d\varepsilon_1 \\ d\sigma_1 &= \frac{18(C_{pq}C_{qp} - C_{pp}C_{qq})}{-18C_{pp} + 6C_{pq} + 6C_{qp} - 2C_{qq}}d\varepsilon_1 \end{aligned}\right\} \tag{7.101}$$

7.7.4 σ_1=常数路径

最大主应力 σ_1 =常数剪切路径的试验条件为

$$d\sigma_1 = 0 \tag{7.102}$$

根据式(7.27)、式(7.93)、式(7.94)和式(7.102)解得

$$\left.\begin{aligned}
d\sigma_1 &= 0 \\
d\varepsilon_3 &= \frac{9C_{pp}+6C_{pq}+6C_{qp}+4C_{qq}}{-18C_{pp}+6C_{pq}-12C_{qp}+4C_{qq}}d\varepsilon_1 \\
d\sigma_3 &= \frac{18(C_{pp}C_{qq}-C_{pq}C_{qp})}{-18C_{pp}+6C_{pq}-12C_{qp}+4C_{qq}}d\varepsilon_1
\end{aligned}\right\} \tag{7.103}$$

7.7.5 $\frac{d\varepsilon_v}{d\varepsilon_1}=n$ 应变控制的剪切路径

体积应变增量与垂直应变增量比为常数 n 的剪切路径的试验条件为

$$\frac{d\varepsilon_v}{d\varepsilon_1}=n \tag{7.104}$$

根据式(7.27)、式(7.93)、式(7.94)和式(7.104)解得

$$\left.\begin{aligned}
d\varepsilon_3 &= \frac{n-1}{2}d\varepsilon_1 \\
d\sigma_1 &= \left[nC_{pp}+\frac{1}{3}(3-n)C_{pq}+\frac{2}{3}nC_{qp}+\frac{2}{9}(3-n)C_{qq}\right]d\varepsilon_1 \\
d\sigma_3 &= \left[nC_{pp}+\frac{1}{3}(3-n)C_{pq}-\frac{1}{3}nC_{qp}+\frac{1}{9}(n-3)C_{qq}\right]d\varepsilon_1
\end{aligned}\right\} \tag{7.105}$$

7.7.6 $\frac{d\varepsilon_v}{d\varepsilon_d}=m$ 应变控制的剪切路径

体积应变增量与剪应变增量比为常数 m 的剪切路径的试验条件为

$$\frac{d\varepsilon_v}{d\varepsilon_d}=m \tag{7.106}$$

根据式(7.27)、式(7.93)、式(7.94)和式(7.106)解得

$$\left.\begin{aligned}
d\varepsilon_3 &= \frac{2m-3}{2m+6}d\varepsilon_1 \\
d\sigma_1 &= \frac{3mC_{pp}+3C_{pq}+2mC_{qp}+2C_{qq}}{m+3}d\varepsilon_1 \\
d\sigma_3 &= \frac{3mC_{pp}+3C_{pq}-mC_{qp}-C_{qq}}{m+3}d\varepsilon_1
\end{aligned}\right\} \tag{7.107}$$

7.8 预测与试验结果的比较

7.8.1 路径 p=常数,σ_1=常数

根据饱和 Toyoura 砂土的三轴试验结果,其中 Toyoura 砂的平均粒径为 0.19mm,均匀系数为 1.6,比重为 2.65,最大孔隙比为 0.95,最小孔隙比为 0.58,试验的平均孔隙比为 0.68。模型参数取 $\nu=0.3$,$M=0.95$,$M_f=1.66$,$\frac{\lambda}{1+e_0}=0.00403$,$\frac{\kappa}{1+e_0}=0.00251$,求得 $M_0=1.35$,$\mu=0.6$。排水应力路径 p=常数

和 σ_1=常数的预测结果分别见图 7.16 a)、b)。因为 p=常数时,非耦合塑性应变 $d\varepsilon_{ij}^{punc}=0$,所以图 7.16 a)的预测结果与统一硬化模型完全一致。图7.16b)中粗实线是采用渐近状态模型的预测值,细实线是统一硬化模型的预测值,试验值用圆圈表示。由图 7.16 b)可知提出模型对 σ_1 = 常数 路径条件下应力应变的预测比统一硬化模型的预测更合理。

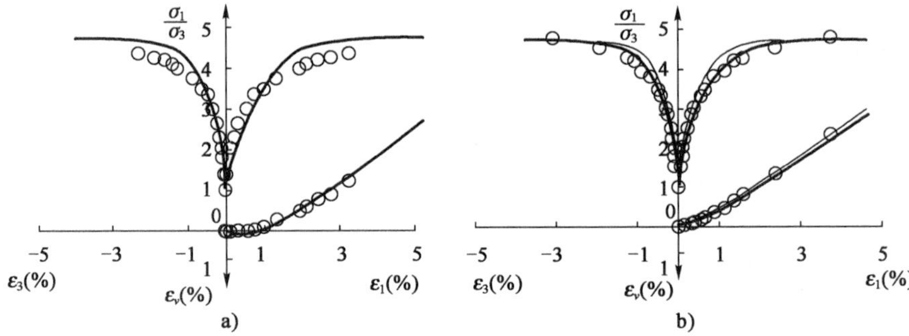

图 7.16 应力路径 p = 常数,σ_1=常数预测与试验比较

a) p = 常数;b) σ_1 = 常数

7.8.2 路径$\frac{d\varepsilon_v}{d\varepsilon_1}=n$

对于 $\frac{d\varepsilon_v}{d\varepsilon_1}=0$ 的路径和部分排水(吸水)路径 $\frac{d\varepsilon_v}{d\varepsilon_1}=0.5$、$\frac{d\varepsilon_v}{d\varepsilon_1}=-0.43$,由试验,模型参数取 $\nu=0.3$,$M=1.00$,$M_f=1.57$,$\lambda=0.0048$,$\kappa=0.0028$,$e_0=0.614$,求得 $M_0=1.33$,$\mu=0.54$。预测结果见图 7.17、图 7.18 中的实线,图中的虚线是按统一硬化模型模型的预测结果。试验结果与预测结果的比较表明:与统一硬化模型相比,渐进状态本构模型可比较合理的说明应力路径的影响规律。

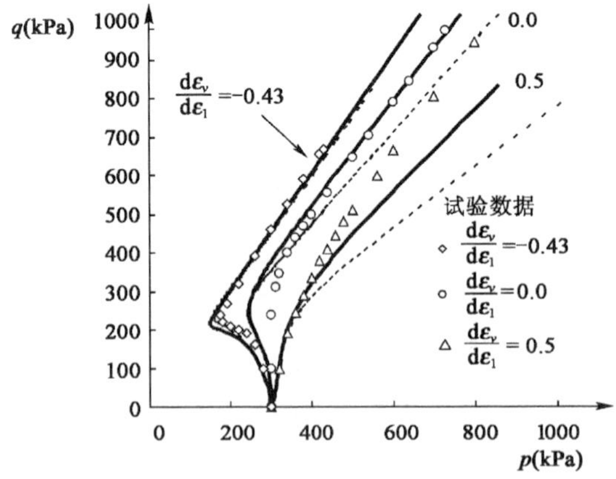

图 7.17 不同排水条件下应力路径的试验结果与预测结果对比

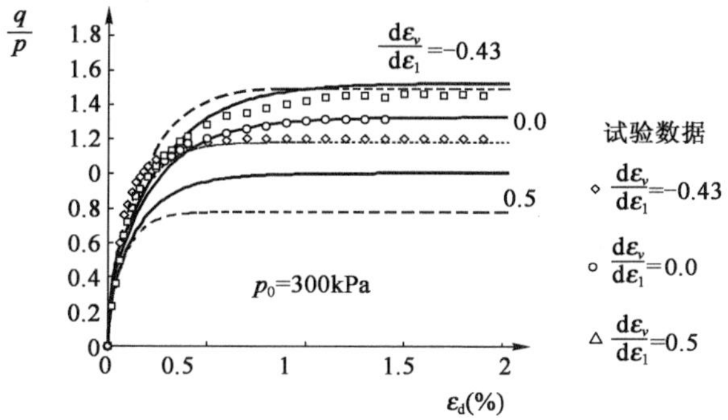

图 7.18　不同排水条件下应力应变关系的试验结果与预测结果对比

7.9　土的三维渐近状态准则

强度通常指材料破坏时的应力状态，在简单应力条件下，可采用试验方法确定材料强度。例如，莫尔-库仑强度理论中土的内摩擦角可由三轴压缩试验确定。而复杂应力条件下，试验仪器的制造和使用都不容易，且复杂应力状态有无数组合，单靠试验解决问题很困难。可行的途径是基于简单应力条件下的试验结果，结合理论假设来建立复杂应力状态下的破坏条件，即破坏时的应力状态表达式。

本节是在渐近状态概念的基础上，建立了土的三维渐近状态准则，其中也包括复杂应力状态下破坏时土的应力状态。该表达式中简单应力条件下的试验是不排水三轴压缩试验、不排水三轴伸长试验。

7.9.1　应变增量比 *n* 和 *m*

由试验结果可知，即使是三轴压缩情况，不同的约束条件会对应不同的最终应力比，最终应力比不唯一。设应变增量比为

$$n=\frac{\mathrm{d}\varepsilon_v}{\mathrm{d}\varepsilon_1} \tag{7.108}$$

例如，图 7.19 是 3 组不同应变增量比加载的三轴试验结果，n 分别为 -0.11、-0.43和-0.67。从试验结果可以看出，对于不同的应变增量比，其对应的最终应力比也不同，$n<0$ 表示剪切的过程中体积应变增大，即剪胀。由试验结果可知，应变增量比的负值越大，终值应力比越大。

终值应力比 η 与应变增量比 n 的关系可由式(7.1)表示

$$n=\frac{\mathrm{d}\varepsilon_v}{\mathrm{d}\varepsilon_1}=\frac{3(M_0-\eta)}{M_0}$$

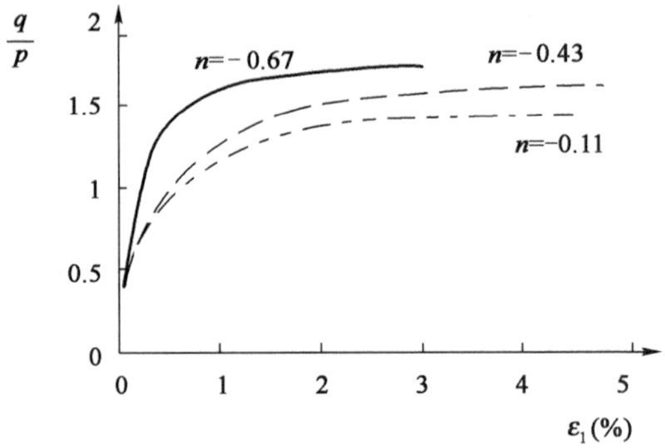

图 7.19 不同应变增量比加载下的试验结果

式(7.1)可改写为

$$\eta = \left(1 - \frac{n}{3}\right) M_0 \tag{7.109}$$

由式(7.109)可知:①当 $n > 0$ 时,$\eta < M_0$,对应着剪切过程中体积压缩。例如,$n = 1$ 对应着 K_0 固结试验,此时 $\eta = \frac{2M_0}{3}$,$n = 3$ 对应着等向固结试验,此时 $\eta = 0$。②当 $n = 0$ 时,$\eta = M_0$。③当 $n < 0$ 时,$\eta > M_0$,对应着剪切过程中体积膨胀。式(7.109)中的应力比 η 是一般的应力状态量,但式(7.109)n 中的 $d\varepsilon_1$ 并不是一般的应变增量。为建立更一般性的公式,设体积应变增量和剪应变增量之比为

$$m = \frac{d\varepsilon_v}{d\varepsilon_d} \tag{7.110}$$

可以把加载路径 n 转化为 m,这种形式表示更具有一般意义。由三轴压缩条件公式

$$\left.\begin{aligned} d\varepsilon_d &= \frac{2}{3}(d\varepsilon_1 - d\varepsilon_3) \\ d\varepsilon_v &= d\varepsilon_1 + 2d\varepsilon_3 \end{aligned}\right\}$$

解得

$$d\varepsilon_1 = d\varepsilon_d + \frac{1}{3} d\varepsilon_v \tag{7.111}$$

把式(7.111)代入到式(7.108),解得

$$m = \frac{d\varepsilon_v}{d\varepsilon_d} = \frac{3n}{3 - n} \tag{7.112}$$

式(7.112)表示了两种应变增量比之间的关系,对于 $d\varepsilon_v = 0$ 的不排水情况,$m = n = 0$;对于 $n = 1$ 的 K_0 固结,$m = 1.5$;当等向固结 $n = 3$ 时,$m \to \infty$。m 和 n 具有一一对应的关系。

根据式(7.108)、式(7.112)，得

$$m=\frac{d\varepsilon_v}{d\varepsilon_d}=\frac{3(M_0-\eta)}{\eta} \tag{7.113}$$

式(7.113)是用 $\frac{d\varepsilon_v}{d\varepsilon_d}$ 表示的渐近状态方程，是渐近状态方程的另一种表示形式，式(7.113)也可以改写为

$$\eta=\frac{q}{p}=\frac{3M_0}{3+m} \tag{7.114}$$

式(7.114)表示了渐近状态应力比 η 与约束路径 m 的关系。其中，M_0 与密度相关；m 为反映剪胀程度的条件，也即变形约束条件。式(7.113)与式(7.1)的比较见图 7.20，图中直观地表示了应变增量比 m 同 n 的对应关系。

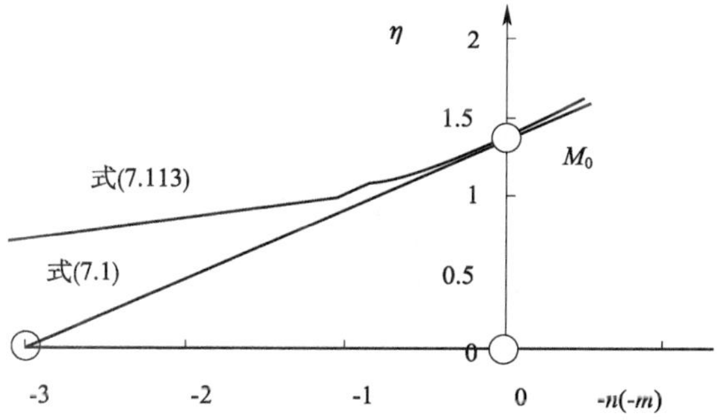

图 7.20 式(7.113)与式(7.1)的比较

7.9.2 土的三维渐近状态准则

由第 3 章可知，广义米赛斯准则在主应力空间是圆锥形，在 π 平面上的强度包线是圆形；SMP 准则在主应力空间是外凸的光滑三角锥形，在三轴压缩情况时的强度值最大，此时的应力洛德角为零。

各种土的强度准则只是涉及土的最终剪切破坏状态，而土的渐近状态是比剪切破坏更广泛的概念，定义了从单纯的等向压缩作用到极限剪切破坏间所有状态的应力比。

式(7.114)中的 q 与应力洛德角无关。当公式中的 m 取不同值时在主应力空间中不同的渐近状态对应不同的圆锥曲面，m 取不同值表示圆锥面开口的大小不同。

实际上土材料三轴压缩强度与三轴伸长强度明显不同，土材料的破坏应力比与应力洛德角相关。姚仰平等根据 SMP 准则和广义米赛斯准则提出了广义非线性强度准则。广义剪应力 q_c 的表达式为式(3.60)，即式(7.115)

$$q_c = \alpha\sqrt{I_1^2 - 3I_2} + \frac{2(1-\alpha)I_1}{3\sqrt{\dfrac{I_1I_2 - I_3}{I_1I_2 - 9I_3}} - 1} = M_c p \tag{7.115}$$

式中,α 为反映 π 平面上的拉压强度比的土性参数。当 $\alpha = 1$ 时,为广义米赛斯准则,在 π 平面上的破坏线为圆;当 $\alpha = 0$ 时,为 SMP 准则,在 π 平面上的破坏线为曲边三角形;当 $0 < \alpha < 1$ 时,为广义米赛斯准则和 SMP 准则之间的光滑曲线。式中,M_c 是三轴压缩条件下的破坏应力比,用式(7.115)在 π 平面上绘制的图形根据土性参数 α 值的不同,其曲线由米赛斯准则的圆变化到 SMP 准则的外凸三角形,破坏应力比 M_c 确定了应力空间破坏面的开口大小。

把渐近状态的概念与广义非线性强度准则相结合,用广义非线性强度准则中定义的 π 平面上的剪应力 q_c 来代替式(7.114)中的 q,可以得出

$$\frac{q_c}{p} = \frac{3M_0}{3+m} \tag{7.116}$$

把式(7.115)代入式(7.116)得

$$\alpha\sqrt{I_1^2 - 3I_2} + \frac{2(1-\alpha)I_1}{3\sqrt{\dfrac{I_1I_2 - I_3}{I_1I_2 - 9I_3}} - 1} = p\frac{3M_0}{3+m} \tag{7.117}$$

若用 p、q、θ ($0° \leqslant \theta \leqslant 60°$)表示土的三维渐近状态准则,式(7.117)还可以改写为

$$\alpha\eta + \frac{6(1-\alpha)\eta}{\sqrt{\dfrac{108 - 9\eta^2 - \cos 3\theta\eta^3}{3 - \cos 3\theta\eta}} - \eta} = \frac{3M_0}{3+m} \tag{7.118}$$

式(7.117)或式(7.118)即为**土的三维渐近状态准则**,该准则可以反映不同应力洛德角时的渐近状态应力比。在主应力空间根据式(7.118)绘制特殊情况下的渐近状态准则见图 7.21。其中,$\alpha = 1$ 表示了广义米赛斯型准则,见图 7.21a);$\alpha = 0$表示了 SMP 型准则,见图 7.21b)。

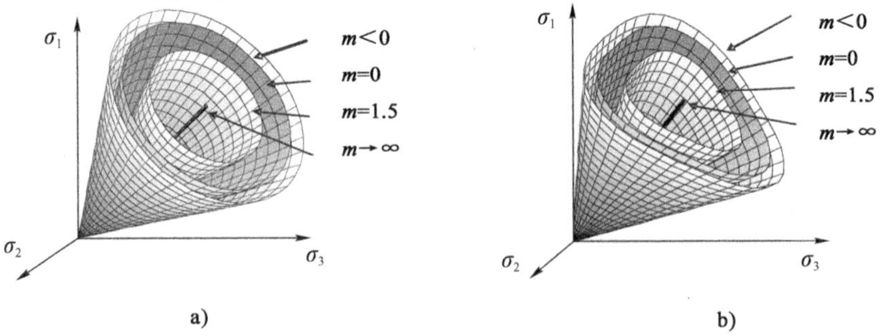

图 7.21 土的三维渐近状态准则示意

a) $\alpha = 1$;b) $\alpha = 0$

由式(7.118)可知,土的三维渐近状态准则中有一个状态参数、两个土性参数,它们分别是:①应变增量比 m;②不排水剪峰值应力比 M_0;③土性参数 α。另外,该准则还表示了土材料的破坏面与应力洛德角 θ 的关系,从而可以表示三维情况下的强度准则。

(1)应变约束 m 的影响

土的三维渐近状态准则是在广义非线性强度准则的基础上进行了扩展,广义非线性强度准则的终值应力比只有一个 M_c,而新准则可以反映不同约束条件下的渐近状态应力比。对于不排水剪切条件 $m=0$,渐近状态应力比为不排水试验终值应力比 M_0;对于体积压缩的剪缩情况 $m>0$,渐近状态应力比 $\eta<M_0$;对于体积增大的剪胀情况 $m<0$,渐近状态应力比 $\eta>M_0$,所以土的三维渐近状态准则在广义非线性强度准则的基础上可以考虑不同约束条件对终值强度的影响,应用范围更广。

在主应力空间,根据式(7.118)绘制的渐近状态准则见图 7.23,应变约束 m 的不同影响着曲面开口的大小。

(2)应力洛德角 θ 的影响

土的三维渐近状态准则还能表示应力洛德角与渐近状态应力比的关系。把三轴压缩条件 $\theta=0$,$\cos3\theta=\cos0=1$ 代入式(7.118)得

$$\alpha\eta+\frac{6(1-\alpha)\eta}{\sqrt{\dfrac{108-9\eta^2-\eta^3}{3-\eta}}-\eta}-\frac{3M_0}{3+m}$$

整理上式得三轴压缩条件下

$$\eta=\frac{3M_0}{3+m} \tag{7.119}$$

把 $\theta=\dfrac{\pi}{6}$,$\cos3\theta=\cos\dfrac{\pi}{2}=0$ 的条件代入式(7.118)得

$$\alpha\eta+\frac{6(1-\alpha)\eta}{\sqrt{36-3\eta^2}-\eta}=\frac{3M_0}{3+m} \tag{7.120}$$

同理,把 $\theta=\dfrac{\pi}{3}$,$\cos3\theta=\cos\pi=-1$ 的三轴伸长条件代入式(7.118),整理得

$$\alpha\eta+(1-\alpha)\frac{3\eta}{3-\eta}=\frac{3M_0}{3+m} \tag{7.121}$$

式(7.119)～式(7.121)表示了几种特殊应力洛德角时渐近状态应力比 η 与应变约束路径 m 的关系。当 $\alpha=0$,$\theta=0$ 时,渐近状态应力比与 M_0、m 的关系还是式(7.119)。

当 $\alpha = 0$,$\theta = \frac{\pi}{6}$ 时,根据式(7.118)整理得

$$\eta = \frac{6\left(\frac{3M_0}{3+m}\right)}{\sqrt{\left(6+\frac{3M_0}{3+m}\right)^2 + 3\left(\frac{3M_0}{3+m}\right)^2}} \tag{7.122}$$

当 $\alpha = 0$,$\theta = \frac{\pi}{3}$ 时,根据式(7.118)整理得

$$\eta = \frac{3\left(\frac{3M_0}{3+m}\right)}{3+\frac{3M_0}{3+m}} \tag{7.123}$$

应力洛德角与渐近状态应力比的关系见图 7.22。其中的曲线①、曲线②和曲线③分别是根据式(7.119)、式(7.122)和式(7.123)绘出的 m-η 关系曲线,表示了应力洛德角对渐近状态应力比的影响。

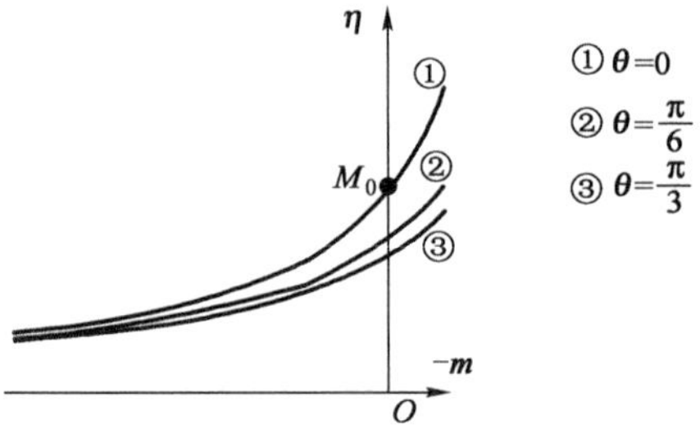

图 7.22 m-η 关系曲线

(3)土性参数 α 的影响

式(7.118)中土性参数 α 可由式(3.67)确定,即

$$\alpha = \frac{3(3+\sin\varphi_e)(\sin\varphi_e - \sin\varphi_c)}{2\sin^2\varphi_e(3-\sin\varphi_c)} \tag{7.124}$$

土的三维渐近状态准则根据土性参数 α 的不同,绘制的渐近状态线介于米赛斯准则与 SMP 准则之间。根据式(7.118),当土性参数 $\alpha = 1$ 时,得

$$\eta = \frac{3M_0}{3+m} \tag{7.125}$$

式(7.125)表明当材料参数 $\alpha = 1$ 时,应力比为常数在 π 平面上是一个圆。圆的半径由不排水应力比 M_0 和应变约束条件 m 确定,不同的应变路径 m 对应的圆半径不同。

当材料参数 $\alpha = 0$ 时,式(7.118)成为

$$\frac{6\eta}{\sqrt{\frac{108-9\eta^2-\cos3\theta\eta^3}{3-\cos3\theta\eta}}-\eta}=\frac{3M_0}{3+m} \tag{7.126}$$

这是考虑了土的渐近状态特性的 SMP 准则。在 π 平面上根据式(7.118)绘制的土的三维渐近状态准则图示见图 7.23。图中曲线①、曲线②和曲线③分别对应着不同的路径 m，而 m 相同，土性参数 α 不同，终值应力比 η 也不同。图 7.23 中分别绘制了两种情况，即 $\alpha=0$、$\alpha=0.5$ 时的土的三维渐近状态准则。

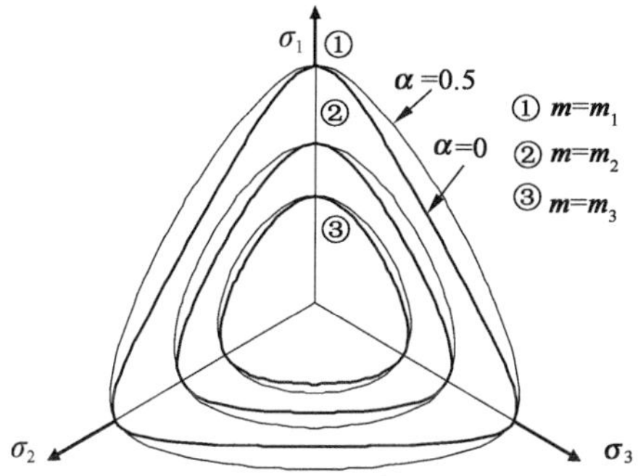

图 7.23　π 平面上土的渐近状态准则

7.9.3　试验验证

图 7.24 给出了饱和丰浦标准砂的真三轴排水试验、不排水试验的试验结果与预测的比较。试样平均粒径 0.2mm，相对密度 2.65，最大最小孔隙比分别为 0.95 和 0.58。图中实心圆点表示不排水试验在三轴压缩和三轴伸长条件下分别加荷至破坏的试验数据点。试验的应力路径为σ_m—196kPa，实心方点表示真三轴排水试验的试验数据点。图中粗实线和细线都是根据式(7.118)的预测线，其中细线是土性参数 $\alpha=0$ 的预测线，粗实线的土性参数为 $\alpha=0.26$。

基本参数取值：

①不排水三轴压缩的破坏应力比 M_0。根据不排水三轴压缩结果，破坏应力比 $\frac{\sigma_1}{\sigma_3}=3.82$，求得 $M_0=1.45$。

②土性参数 α。根据不排水三轴伸长的试验结果，破坏应力比 $\frac{\sigma_1}{\sigma_3}=4.4$，求得 $M_e=1.04$，根据不排水三轴压缩试验结果 $M_0=1.45$，分别求得 $\sin\varphi_c=0.585$，$\sin\varphi_e=0.63$，再由式(7.124)求得 $\alpha=0.26$。由图 7.24 亦可知，不排水的三轴伸长试验点位于 SMP 准则（$\alpha=0$）之上，所以求得的 $\varphi_e>\varphi_c$。

③应变增量比 m。由三轴压缩排水试验的结果可知峰值应力比所对应的应变

增量比为 $\frac{-\mathrm{d}\varepsilon_{\mathrm{oct}}}{\mathrm{d}\gamma_{\mathrm{oct}}}=0.097$,由应变增量比之间的关系 $\frac{\mathrm{d}\varepsilon_{\mathrm{v}}}{\mathrm{d}\varepsilon_{\mathrm{d}}}=3\sqrt{2}\frac{\mathrm{d}\varepsilon_{\mathrm{oct}}}{\mathrm{d}\gamma_{\mathrm{oct}}}$,求得$m=-0.41$。

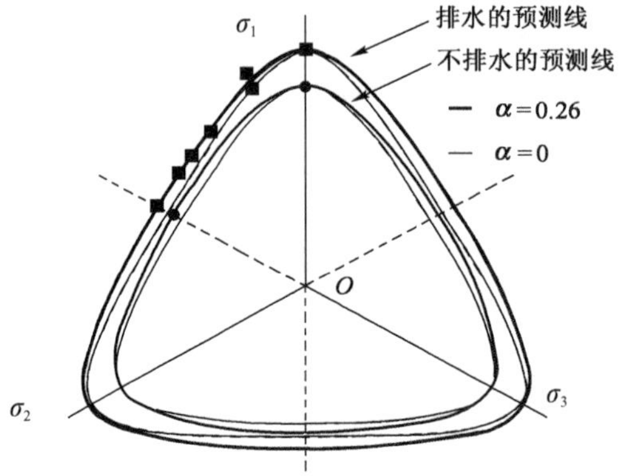

图 7.24　土的三维渐近状态准则的试验验证

根据以上土性参数,由式(7.118)分别绘出不排水试验和排水试验预测曲线。由预测和试验结果对比可知,土的三维渐近状态准则可以更好地反映试验情况。

7.10　本章小结

考虑到不同的约束条件下砂土具有不同的极限应力比,在统一硬化模型的基础上,采用耦合硬化和非耦合相结合的思路提出了一个新本构模型。该模型能够合理预测上述各种复杂应力路径下的应力应变规律,也包括合理预测各种路径下的极限应力比。

(1)建立本构模型

①在统一硬化模型的基础上,基于把硬化参量分解为耦合硬化参量和非耦合硬化参量的新思路,建立了渐近状态弹塑性本构模型。

②修正剑桥模型的剪胀方程是 $\frac{\mathrm{d}\varepsilon_{\mathrm{v}}^{\mathrm{p}}}{\mathrm{d}\varepsilon_{\mathrm{d}}^{\mathrm{p}}}=\frac{M^2-\eta^2}{2\eta}$,表明应力路径对 $\frac{\mathrm{d}\varepsilon_{\mathrm{v}}^{\mathrm{p}}}{\mathrm{d}\varepsilon_{\mathrm{d}}^{\mathrm{p}}}$-$\eta$ 关系无影响,渐近状态弹塑性本构模型的剪胀方程是 $\frac{\mathrm{d}\varepsilon_{\mathrm{v}}^{\mathrm{p}}}{\mathrm{d}\varepsilon_{\mathrm{d}}^{\mathrm{p}}}=\frac{M^2-\eta^2}{2\eta}+\frac{\mu c_{\mathrm{p}}\mathrm{d}p}{p\cdot\mathrm{d}\varepsilon_{\mathrm{d}}^{\mathrm{p}}}$,表明应力路径对 $\frac{\mathrm{d}\varepsilon_{\mathrm{v}}^{\mathrm{p}}}{\mathrm{d}\varepsilon_{\mathrm{d}}^{\mathrm{p}}}$-$\eta$ 关系有影响。新模型能合理描述应力路径(包括应变路径)对应

力应变特性的影响。

③根据侧限压缩条件推导出了静止土压力系数 K_0 与不排水抗剪强度 M_0 或不排水有效内摩擦角 φ'_{und} 之间的关系，并与常用的经验公式 $K_0=1-\sin\varphi$ 进行了对比，说明了其合理性。

(2)确定模型参数

模型参数为 λ、κ、ν、M_{f}、M，与统一硬化模型完全一致，比剑桥模型仅多了一个特征状态应力比 M，全部可通过常规三轴压缩试验简单确定。

①把不排水抗剪强度 M_0 表示为排水试验参数 M 和 M_{f} 的函数关系式，揭示了不排水抗剪强度 M_0、特征状态应力比 M 和峰值应力比 M_{f} 之间的关系。

②建立了耦合参数 μ 与 M_0、M 和 M_{f} 的关系式。

(3)试验验证

整理出试验室条件下不同应力路径的预测公式，对常用应力路径（$p=$ 常数、$\sigma_1=$ 常数、$\dfrac{\mathrm{d}\varepsilon_v}{\mathrm{d}\varepsilon_1}=n$）进行了预测、分析和比较，预测结果与试验符合较好。

(4)土的三维渐近状态准则

把渐近状态的概念与广义非线性强度准则相结合，建立了土的三维渐近状态准则，包含了复杂应力状态下，破坏时土的应力状态。该表达式中的简单应力条件下的试验是不排水三轴压缩试验、不排水三轴伸长试验。该准则可以考虑不同约束条件对终值应力比的影响，通过与试验结果对比可知，土的三维渐近状态准则能更好地反映试验规律。

第8章 超固结土的本构模型

土是一种具有复杂力学特性的地质历史产物，通常表现为不同程度的超固结性。超固结土与正常固结土相比具有较低的孔隙率，较高的强度，常常表现出剪胀和软化特性。在加载过程中，超固结土的密度逐渐趋近于相同应力水平下正常固结土的密度，这可视为超固结程度的减弱。建立能够反映超固结土特性且简单实用的本构关系在土力学中一直备受关注。尽管剑桥模型和其他许多模型能够较好地反映正常固结土的应力应变特性，但它们却不能很好地描述超固结土的强度和变形规律，因此，各国学者开展了许多卓有成效的研究工作。Wroth、Nadarajah 和 Amerasinghe 等对超固结土的力学特性进行了不懈探索并取得了突破性的研究成果。随后，Pender 在深入认识超固结土变形机理的基础上提出了超固结土本构模型，并将其推广到对 K_0 初始状态和往复荷载等复杂应力路径条件下土的应力应变性状分析。1986 年，美国学者 Dafalias 等开创性地提出的边界面模型为后来的工作开辟了崭新的研究思路；日本九州大学的 Hashiguchi 等提出了下加载屈服面的概念，并将其应用于金属材料和岩土材料的本构模型中。Asaoka 等将下加载面的概念与剑桥模型相结合，并提出了上加载面概念，以反映超固结土和结构性土的应力应变特性。Nakai 等将下加载屈服面的概念应用于 t_{ij} 模型，使之能够较好地描述超固结土的三维应力应变特性。在土力学理论中，伏斯列夫面(Hvorslev)是公认的确定超固结土强度的方法，但遗憾的是，它一直没有被合理地应用到超固结土的本构模型中。超固结土本构模型是基于当前屈服面(当前应力点所在的屈服面)和参考屈服面(参考应力点所在的剑桥模型屈服面)的动态关系以及与伏斯列夫面的变化有关的潜在强度的不同，来描述超固结土的硬化、软化、临界状态、剪缩、剪胀特性和不同应力路径对超固结土变形特性的影响。模型中的材料参数均具有明确的物理意义和简单的确定方法。和剑桥模型相比，该模型仅仅增加了伏斯列夫面切线斜率这一材料参数，并且该材料参数可通过常规三轴试验确定。

8.1 基于伏斯列夫面的超固结土本构模型

8.1.1 超固结土本构模型

(1)当前屈服面和参考屈服面

如图 8.1 所示，超固结土的当前屈服面为当前应力点 $A(p,q)$ 所在的屈服面，它与剑桥模型屈服面相似，采用 H 作为硬化参数。参考屈服面为参考应力点 $B(\bar{p},\bar{q})$ 所在的屈服面，它是以塑性体应变 ε_v^p 为硬化参数的剑桥模型屈服面。参考应力点 B 是与当前应力点 A 在等应力比条件下参考屈服面上的对应点，即 $\eta=\dfrac{q}{p}=\dfrac{\bar{q}}{\bar{p}}$。引入参考屈服面后，可借用当前屈服面与参考屈服面的关系来描述超固结程度，再用超固结参数 R 来反映超固结程度对当前屈服面中硬化参数 H 和峰值强度的影响。采用相关联流动法则，塑性势面即为屈服面，参考屈服面可表示为

$$\bar{f}=\ln\frac{\bar{p}}{\bar{p}_x}+\ln\left(1+\frac{\bar{q}^2}{M^2\bar{p}^2}\right)=0 \tag{8.1}$$

式中，$\bar{p}$ 为参考应力点上的平均主应力(Pa)；$\bar{q}$ 为该点上的广义剪应力(Pa)；M 为特征状态应力比；$\bar{p}_x$ 为参考屈服面与平均主应力 p 轴的交点。

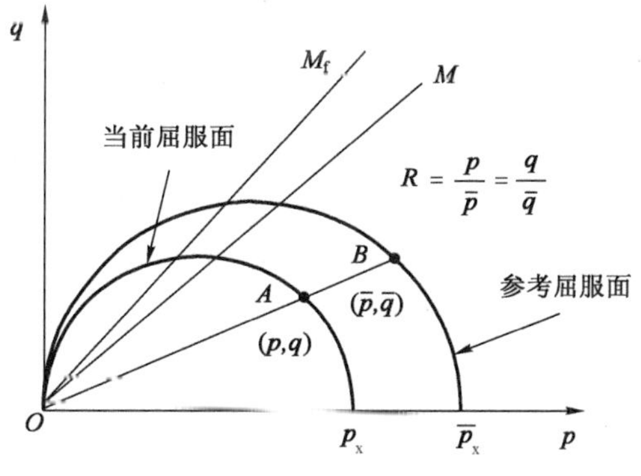

图 8.1 当前屈服面和参考屈服面

采用塑性体应变 ε_v^p 作为硬化参数，故参考屈服面可表示为

$$\bar{f}=\ln\frac{\bar{p}}{\bar{p}_{x0}}+\ln\left(1+\frac{\bar{q}^2}{M^2\bar{p}^2}\right)-\frac{1}{c_p}\varepsilon_v^p=0 \tag{8.2}$$

式中，$c_p=(\lambda-\kappa)/(1+e_0)$，$\lambda$ 为等向压缩线的斜率；κ 为等向回弹线的斜率；e_0 为

初始孔隙比；$\bar{p}_{x0}$ 为初始屈服面与 p 轴的交点，在等向条件下，其等于前期固结压力。

根据式(8.2)，可得参考应力点的平均主应力 $\bar{p}$ 为

$$\bar{p} = \bar{p}_{x0}\left(\frac{M^2}{M^2+\eta^2}\right)\exp\left(\frac{\varepsilon_v^p}{c_p}\right) \tag{8.3}$$

由于当前屈服面和参考屈服面几何相似，故当前屈服面函数可以相应的表示为

$$f = g = \ln\frac{p}{p_x} + \ln\left(1+\frac{q^2}{M^2p^2}\right) = 0 \tag{8.4}$$

$$f = \ln\frac{p}{p_{x0}} + \ln\left(1+\frac{q^2}{M^2p^2}\right) - \frac{1}{c_p}H = 0 \tag{8.5}$$

式中，p 为当前应力点上的平均主应力(Pa)；q 为该点上的广义剪应力(Pa)；p_{x0} 为当前屈服面与 p 轴的交点(Pa)；H 为当前屈服面硬化参数。

(2)超固结参数 R 及其演化规律

如图 8.1 所示，超固结参数 R 是指当前应力点上的平均主应力与参考应力点(参考面上等应力比条件下的对应点)上的平均主应力的比值，可表示为式(8-6)

$$R = \frac{p}{\bar{p}} = \frac{q}{\bar{q}} \tag{8.6}$$

将式(8.3)代入式(8.6)得

$$R = \frac{p}{\bar{p}_{x0}}\left(1+\frac{\eta^2}{M^2}\right)\exp\left(-\frac{\varepsilon_v^p}{c_p}\right) \tag{8.7}$$

式(8.7)表明 R 与当前应力水平 (p,η) 和塑性体应变 ε_v^p 相关。由于 ε_v^p 的大小与应力路径和应力历史有关，故表明超固结参数 R 除了与当前应力状态相关外，还与应力历史、应力路径相关。从图 8.2 的预测曲线(OCR=4，模型参数 $\lambda=0.09$，$\kappa=0.02$，M=1.36，ν=0.3，M_h=1.14，$e_0=0.768$)可以看出：加载初期，R 较小且增长较慢，说明超固结程度的减弱也较慢，峰值状态后，R 增长较快，超固结程度的减弱也随之加快，直至达到 $R=1$ 的临界状态。

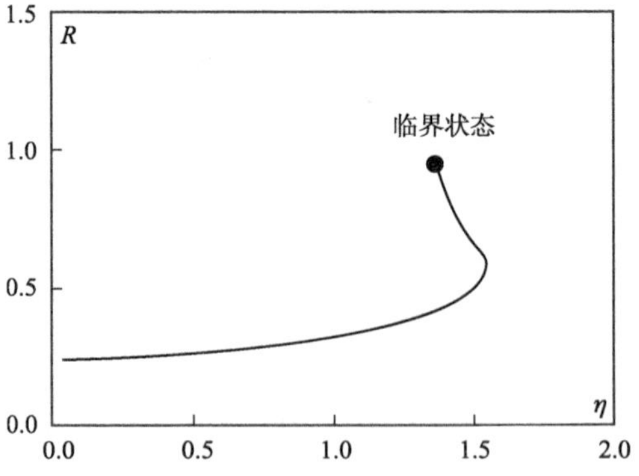

图 8.2　应力比 η 和超固结参数 R 的关系

(3)**潜在强度 M_f 及其变化规律**

潜在强度 M_f 是指当前密度和应力条件下土所具有的潜在抵抗破坏的能力，用应力比表示。土的潜在强度高于正常固结土的强度，它和超固结程度的大小相关，故可以表示为超固结参数 R 的函数。如图 8.3 所示，潜在强度 M_f 与当前应力点 $A(p,0)$ 相对应，并随着当前应力点、应力路径和伏斯列夫面位置的不同而改变，当 $\eta = M_f$ 时，它达到对应的峰值强度。对于不同的应力状态，伏斯列夫面在 q-p 轴上为一组斜率为 M_h 平行直线，该直线的位置由点 C 决定，点 C 为通过参考屈服面上平均主应力 $\bar{p}$ 的垂线与临界状态线的交点，a 为伏斯列夫线在 q 轴上的截距，q_f 为当前应力点在伏斯列夫面上的投影点所对应的剪应力，可以写成式(8.8)

$$q_f = M_h p + a = (M - M_h)(\bar{p} - p) + Mp \tag{8.8}$$

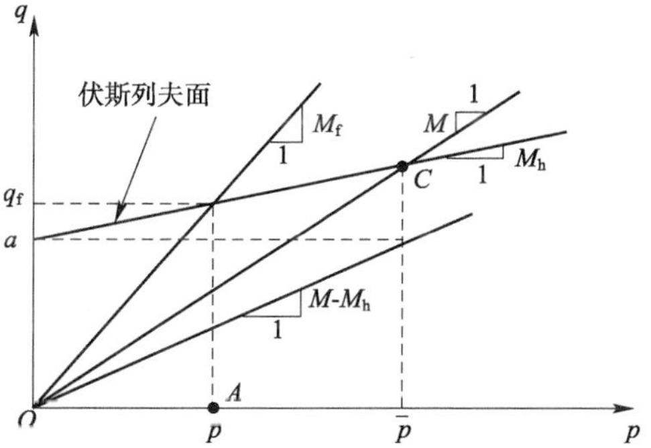

图 8.3 基于伏斯列夫面的潜在强度 M_f

从式(8.8)可得到潜在强度 M_f 的表达式

$$M_f = \frac{q_f}{p} = \left(\frac{1}{R} - 1\right)(M - M_h) + M \tag{8.9}$$

由式(8.9)可知，加载初期，R 值较小，M_f 远大于 M。随着 R 逐渐增加，M_f 也相应减小。图 8.4 的预测曲线所采用的超固结度、应力路径及材料参数同图 8.2。图 8.4a)也说明了 M_f 随 R 增大而逐渐减小的规律。图 8.4b)和 c)预测曲线表明，在整个应力状态变化过程中，$\eta = M_f$ 出现两次，即峰值状态和临界状态，见 45°线与曲线的两个交点。在峰值状态前，$\eta < M_f$，土处于硬化、稳定状态；当应力状态达到峰值状态后，η 略大于 M_f，土处于软化、非稳定状态，并随着 R 趋近于 1，M_f 也逐渐趋于 M；达到临界状态时，$R = 1$，$\eta = M_f = M$，这意味着超固结影响完全消失，超固结土变为正常固结土。

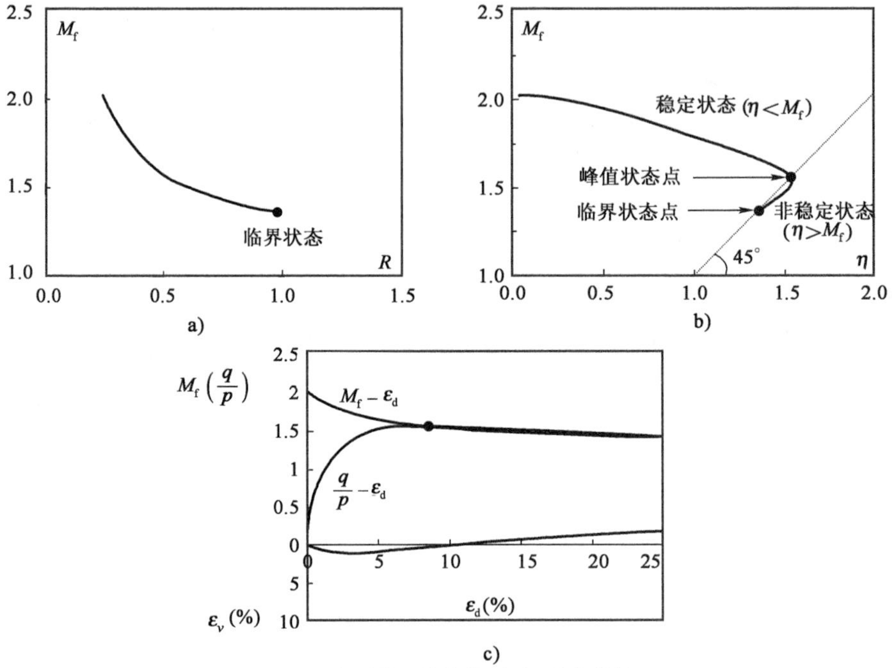

图 8.4　超固结土的参数、应力、应变曲线

a)潜在强度 M_f 和超固结参数 R 的关系；b)应力比和潜在强度 M_f 的关系；c)潜在强度 M_f 应力比 $\frac{q}{p}$、体应变 ε_v 和剪应变 ε_d 的关系

(4)统一硬化参数

硬化参数是联系应力项(屈服面)和应变项(体积应变和剪切应变)的桥梁和纽带。潜在强度是指土体潜在抵抗剪切破坏的能力，它和峰值强度密切相关。因此，要在本构模型中体现出硬化和软化特性，在硬化参数中必然需要含有反映潜在强度的参量。特征状态为塑性体应变由剪缩发展到剪胀的分界线，要在模型中体现出剪缩和剪胀特性，在硬化参数中也必然需要含有反映特征状态的参量。因此在构造反映应力路径的硬化参数时，必须引入与潜在强度 M_f 和特征状态应力比 M 相关的项。

根据超固结土的特性，姚仰平等建议采用与潜在强度 M_f 和特征状态应力比 M 有关的硬化参数 H，可表示为

$$H = \int dH = \int \frac{M_f^4 - \eta^4}{M^4 - \eta^4} d\varepsilon_v^p = \int \frac{1}{\Omega_1} d\varepsilon_v^p \tag{8.10}$$

其中

$$\Omega_1 = \frac{M^4 - \eta^4}{M_f^4 - \eta^4} \tag{8.11}$$

在硬化阶段，$\mathrm{d}H$ 为非负数，当前屈服面向外扩展，土处于稳定状态。从式(8.10)可以得到如下结论：① $\eta = 0$（等向压缩条件），对于正常固结土，$\mathrm{d}\varepsilon_v^p = \mathrm{d}H$，而对于超固结土，$\mathrm{d}\varepsilon_v^p = \frac{M^4}{M_f^4}\mathrm{d}H$，由于 $\frac{M^4}{M_f^4} < 1$，故能描述等向压缩条件下超固结土的变形小于正常固结土变形的现象。② $0 < \eta < M$（剪缩硬化阶段），$\mathrm{d}\varepsilon_v^p > 0$，参考屈服面向外扩展。③ $\eta = M$（特征状态），$\mathrm{d}\varepsilon_v^p = 0$，此为参考屈服面由向外扩展转为向内收缩的分界点。④ $M < \eta < M_f$（剪胀硬化阶段），$\mathrm{d}\varepsilon_v^p < 0$，参考屈服面向内收缩。

在软化阶段，$\mathrm{d}H < 0$，$\mathrm{d}\varepsilon_v^p < 0$，$\eta > M_f$，当前屈服面和参考屈服面均向内收缩，土处于非稳定状态，当达到临界状态时，$R = 1$，$\eta = M = M_f$，$\mathrm{d}\varepsilon_v^p = \mathrm{d}H = 0$。

(5)超固结参数 R、潜在强度 M_f 和硬化参数 H 的相互关系

图 8.5 表明了超固结参数 R、潜在强度 M_f 与硬化参数 $H(\varepsilon_v^p)$ 之间的相互关系。由于不同超固结程度的土具有不同的潜在强度，所以超固结参数 R 决定潜在强度 M_f 的大小。在硬化参数 $H(\varepsilon_v^p)$ 中也包含了潜在强度 M_f，故 M_f 的变化直接对硬化参数 $H(\varepsilon_v^p)$ 产生影响。同时，由于硬化参数的发展所引起的塑性体积应变又影响了两个屈服面的状态和相对位置，反过来又影响了超固结参数 R 的演化规律。因此，在超固结参数 R、潜在强度 M_f 与硬化参数 $H(\varepsilon_v^p)$ 之间形成了一种动态循环的关系，相互影响，相互制约，即通过潜在强度 M_f 在硬化参数 $H(\varepsilon_v^p)$ 和超固结参数 R 之间建立了联系。

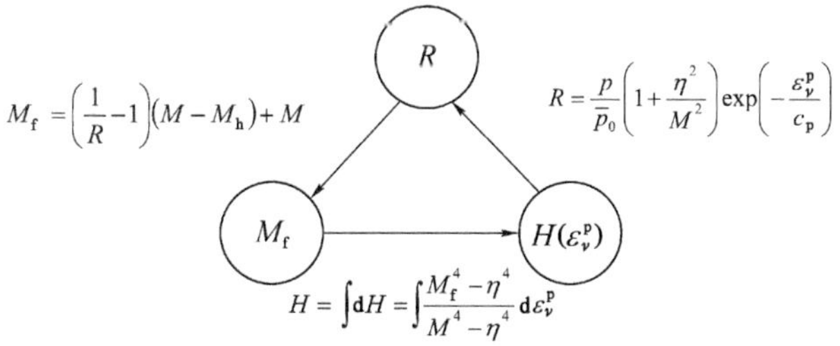

8.5　超固结参数 R、潜在强度 M_f 与硬化参数 H 之间的相互关系

8.1.2　当前屈服面、参考屈服面和潜在强度 M_f 的演化规律

当前屈服面、参考屈服面之间的关系决定超固结参数 R 的变化，进而影响了潜在强度 M_f 的演化，三者在不同应力状态阶段的变化反映了超固结土的应力应变特性，因而有必要对它们在整个应力状态过程中的变化规律进行讨论。现以平均主应力 p 为常数的三轴压缩条件为例来分析不同应力状态下当前屈服面、参考屈服

面和潜在强度 M_f 的演化规律(以下均在变换应力空间进行分析)。

(1)初始状态($\tilde{\eta}=0$)

超固结土对应于从前期固结压力点 B_0(平均主应力为 $\bar{p}_0$)回弹到当前应力点 A_0(平均主应力为 p_0)的应力状态,此时,超固结参数 $\tilde{R}=\dfrac{p_0}{\tilde{p}_0}$,初始状态为 $p=p_0$、$\tilde{\eta}=0$。在图8.6a)中,点 A_0 为当前应力点,点 B_0 为参考应力点,点 C_0 为参考应力点 B_0 在临界状态线上的投影点,伏斯列夫面为通过点 C_0、斜率为 M_h 的平面,点 D_0 为当前应力点 A_0 在伏斯列夫面上的投影,潜在强度等于通过原点 O 与点 D_0 直线的斜率。在 π 平面上,见图8.6b),由于初始状态塑性体积应变为0,故当前屈服面和真实屈服面重合于原点。

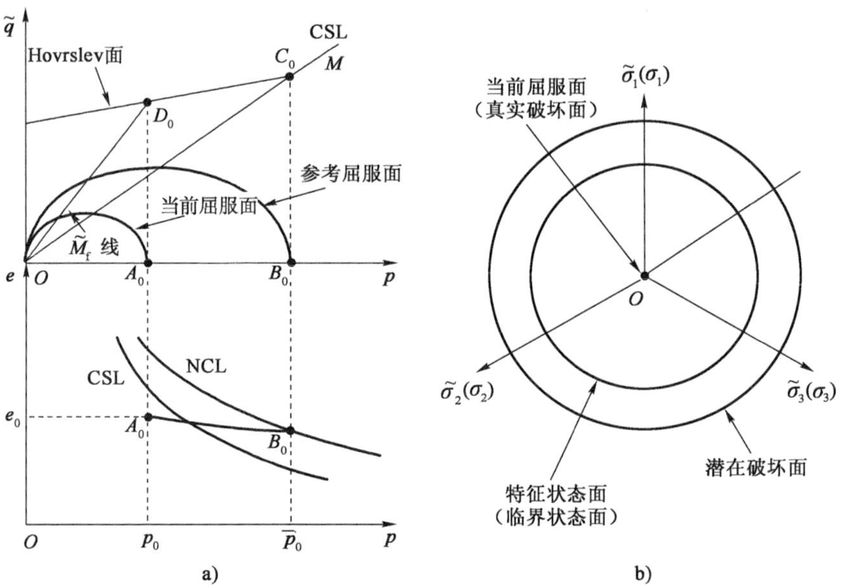

图8.6 初始状态的屈服面

a) $\tilde{q}$-e-p 面;b) $\tilde{\pi}$(π)平面

(2)剪缩硬化阶段($0<\tilde{\eta}<M$)

随着应力状态的变化,应力比 $\tilde{\eta}$ 增加,孔隙比减小,该阶段为剪缩硬化阶段,土处于稳定状态,如图8.7a)所示。由于 $d\widetilde{H}>0$,$d\varepsilon_v^p>0$,当前屈服面和参考屈服面均向外扩展,点 A_1 追赶点 B_1,$\tilde{R}$ 增大。因为 $0<\tilde{\eta}<M$,$\bar{p}<\bar{p}_0$,点 C_1 高于点 B_1,和初始状态相比,由它决定的伏斯列夫面向下发生移动。由于平均主应力 p 为常数,位于伏斯列夫面上点 D_1 也向下移动导致潜在强度 M_f 变小,参考应力点 B_1

向下移动并位于正常固结线 NCL 和临界状态线 CSL 之间，点 E_1 为当前应力点在正常固结线 NCL 上的对应点，它是参考屈服面与 p 轴的交点。在 π 平面上，如图 8.7b)所示，当前屈服面和参考屈服面均向外扩展，由于 $0<\tilde{\eta}<M<\widetilde{M}_f$，当前屈服面小于特征状态面(临界状态面)，而潜在破坏面大于特征状态面(临界状态面)。

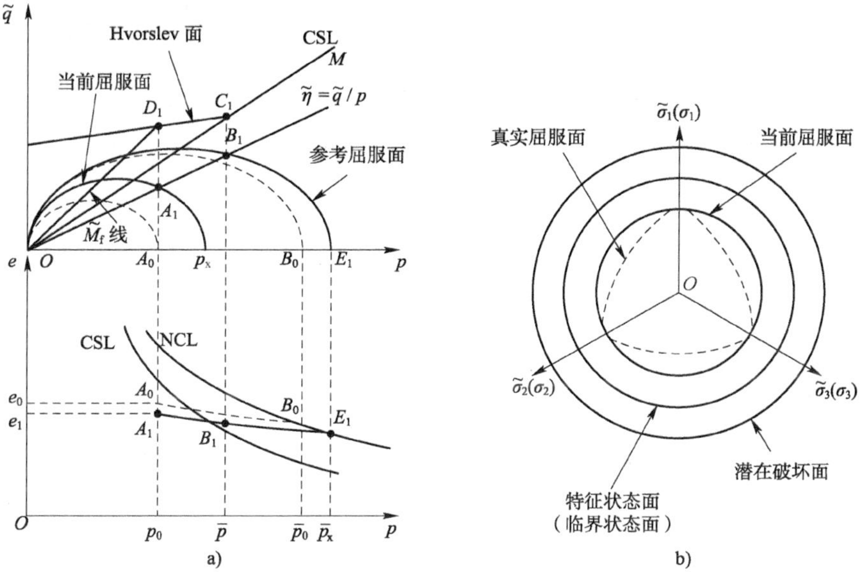

图 8.7 剪缩硬化状态的屈服面

a) $\tilde{q}$-e-p 面；b) $\tilde{\pi}$ (π) 平面

(3)特征状态($\tilde{\eta}=M$)

在特征状态下，$\tilde{\eta}=M$、$d\varepsilon_v^p=0$，见图 8.8a)。参考应力点 B_2 和它在特征状态线上的投影点 C_2 重合。与剪缩硬化阶段相比，点 D_2 随着伏斯列夫面继续向下移动，潜在强度 $\widetilde{M}_f$ 继续减小，参考应力点 B_2 位于特征状态线(同临界状态线 CSL)上，该阶段为由剪缩变为剪胀的分界线，参考屈服面将开始由向外扩展转为向内收缩，此时的孔隙比为最小。在 π 平面上，如图 8.8b)所示，由于 $0<\tilde{\eta}=M<\widetilde{M}_f$，当前屈服面与特征状态面(临界状态面)重合，潜在破坏面大于特征状态面。

(4)剪胀硬化阶段($M<\tilde{\eta}<\widetilde{M}_f$)

随着应力比 $\tilde{\eta}$ 继续增加，土开始剪胀，孔隙比增大，表现为剪胀硬化特性，但土仍然处于稳定状态，见图 8.9a)。由于 $d\widetilde{H}>0$，$d\varepsilon_v^p<0$，当前屈服面继续向外扩展，而参考屈服面向内收缩，点 A_3 更接近点 B_3，R 快速增大，点 D_3 随着伏斯列夫面继续向下移动，潜在强度 $\widetilde{M}_f$ 减小。由于 $\tilde{\eta}>M$，参考应力点 B_3 高于它在特征状态线上的投影点 C_3。和特征状态相比，参考应力点 B_3 向上移动并移到特征状态线(临界状态线

CSL)左面,正常固结线上的点 E_3 也随着向上移动。在 π 平面上,如图 8.9b)所示,由于 $0<M<\tilde{\eta}<\widetilde{M}_f$,当前屈服面大于特征状态面(临界状态面),但小于潜在破坏面。

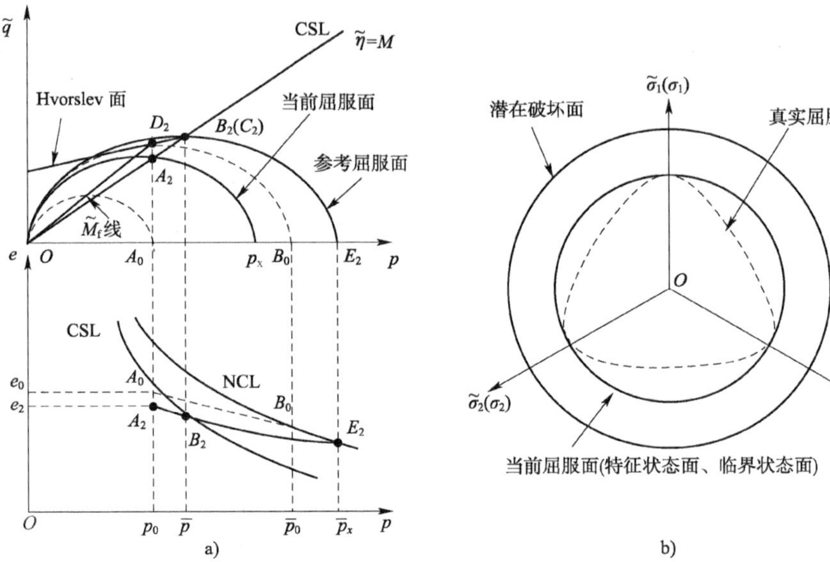

图 8.8 特征状态的屈服面

a) $\tilde{q}$-e-p 面;b)$\tilde{\pi}$(π)平面

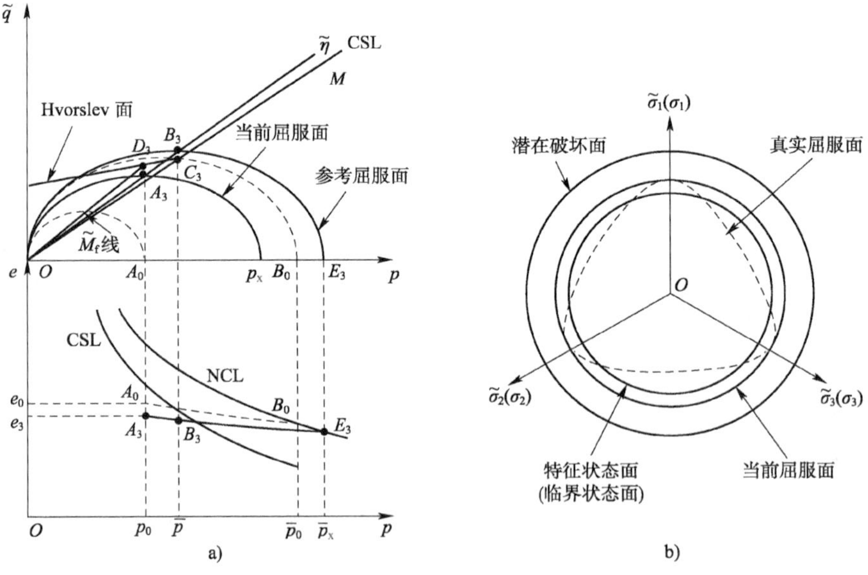

图 8.9 剪胀硬化阶段的屈服面

a) $\tilde{q}$-e-p 面;b)$\tilde{\pi}$(π)平面

(5)峰值状态($\tilde{\eta}=\widetilde{M}_f$)

在峰值状态下，$\tilde{\eta}=\widetilde{M}_f$，$d\widetilde{H}=0$，如图 8.10a)所示。当前应力点 A_4 和它在伏斯列夫面上的投影点 D_4 重合，伏斯列夫面通过点 A_4、点 D_4 和点 C_4，同时，点 A_4、点 D_4 和点 B_4 均位于 $\tilde{\eta}=\widetilde{M}_f$ 线上。由于 $\tilde{\eta}>M$，参考应力点 B_4 高于它在特征状态线上的投影点 C_4 且位于峰值状态线($\tilde{\eta}=\widetilde{M}_f$)上，此为硬化和软化的分界线。当前屈服面由向外扩展转为向内收缩，$\tilde{\eta}$ 由增大开始减小，土开始由稳定状态转向非稳定状态。在 π 平面上，如图 8.10b)所示，此时的潜在破坏面为峰值强度面。由于 $0<M<\tilde{\eta}=\widetilde{M}_f$，当前屈服面与峰值强度面重合，且大于特征状态面(临界状态面)。

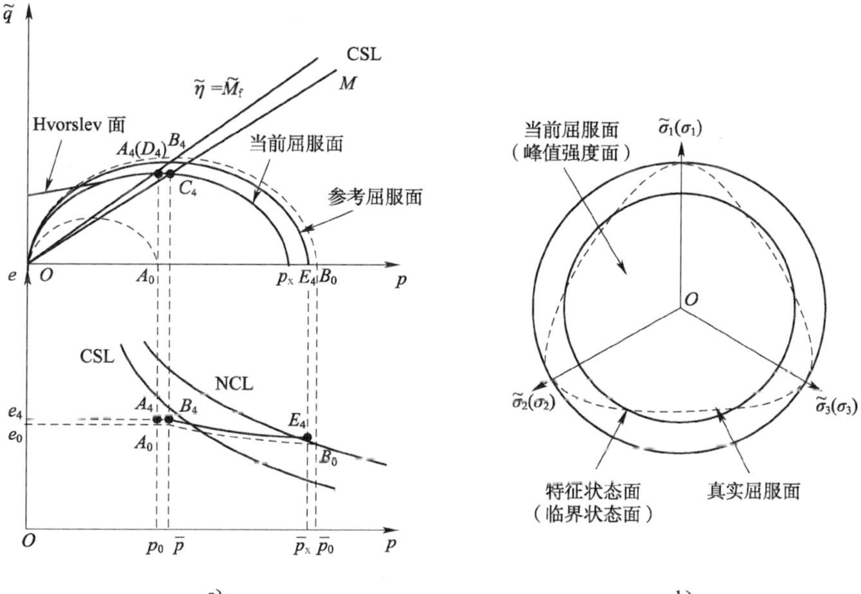

图 8.10 峰值状态的屈服面

a) $\tilde{q}$-e-p 面；b) $\tilde{\pi}$ (π) 平面

(6)临界状态($\tilde{\eta}=M$)

峰值状态后，土处于软化非稳定阶段，见图 8.11a)。由于 $d\widetilde{H}<0$，$d\varepsilon_v^p<0$，当前屈服面和参考屈服面均向内收缩，点 A_5 以更快的速度接近于点 B_5，$\widetilde{R}$ 继续增加并趋近于 1，$\tilde{\eta}$ 略大于 $\widetilde{M}_f$ 并一同减小趋于 M；当达到了临界状态时，$\tilde{\eta}=\widetilde{M}_f=M$，$\widetilde{R}=1$，点 A_5、点 B_5、点 C_5 和点 D_5 重合于临界状态线($\tilde{\eta}=M$)和伏斯列夫面的交点，此时的孔隙比为最大。在 π 平面上，如图 8.11b)所示，由于 $0<\tilde{\eta}=M=\widetilde{M}_f$，当前屈服面、峰值强度面、临界状态面重合。

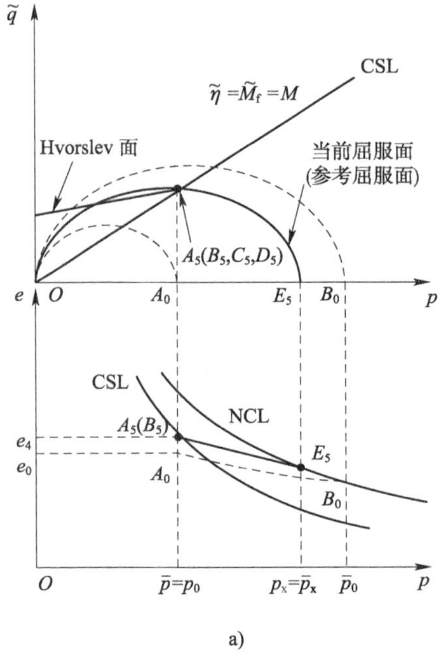

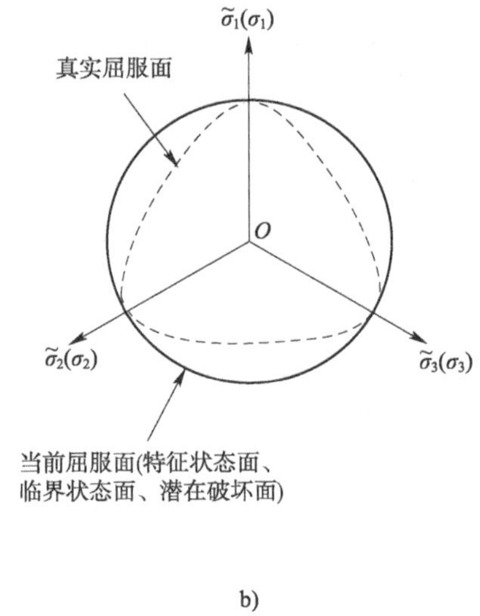

图 8.11 临界状态的屈服面

a) $\tilde{q}$ -e-p 面；b) $\tilde{\pi}(\pi)$平面

8.1.3 三维超固结土弹塑性模型

总应变增量 $d\varepsilon_{ij}$ 为弹性应变增量 $d\varepsilon_{ij}^{e}$ 和塑性应变增量 $d\varepsilon_{ij}^{p}$ 之和，其表达式如下

$$d\varepsilon_{ij} = d\varepsilon_{ij}^{e} + d\varepsilon_{ij}^{p} \tag{8.12}$$

(1)弹性应变增量

根据广义胡克定律求得弹性应变增量如下

$$d\varepsilon_{ij}^{e} = \frac{1+\nu}{E}d\sigma_{ij} - \frac{\nu}{E}d\sigma_{mm}\delta_{ij} \tag{8.13}$$

式中，弹性模量为 $E = \dfrac{3(1-2\nu)(1+e_0)p}{\kappa}$。

(2)塑性应变增量

在变换应力空间采用相关联流动法则，其屈服面函数和塑性势面函数可统一

表示为

$$f = g = \ln\frac{\tilde{p}}{\tilde{p}_{x0}} + \ln\left(1 + \frac{\tilde{q}^2}{M^2\tilde{p}^2}\right) - \frac{1}{c_p}\widetilde{H} = 0 \tag{8.14}$$

式中，$\tilde{p}$ 为变换应力空间当前应力点的平均主应力(Pa)；$\tilde{p}_{x0}$ 为变换应力空间初始应力点的平均主应力(Pa)，并且满足式(8.15)

$$\left.\begin{aligned}
\widetilde{H} &= \int d\widetilde{H} = \int \frac{\widetilde{M}_f^4 - \tilde{\eta}^4}{M^4 - \tilde{\eta}^4} d\varepsilon_v^p = \int \frac{1}{\tilde{\Omega}_1} d\varepsilon_v^p \\
\widetilde{M}_f &= \left(\frac{1}{\tilde{R}} - 1\right)(M - M_h) + M \\
\tilde{R} &= \frac{\tilde{p}}{\tilde{\tilde{p}}_{x0}}\left(1 + \frac{\tilde{\eta}^2}{M^2}\right)\exp\left(-\frac{\varepsilon_v^p}{c_p}\right) \\
\tilde{\Omega}_1 &= \frac{M^4 - \tilde{\eta}^4}{\widetilde{M}_f^4 - \tilde{\eta}^4}
\end{aligned}\right\} \tag{8.15}$$

根据流动法则，塑性应变增量为

$$d\varepsilon_{ij}^p = \Lambda\frac{\partial f}{\partial\tilde{\sigma}_{ij}} \tag{8.16}$$

由式(8.14)～式(8.16)可得

$$\Lambda = \tilde{\Omega}_1 c_p\left(d\tilde{p} + \frac{2\tilde{p}\tilde{q}}{M^2\tilde{p}^2 - \tilde{q}^2}d\tilde{q}\right) \tag{8.17}$$

(3)超固结土的弹塑性本构张量

根据广义胡克定律，应力增量和弹性应变增量的关系为

$$d\sigma_{ij} = C_{ijkl}^e d\varepsilon_{kl}^e = C_{ijkl}^e(d\varepsilon_{kl} - d\varepsilon_{kl}^p) \tag{8.18}$$

式中，弹性刚度矩阵 C_{ijkl}^e 为式(5.86)，还可写为

$$C_{ijkl}^e = L\delta_{ij}\delta_{kl} + G(\delta_{ik}\delta_{jl} + \delta_{il}\delta_{jk}) \tag{8.19}$$

其中，G 和 L 为拉梅常数

$$\left.\begin{aligned}
G &= \frac{E}{2(1+\nu)} = \frac{3(1-2\nu)(1+e_0)}{2(1+\nu)\kappa}p \\
L &= \frac{E}{3(1-2\nu)} - \frac{2}{3}G = \frac{1+e_0}{\kappa}p - \frac{2}{3}G
\end{aligned}\right\} \tag{8.20}$$

根据式(8.14)，屈服函数可写为

$$f = f_2(\tilde{\sigma}_{ij}) - \widetilde{H} = 0 \tag{8.21}$$

将式(8.21)微分并联立式(8.16)得

$$\Lambda=\frac{\dfrac{\partial f}{\partial\sigma_{ij}}C_{ijkl}^{\mathrm{e}}\,\mathrm{d}\varepsilon_{kl}}{X}\tag{8.22}$$

其中,X 为

$$X=\frac{\partial f}{\partial\sigma_{ij}}C_{ijkl}^{\mathrm{e}}\frac{\partial f}{\partial\tilde{\sigma}_{kl}}+\frac{1}{\tilde{\Omega}_1}\frac{\partial f}{\partial\tilde{\sigma}_{mm}}\tag{8.23}$$

将式(8.22)和式(8.16)代入式(8.18)得

$$\mathrm{d}\sigma_{ij}=C_{ijkl}^{\mathrm{ep}}\,\mathrm{d}\varepsilon_{kl}\tag{8.24}$$

式中,弹塑性刚度矩阵 C_{ijkl}^{ep} 为

$$C_{ijkl}^{\mathrm{ep}}=C_{ijkl}^{\mathrm{e}}-\frac{C_{ijmn}^{\mathrm{e}}\dfrac{\partial f}{\partial\tilde{\sigma}_{mn}}\dfrac{\partial f}{\partial\sigma_{st}}C_{stkl}^{\mathrm{e}}}{X}\tag{8.25}$$

将式(8.19)代入式(8.25)得

$$C_{ijkl}=L\delta_{ij}\delta_{kl}+G(\delta_{ik}\delta_{jl}+\delta_{il}\delta_{jk})-\frac{\left(L\dfrac{\partial f}{\partial\tilde{\sigma}_{mm}}\delta_{ij}+2G\dfrac{\partial f}{\partial\tilde{\sigma}_{ij}}\right)\left(L\dfrac{\partial f}{\partial\sigma_{nn}}\delta_{kl}+2G\dfrac{\partial f}{\partial\sigma_{kl}}\right)}{X}\tag{8.26}$$

将式(8.19)代入式(8.23)得

$$X=L\frac{\partial f}{\partial\sigma_{ii}}\frac{\partial f}{\partial\sigma_{kk}}+2G\frac{\partial f}{\partial\sigma_{ij}}\frac{\partial f}{\partial\sigma_{ij}}+\frac{1}{\tilde{\Omega}_1}\frac{\partial f}{\partial\sigma_{mm}}\tag{8.27}$$

式中

$$\left.\begin{aligned}&\frac{\partial f}{\partial\sigma_{ij}}=\frac{c_{\mathrm{p}}}{M^2\tilde{p}^2+\tilde{q}^2}\left[\frac{M^2\tilde{p}^2-\tilde{q}^2}{3\tilde{p}}\delta_{ij}+3(\tilde{\sigma}_{ij}-\tilde{p}\delta_{ij})\right]\\&\frac{\partial f}{\partial\sigma_{ij}}=\frac{\partial f}{\partial\tilde{p}}\frac{\partial\tilde{p}}{\partial\sigma_{ij}}+\frac{\partial f}{\partial\tilde{q}}\frac{\partial\tilde{q}}{\partial\sigma_{ij}}=\frac{1}{3}\frac{\partial f}{\partial\tilde{p}}\delta_{ij}+\frac{\partial f}{\partial\tilde{q}}\frac{\partial q_{\mathrm{c}}}{\partial\sigma_{ij}}\\&\frac{\partial q_{\mathrm{c}}}{\partial\sigma_{ij}}=\sum_{m=1}^{3}\frac{\partial q_{\mathrm{c}}}{\partial I_m}\frac{\partial I_m}{\partial\sigma_{ij}}\end{aligned}\right\}\tag{8.28}$$

8.1.4 超固结土模型与修正剑桥模型对比

通过超固结土模型与修正剑桥模型的比较,见表 8.1,可以得到如下结论:

(1)超固结土模型是在三维变换应力空间来描述土的应力应变特性;修正剑桥模型是在二维应力空间(p-q)来描述土的变形特性。

(2)超固结土模型采用两个屈服面(参考屈服面和当前屈服面)来描述超固结土的变形特性,对于正常固结土,超固结土模型能够退化为修正剑桥模型;修正剑桥模型只有一个屈服面,仅能反映正常固结土和弱超固结土应力应变性状。

(3)超固结土模型采用与潜在强度 M_f、特征状态应力比 M 和应力比 η 有关的硬化参数 H 来反映超固结土的剪缩、剪胀、硬化和软化特性;修正剑桥模型以塑性体积应变 ε_v^p 作为硬化参数,它不能反映土的剪胀和软化特性。

(4)与修正剑桥模型相比,除了参数 φ、λ、κ、ν、e_0 以外,超固结土模型仅仅增加一个材料参数 M_h。

超固结土模型与修正剑桥模型的比较 表 8.1

		超固结土模型	修正剑桥模型
破坏条件		$\frac{\tilde q}{\tilde p}=M$	$\frac{q}{p}=M$
剪胀方程		$\frac{d\varepsilon_v^p}{d\varepsilon_d^p}=\frac{M^2\tilde p^2-\tilde q^2}{2\tilde p\tilde q}$	$\frac{d\varepsilon_v^p}{d\varepsilon_d^p}=\frac{M^2p^2-q^2}{2pq}$
正交条件		$\frac{d\tilde q}{d\tilde p}\frac{d\varepsilon_v^p}{d\varepsilon_d^p}=-1$	$\frac{dq}{dp}\frac{d\varepsilon_v^p}{d\varepsilon_d^p}=-1$
屈服面	参考屈服面	$\bar f=\ln\frac{\bar{\tilde p}}{\tilde p_{x0}}+\ln\left(1+\frac{\bar{\tilde q}^2}{M^2\bar{\tilde p}^2}\right)-\frac{1}{c_p}\varepsilon_v^p=0$	$f=\ln\frac{p}{p_0}+\ln\left(1+\frac{q^2}{M^2p^2}\right)-\frac{1}{c_p}\varepsilon_v^p=0$
	当前屈服面	$f=\ln\frac{\tilde p}{\tilde p_0}+\ln\left(1+\frac{\tilde q^2}{M^2\tilde p^2}\right)-\frac{1}{c_p}\tilde H=0$	
硬化参数		$\tilde H=\int d\tilde H=\int\frac{1}{\tilde\Omega_1}d\varepsilon_v^p=\int\frac{\tilde M_f^4-\tilde\eta^4}{M^4-\tilde\eta^4}d\varepsilon_v^p$	ε_v^p
塑性应变增量		$d\varepsilon_{ij}^p=\Lambda\frac{\partial f}{\partial\tilde\sigma_{ij}}$	$d\varepsilon_{ij}^p=\Lambda\frac{\partial f}{\partial\sigma_{ij}}$
塑性因子		$\Lambda=\tilde\Omega_1c_p\left(d\tilde p+\frac{2\tilde p\tilde q}{M^2\tilde p^2-\tilde q^2}d\tilde q\right)$	$\Lambda=c_p\left(dp+\frac{2pq}{M^2p^2-q^2}dq\right)$
潜在强度		$\tilde M_f=\left(\frac{1}{\tilde R}-1\right)(M-M_h)+M$	
超固结参数		$\tilde R=\frac{\tilde p}{\tilde p_{x0}}\left(1+\frac{\tilde\eta^2}{M^2}\right)\exp\left(-\frac{\varepsilon_v^p}{c_p}\right)$	
应力偏导数		$\frac{\partial f}{\partial\tilde\sigma_{ij}}=\frac{1}{(M^2\tilde p^2+\tilde q^2)}\left[\frac{1}{3}\frac{M^2\tilde p^2-\tilde q^2}{\tilde p}\delta_{ij}+3(\tilde\sigma_{ij}-\tilde p\delta_{ij})\right]$	$\frac{\partial f}{\partial\sigma_{ij}}=\frac{1}{M^2p^2+q^2}\left[\frac{1}{3}\frac{M^2p^2-q^2}{p}\delta_{ij}+3(\sigma_{ij}-p\delta_{ij})\right]$
模型参数		φ、λ、κ、ν、e_0、M_h	φ、λ、κ、ν、e_0

8.1.5 超固结土模型的特性

在超固结土模型中,通过将潜在强度 M_f、特征应力比 M 和应力比 η 引入到模型的统一硬化参数中,使模型能够描述土的剪缩、剪胀、硬化、软化和应力路径依赖性等特性。同时,采用模型预测分析了不同超固结度的土在等向压缩条件、三轴排水和三轴不排水条件下不同的应力应变特性。

(1)应力路径依赖性

为了描述超固结土的塑性体积应变 ε_v^p 、超固结参数 R 以及潜在强度 M_f 的应力路径相关性特性,采用图 8.12(路径 DF 低于特征状态线)和图 8.13(路径 DF 高于特征状态线)两种类型的路径来说明。

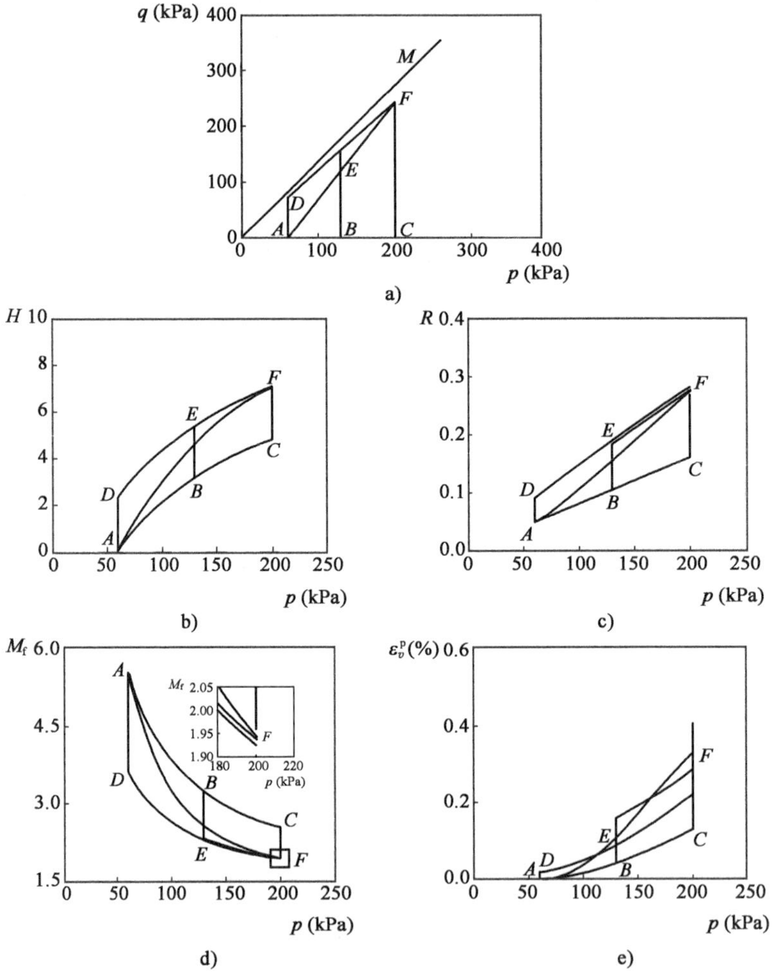

图 8.12 硬化参数 H(超固结参数 R /潜在强度 M_f /塑性体积应变 ε_v^p)与平均主应力 p 的关系

a)应力路径;b)硬化参数 H 与平均主应力 p 的关系;c)超固结参数 R 与平均主应力 p 的关系;d)潜在强度 M_f 与平均主应力 p 的关系;e)塑性体积应变 ε_v^p 与平均主应力 p 的关系

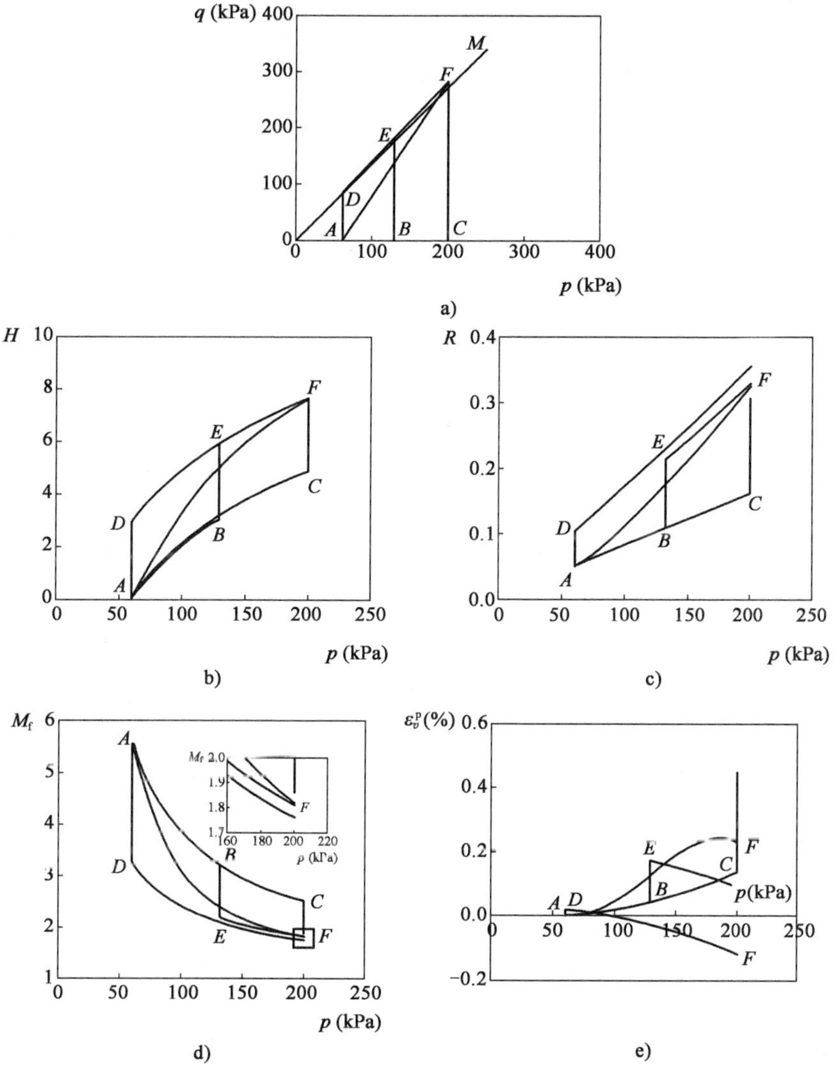

图 8.13 硬化参数 H（超固结参数 R /潜在强度 M_f /塑性体积应变 ε_v^p ）与平均主应力 p 的关系

a)应力路径；b)硬化参数 H 与平均主应力 p 的关系；c)超固结参数 R 与平均主应力 p 的关系；d)潜在强度 M_f 与平均主应力 p 的关系；e)塑性体积应变 ε_v^p 与平均主应力 p 的关系

如图 8.12a)所示，采用三轴压缩试验从同一点 A 出发，沿着四条不同的路径($\overrightarrow{ADF}$、$\overrightarrow{AF}$、$\overrightarrow{ABEF}$ 和 $\overrightarrow{ACF}$)到达同一点 F 。图 8.12b)～e)分别给出了硬化参数 H 、超固结参数 R 、潜在强度 M_f 、塑性体积应变 ε_v^p 与平均主应力 p 的关系曲线。由图 8.12b)可见，虽然沿着四条不同的应力路径，硬化参数 H 能够回到同一点 F ，表明硬化参数 H 与应力路径无关,这正符合了弹塑性模型的硬化参量必须与应力路径无关的条件。从图 8.12c)~e)可以看出,当沿着不同的路径分别加荷至点 F 时,超固结参数 R 、潜在强度 M_f 和塑性体积应变 ε_v^p 的值均不同,说明三者除了与加载终点的应力状态有关外,应力路径的影响也非常大,它们具有很强的应力路径相关性。

以特殊路径 $\overrightarrow{AD}$、$\overrightarrow{BE}$ 和 $\overrightarrow{CF}$ 为例来分析,三种路径所对应的平均主应力 p 不相同,但三个起始点 A 、点 B 、点 C 以及三个终点 D 、点 E 、点 F 对应着相同的应力比。由于它们的初始超固结程度不同(点 A 、点 B 、点 C 的超固结参数 R 依次增大,即超固结程度依次减小),故它们的初始孔隙比和剪切模量也不同。点 C 所对应的初始孔隙比最大,剪切模量最小,且该点的平均主应力 p 最大,所以路径 CF 所产生的塑性变形最大,同理,路径 $\overrightarrow{BE}$、$\overrightarrow{AD}$ 所对应的塑性变形依次减小。由于超固结参数 R 为应力状态与塑性应变的函数,点 C 所对应的平均主应力 p 最大,路径 $\overrightarrow{CF}$ 所产生的塑性变形也最大,故导致路径 $\overrightarrow{CF}$ 所对应的超固结参数 R 增加的最多。根据式(8.9),潜在强度 M_f 为超固结参数 R 的反比例函数,由于路径 $\overrightarrow{CF}$、$\overrightarrow{BE}$ 和 $\overrightarrow{AD}$ 所产生的超固结参数 R 增量依次增大,故路径 $\overrightarrow{CF}$、$\overrightarrow{BE}$ 和 $\overrightarrow{AD}$ 所对应的潜在强度 M_f 增量依次减小,而硬化参数 H 在这三种路径中的增量基本相同。

路径 $\overrightarrow{ABC}$ 和 $\overrightarrow{DEF}$ 所对应的平均主应力 p 的变化相同,而应力比 η 不同。点 D 处的超固结参数 R 大于点 A 处的超固结参数 R ,故点 D 所对应土的孔隙比较大,土较软,同时,由于点 D 处的应力比 η 也较大,因此路径 $\overrightarrow{DEF}$ 将产生较大的塑性变形。由于超固结参数 R 为应力状态与塑性应变的函数,路径 $\overrightarrow{DEF}$ 所对应的应力比 η 和塑性变形较大,故该路径的超固结参数 R 增加得较多。根据超固结参数 R 与潜在强度 M_f 的反比例关系也可推知路径 $\overrightarrow{DEF}$ 的潜在强度 M_f 的变化最小,而硬化参数 H 在这两种路径中的增量基本相同。

由于超固结土模型具有较好描述土体剪胀特性的功能,故采用图 8.13 中的四种路径进行分析。与图 8.12 不同的是路径 $\overrightarrow{DEF}$ 所对应的应力比大于特征状态应力比。由图 8.13 可见,硬化参数 H 具有应力路径无关性的特点,而超固结参数 R 、潜在强度 M_f 和塑性体积应变 ε_v^p 与应力路径相关。

在图 8.13e)的塑性体积应变 ε_v^p 与平均主应力 p 的关系曲线中,由于点 D 、点 E 、点 F 处的应力比 η 略大于特征状态应力比,其对塑性体积应变 ε_v^p 影响较小,故路径 $\overrightarrow{AD}$、$\overrightarrow{BE}$ 和 $\overrightarrow{CF}$ 的变化规律与图 8.12 基本相同。而路径 $\overrightarrow{DEF}$ 位于特征状态线以上,故沿着该路径加载时会出现负的塑性体积应变,而路径 $\overrightarrow{ABC}$ 位于特征状态线以下,所以它所对应的塑性体积应变均大于 0。根据式(8.7),超固结参数 R 为塑性体积应变 ε_v^p 的指数函数,在等应力状态条件下,它随着塑性体积应变单调增加，塑性体积应变 ε_v^p 的正负号对它的变化规律不会产生影响，故在路径 $\overrightarrow{AD}$、$\overrightarrow{BE}$ 和 $\overrightarrow{CF}$ 以及路径 $\overrightarrow{ABC}$ 和 $\overrightarrow{DEF}$ 中，超固结参数 R 和潜在强度 M_f 的变化规律与图 8.12 相同，而硬化参数 H 仍然与应力路径无关。

以上分析表明，应力状态对超固结参数 R 、潜在强度 M_f 和塑性体积应变 ε_v^p 均产生影响，超固结参数 R 、潜在强度 M_f 和塑性体积应变 ε_v^p 具有很强的应力路径相关性，而硬化参数 H 与应力路径无关，故塑性体积应变 ε_v^p 不适合作为超固结土模型的硬化参数。

(2)等向压缩条件下土特性的模拟

图 8.14 为初始平均主应力 $p = 196\text{kPa}$ ，不同初始孔隙比的预测结果。不同的初始孔隙比是由于从不同前期固结压力卸载形成的，较小的初始孔隙比对应较大的前期固结压力，故该点所对应的超固结度较大，距离正常固结线较远。当开始压缩时，超固结度较大，土的初始孔隙比较小，剪切模量较大，在相同的应力水平下所产生的变形较小，表现为压缩曲线比较平缓；随着初始超固结度的减小，土的初始孔隙比也逐渐变大，表现为压缩曲线逐渐接近于正常固结线。对于某一条压缩曲线，由于初始的超固结度较大，土体较硬，较大的剪切模量所产生的变形较小，孔隙比增加得较慢，表现为压缩曲线斜率较小；随着应力的增加，超固结程度逐渐减小，剪切模量也逐渐减小，土的变形增大，孔隙比也增加得较快，表现为压缩曲线斜率增大并逐渐趋于正常固结线。

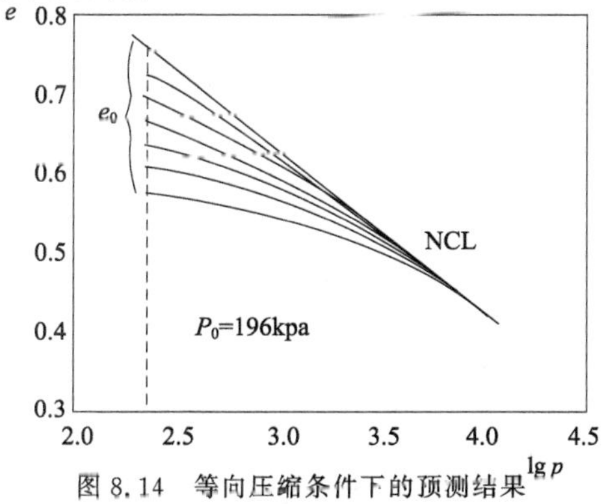

图 8.14　等向压缩条件下的预测结果

以上分析表明，超固结土模型能够合理描述超固结度较大的土具有较大的剪切模量，并且随着应力的增加超固结程度和剪切模量逐渐减小，导致变形逐渐增大的现象。

(3)不同超固结度土特性的模拟

图 8.15 为从不同的前期固结压力卸载到当前平均主应力 $p = 196\text{kPa}$ ，超固结度分别为 OCR＝1,8,50 的应力应变曲线。对于正常固结土(OCR＝1)，初始孔隙比最大，而

对应超固结度 OCR=50 的土,其初始孔隙比最小。当开始剪切时,正常固结土在整个加载过程中始终表现为减缩变形,初始孔隙比减小,应力比 η 始终增加,没有峰值强度和软化特性;而对于超固结土(OCR=8,50),加载初期土体表现为剪缩变形,当达到特征状态后,土体表现为剪胀变形,孔隙比由减小变为增大,并且具有峰值强度和软化特性。特别是超固结度 OCR=50 的土剪胀最显著,峰值强度最大。当达到临界状态时,三种不同超固结度的土孔隙比趋于相同,应力比 η 均等于临界状态应力比。

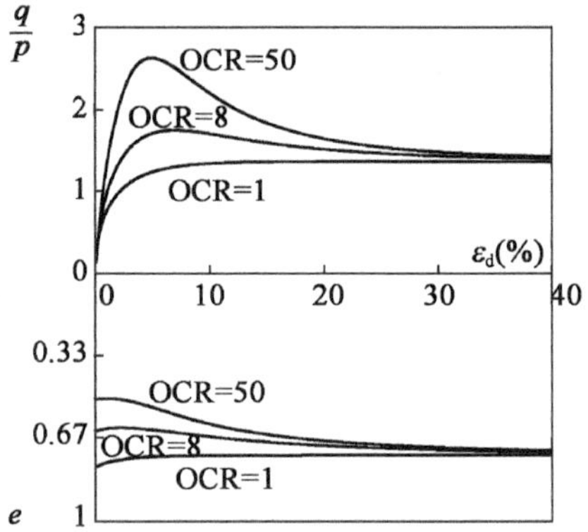

图 8.15　不同超固结度土的应力应变曲线

(4)三轴排水和不排水条件下土特性的模拟

对于正常固结土(对应于正常固结线 NCL 上点 A 的应力状态),见图 8.16 和图 8.17。无论是三轴排水路径,还是三轴不排水路径,剪应力 q 始终是增加的,但由于在不排水路径条件下,土体所产生正的孔隙水压力使有效应力减少,故在整个应力状态过程中,平均主应力 p 一直减小直至临界状态,而孔隙比 e 保持不变。在排水路径条件下,有效应力一直增加,孔隙比 e 始终减小直至临界状态。由于两种路径的临

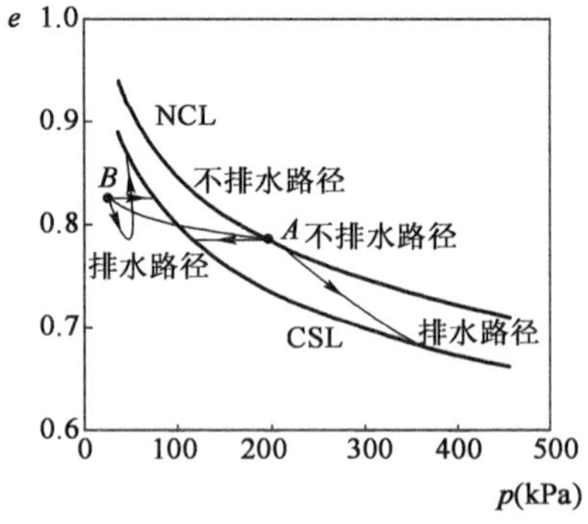

图 8.16　正常固结土及超固结土在 e-p 面上关系曲线

界状态应力比相同，故在临界状态时不排水路径所对应的剪应力 q 小于排水路径所对应的剪应力 q 。

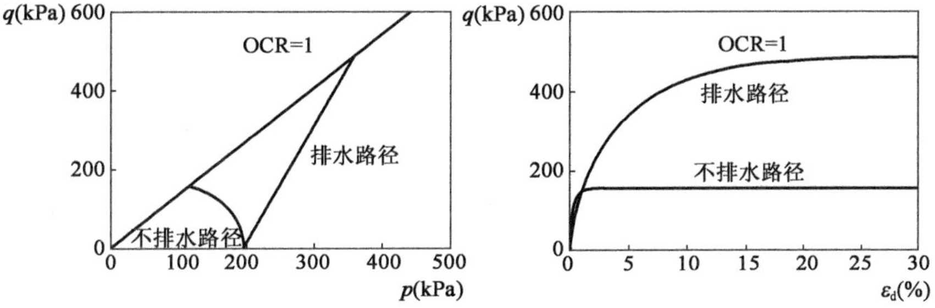

a) b)

图 8.17 正常固结土的应力应变关系

a)应力路径；b)剪应力 q 与剪应变 ε_d 的关系

对于超固结土(对应于从点 A 卸载到点 B 的应力状态)，见图 8.16 和图 8.18。在特征状态以后，不排水路径条件下所产生负的孔隙水压力使有效应力增加，平均主应力 p 开始增加直至临界状态，而在整个加载过程中，孔隙比 e 始终保持不变。而对于排水路径，峰值状态前应力始终增加；峰值状态以后，土体开始出现软化现象，应力开始减小直至临界状态；在特征状态后，土体由剪缩变形变为剪胀变形，导致孔隙比 e 由减小变为增大。由于两种路径对应相同的临界应力比，故临界状态时不排水路径所对应的剪应力 q 大于排水路径所对应的剪应力 q 。

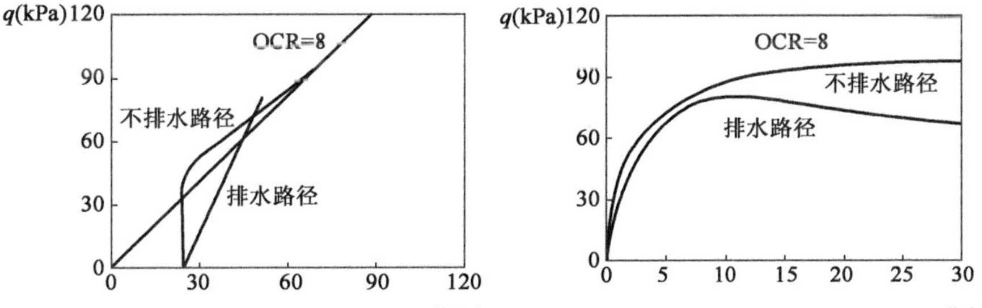

a) b)

图 8.18 超固结土的应力应变关系

a)应力路径；b)剪应力 q 与剪应变 ε_d 的关系

8.1.6 模型预测与验证

(1)三轴压缩、三轴伸长试验结果的预测

采用 Nakai 的饱和 Fujinomori 黏土排水三轴压缩和伸长试验数据来验证模型的有效性。超固结度 OCR＝1，2，4 时，平均主应力 p ＝ 196kPa ；超固结度 OCR＝

8 时，平均主应力 $p=98\text{kPa}$ 。图 8.19 和图 8.20 分别为三轴压缩与三轴拉伸试验结果和模型预测比较，模型参数见表 8.2。

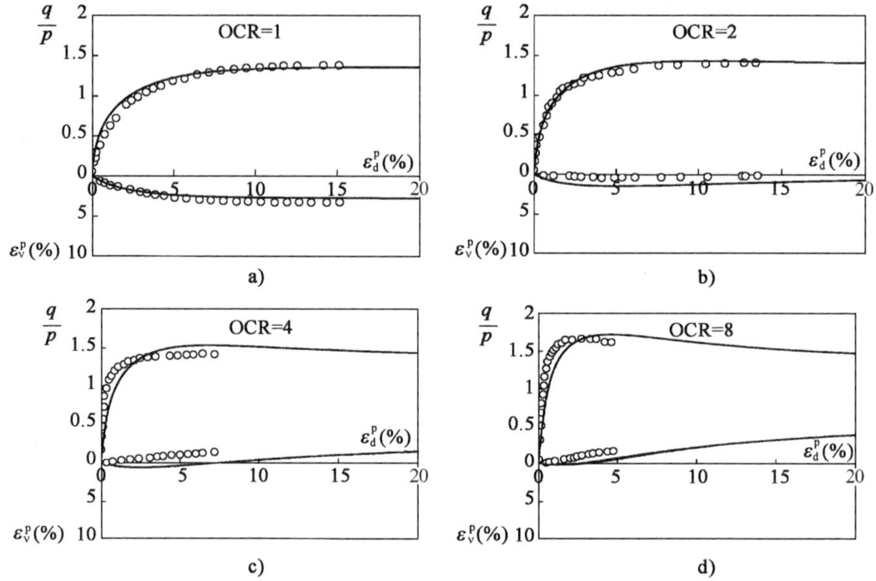

图 8.19　三轴压缩条件下的应力应变关系

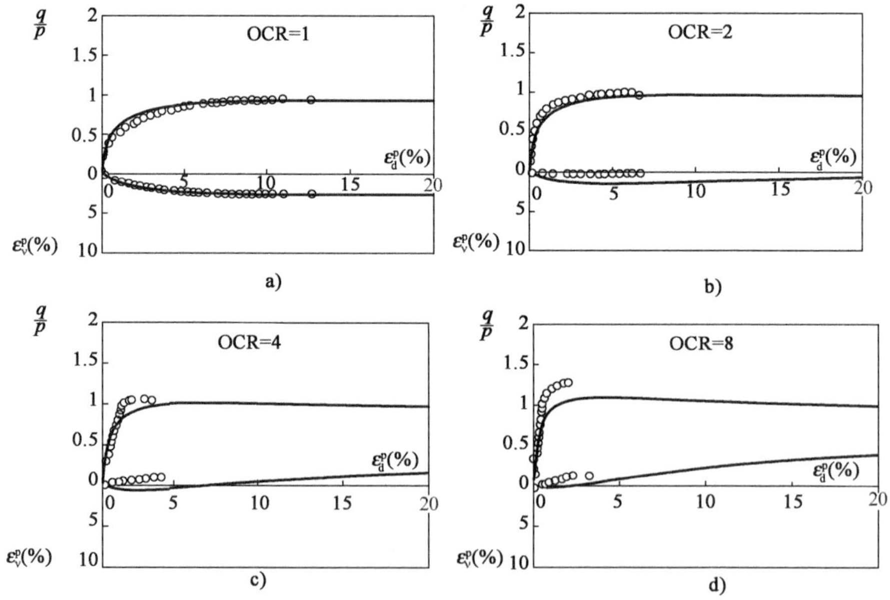

图 8.20　三轴伸长条件下的应力应变关系

饱和 Fujinomori 黏土材料参数(Nakai)　　表 8.2

λ	κ	ν	e_0	M_h	M
0.09	0.02	0.3	0.768	1.14	1.36

由图 8.19 和图 8.20 可见，对于正常固结土(OCR=1)，试验结果没有出现峰值和体胀现象，超固结土模型也退化为修正剑桥模型，预测和试验结果十分吻合。对于超固结土，随着超固结度的增加，超固结土的峰值强度增高，土的剪胀程度增大；模型也能够预测出相应的变化规律。当 OCR=8 时，试验结果已经出现了明显的峰值、软化和体胀特性，而采用超固结土模型也较好的反映了这些强超固结性质。由于在模型中采用了基于 SMP 准则的变换应力方法，对于三轴伸长试验结果也能合理的预测。

(2)不排水试验结果的预测

采用新模型还预测了黏性土在不同超固结度情况下的不排水应力路径。图 8.21a)和 b)分别为 1967 年 Loudon 所做的重塑高岭土在不同超固结度(OCR=1～8.1)条件下的不排水有效应力路径的试验点和采用新模型的预测结果。图中，p_e 是不同超固结条件下，相应孔隙比 e 所对应的在正常固结线上的 p 值。图 8.21c)为超固结土的不排水有效应力路径与 $e\text{-}\dfrac{p}{p_0}$ 面上的曲线的关系。图 8.21d)～f)分别为采用超固结土模型预测的孔压、应力和应变的关系曲线，模型参数见表 8.3。

Kaolin 土材料参数(Loudon)　　表 8.3

λ	κ	ν	M	M_h	e_0	p_0(kPa)
0.240	0.045	0.2	0.896	0.8	1.27	689.02

从图 8.21a)和 b)可以比较看出，模型能够较好地模拟不排水应力路径。采用超固结土模型还预测了不排水条件下孔压、应力和应变的关系[图8.21c)～f)]。对于正常固结土，由于所产生的正孔隙水压力使有效应力减少，平均主应力 p 减少至临界状态，土没有峰值强度。弱超固结土开始时先产生正孔隙水压力导致平均主应力 p 减少，当达到特征状态时，所产生的负的孔隙水压力使有效应力增加，平均主应力 p 增加到临界状态。对于重超固结土，负孔隙水压力会较早的出现，使平均主应力 p 增加，并达到临界状态，土体具有明显的峰值强度和软化现象。

(3)真三轴试验结果的预测

图 8.22～图 8.24 为饱和 Fujinomori 黏土的真三轴试验结果，模型参数见表 8.2。由于在模型中采用了分叉的变换应力张量，模型不仅较好地描述了三轴压缩、三轴伸长条件下的应力应变关系，而且对于不同应力洛德角的真三轴试验数据也能合理地预测。

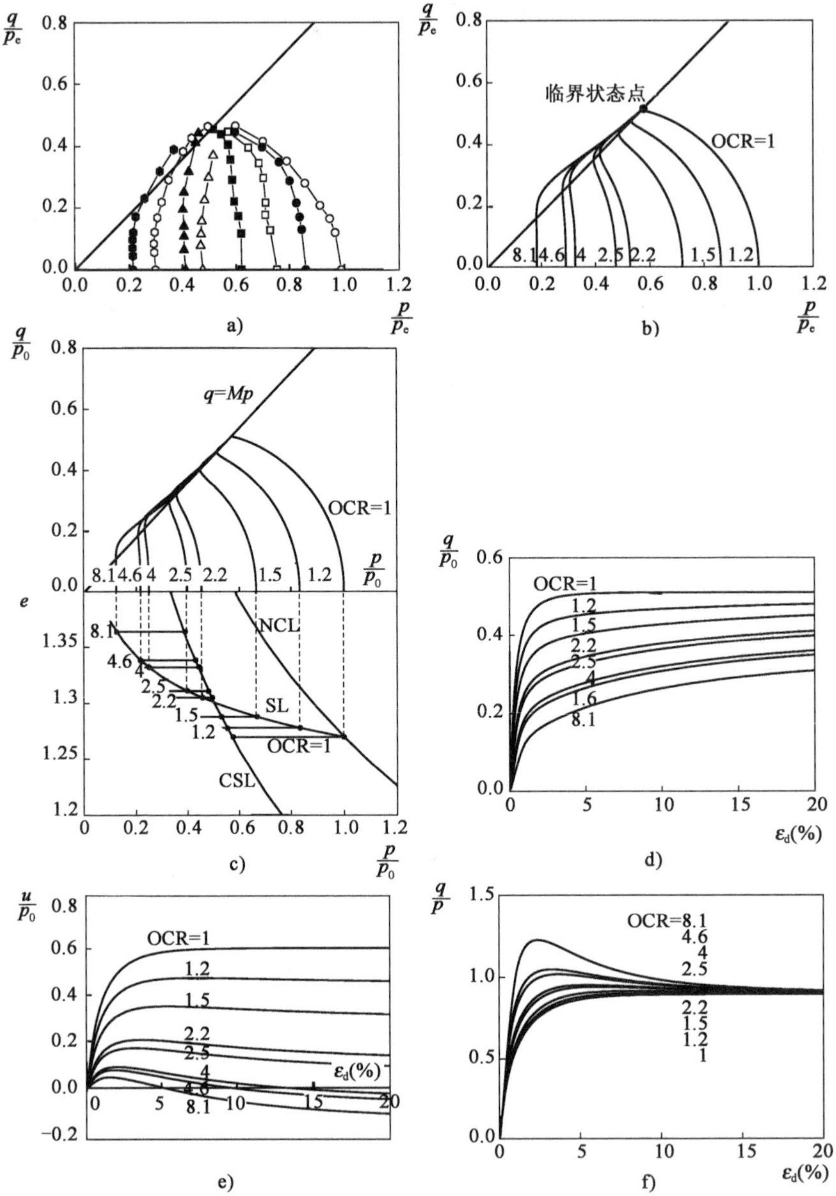

图 8.21 不排水试验结果与模型预测的比较

a)不排水试验数据；b)模型预测结果；c) $\frac{p}{p_0}$-$\frac{q}{p_0}$-e 空间的模型预测结果；d)剪应变 ε_d 与 $\frac{q}{p_0}$ 的关系曲线；e)剪应变 ε_d 与 $\frac{u}{p_0}$ 的关系曲线；f)剪应变 ε_d 与应力比 $\frac{q}{p}$ 的关系曲线

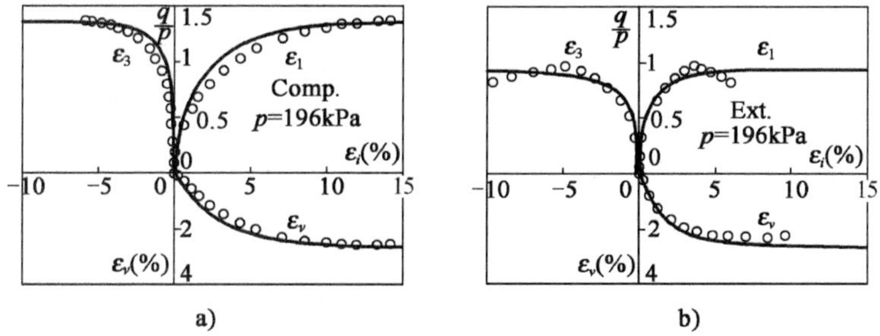

图 8.22　三轴压缩、三轴伸长试验结果与模型预测的比较

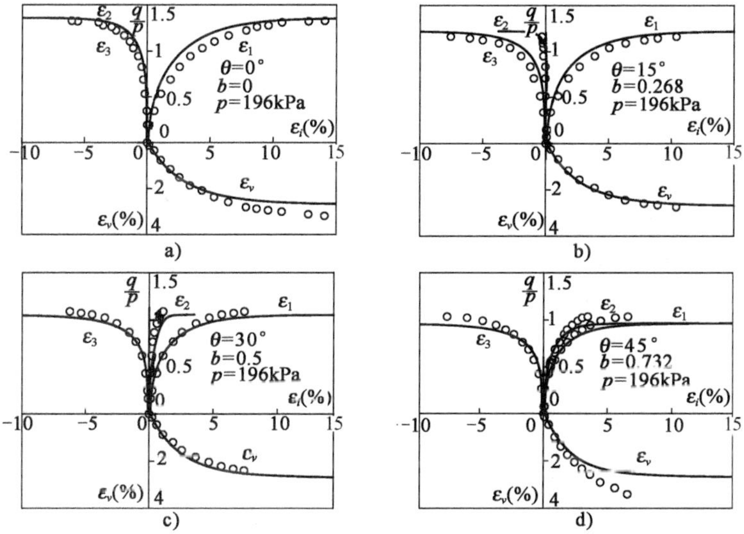

图 8.23　真三轴试验结果与模型预测的比较

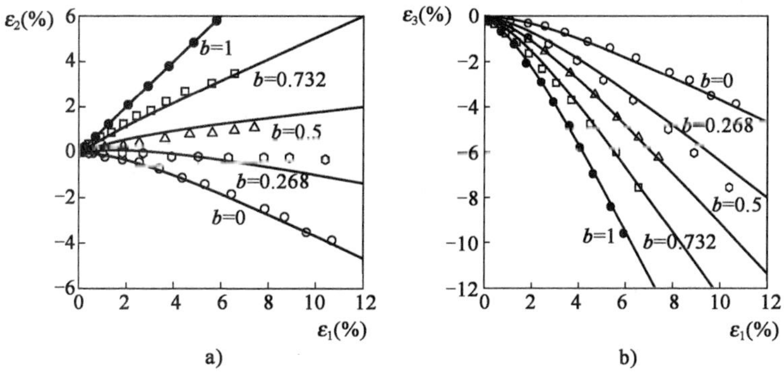

图 8.24　真三轴试验结果与模型预测的比较

8.2 超固结土模型在复杂加载条件下的应用

8.2.1 复杂加载条件对土特性影响的模拟

在复杂应力路径条件下,采用加卸载准则来区分软化和卸载状态。软化时屈服面收缩,土体表现为弹塑性变形,而卸载时屈服面位置不发生变化,土体表现为弹性变形。软化材料的加卸载准则可以用式(8.29)表示

$$\left.\begin{aligned}&\frac{\partial f}{\partial \tilde{\sigma}_{ij}}C^{e}_{ijkl}\mathrm{d}\varepsilon_{kl}>0 && \text{加载}\\&\frac{\partial f}{\partial \tilde{\sigma}_{ij}}C^{e}_{ijkl}\mathrm{d}\varepsilon_{kl}=0 && \text{中性变载}\\&\frac{\partial f}{\partial \tilde{\sigma}_{ij}}C^{e}_{ijkl}\mathrm{d}\varepsilon_{kl}<0 && \text{卸载}\end{aligned}\right\}\tag{8.29}$$

式中,C^{e}_{ijkl} 为弹性刚度矩阵。

8.2.2 复杂加载条件对土特性影响的模拟

以平均主应力 $p=\text{const}$ 的路径为例来分析循环加载条件下的模型特性。如图 8.25所示,如果应力状态从点 B 卸载至点 A,此时的应力状态在屈服面内变化,故表现为弹性变形,参考屈服面的位置不发生变化,仍为点 B 所对应的屈服面,而当前应力点 A 始终位于当前屈服面上;当重新加载后,点 A 随着当前屈服面一同向外扩展,参考屈服面随着当前屈服面发生变化,两个面之间的位置关系由超固结参数 R 表示,土体表现为弹塑性变形。当点 A 又回到前期最大应力点(点 B)所对应的屈服面上时,参考屈服面已扩展到点 C 所对应的屈服面。和初始卸载前相比,超固结参数 R 由等于 1 变为小于 1,表明土体具有了一定的超固结性。所以,模型能够描述循环加载条件下土的累积变形特性。

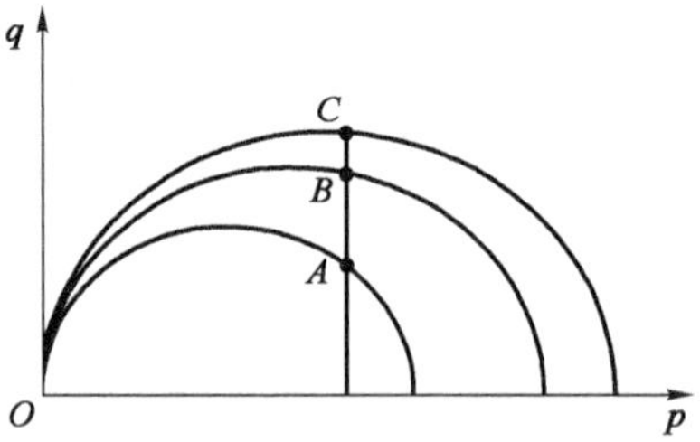

图 8.25 加卸载条件下的当前屈服面和参考屈服面

8.2.3 循环加载条件下土特性模拟

图 8.26 为平均主应力 $p=196\text{kPa}$ 三轴压缩和伸长条件下加卸载循环的预测

结果。由图可见，在循环加载初期，每一加载循环所产生的变形较大，孔隙比减小得很快；而多次循环之后，每一加载循环所产生的变形变小，孔隙比的变化也相应减小；当循环次数达到一定值时，每次循环产生的应变增量趋于0，孔隙比也趋于某一稳定的值。由于压缩曲线距离正常固结线越来越远，相当于超固结程度不断增大，即超固结参数 R 逐渐变小，当循环次数较少时，超固结参数 R 增加或减少变化幅度较大，随着循环次数的增多，R 的变化幅度减小并趋于稳定。以上分析表明：随着循环次数的增加，对应相同的应力状态，每次循环产生的应变增量逐渐减小，表现为卸载再加载曲线逐步密集，土变得逐渐密实并趋于某一稳定的值。

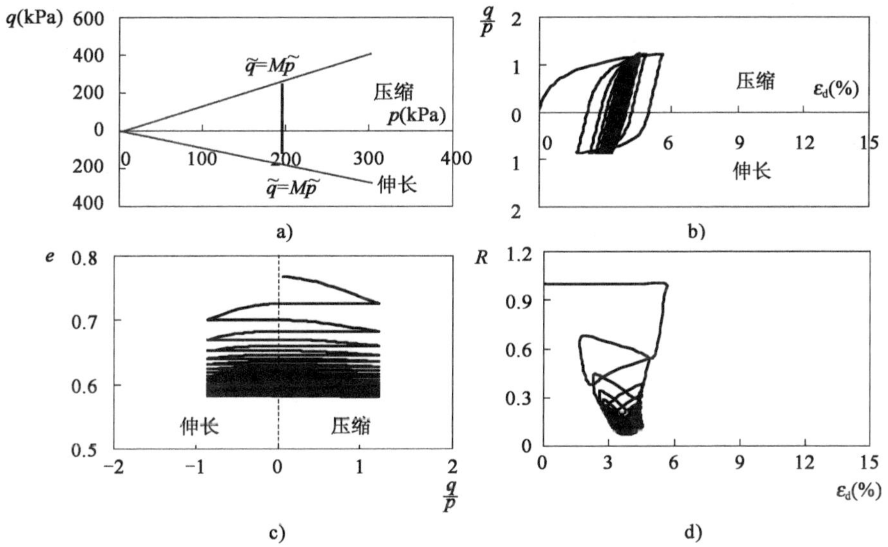

图 8.26　$p=196\text{kPa}$ 三轴压缩条件下预测结果

8.2.4　循环次数对土特性影响的模拟

图 8.27 为围压 $\sigma_3=\text{const}$ 循环加载条件下对应于不同前期循环次数土的应力应变预测结果。图 8.27 中点 A、点 B、点 C 和点 D 分别对应于前期循环次数为 $t=0,1,5,10$ 初始状态。随着前期循环次数 t 增加，土会变得越来越硬，初始密度逐渐减小，初始状态距离正常固结线越来越远，相应的初始超固结度不断增大，即超固结参数 R 逐渐减小。对应于前期循环次数 t 较大的土，其峰值强度较高，出现软化现象，而且剪胀显著，当达到临界状态时，应力状态都回到同一点 E。由图 8.27可见，由于点 $D(t=10)$ 的前期循环次数最大，它距离正常固结线最远，其所对应的超固结参数初始值最小，其峰值强度最高，剪胀最大。由于点 $C(t=5)$ 和点 $B(t=1)$ 的前期循环次数依次减小，故它们依次接近正常固结线，峰值强度逐渐

降低,剪胀逐渐减弱。对于初始状态为点 A ($t=0$)的正常固结土(循环次数为0),压缩曲线由正常固结线 NCL 剪切至临界状态线 CSL,没有峰值强度和剪胀现象。尽管四个点所对应的超固结参数 R 的初始值不同,但随着应力状态的变化,超固结参数 R 均会一直增加并趋于 1(单调加载时 $R=1$)。

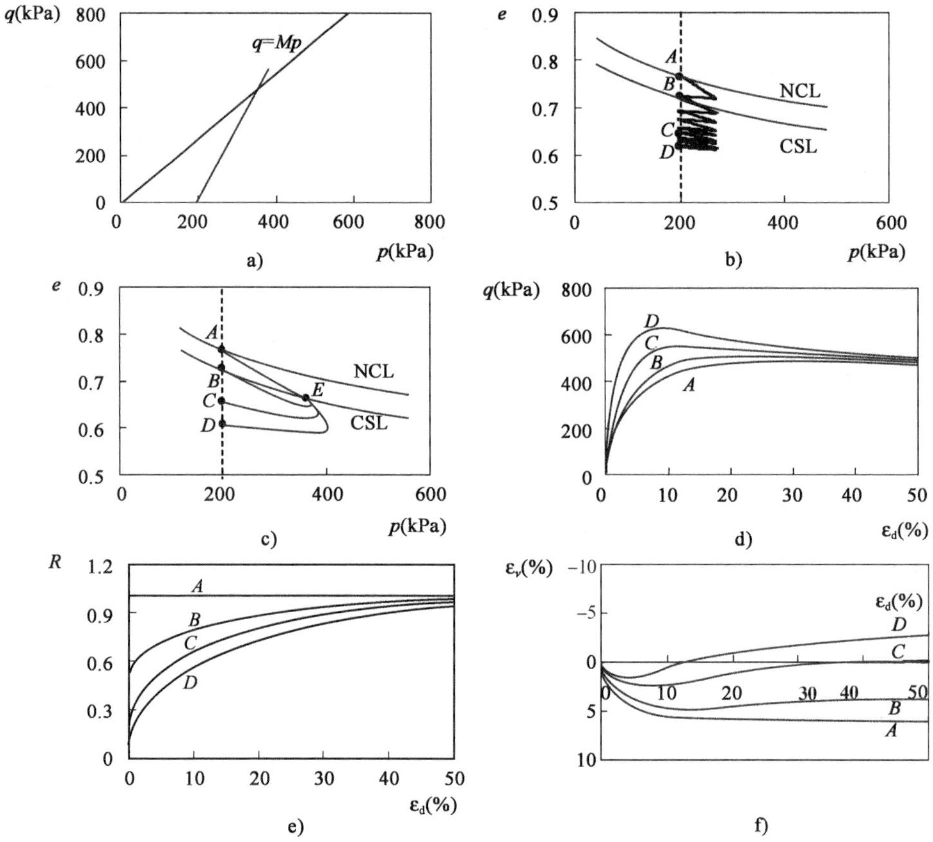

图 8.27 $\sigma_3=\mathrm{const}$ 三轴压缩条件下预测结果

图 8.28 为前期循环加载为不排水条件的预测结果。图中点 A 、点 B 、点 C 和点 D 分别对应于前期循环次数 $t=0,1,2,3$ 后的初始状态。对于前期循环次数 $t=0$ 的土,将产生正的孔隙水压力,使有效应力减小,平均主应力 p 不断地减小并趋于临界状态。随着前期循环次数 t 的增加,所对应的平均主应力 p 初始值不断减小,当循环次数增加到某一值时,在 e-p 面上的初始应力点甚至会位于临界状态线的左边。较大的 t 值所对应的初始状态距离正常固结线较远,相当于超固结度较大,即初始的超固结参数 R 较小,但在加载过程中 R 值会一致地增加并趋于 1。由图 8.28 可见,由

于正常固结土(点 A)只产生正的孔隙水压力,故它的平均主应力 p 不断减小直至达到临界状态点 E。点 D、点 C 和点 B 所对应的土首先产生正的孔隙水压力,使平均主应力 p 减小,当达到特征状态时,孔隙水压力增量变为负值,平均主应力 p 由减小变为增加直至临界状态。在 e-p 面上,点 A($t=0$)和点 B($t=1$)位于临界状态线的右边,而点 C($t=2$)和点 D($t=3$)位于临界状态线的左边。由于点 D 至点 A 逐渐接近并达到正常固结线,故它们所对应的超固结参数 R 的初始值逐渐增大。当开始剪切时,超固结参数 R 会一致地增加并趋于 1(正常固结土 $R=1$)。

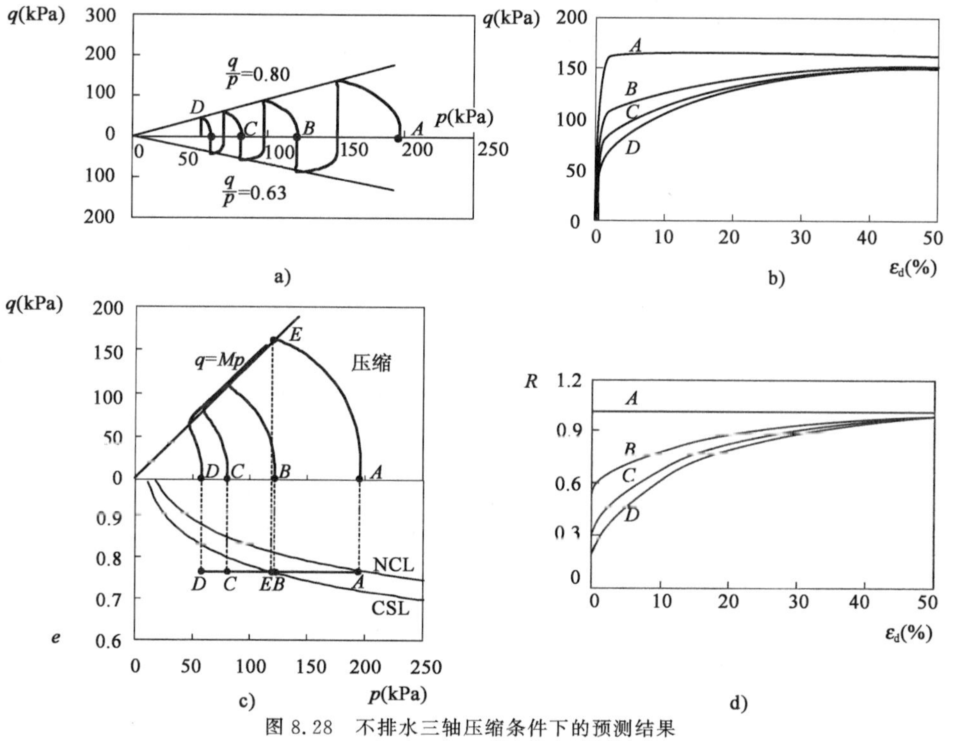

图 8.28 不排水三轴压缩条件下的预测结果

a)应力路径;b)剪应变 ε_d 与剪应力 q 的关系曲线;c) p-q-e 空间的关系曲线;d)剪应变 ε_d 与超固结参数 R 的关系曲线

8.2.5 试验预测

采用 Nakai 的饱和 Fujinomori 黏土排水三轴循环加载试验数据来验证模型的有效性。模型参数见表 8.2,并且取 $N=0.83$。图 8.29 为平均主应力 $p=392$kPa 等幅循环加载条件的试验结果和模型预测比较。图 8.30 和图 8.31 分别为平均主应力 $p=196$kPa 与围压 $\sigma_3=$const 不等幅循环加载条件的试验与预测结果对比。

从模型预测的循环加载应力应变曲线可以看出，模型能够较好地模拟循环加载条件下的累积变形。同时，通过采用变换应力方法，模型也能够较好地预测伸长条件下随着循环次数的增加，每次循环产生的应变增量逐渐减小，应力应变曲线逐步密集并趋于稳定的特性。

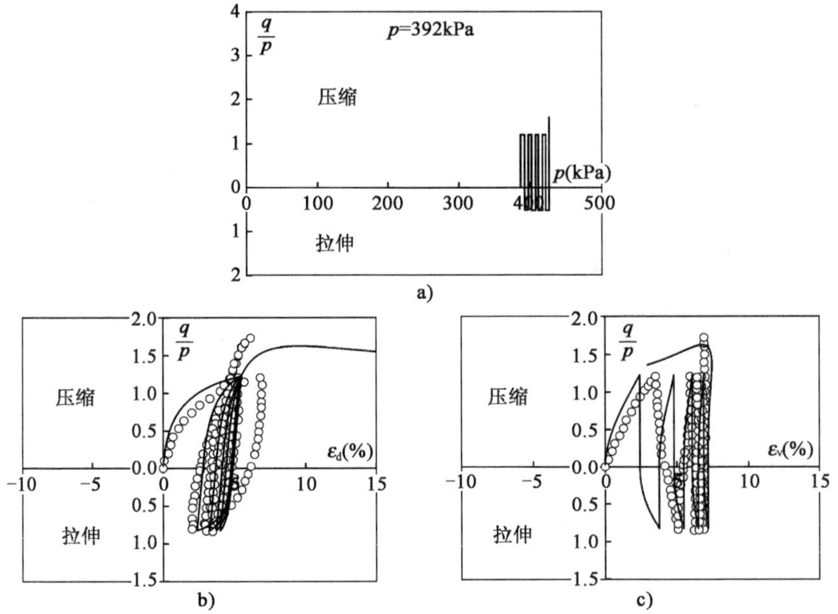

图 8.29　$p=392$kPa 等幅循环加载预测与试验结果比较

采用超固结土模型预测饱和 Fujinomori 黏土的平均主应力 $p=98$kPa 真三轴试验，模型参数见表 8.2。在 π 平面上的应力路径为$\overrightarrow{OABOCDOE}$，见图 8.32。$\overrightarrow{OA}$为 σ_y 为大主应力三轴压缩试验的应力路径；$\overrightarrow{AB}$为沿着$\frac{\sigma_y}{\sigma_z}=\frac{\sigma_1}{\sigma_3}=3$ 路径加载到三轴拉伸状态；$\overrightarrow{BO}$为大主应力 σ_y 和中主应力 σ_z 相等并同时减小的弹性卸载路径；$\overrightarrow{OC}$为 σ_x 为大主应力三轴压缩应力路径；$\overrightarrow{CD}$为沿着$\frac{\sigma_x}{\sigma_y}=\frac{\sigma_1}{\sigma_3}=3$ 路径加载到大主应力 σ_x 和中主应力 σ_z 相等的三轴伸长状态；$\overrightarrow{DO}$为弹性卸载路径；最后沿着大主应力为 σ_z 三轴压缩（$\overrightarrow{OE}$）路径剪切至破坏。图 8.33 为试验结果与预测曲线的比较，虽然$\overrightarrow{OA}$、$\overrightarrow{OC}$和$\overrightarrow{OE}$对应相同的应力路径，但由于它们的初始超固结度依次增大，它们在相同应力状态下产生的变形依次减小。同理，在相同应力状态条件下，具有相同路径的$\overrightarrow{AB}$阶段和$\overrightarrow{CD}$阶段所产生的变形不同，$\overrightarrow{CD}$阶段所产生的变形小于$\overrightarrow{AB}$阶段的变形。

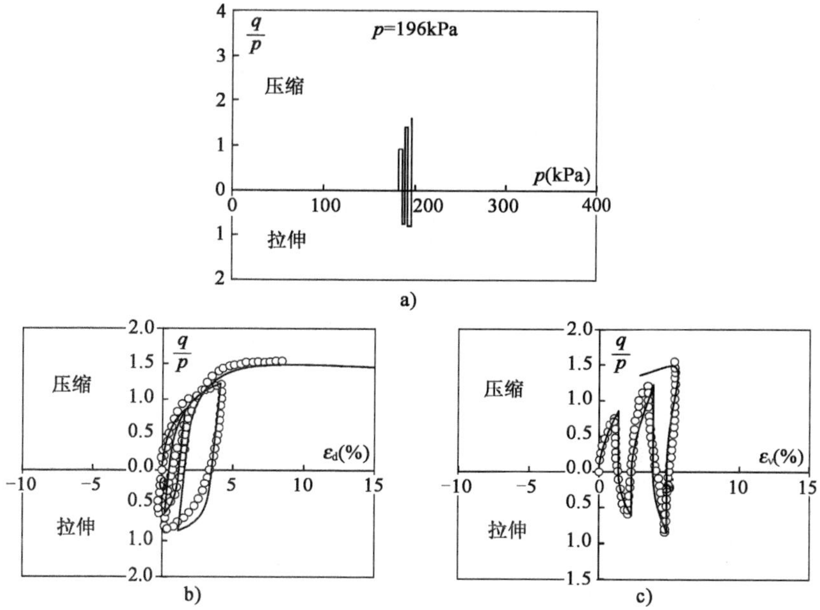

图 8.30　$p=196\text{kPa}$ 不等幅循环加载预测与试验结果比较

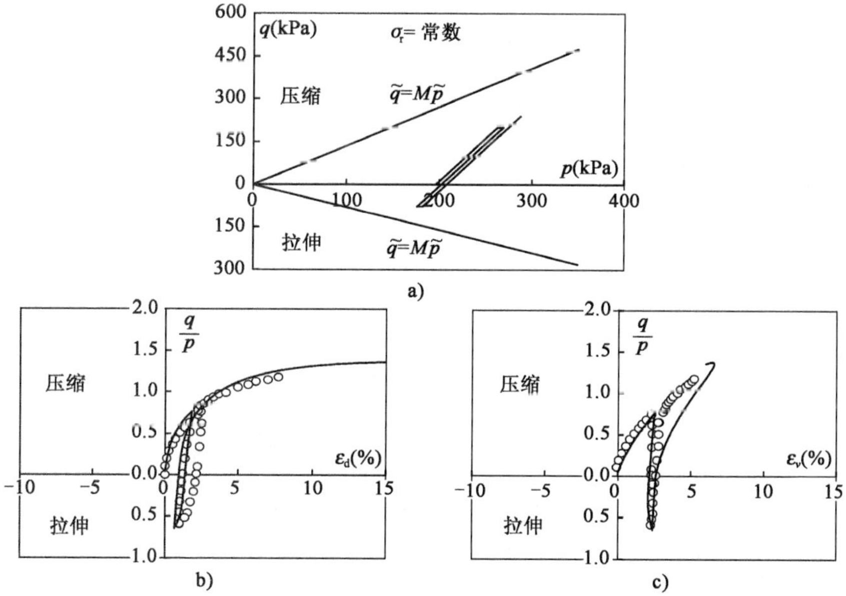

图 8.31　围压 $\sigma_3=$常数的循环加载预测与试验结果比较

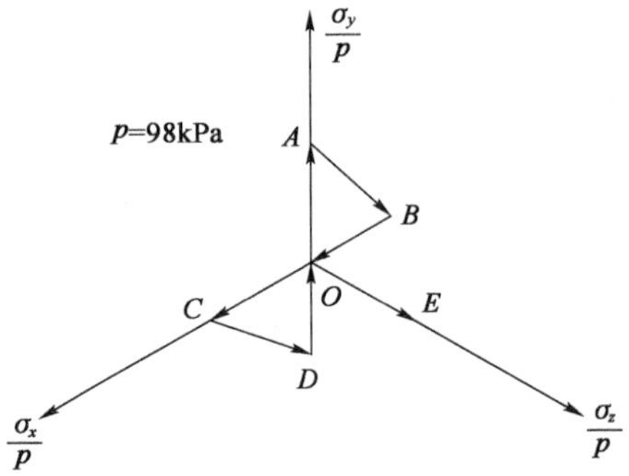

图 8.32 π平面上的应力路径

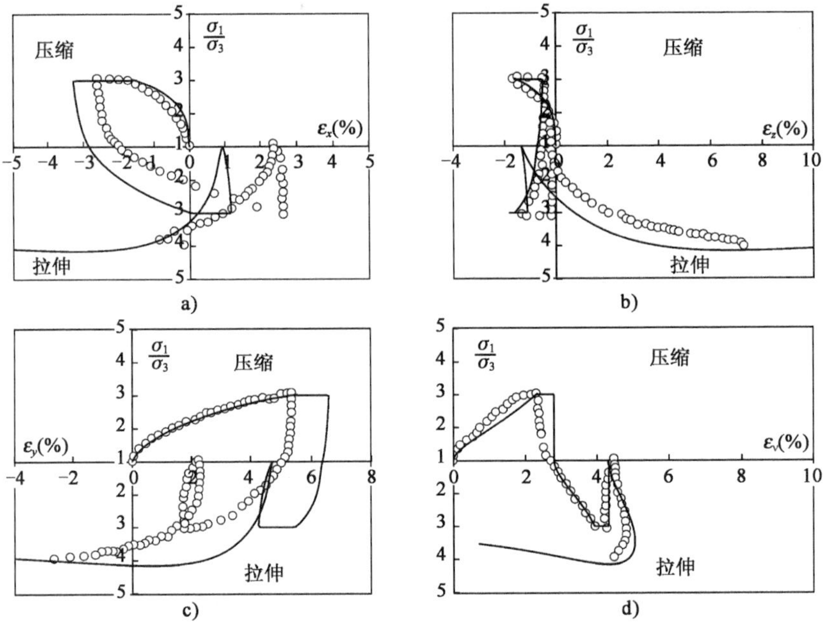

图 8.33 真三轴试验与预测结果比较

8.3 基于改进伏斯列夫面的超固结土模型

超固结土的强度包线的合理形式应该由零拉应力线 OE 和 Hvorslev 线 EC 组成。但由于在两条直线的交点处表现为一个尖点,这不便于模型的数值计算。为了克服上述缺陷,采用一条抛物线来近似代替直线 OE 和 EC 组成的超固结土强度包线,如图 8.34 所示。建立改进的伏斯列夫面抛物线函数的基本思路为:①抛物线为连续光滑的曲线；②当超固结度无限大时其所对应的强度包线为零拉应力线，即抛物线在 $p=0$ 时的切线的斜率为 3，并且抛物线为过原点的曲线；③对于正常固结土，其强度包线为临界状态线 OC，故在超固结度为 1 时，抛物线与临界状态线相交。采用如下的抛物线函数为改进的伏斯列夫面

$$(q_f - q_a)^2 = 2\beta(p - p_a) \tag{8.30}$$

式中，(p_a, q_a) 为抛物线顶点坐标；β 与抛物线开口的大小有关；q_f 为与 p 相对应的破坏时的剪应力。

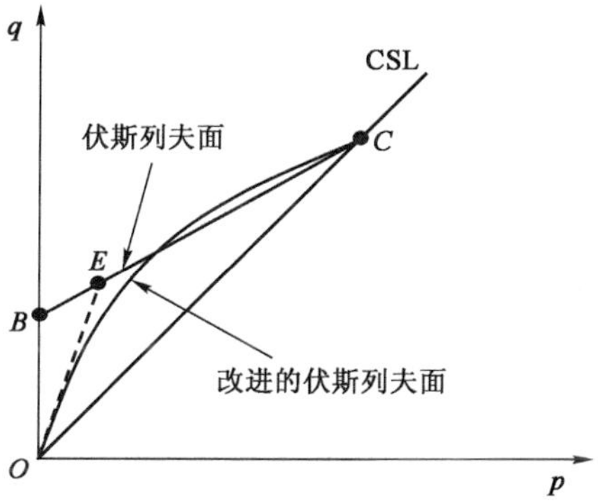

图 8.34　伏斯列夫面与改进的伏斯列夫面

根据图 8.34，当超固结度等于 1 时，改进的伏斯列夫面与临界状态线相交(点 C)，同时，伏斯列夫面与临界状态线的交点 C 所对应的平均主应力 p 等于参考应力点 D 所对应的平均主应力 $\bar{p}$，所以 C 点坐标为 $(\bar{p}, M\bar{p})$。又因抛物线过点 C，将 C 点坐标代入式(8.30)得

$$(M\bar{p} - q_a)^2 = 2\beta(\bar{p} - p_a) \tag{8.31}$$

由于抛物线为过原点的曲线，满足上述条件的式(8.31)化为

$$q_a^2 = -2\beta p_a \tag{8.32}$$

因为超固结度无限大时所对应的强度包线为零拉应力线，即抛物线在 $p=0$ 时的斜率为 3，对式(8.30)微分且满足条件 $\left.\frac{\partial q_f}{\partial p}\right|_{(0,0)} = 3$，即

$$\frac{\partial q_f}{\partial p} = \frac{\beta}{q_f - q_a} - 3 \tag{8.33}$$

由式(8.33)得

$$\beta = -3q_a \tag{8.34}$$

联立式(8.31)、式(8.32)和式(8.34)可得如下方程组

$$\begin{cases} q_a^2 = -2\beta p_a \\ (M\bar{p} - q_a)^2 = 2\beta(\bar{p} - p_a) \\ \beta = -3q_a \end{cases} \tag{8.35}$$

解方程组式(8.35),将解得的参数 q_a、p_a、β 的值代入式(8.30),并整理得

$$q_f = \sqrt{\frac{-3M^2\overline{p}}{M-3}\left[p - \frac{M\overline{q}}{12(M-3)}\right]} + \frac{M\overline{q}}{2(M-3)} \tag{8.36}$$

令 $k=\dfrac{M^2}{12(3-M)}$,则

$$q_f = \sqrt{36k\overline{p}(p+k\overline{p})} - 6k\overline{p} \tag{8.37}$$

由于 $\overline{p}=\dfrac{p}{R}$,则式(8.37)可改写为

$$q_f = \sqrt{36k\frac{p}{R}\left(p+k\frac{p}{R}\right)} - 6k\frac{p}{R} \tag{8.38}$$

则潜在强度 M_f 为

$$M_f = \frac{q_f}{p} = 6\left[\sqrt{\frac{k}{R}\left(1+\frac{k}{R}\right)} - \frac{k}{R}\right] \tag{8.39}$$

图 8.35 为对应不同超固结度的预测曲线,其中,(1)~(5)号曲线分别对应于超固结参数 OCR=2000,200,50,8,1 的应力应变曲线。由图 8.35 可见,随着超固结度的增大,峰值强度越高,剪胀越显著。特别是当 OCR=2000 时,其峰值强度近似等于 3,剪胀性显著。

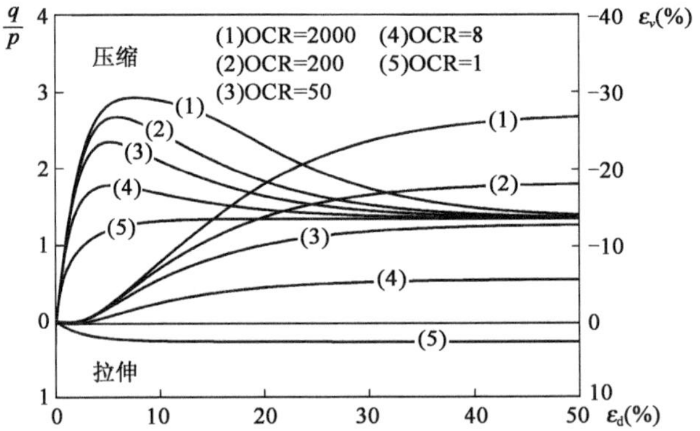

图 8.35　不同超固结度土的应力应变曲线

综上所述,在模型中通过采用改进的伏斯列夫面作为超固结土的强度包线,当超固结比非常大时,其峰值强度约等于 3;而对于中度超固结土、弱超固结土,其所对应的峰值强度接近于由伏斯列夫面确定的峰值强度;当超固结度为 1 时,其峰值强度等于临界状态应力比。改进后,将不需要模型参数 M_f。

8.4 K_0 超固结土的统一硬化模型

8.4.1 初始应力各向异性超固结土模型的特性

(1)参考屈服面和当前屈服面

初始 K_0 状态超固结土在整个应力变化过程中超固结程度会逐渐减弱并趋于1,为了反映这种特性,采用参考屈服面和当前屈服面来描述。参考屈服面对应着正常固结状态,而当前屈服面对应着超固结状态。如图 8.36 所示,参考屈服面和当前屈服面形状相似,其中,参考屈服面用塑性体应变 ε_v^p 作为硬化参数,当前屈服面以统一硬化参数 H 为硬化参数。点 A 为当前应力点,参考应力点 B 为参考屈服面上与当前应力点 A 等应力比条件下的对应点。点 A_k 和点 B_k 分别为当前屈服面和参考屈服面与初始 K_{onc} 固结线的交点,参考屈服面可表示为

$$\bar{f} = \ln\frac{\bar{p}}{\bar{p}_{0k}} + \ln\left(1 + \frac{\bar{\eta}^{*2}}{M^2}\right) - \frac{1}{c_p}\varepsilon_v^p = 0 \tag{8.40}$$

式中,$\bar{p}$ 为参考应力点的平均主应力(Pa);$\bar{p}_{0k}$ 为 B_k 初始状态时所对应的平均主应力(Pa);M 为临界状态应力比;ε_v^p 为塑性体应变;$\bar{\eta}^*$ 为参考应力点的相对应力比。由图 8.36 的 $\bar{\eta}^*$ 与点 A 的应力比 η^* 相对应可知,$\bar{\eta}^* = \eta^*$,η^* 的表达式为式(8.42)。

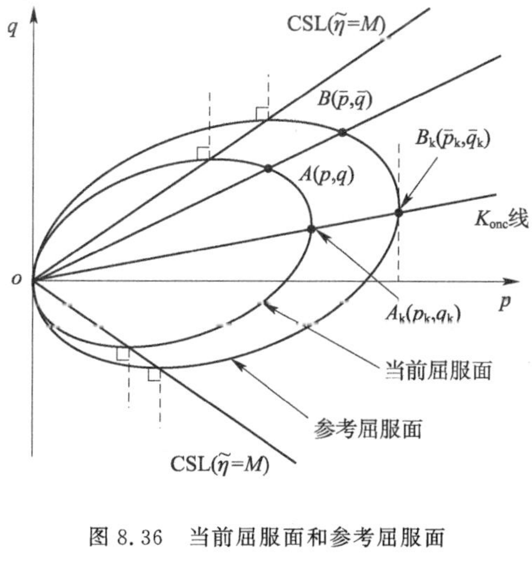

图 8.36 当前屈服面和参考屈服面

当前屈服面以及塑性势面可统一表示为

$$f = g = \ln \frac{p}{p_{0\mathrm{k}}} + \ln\left(1 + \frac{\eta^{*2}}{M^2}\right) - \frac{1}{c_{\mathrm{p}}} H = 0 \tag{8.41}$$

式中,p 为当前应力点的平均主应力(Pa);$p_{0\mathrm{k}}$ 为初始状态时点 A_k 所对应的平均主应力(Pa);η^* 为当前应力点的相对应力比,可表示为

$$\eta^* = \sqrt{\frac{3}{2}(\eta_{ij} - \eta_{ij0\mathrm{k}})(\eta_{ij} - \eta_{ij0\mathrm{k}})} \tag{8.42}$$

其中

$$\eta_{ij} = \frac{\sigma_{ij} - p\delta_{ij}}{p} \tag{8.43}$$

$$\eta_{ij0\mathrm{k}} = \frac{\sigma_{ij0\mathrm{k}} - p_{0\mathrm{k}}\delta_{ij}}{p_{0\mathrm{k}}} \tag{8.44}$$

式中,σ_{ij} 为当前应力点的应力张量;$\sigma_{ij0\mathrm{k}}$ 为初始状态时点 A_k 处相应的应力张量。

工程现场的土体常常处于 K_0 超固结状态,它对应着从初始 K_{onc} 正常固结线上的点 $B_{0\mathrm{k}}$ 卸载到当前初始应力点 C,如图 8.37 所示。其所对应的 K_0 值与正常固结状态的 K_{onc} 不同,它们满足式(8.45)

$$K_0 = K_{\mathrm{onc}} OCR^{\alpha} \tag{8.45}$$

式中,K_{onc} 与正常固结状态相对应;α 为土的材料参数;OCR 为前期固结压力点 $B_{0\mathrm{k}}$ 与当前初始应力点 C 的竖向压力的比值。

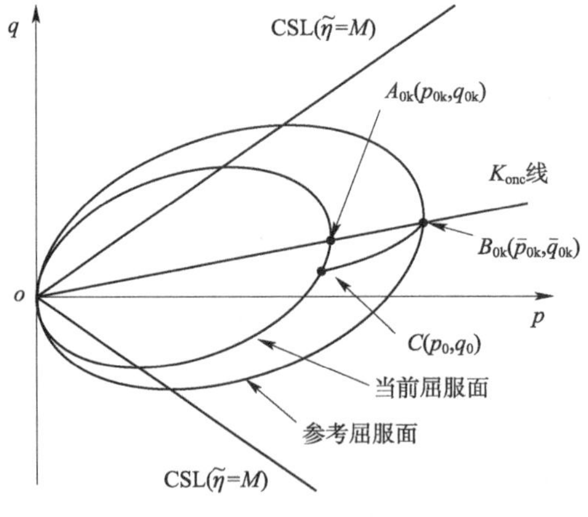

图 8.37 初始状态时的当前屈服面和参考屈服面

通过现场和室内试验可得知点 C 的竖向压力以及 OCR 的大小。同时,由于 $K_{\mathrm{onc}} = 1 - \sin\varphi$,根据式(8.45)可得到点 C 的初始应力各向异性参数 K_0,故点 C 的应力状态能够完全确定。因为参考初始点 $A_{0\mathrm{k}}$ 与前期固结压力点 $B_{0\mathrm{k}}$ 均位于初始 K_{onc} 固结线上,所以点 $A_{0\mathrm{k}}$ 处的初始应力各向异性参数值等于 K_{onc}。由图 8.37 还可知,点 $A_{0\mathrm{k}}$ 与

点 C 同在初始屈服面上，此时的硬化参数 $H=0$，根据式(8.41)可得点 A_{0k} 的应力为

$$\left.\begin{aligned}\sigma_{10k} &= \frac{1+2K_0}{1+2K_{onc}}\left(1+\frac{\eta_0^{*2}}{M^2}\right)\sigma_{10}\\ \sigma_{20k} &= \frac{K_{onc}(1+2K_0)}{1+2K_{onc}}\left(1+\frac{\eta_0^{*2}}{M^2}\right)\sigma_{10}\\ \sigma_{30k} &= \sigma_{20k}\end{aligned}\right\} \tag{8.46}$$

式中，σ_{10} 为初始点 C 处的大主应力(Pa)，即为原状土的上覆压力。这样初始点 C 处的相对应力比 η_0^* 可表示为

$$\eta_0^* = \frac{9\,|K_0-K_{onc}|}{(1+2K_{onc})(1+2K_0)} \tag{8.47}$$

式(8.41)中的统一硬化参数 H 定义为

$$H=\int \mathrm{d}H=\int\frac{M_f^4-\eta_k^4}{M^4-\eta_k^4}\mathrm{d}\varepsilon_v^p \tag{8.48}$$

式中，η_k 为状态应力比。在初始状态时，$\eta_k=0$；当达到特征状态(临界状态)时，$\eta_k=M$。

(2)状态应力比 η_k 及其特性

根据临界状态土力学，在特征状态(临界状态)时，塑性体积应变增量 $\mathrm{d}\varepsilon_v^p=0$。根据式(8.41)及流动法则得塑性体积应变增量 $\mathrm{d}\varepsilon_v^p$ 为

$$\mathrm{d}\varepsilon_v^p=\Lambda\frac{\partial f}{\partial\sigma_{ij}}\delta_{ij} \tag{8.49}$$

由于 $\Lambda>0$，故在特征状态(临界状态)时，$\frac{\partial f}{\partial\sigma_{ij}}\delta_{ij}=0$。

对式(8.41)微分，得到

$$\left.\begin{aligned}\frac{\partial f}{\partial\sigma_{ij}}&=\frac{\partial f}{\partial p}\frac{\partial p}{\partial\sigma_{ij}}+\frac{\partial f}{\partial\eta^*}\frac{\partial\eta^*}{\partial\sigma_{ij}}\\ \frac{\partial f}{\partial p}&=\frac{1}{p}\\ \frac{\partial p}{\partial\sigma_{ij}}&=\frac{1}{3}\delta_{ij}\\ \frac{\partial f}{\partial\eta^*}&=\frac{2\eta^*}{M^2+\eta^{*2}}\\ \frac{\partial\eta^*}{\partial\sigma_{ij}}&=\frac{1}{2\eta^*p}[3(\eta_{ij}-\eta_{ij0k})-\eta_{mn}(\eta_{mn}-\eta_{mn0k})\delta_{ij}]\end{aligned}\right\} \tag{8.50}$$

根据式(8.50)，可得

$$\frac{\partial f}{\partial\sigma_{ij}}\delta_{ij}=\frac{\partial f}{\partial p}\frac{\partial p}{\partial\sigma_{ij}}\delta_{ij}+\frac{\partial f}{\partial\eta^*}\frac{\partial\eta^*}{\partial\sigma_{ij}}\delta_{ij}$$

$$= \frac{1}{p}\frac{1}{3}\delta_{ij}\delta_{ij} + \frac{2\eta^*}{M^2+\eta^{*2}}\frac{1}{2\eta^* p}[3(\eta_{ij}-\eta_{ij0k})-\eta_{kl}(\eta_{kl}-\eta_{kl0k})\delta_{ij}]\delta_{ij}$$

$$= \frac{1}{p} + \frac{1}{p(M^2+\eta^{*2})}[3(\eta_{ij}\delta_{ij}-\eta_{ij0k}\delta_{ij})-3\eta_{kl}(\eta_{kl}-\eta_{kl0k})]$$

$$= \frac{1}{p(M^2+\eta^{*2})}[M^2+\eta^{*2}+3\eta_{ii}-3\eta_{ii0k}-3\eta_{kl}(\eta_{kl}-\eta_{kl0k})] = 0 \quad (8.51)$$

因 $\eta_{ii}=\eta_{ii0k}=0$,则式(8.51)为

$$\frac{\partial f}{\partial \sigma_{ij}}\delta_{ij} = \frac{1}{p(M^2+\eta^{*2})}[M^2+\eta^{*2}-3\eta_{kl}(\eta_{kl}-\eta_{kl0k})]$$

$$= \frac{1}{p(M^2+\eta^{*2})}[M^2-(3\eta_{kl}(\eta_{kl}-\eta_{kl0k})-\eta^{*2})] = 0 \quad (8.52)$$

由式(8.52)可得特征状态(临界状态)时满足

$$M^2-[3\eta_{kl}(\eta_{kl}-\eta_{kl0k})-\eta^{*2}] = 0 \quad (8.53)$$

令状态应力比 η_k 为

$$\eta_k^2 = 3\eta_{kl}(\eta_{kl}-\eta_{kl0k})-\eta^{*2} = \frac{3}{2}(\eta_{kl}\eta_{kl}-\eta_{kl0k}\eta_{kl0k}) \quad (8.54)$$

则

$$\eta_k = \sqrt{\frac{3}{2}\left|\eta_{ij}\eta_{ij}-\eta_{ij0k}\eta_{ij0k}\right|} \quad (8.55)$$

由于 $\eta=\frac{q}{p}$,则根据式(8.55)可以得到

$$q = p\sqrt{\eta_k^2+\eta_{onc}^2} \quad (8.56)$$

由式(8.56)可见,当平均主应力 $p=\text{const}$ 时,状态应力比 η_k 与剪应力 q 为一一对应关系,即在 π 平面上 η_k 的等值线为以原点为圆心的圆。

图 8.38~图 8.40 为初始 $K_0=0.5$,$p=196\text{kPa}$,在三轴压缩($\overrightarrow{AC}$ 路径)和三轴伸长($\overrightarrow{AC'}$ 路径)条件下正常固结土的状态应力比 η_k 预测曲线(模型参数 $\lambda=0.09$,$\kappa=0.02$,$M=1.36$,$\nu=0.2$,$M_h=1.14$,$e_0=0.768$)。当沿着 $\overrightarrow{AC}$ 三轴压缩路径加载时(图 8.38、图 8.40),状态应力比 η_k 从初始点 A($\eta_{onc}=0.75$)增加到临界状态点 C($\eta_k=M$),而在 π 平面上 η_k 的等值线为以原点为圆心并随着应力增加不断扩大同心圆,较大的 η_k 对应较大的圆形等值线。当沿 $\overrightarrow{AC'}$ 三轴伸长路径加载时(图 8.38、图 8.40),根据式(8.55),由于 η_{ij} 减小,导致 η_k 一直增大到原点,在 π 平面上 η_k 的等值线也相应的缩小到原点,此时半径较小的等值线对应较大的 η_k 。当应力超过原点后,逐渐增加的 η_{ij} 使 η_k 开始减小直至点 A'($\eta=0.75$),而 π 平面上 η_k 的等值线开始扩大,当应力达到点 A' 时,η_k 的等值线与初始状态 η_k 的等值线重合,而半径较大的等值线对应较小的 η_k 。自点 A' 以后状态应力比 η_k 一直增加至临界状态,此时 η_k 的等值线的变化规律与三轴压缩路径相同。

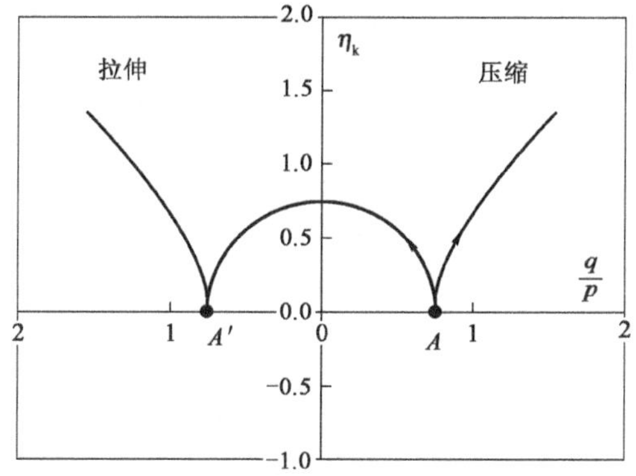

图 8.38 $\frac{q}{p}$与η_k的关系曲线

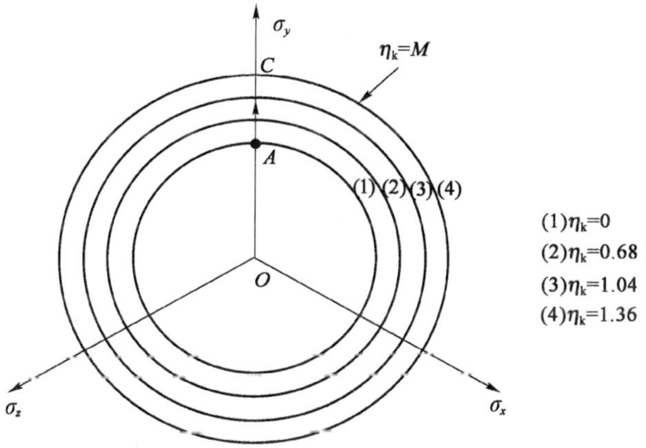

图 8.39 π平面上三轴压缩条件下η_k的等值线

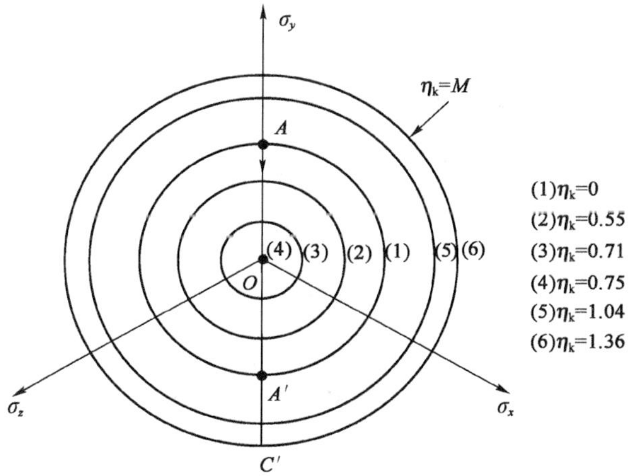

图 8.40 π平面上三轴伸长条件下η_k的等值线

图 8.41 为平均主应力为 $p=49\text{kPa}$ 的排水路径条件下超固结土的状态应力比 η_k 与塑性体应变 ε_v^p 的预测曲线(模型参数参数与图 8.38 相同，OCR = 4，$K_{onc}=K_0=0.4$)。从图 8.41 中可以看出，当应力状态达到点 A 的特征状态时，$\eta_k=M$，此时，塑性体应变增量开始由正值变为负值；随着 η_k 的继续增大，当达到峰值状态时，$\eta_k=M_f$，此时应力状态开始由硬化转为软化的分界线；之后 η_k 开始减小，直至达到 $\eta_k=M$ 的临界状态。由此可见，η_k 是一个能够较好描述 K_0 固结土剪胀特性的状态应力比参数，但应力比 η 和相对应力比 η^* 没有这种功能。

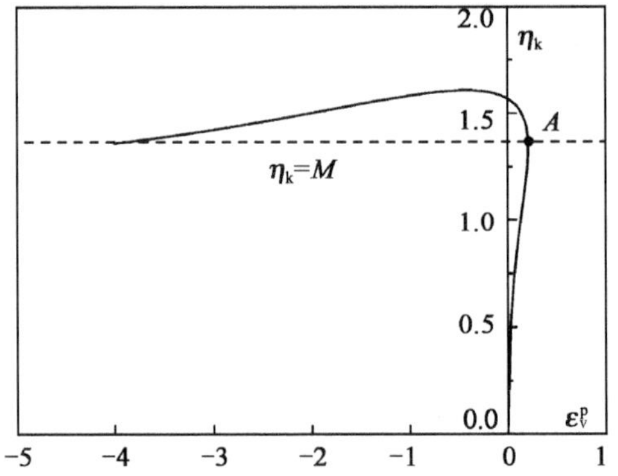

图 8.41　η_k 与塑性体应变 ε_v^p 的关系曲线

(3)潜在强度 M_f 和状态应力比 η_k

超固结参数 R 可表示为

$$R=\frac{p}{\tilde{p}}=\frac{q}{\bar{q}} \tag{8.57}$$

因为 $\bar{\eta}^*=\eta^*$，由式(8.40)和式(8.57)可得

$$R=\frac{p}{\bar{p}_{0k}}\left(1+\frac{\eta^{*2}}{M^2}\right)\exp\left(-\frac{\varepsilon_v^p}{c_p}\right) \tag{8.58}$$

潜在强度表达式如式(8.9)所示。

图 8.42 和图 8.43 中的应力路径和模型参数与图 8.38 相同。图 8.42 为潜在强度 M_f 与 η_k 的关系曲线，$\eta_k=M_f$ 的状态出现两次，达到峰值点 A 之前，$\eta_k<M_f$，超固结土为硬化稳定状态；达到峰值状态点 A 时，$\eta_k=M_f$，土体由硬化阶段开始转为软化阶段；超过峰值状态点 A 后，η_k 略大于潜在强度 M_f，并随潜在强度 M_f 一同减小；达到临界状态点 B 时，$\eta_k=M_f=M$，土体达到破坏。

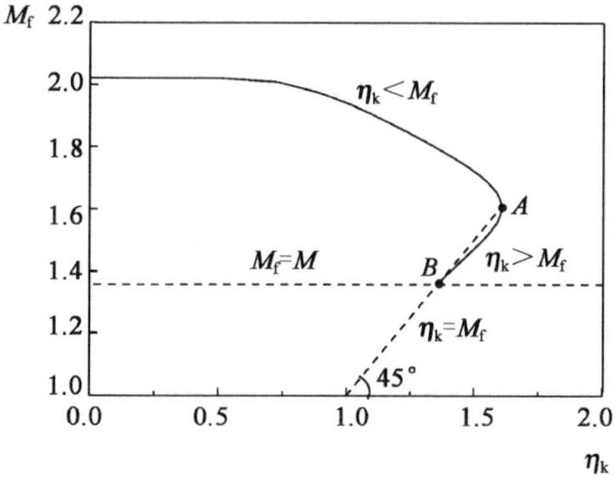

图 8.42　潜在强度 M_f 与 η_k 的关系曲线

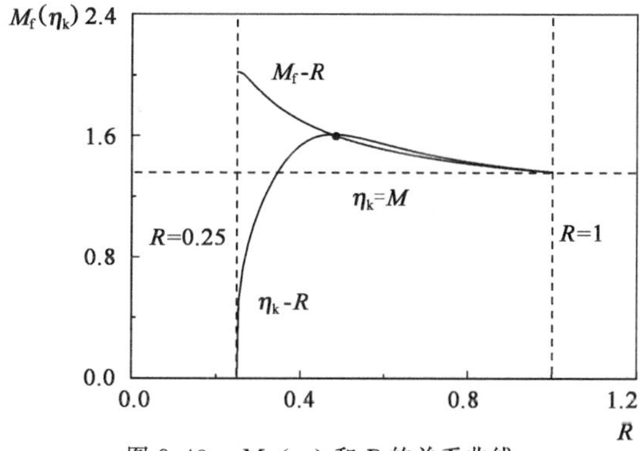

图 8.43　M_f（η_k）和 R 的关系曲线

图 8.43 为超固结参数 R 与潜在强度 M_f 和 η_k 的关系曲线。初始状态时，超固结参数 R 较小，此时潜在强度 M_f 很大，η_k 为 0；随着 R 的单调增加，潜在强度 M_f 逐渐减小，而 η_k 增加较快并达到 $\eta_k = M_f$ 的峰值状态；随后，η_k 和潜在强度 M_f 一起减小趋于 $R = 1$ 的临界状态，此时，$\eta_k = M_f = M$ 。

(4)应力比 η、相对应力比 η^* 和状态应力比 η_k

图 8.44 预测的应力路径以及所采用的模型参数仍与图 8.38 相同。由于土体处于初始应力各向异性状态，应力比 $\eta\left(\eta = \sqrt{\dfrac{3}{2\eta_{ij}\eta_{ij}}}\right)$以静水压力轴（$p$ 轴）为参考轴，故初始状态的应力比 η 不为 0，而相对应力比 η^* 和 状态应力比 η_k 是以 K_{onc} 正常固结线为参考轴，见式(8.42)和式(8.55)所示。由于初始应力状态位于 K_{onc} 正常固结线上，故初始状态时的相对应力比 η^* 和状态应力比 η_k 均为 0；在三轴压缩加载过程中，应力比 η 最大，状态应力比 η_k 次之，而相对应力比 η^* 最小；在峰值状态时，只有状态应力比 η_k 等于峰值应力比 M_f ，但三者在此时均达到峰值点；在临

界状态时,状态应力比 η_k 与临界状态应力比 M 相等,而应力比 η 和相对应力比 η^* 不等于临界状态应力比 M,但三者的增量均为 0。

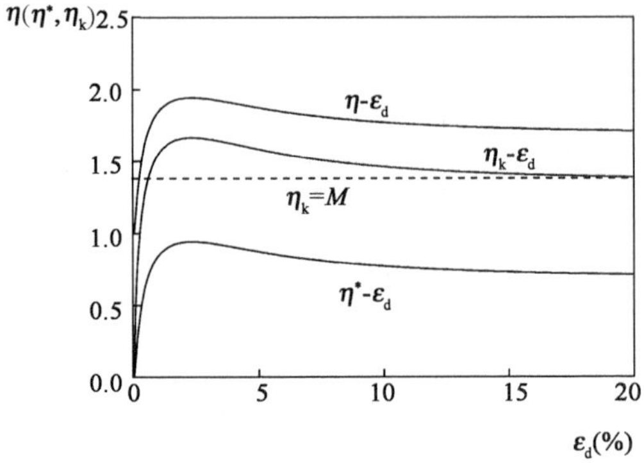

图 8.44　η、η^*、η_k 与 ε_d 的关系曲线

(5)初始应力各向异性修正剑桥模型的临界状态应力比

对于正常固结土,由于 $M_f = M$,当前屈服面和参考屈服面重合,根据式(8.40)和式(8.41)可得屈服面函数为

$$f = g = \ln\frac{p}{p_{0k}} + \ln\left(1 + \frac{\eta^{*2}}{M^2}\right) - \frac{1}{c_p}\varepsilon_v^p = 0 \tag{8.59}$$

根据临界状态条件($\eta_k = M$),并联立式(8.56)可得

$$M^2 = \eta_k^2 = \eta^2 - \eta_{onc}^2 \tag{8.60}$$

即临界状态时的应力比 η 满足

$$\eta = \sqrt{M^2 + \eta_{onc}^2} \tag{8.61}$$

又因

$$\eta_{onc} = \frac{3(1 - K_{onc})}{1 + 2K_{onc}} \tag{8.62}$$

根据式(8.61)和式(8.62)可知,临界状态时的应力比 η 与初始应力各向异性参数 K_{onc} 有关。

为了研究不同的初始 K_{onc} 值对临界状态应力比的影响,采用初始(K_{onc} =0.4,0.5)正常固结土的不排水三轴试验以及 p = 196kPa,σ_r = 196kPa 排水三轴试验的预测结果来分析(图 8.45),模型参数同图 8.38。点 C_1 位于[1]号初始固结线(K_{onc} =0.5)上,它所对应的临界状态线为[3]号曲线。点 C_2 位于[2]号初始固结线(K_{onc} = 0.4)上,它所对应的临界状态线为[4]号曲线。当 K_{onc} 较大时,根据式(8.62),其所对应的初始应力比 η_{onc} 相对较小,在 p-q 面上的曲线更接近于 p 轴。在图8.45a)和 b)中,由于点 C_1 所对应的 K_{onc}(值为 0.5)大于点 C_2 所对应的 K_{onc}(值为 0.4),故在 p-q 面上点 C_1 所在的[1]号曲线比点 C_2 所在的[2]号曲线低;而在 e-p 面上点 C_1 所在的[1]号曲线更接近于等向固结线 NCL。

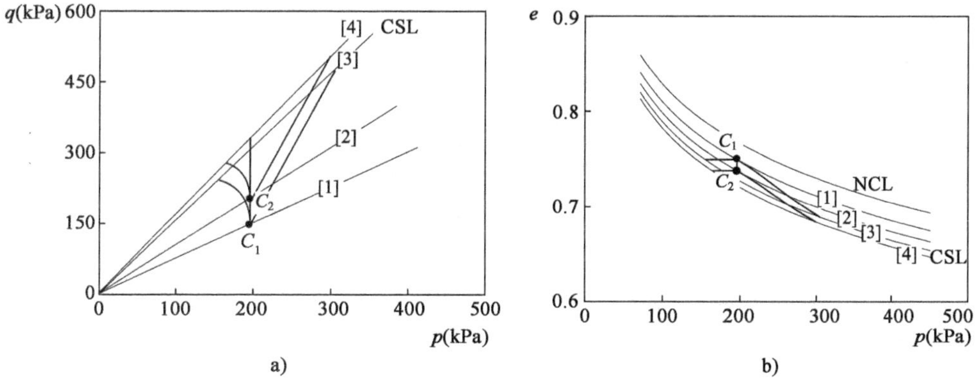

图 8.45 正常固结土的对应不同初始 K_0 值的应力应变关系曲线

a)初始 $K_{onc}=0.4$ 和 $K_{onc}=0.5$ 在 p-q 面上的关系曲线；b)初始 $K_{onc}=0.4$ 和 $K_{onc}=0.5$ 在 e-p 面上的关系曲线

根据式(8.61)和式(8.62)，较大的 K_{onc} 所对应的初始应力比 η_{onc} 较小，进而，其所对应的临界状态应力比也较小，它在 p-q 面上的曲线更接近于 p 轴，在 e-p 面上的曲线距等向压缩线 NCL 更近。由图 8.45a)和 b)可见，在 p-q 面上[3]号曲线比[4]号曲线低，而在 e-p 面上[3]号曲线距离等向压缩线 NCL 更近。

对初始 K_{onc} 相同的土沿着不同的应力路径加载时，无论在 p-q 面上，还是在 e-p 面上，它们的应力终点均能回到同一条临界状态线上。

采用 $p=196\text{kPa}$，$K_{onc}=0.4$，且 θ（在 π 平面上，应力路径与 σ_y 夹角）分别等于 0、arctan0.5、arctan1.0 的路径来分析 π 平面上不同路径对临界状态应力比的影响，见图 8.46。根据式(8.61)，破坏时的应力比 η 与 K_{onc} 有关，而上述路径所对应的 K_{onc} 相同，故它们的临界状态应力比 η 也应该相同。在图 8.46 和图 8.47a)

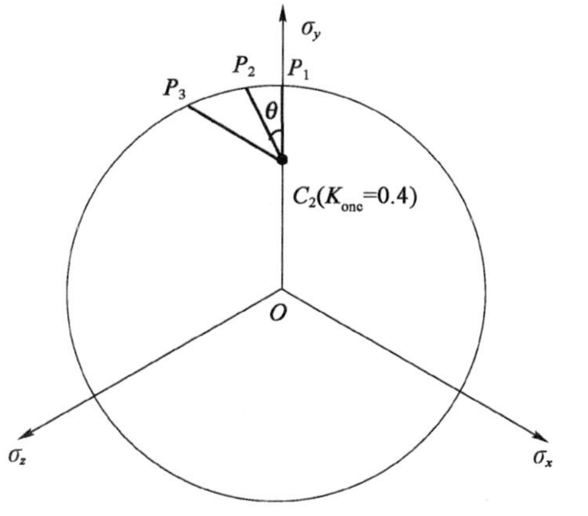

图 8.46 $p=196\text{kPa}$ 条件下 π 平面上的应力路径

中,尽管采用 π 平面上不同应力路径,但它们的破坏应力点均位于同一个以原点为圆心的圆上,在 p-q 面上均能回到同一条临界状态线上。

图 8.47b)～d)中 NCL 为等向压缩线,CSL 为 $K_{onc}=0.4$ 的三轴压缩($\theta=0$)条件下所对应的临界状态线。尽管它们的初始点相同,但由于 θ 不同,在 e-p 面上的临界状态应力点所对应的孔隙比 e 不同,则随着 θ 的增大,破坏时所产生的变形也越大,孔隙比 e 越小。由于平均主应力 p 相同,而较大的 θ 所对应的相对应力比 η^* 也较大,故所产生的变形也较大,由此也可得出相同的结论。

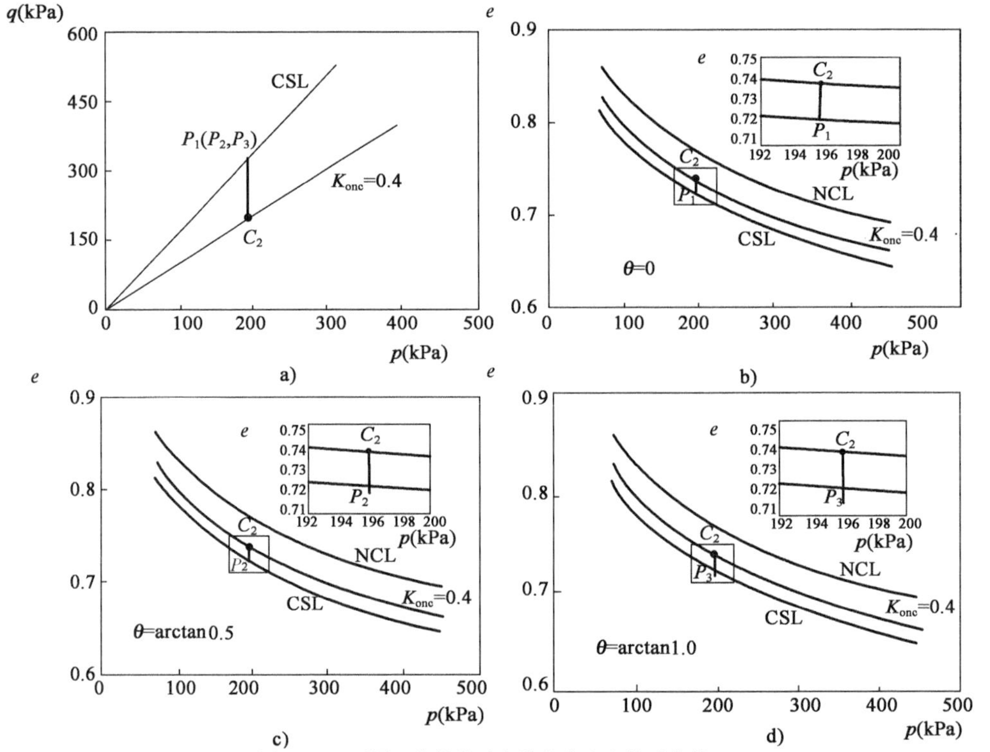

图 8.47 不同 θ 路径所对应的应力应变关系曲线

a)不同 θ 路径在 p-q 面上的关系曲线;b) $\theta=0$ 时在 e-p 面上的关系曲线;c) $\theta=\arctan0.5$ 时在 e-p 面上的关系曲线;d) $\theta=\arctan1.0$ 时在 e-p 面上的关系曲线

以上分析表明,当初始 K_{onc} 不同时,其所对应的临界状态线不同;对于相同的初始 K_{onc} 条件,不同路径的应力终点均位于同一条临界状态线上;当沿着 π 平面上不同的路径加载时,破坏时在 π 平面上应力终点均位于同一个 Mises 圆上,在 p-q 面上均能回到同一条临界状态线上,而在 e-p 面上较大的 θ 值路径将产生较大的变形,其所对应的临界状态线距离正常固结线较远。

8.4.2 三维初始应力各向异性超固结土的弹塑性模型

(1)塑性应变增量

在变换应力空间采用相关联流动法则,其屈服面函数和塑性势面函数可统一表示为

$$f = g = \ln\frac{\tilde{p}}{\tilde{p}_{0k}} + \ln\left(1 + \frac{\tilde{\eta}^{*2}}{M^2}\right) - \frac{1}{c_p}\widetilde{H} = 0 \tag{8.63}$$

式中,$\tilde{p}$ 为变换应力空间当前应力点的平均主应力(Pa);$\tilde{p}_{0k}$ 为变换应力空间点 A_{0k} 的平均主应力(Pa);该点处的相对应力比 $\tilde{\eta}^*$ 可表示为

$$\tilde{\eta}^* = \sqrt{\frac{3}{2}(\tilde{\eta}_{ij} - \tilde{\eta}_{ij0k})(\tilde{\eta}_{ij} - \tilde{\eta}_{ij0k})} \tag{8.64}$$

其中

$$\tilde{\eta}_{ij} = \frac{\tilde{\sigma}_{ij} - \tilde{p}\delta_{ij}}{\tilde{p}} \tag{8.65}$$

$$\tilde{\eta}_{ij0k} = \frac{\tilde{\sigma}_{ij0k} - \tilde{p}_{0k}\delta_{ij}}{\tilde{p}_{0k}} \tag{8.66}$$

在变换应力空间统一硬化参数为

$$\widetilde{H} = \int d\widetilde{H} = \int \frac{\widetilde{M}_f^4 - \tilde{\eta}_k^4}{M^4 - \tilde{\eta}_k^4} d\varepsilon_v^p \tag{8.67}$$

其中,$\widetilde{M}_f$ 见式(8.15);$\widetilde{R}$ 和 $\tilde{\eta}_k$ 见式(8.68)、式(8.69)。

$$\widetilde{R} = \frac{\tilde{p}}{\tilde{p}_k}\left(1 + \frac{\tilde{\eta}^{*2}}{M^2}\right)\exp\left(-\frac{\varepsilon_v^p}{c_p}\right) \tag{8.68}$$

$$\tilde{\eta}_k = \sqrt{\frac{3}{2}\left|\tilde{\eta}_{ij}\tilde{\eta}_{ij} - \tilde{\eta}_{ij0k}\tilde{\eta}_{ij0k}\right|} \tag{8.69}$$

根据流动法则 $d\varepsilon_{ij}^p - \Lambda\frac{\partial f}{\partial \tilde{\sigma}_{ij}}$,并对式(8.63)微分得

$$\Lambda = c_p \frac{M^4 - \tilde{\eta}_k^4}{\widetilde{M}_f^4 - \tilde{\eta}_k^4} \frac{\dfrac{\partial f}{\partial \tilde{p}} d\tilde{p} + \dfrac{\partial f}{\partial \tilde{\eta}^*} d\tilde{\eta}^*}{\dfrac{\partial f}{\partial \tilde{\sigma}_{ij}}\delta_{ij}} \tag{8.70}$$

式中

$$\left.\begin{aligned}
\frac{\partial f}{\partial \tilde{\sigma}_{ij}} &= \frac{\partial f}{\partial \tilde{p}}\frac{\partial \tilde{p}}{\partial \tilde{\sigma}_{ij}} + \frac{\partial f}{\partial \tilde{\eta}^*}\frac{\partial \tilde{\eta}^*}{\partial \tilde{\sigma}_{ij}} \\
\frac{\partial f}{\partial \tilde{p}} &= \frac{1}{\tilde{p}} \\
\frac{\partial \tilde{p}}{\partial \tilde{\sigma}_{ij}} &= \frac{1}{3}\delta_{ij} \\
\frac{\partial f}{\partial \tilde{\eta}^*} &= \frac{2\tilde{\eta}^*}{M^2 + \tilde{\eta}^{*2}} \\
\frac{\partial \tilde{\eta}^*}{\partial \tilde{\sigma}_{ij}} &= \frac{1}{2\tilde{\eta}^*\tilde{p}}\left[3(\tilde{\eta}_{ij} - \tilde{\eta}_{ij0k}) - \tilde{\eta}_{mn}(\tilde{\eta}_{mn} - \tilde{\eta}_{mn0k})\delta_{ij}\right]
\end{aligned}\right\} \tag{8.71}$$

(2)初始应力各向异性超固结土的弹塑性本构张量

根据式(8.63)、式(8.18)得

$$\Lambda = \frac{\dfrac{\partial f}{\partial \sigma_{ij}} D^{\mathrm{e}}_{ijkl}\,\mathrm{d}\varepsilon_{kl}}{X} \tag{8.72}$$

式中

$$\begin{aligned} X &= \frac{\partial f}{\partial \sigma_{ij}} D^{\mathrm{e}}_{ijkl} \frac{\partial f}{\partial \tilde{\sigma}_{kl}} + \frac{\widetilde{M}_{\mathrm{f}}^4 - \tilde{\eta}_{\mathrm{k}}^4}{M^4 - \eta_{\mathrm{k}}^4} \frac{\partial f}{\partial \tilde{\sigma}_{mm}} \\ &= L \frac{\partial f}{\partial \sigma_{ii}} \frac{\partial f}{\partial \tilde{\sigma}_{kk}} + 2G \frac{\partial f}{\partial \sigma_{ij}} \frac{\partial f}{\partial \tilde{\sigma}_{ij}} + \frac{\widetilde{M}_{\mathrm{f}}^4 - \tilde{\eta}_{\mathrm{k}}^4}{M^4 - \eta_{\mathrm{k}}^4} \frac{\partial f}{\partial \tilde{\sigma}_{mm}} \end{aligned} \tag{8.73}$$

其中

$$\left.\begin{aligned} &\frac{\partial f}{\partial \sigma_{ij}} = \frac{\partial f}{\partial \tilde{\sigma}_{kl}} \frac{\partial \tilde{\sigma}_{kl}}{\partial \sigma_{ij}} \\ &l_\theta = \sqrt{s_{kl} s_{kl}} \\ &l_0 = 2\sqrt{\frac{2}{3}} \frac{I_1}{3\sqrt{\dfrac{I_1 I_2 - I_3}{I_1 I_2 - 9 I_3}} - 1} \\ &\frac{\partial \tilde{\sigma}_{kl}}{\partial \sigma_{ij}} = \frac{1}{3}\delta_{ij}\delta_{kl} + \left(\delta_{ik}\delta_{jl} - \frac{1}{3}\delta_{ij}\delta_{kl} - \frac{s_{kl}s_{ij}}{l_\theta^2}\right)\frac{l_0}{l_\theta} + \frac{s_{kl}}{l_\theta}\frac{\partial l_0}{\partial I_m}\frac{\partial I_m}{\partial \sigma_{ij}} \end{aligned}\right\} \tag{8.74}$$

8.4.3 超固结土模型与 K_0 超固结土模型的比较

超固结土模型与 K_0 超固结土模型的对比见表 8.4。

超固结土模型与 K_0 超固结土模型的比较 表 8.4

	超固结土模型	K_0 超固结土模型
参考屈服面	$\bar{f} = \ln\dfrac{\tilde{\tilde{p}}}{\tilde{\tilde{p}}_{\mathrm{x}_0}} + \ln\left(1 + \dfrac{\tilde{\tilde{q}}^2}{M^2\,\tilde{\tilde{p}}^2}\right) - \dfrac{1}{c_{\mathrm{p}}}\varepsilon_{\mathrm{v}}^{\mathrm{p}} = 0$	$\bar{f} = \ln\dfrac{\tilde{\tilde{p}}}{\tilde{\tilde{p}}_{0\mathrm{k}}} + \ln\left(1 + \dfrac{\tilde{\tilde{\eta}}^{*2}}{M^2}\right) - \dfrac{1}{c_{\mathrm{p}}}\varepsilon_{\mathrm{v}}^{\mathrm{p}} = 0$
当前屈服面和塑性势面	$f = \ln\dfrac{\tilde{p}}{\tilde{p}_{\mathrm{x}_0}} + \ln\left(1 + \dfrac{\tilde{q}^2}{M^2\tilde{p}^2}\right) - \dfrac{1}{c_{\mathrm{p}}}\widetilde{H} = 0$	$f = g = \ln\dfrac{\tilde{p}}{\tilde{p}_{0\mathrm{k}}} + \ln\left(1 + \dfrac{\tilde{\eta}^{*2}}{M^2}\right) -$ $\dfrac{1}{c_{\mathrm{p}}}\widetilde{H} = 0$
硬化参数	$\widetilde{H} = \int \mathrm{d}\widetilde{H} = \int \dfrac{\widetilde{M}_{\mathrm{f}}^4 - \tilde{\eta}^4}{M^4 - \tilde{\eta}^4}\mathrm{d}\varepsilon_{\mathrm{v}}^{\mathrm{p}}$	$\widetilde{H} = \int \mathrm{d}\widetilde{H} = \int \dfrac{\widetilde{M}_{\mathrm{f}}^4 - \tilde{\eta}_{\mathrm{k}}^4}{M^4 - \tilde{\eta}_{\mathrm{k}}^4}\mathrm{d}\varepsilon_{\mathrm{v}}^{\mathrm{p}}$

续上表

	超固结土模型	K_0 超固结土模型
潜在强度	$\widetilde{M}_f=\left(\dfrac{1}{\widetilde{R}}-1\right)(M-M_h)+M$	
超固结参数	$\widetilde{R}=\dfrac{\widetilde{p}}{\widetilde{p}_{x_0}}\left(1+\dfrac{\widetilde{\eta}^2}{M^2}\right)\exp\left(-\dfrac{\varepsilon_v^p}{c_p}\right)$	$\widetilde{R}=\dfrac{\widetilde{p}}{\widetilde{p}_{0k}}\left(1+\dfrac{\widetilde{\eta}^{*2}}{M^2}\right)\exp\left(-\dfrac{\varepsilon_v^p}{c_p}\right)$
塑性应变增量	$d\varepsilon_{ij}^p=\Lambda\dfrac{\partial f}{\partial\widetilde{\sigma}_{ij}}$	
塑性因子	$\Lambda=c_p\dfrac{M^4-\widetilde{\eta}^4}{\widetilde{M}_f^4-\widetilde{\eta}^4}\left(d\widetilde{p}+\dfrac{2\widetilde{p}\widetilde{q}}{M^2\widetilde{p}^2-\widetilde{q}^2}d\widetilde{q}\right)$	$\Lambda=c_p\dfrac{M^4-\widetilde{\eta}_k^4}{\widetilde{M}_f^4-\widetilde{\eta}_k^4}\dfrac{\dfrac{\partial f}{\partial\widetilde{p}}d\widetilde{p}+\dfrac{\partial f}{\partial\widetilde{\eta}^*}d\widetilde{\eta}^*}{\dfrac{\partial f}{\partial\widetilde{\sigma}_{ij}}\delta_{ij}}$
模型参数	φ、λ、κ、ν、e_0、M_h	φ、λ、κ、ν、e_0、M_h、α

通过超固结土模型与 K_0 超固结土模型的比较，可以得到如下结论：

①超固结土模型和 K_0 超固结土模型均在变换应力空间模拟土的变形特性。

②超固结土模型的当前屈服面和参考屈服面均为平均主应力 p 和剪应力 q 的函数；K_0 超固结土模型的当前屈服面和参考屈服面均为平均主应力 p 和相对应力比 η^* 的函数。

③在超固结土模型的硬化参数中引用了潜在强度 M_f、特征状态应力比 M 和应力比 η 参量来反映超固结土的剪缩、剪胀、硬化和软化特性；在 K_0 超固结土模型的硬化参数中引用了潜在强度 M_f、特征状态应力比 M 和状态应力比 η_k 参量来反映 K_0 超固结土的上述特性。

④两个模型的潜在强度 M_f的表达式相同。

⑤在超固结土模型中，超固结参数 R 与应力比 η 有关；而 K_0 超固结土模型的超固结参数 R 与状态应力比 η_k 有关。

⑥由于屈服函数、硬化参数 H 、超固结参数 R 选取的不同，导致塑性因子具有不同的表达式。

⑦与超固结土模型相比，除了参数 φ 、λ 、κ 、ν 、e_0 、M_h 以外，K_0 超固结土模型仅仅增加一个材料参数 α 。

通过采用不同的屈服函数和硬化参数 H 等来反映不同初始条件下土的应力应变特性。

8.4.4 模型预测与试验结果比较

为了描述 K_0 超固结土的塑性体积应变 ε_v^p 、超固结参数 R 以及潜在强度 M_f 的应力路径相关性特性，采用图 8.48 中所示的三轴压缩试验路径来说明(模型参数与图 8.38相同)，即从同一点 A 出发，沿着四条不同的路径($\overrightarrow{ADF}$ 、$\overrightarrow{AF}$ 、$\overrightarrow{ABEF}$ 和

$\overrightarrow{ACF}$)到达同一点 F 。图 8.48b)～e)分别给出了硬化参数 H 、超固结参数 R 、潜在强度 M_f 、塑性体积应变 ε_v^p 与平均主应力 p 的关系曲线。由图 8.48b)可见,虽然沿着四条不同的应力路径,而硬化参数 H 能够回到同一点 F ,表明硬化参数 H 与应力路

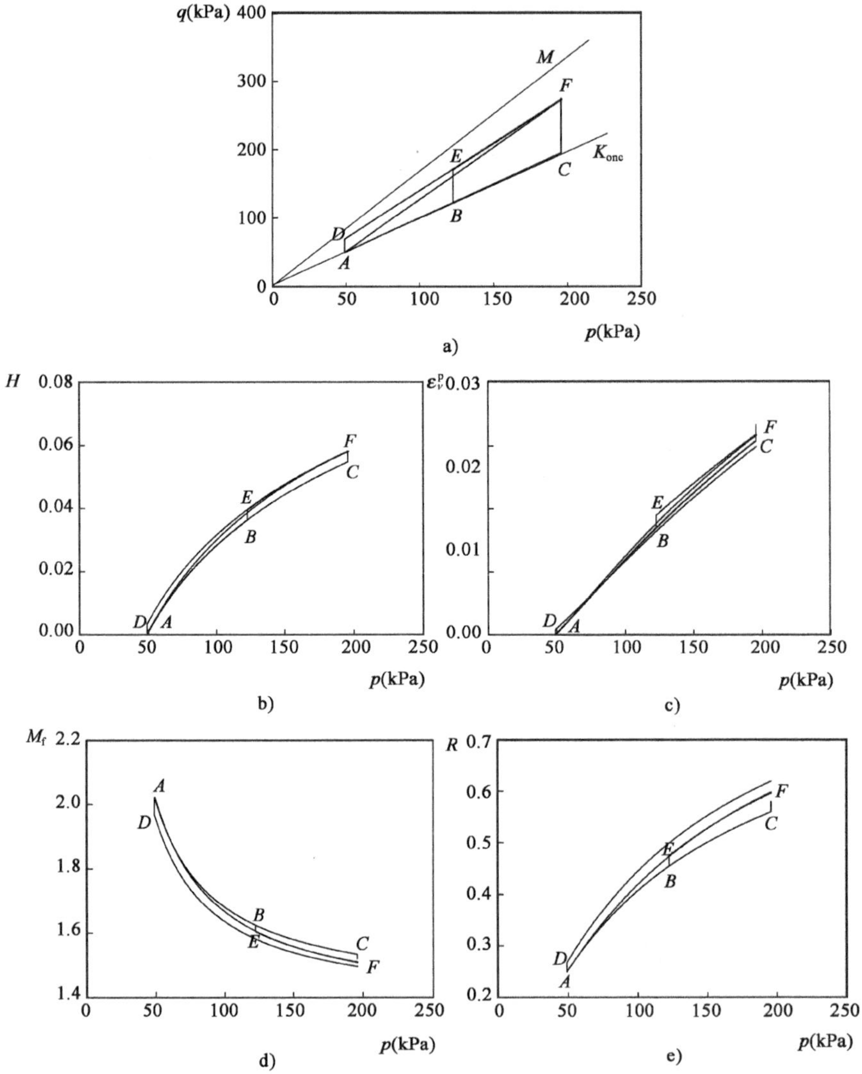

图 8.48　硬化参数 H 、超固结参数 R 、潜在强度 M_f 、塑性体积应变 ε_v^p 与平均主应力 p 的关系

a)应力路径;b)硬化参数 H 与平均主应力 p 的关系;c)超固结参数 R 与平均主应力 p 的关系;d)潜在强度 M_f 与平均主应力 p 的关系;e)塑性体积应变 ε_v^p 与平均主应力 p 的关系

径无关。从图 8.48c)～e)可以看出，当沿着不同的路径分别加荷至点 F 时，超固结参数 R 、潜在强度 M_f 和塑性体积应变 ε_v^p 的值均不同，它们具有很强的应力路径相关性。

以特殊路径 $\overrightarrow{AD}$ 、$\overrightarrow{BE}$ 和 $\overrightarrow{CF}$ 为例来分析，三种路径所对应的平均主应力 p 不相同，但三个起始点 A 、点 B 、点 C 以及三个终点 D 、点 E 、点 F 对应着相同的相对应力比 η^* 。由于它们的初始超固结程度不同(点 A 、点 B 、点 C 的超固结参数 R 依次增大，即超固结程度依次减小)，故它们的初始孔隙比和剪切模量也不同。点 C 所对应的土初始孔隙比最大，剪切模量最小，且该点的平均主应力 p 最大，所以路径 $\overrightarrow{CF}$ 所产生的塑性变形最大，同理，路径 $\overrightarrow{BE}$ 、$\overrightarrow{AD}$ 所产生的塑性变形依次减小。由于超固结参数 R 为应力状态与塑性应变的函数，点 C 所对应的平均主应力 p 最大，路径 $\overrightarrow{CF}$ 所产生的塑性变形也最大，故导致路径 $\overrightarrow{CF}$ 所对应的超固结参数 R 增加的最多。根据式(8.9)，潜在强度 M_f 为超固结参数 R 的反比例函数，由于路径 $\overrightarrow{CF}$ 、$\overrightarrow{BE}$ 和 $\overrightarrow{AD}$ 所产生的超固结参数 R 增量依次增大，故路径 $\overrightarrow{CF}$ 、$\overrightarrow{BE}$ 和 $\overrightarrow{AD}$ 所对应的潜在强度 M_f 增量依次减小，而硬化参数 H 在这三种路径中的增量基本相同。

路径 $\overrightarrow{ABC}$ 和 $\overrightarrow{DEF}$ 所对应的平均主应力 p 的变化相同，而相对应力比 η^* 不同。点 D 处的超固结参数 R 大于点 A 处的超固结参数 R ，故点 D 所对应土的孔隙比较大，土较软，同时，由于点 D 处的相对应力比 η^* 也较大，因此路径 $\overrightarrow{DEF}$ 将产生较大的塑性变形。由于超固结参数 R 为应力状态与塑性应变的函数，路径 $\overrightarrow{DEF}$ 所对应的相对应力比 η^* 和塑性变形较大，故该路径的超固结参数 R 增加得较多。根据超固结参数 R 与潜在强度 M_f 的反比例关系也可推知路径 $\overrightarrow{DEF}$ 的潜在强度 M_f 的变化最小，而硬化参数 H 在这两种路径中的增量基本相同。

采用 Banerjee 和 Yousif 的 Kaolin 土的三轴不排水试验结果及 Skempton 和 Sowa 的正常固结土三轴不排水试验数据来验证初始应力各向异性超固结土模型的合理性。在 Banerjee 和 Yousif 的 Kaolin 土试验中，参数 $\alpha = 0.4$ ，Kaolin 土的初始条件和模型参数见表 8.5 和表 8.6。图 8.49a)和 b)分别为初始条件 $K_{onc} = 0.8$ 的剪应力 $\frac{q}{p_0}$ ，超孔隙水压力 $\frac{u}{p_0}$ 和轴向应变 ε_1 的关系曲线。图 8.50 为初始条件 $K_{onc} = 0.667$ 的有效应力路径。图 8.51a)和 b)分别为初始条件 $K_{onc} = 0.571$ 的剪应力$\frac{q}{p_0}$，超孔隙水压力$\frac{u}{p_0}$和轴向应变 ε_1 的关系曲线。图 8.51c)为初始条件 $K_{onc} = 0.571$ 的有效应力路径。

Kaolin 土的材料参数(Banerjee 和 Yousif)　　　表 8.5

λ	κ	ν	M	M_h	α
0.14	0.05	0.20	1.17	0.72	0.4

Kaolin 土的初始条件(Banerjee 和 Yousif)　　表 8.6

K_{onc}	OCR	e_0 (comp.)	e_0 (ext.)
0.800	1.0	1.01	1.01
	2.0	1.08	1.05
	4.0	1.07	1.07
0.667	1.0	1.00	0.99
	2.0	1.06	1.05
	4.0	1.07	1.07
0.571	1.0	1.00	1.00
	2.0	1.04	1.04
	4.0	1.06	1.06

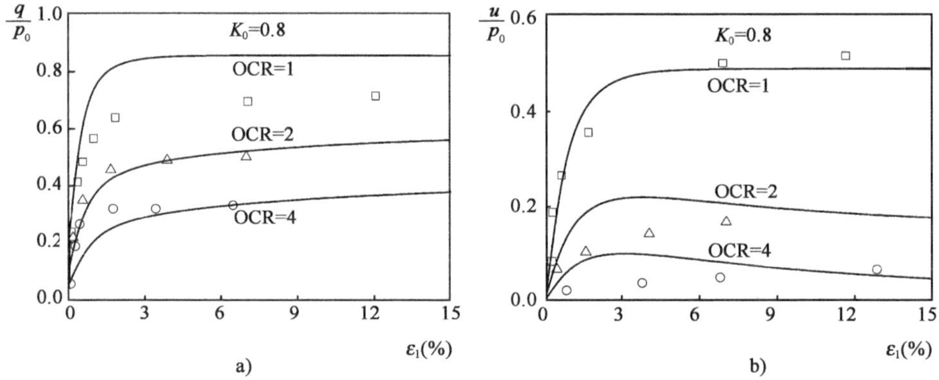

图 8.49　$K_{onc}=0.8$ 的试验数据与预测曲线的比较

a) $\frac{q}{p_0}$与 ε_1 的关系曲线；b) $\frac{u}{p_0}$与 ε_1 的关系曲线

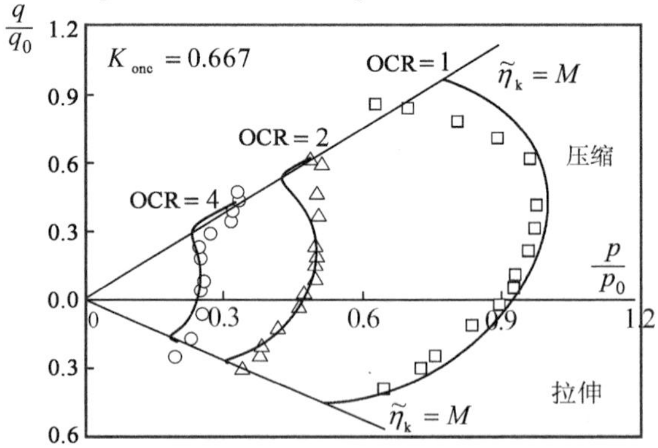

图 8.50　$K_{onc}=0.667$ 的试验数据与预测曲线的比较

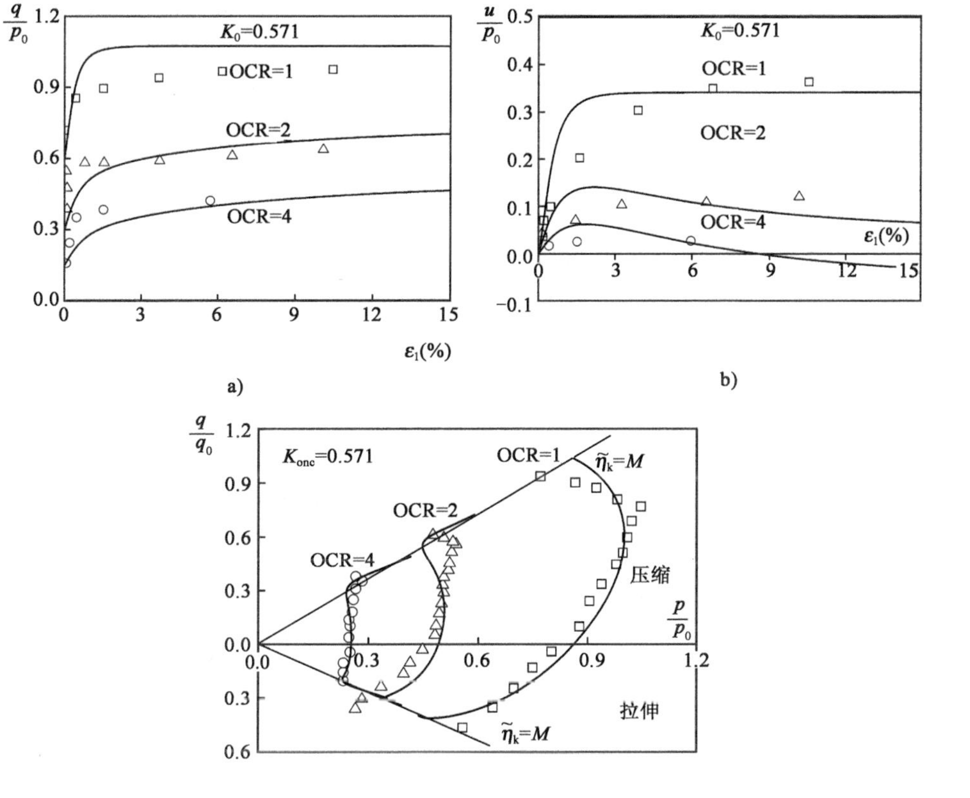

图 8.51　$K_{onc}=0.571$ 的试验数据与预测曲线的比较

a) $\frac{q}{p_0}$ 与 ε_1 的关系曲线；b) $\frac{u}{p_0}$ 与 ε_1 的关系曲线；c) 有效应力路径

Skempton 和 Sowa 的初始应力各向异性正常固结土三轴试验的模型参数见表 8.7。图 8.52 为有效应力路径的试验点和预测曲线的比较。图 8.53a) 和 b) 分别为剪应力 q 和超孔隙水压力 u 与轴向应变 ε_1 关系的试验点和预测曲线的比较。图中的圆圈表示三轴压缩方向不排水应力路径的试验数据，方框表示卸载以及再加载不排水应力路径的试验数据。

土的材料参数(Skempton 和 Sowa)　　表 8.7

λ	κ	ν	e_0	M	M_h
0.18	0.06	0.20	1.28	1.00	0.78

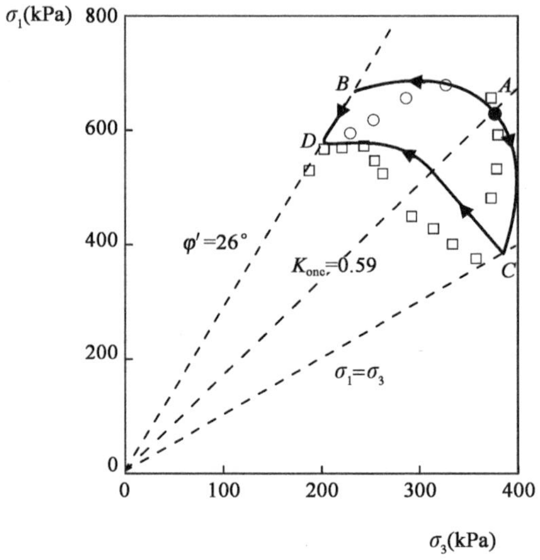

图 8.52　正常固结土的有效应力路径

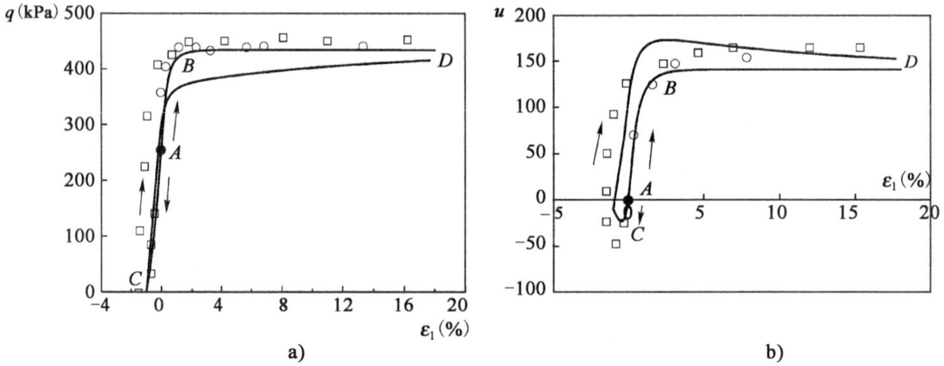

图 8.53　试验数据与预测曲线的比较

a) q 与 ε_1 的关系曲线；b) u 与 ε_1 的关系曲线

图 8.49～图 8.51 的试验数据和计算结果基本吻合，说明本文提出的模型能够较好地描述初始应力各向异性超固结土的应力应变特性。图 8.52 和图 8.53 的合理预测验证了模型具有合理地反映复杂路径下初始应力各向异性土变形性状的功能。

8.5　超固结土的渐近状态模型

为了合理描述土的超固结特性和渐近状态特性，基于超固结土模型，结合渐近状态概念，将适用于饱和砂土的渐近状态模型发展为能够描述不同应力路径下土的超固结性和渐近状态特性的模型。

8.5.1 屈服面、塑性势面

(1)模型的屈服面

为了反映超固结土在整个应力变化过程中超固结程度会逐渐减弱的趋势,采用参考屈服面和当前屈服面来描述。参考屈服面为参考应力点 B 所在的屈服面;当前屈服面为当前应力点 A 所在的屈服面,见图 8.54。当前应力与参考应力的关系见图 8.55。通过在参考屈服面和当前屈服面的硬化参数中考虑部分塑性体积应变的影响来描述土的渐近状态特性。当前屈服面可表示为

$$f = (1-\mu)c_{\mathrm{p}}\ln\frac{p}{p_{\mathrm{x0}}} + c_{\mathrm{p}}\ln\left(1+\frac{\eta^2}{M^2}\right) - H^{\mathrm{c}} = 0 \tag{8.75}$$

式中,p 为当前应力点上的平均主应力(Pa);p_{x0} 为初始状态时的当前屈服面与 p 轴的交点(Pa);M 为特征状态和临界状态应力比;耦合硬化参量 H^{c} 可表示为

$$H^{\mathrm{c}} = \int \frac{M_{\mathrm{f}}^4 - \eta^4}{M^4 - \eta^4}\mathrm{d}\varepsilon_v^{\mathrm{pc}} \tag{8.76}$$

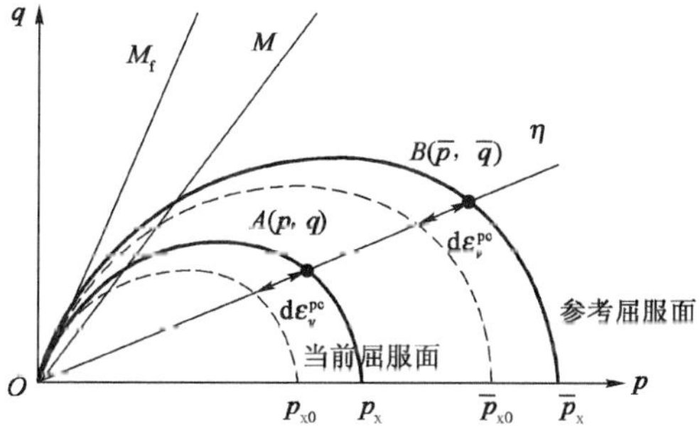

图 8.54　当前屈服面和参考屈服面

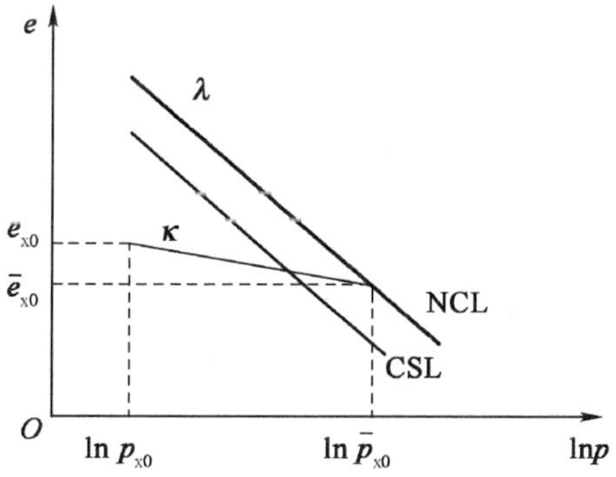

图 8.55　当前应力和参考应力

为了合理描述超固结土在等向条件下的特性,将非耦合的硬化参量 H^{unc} 表示为

$$H^{\mathrm{unc}}=\int \mathrm{d}\varepsilon_{\mathrm{v}}^{\mathrm{punc}}=\int \mu c_{\mathrm{p}} \frac{M^4}{M_{\mathrm{f}}^4} \frac{1}{p} \mathrm{d}p \tag{8.77}$$

式中,μ 为耦合参量,对于黏土,$\mu=1-\dfrac{\lambda M}{3(\lambda-\kappa)}$;潜在强度 M_{f} 的表达式为

$$M_{\mathrm{f}}=\left(\frac{1}{R}-1\right)(M-M_{\mathrm{h}})+M \tag{8.78}$$

式中,M_{h} 为伏斯列夫面的斜率;R 为超固结参数。

参考屈服面的表达式为

$$\bar{f}=(1-\mu)c_{\mathrm{p}}\ln\frac{\bar{p}}{\bar{p}_{\mathrm{x0}}}+c_{\mathrm{p}}\ln\left(1+\frac{\bar{q}^2}{M^2\bar{p}^2}\right)-\varepsilon_{\mathrm{v}}^{\mathrm{pc}}=0 \tag{8.79}$$

式中,$\bar{p}$ 为参考应力点上的平均主应力(Pa);$\bar{q}$ 为该点上的广义剪应力(Pa);$\bar{p}_{\mathrm{x0}}$ 为初始状态时的参考屈服面与 p 轴的交点(Pa);$\varepsilon_{\mathrm{v}}^{\mathrm{pc}}$ 为塑性体积应变。由式(8.79)可得

$$\bar{p}=\bar{p}_{\mathrm{x0}}\exp\left\{\frac{1}{1-\mu}\left[\frac{1}{c_{\mathrm{p}}}\varepsilon_{\mathrm{v}}^{\mathrm{pc}}-\ln\left(1+\frac{\bar{q}^2}{M^2\bar{p}^2}\right)\right]\right\} \tag{8.80}$$

由于 $R=\dfrac{p}{\bar{p}}=\dfrac{q}{\bar{q}}$,故超固结参数 R 为

$$R=\frac{p}{\bar{p}_{\mathrm{x0}}}\exp\left\{\frac{-1}{1-\mu}\left[\frac{1}{c_{\mathrm{p}}}\varepsilon_{\mathrm{v}}^{\mathrm{pc}}-\ln\left(1+\frac{\eta^2}{M^2}\right)\right]\right\} \tag{8.81}$$

对于正常固结土,由于 $p=\bar{p}$,$q=\bar{q}$,$p_{\mathrm{x0}}=\bar{p}_{\mathrm{x0}}$ 和 $R=1$,$H^{\mathrm{c}}=\varepsilon_{\mathrm{v}}^{\mathrm{pc}}$,故当前屈服面和参考屈服面重合,即当前屈服面函数表达式[式(8.75)]和参考屈服面函数表达式[式(8.80)]相同。

(2)模型的塑性势面

采用非相关联流动法则,当前应力点所对应的塑性势面为

$$g=\ln\frac{p}{p_{\mathrm{x}}}+\ln\left(1+\frac{q^2}{M^2p^2}\right)=0 \tag{8.82}$$

式中,p_{x} 为当前塑性势面与 p 轴的交点。

8.5.2 应力应变关系

应变增量分别由弹性应变、耦合的塑性应变和非耦合的塑性应变三方面组成,所以体积应变增量 $\mathrm{d}\varepsilon_{\mathrm{v}}$ 和剪应变增量 $\mathrm{d}\varepsilon_{\mathrm{d}}$ 也可分别写为

$$\left.\begin{aligned}\mathrm{d}\varepsilon_{\mathrm{v}}&=\mathrm{d}\varepsilon_{\mathrm{v}}^{\mathrm{e}}+\mathrm{d}\varepsilon_{\mathrm{v}}^{\mathrm{pc}}+\mathrm{d}\varepsilon_{\mathrm{v}}^{\mathrm{punc}}\\ \mathrm{d}\varepsilon_{\mathrm{d}}&=\mathrm{d}\varepsilon_{\mathrm{d}}^{\mathrm{e}}+\mathrm{d}\varepsilon_{\mathrm{d}}^{\mathrm{pc}}+\mathrm{d}\varepsilon_{\mathrm{d}}^{\mathrm{punc}}\end{aligned}\right\} \tag{8.83}$$

(1)弹性应变增量

根据胡克定律,弹性应变增量为公式

$$
\left.\begin{aligned}
\mathrm{d}\varepsilon_{v}^{\mathrm{e}} &= \frac{\kappa}{1+e_0}\cdot\frac{1}{p}\mathrm{d}p \\
\mathrm{d}\varepsilon_{\mathrm{d}}^{\mathrm{e}} &= \frac{2}{9}\cdot\frac{1+\nu}{1-2\nu}\cdot\frac{\kappa}{1+e_0}\cdot\frac{1}{p}\mathrm{d}q
\end{aligned}\right\} \tag{8.84}
$$

(2)非耦合的塑性应变增量

考虑 $\eta=0$ 时

$$
\mathrm{d}\varepsilon_{v}^{\mathrm{p}} = \mathrm{d}\varepsilon_{v}^{\mathrm{pc}} + \mathrm{d}\varepsilon_{v}^{\mathrm{punc}} = \frac{M^4}{M_{\mathrm{f}}^4}c_{\mathrm{p}}\,\frac{1}{p}\mathrm{d}p
$$

$$
\mathrm{d}\varepsilon_{v}^{\mathrm{pc}} = \frac{M^4}{M_{\mathrm{f}}^4}(1-\mu)c_{\mathrm{p}}\,\frac{1}{p}\mathrm{d}p
$$

所以非耦合的塑性应变增量为

$$
\left.\begin{aligned}
\mathrm{d}\varepsilon_{v}^{\mathrm{punc}} &= \frac{M^4}{M_{\mathrm{f}}^4}\mu c_{\mathrm{p}}\,\frac{1}{p}\mathrm{d}p \\
\mathrm{d}\varepsilon_{\mathrm{d}}^{\mathrm{punc}} &\equiv 0
\end{aligned}\right\} \tag{8.85}
$$

(3)耦合的塑性应变增量

根据当前屈服面函数式(8.76)求得耦合的塑性应变增量为

$$
\left.\begin{aligned}
\mathrm{d}\varepsilon_{v}^{\mathrm{pc}} &= c_{\mathrm{p}}\cdot\frac{M^4-\eta^4}{M_{\mathrm{f}}^4-\eta^4}\cdot\left(\frac{M^2-\eta^2}{M^2+\eta^2}-\mu\right)\cdot\frac{1}{p}\cdot\mathrm{d}p + c_{\mathrm{p}}\cdot 2\eta\cdot\frac{M^2-\eta^2}{M_{\mathrm{f}}^4-\eta^4}\cdot\frac{1}{p}\cdot\mathrm{d}q \\
\mathrm{d}\varepsilon_{\mathrm{d}}^{\mathrm{pc}} &= c_{\mathrm{p}}\cdot 2\eta\cdot\frac{M^2+\eta^2}{M_{\mathrm{f}}^4-\eta^4}\cdot\left(\frac{M^2-\eta^2}{M^2+\eta^2}-\mu\right)\cdot\frac{1}{p}\cdot\mathrm{d}p + c_{\mathrm{p}}\cdot\frac{4\eta^2}{M_{\mathrm{f}}^4-\eta^4}\cdot\frac{1}{p}\cdot\mathrm{d}q
\end{aligned}\right\} \tag{8.86}
$$

(4)总应变增量

根据以上公式得总应变增量为

$$
\left.\begin{aligned}
\mathrm{d}\varepsilon_{v} &= \left\{c_{\mathrm{p}}\left[\frac{M^4-\eta^4}{M_{\mathrm{f}}^4-\eta^4}\left(\frac{M^2-\eta^2}{M^2+\eta^2}-\mu\right)+\frac{M^4}{M_{\mathrm{f}}^4}\mu\right]+\frac{\kappa}{1+e_0}\right\}\frac{1}{p}\mathrm{d}p + 2c_{\mathrm{p}}\eta\frac{M^2-\eta^2}{M_{\mathrm{f}}^4-\eta^4}\,\frac{1}{p}\mathrm{d}q \\
\mathrm{d}\varepsilon_{\mathrm{d}} &= 2c_{p}\eta\frac{M^2+\eta^2}{M_{\mathrm{f}}^4-\eta^4}\left(\frac{M^2-\eta^2}{M^2+\eta^2}-\mu\right)\frac{1}{p}\mathrm{d}p + \left[c_{\mathrm{p}}\,\frac{4\eta^2}{M_{\mathrm{f}}^4-\eta^4}+\frac{2}{9}\,\frac{(1+\nu)\kappa}{(1-2\nu)(1+e_0)}\right]\frac{1}{p}\mathrm{d}q
\end{aligned}\right\} \tag{8.87}
$$

注意到,式(8.87)中的 M_{f} 是潜在强度,见式(8.78)。

8.5.3 加卸载准则

对于超固结比 OCR=1 的正常固结土,应力应变关系呈现出应变硬化情况,随着应力的增加,屈服面扩大;当超固结比达到一定值后,应力应变关系会呈现出应变软化情况,随着应力的增加,屈服面收缩。

(1)硬化材料的加卸载准则

硬化材料的加卸载条件是

$$
f(\sigma_{ij}, H) = 0 \tag{8.88}
$$

加载条件的全微分为

$$df = \frac{\partial f}{\partial \sigma_{ij}} d\sigma_{ij} + \frac{\partial f}{\partial H} dH = 0 \tag{8.89}$$

式(8.89)说明加载面的变化是由于应力增量 $d\sigma_{ij}$ 和硬化参量增量 dH 引起的，而 dH 又是由于 $d\sigma_{ij}$ 产生的。所以在函数处处连续可微的加载面上，硬化材料的加卸载准则可以只是由应力的变化是否离开加载面来反映。数学表达式为

$$f = 0 \qquad \left.\begin{aligned} & df = \frac{\partial f}{\partial \sigma_{ij}} d\sigma_{ij} > 0 \quad && \text{加载} \\ & df = \frac{\partial f}{\partial \sigma_{ij}} d\sigma_{ij} = 0 \quad && \text{中性变载} \\ & df = \frac{\partial f}{\partial \sigma_{ij}} d\sigma_{ij} < 0 \quad && \text{卸载} \end{aligned}\right\} \tag{8.90}$$

式(8.90)中的中性变载表示应力点在加载面上变化($f=0$)，但塑性内变量 H 不发生变化，即不产生新的塑性变形，只产生弹性变形($df=0$)，又不是卸载，称为中性变载。

用 p,q 表示的加卸载准则为

$$f = 0 \qquad \left.\begin{aligned} & df = \frac{\partial f}{\partial p} dp + \frac{\partial f}{\partial q} dq > 0 \quad && \text{加载} \\ & df = \frac{\partial f}{\partial p} dp + \frac{\partial f}{\partial q} dq = 0 \quad && \text{中性变载} \\ & df = \frac{\partial f}{\partial p} dp + \frac{\partial f}{\partial q} dq < 0 \quad && \text{卸载} \end{aligned}\right\} \tag{8.91}$$

上述的应变硬化材料的加卸载准则不适用于应变软化材料。如图 8.56 所示，应变硬化材料在加载时 $d\sigma>0$，加载面扩大；应变软化材料在加载时 $d\sigma<0$，表现为加载面收缩，即 $df<0$，此时难以与卸载准则区别。

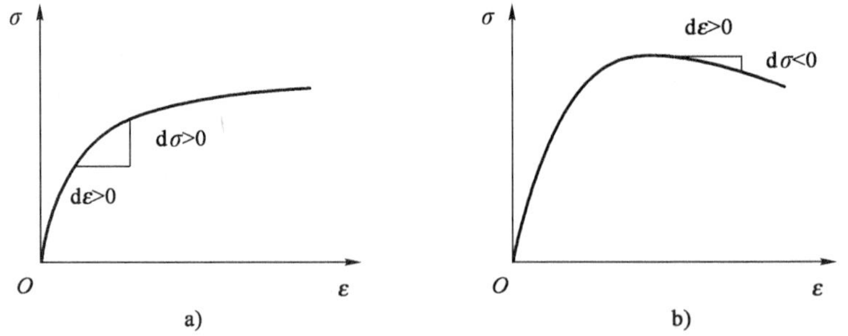

图 8.56 应力增量与应变增量

a)应变硬化材料；b)应变软化材料

(2)软化材料的加卸载准则

为了能够合理地表示出应变软化材料的加卸载条件，可使用应变空间的加载条件。

(3)加卸载准则的简化表达式

图 8.57 表示 p=常数(p=98kPa)，超固结比 OCR=8 的试验条件下，在加载过程中应力应变关系、应力路径及屈服面的变化情况。由图 8.57 可知从点 A 加荷至点 B，$dp_x>0$，$d\varepsilon_v^p>0$，当前屈服面增大，即通常的加载；从点 B 加荷至点 C，$dp_x<0$，$d\varepsilon_v^p<0$，当前屈服面减小，此时是加载软化。当前屈服面减小对应着不同的加卸载状态，可能是卸载，也可能是加载(软化)。其中，p_x 是当前屈服面与 p 轴的交点(Pa)，即等向固结的固结压力。例如，对于修正剑桥模型的椭圆形屈服面可求得

$$p_x = p\left(1+\frac{\eta^2}{M^2}\right) \tag{8.92}$$

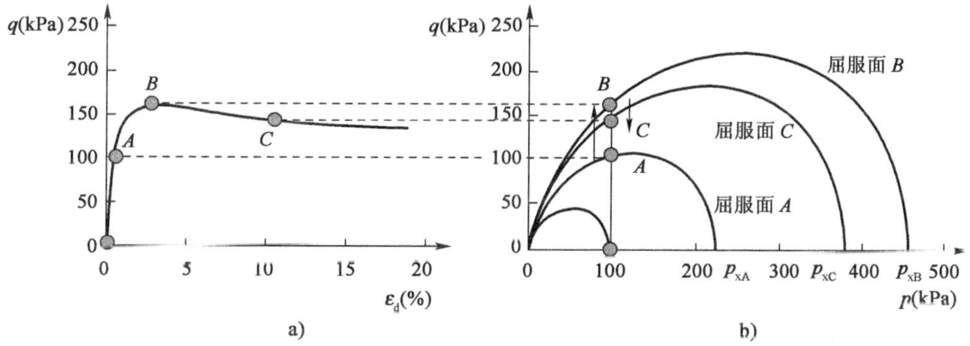

图 8.57 加载过程中当前屈服面的变化

a) p=常数，ε_d-q 关系曲线；b)屈服面变化

对于渐近状态模型屈服面可求得

$$p_x = p\left(1+\frac{\eta^2}{M^2}\right)^{\frac{1}{1-\mu}} \tag{8.93}$$

本章介绍的超固结土模型中，对于任意应力状态都有当前屈服面，所以没有前面公式中 $f=0$(应力空间屈服面)，或 $F=0$(应变空间屈服面)的加卸载条件限制。从任意状态点开始，相应的 $dp_x>0$ 就是加载，当 $dp_x\leqslant 0$ 时，需要进行判断。加卸载准则可以简单的表示为

$$\begin{cases} dp_x > 0 & \text{加载} \\ dp_x \leqslant 0 & \begin{cases} M_f \leqslant \eta & \text{加载(软化)} \\ M_f > \eta & \text{卸载} \end{cases} \end{cases} \tag{8.94}$$

(4)加卸载分析

①p=常数应力路径。

图 8.58 表示在 p=常数的情况下,不同超固结度土的应力应变关系。由图可知,当 OCR>1 时,加载中有下降段,即 $dq<0$,此时的加卸载准则与 $dq>0$ 不同。图 8.59a)~c)是 p=常数试验条件下 ε_d-η 和 ε_d-M_f 预测曲线。由计算可知,当应力比 η 超过峰值点后,$dq<0$,$dp_x<0$,此时 $M_f<\eta$,所以此时 $dp_x<0$ 表示的屈服面减小不是卸载,仍然是加载。图中分别表示了 OCR=8、OCR=4 和 OCR=1 的预测曲线。在 η 的峰值处应力比 η 与潜在强度 M_f 相交,超过峰值后,$M_f<\eta$,此时仍然是加载软化。

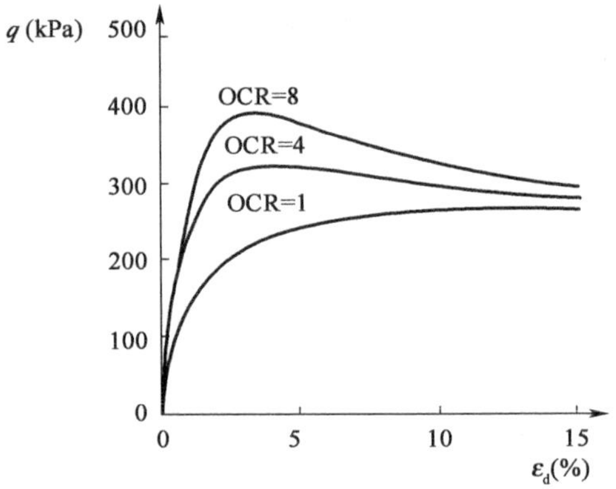

图 8.58 p=常数时不同超固结度的应力应变关系

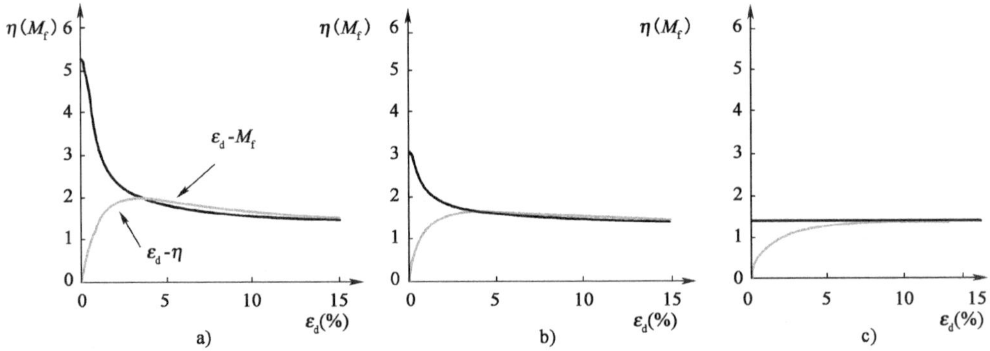

图 8.59 p=常数时 M_f 与 η 的关系

a)OCR=8;b)OCR=4;c)OCR=1

②不排水剪应力路径。

图 8.60 表示不排水条件下,不同超固结度土的应力应变关系。由图可知,当 OCR>1 时,加载中没有下降段。图 8.61a)~c)是不排水剪试验条件下 ε_d-η 和 ε_d-

M_f 预测曲线。由应力路径可知，在不排水剪试验条件下，在加荷的过程中，虽然 ε_d-η 曲线有下降段，但始终有 $dp_x>0$，所以只按式(8.94)的第一个条件作为加卸载的判断条件即可。图中分别表示了 OCR＝8、OCR＝4 和 OCR＝1 的预测曲线。对于超固结土，虽然应力比 η 存在拐点，但始终有 $dp_x>0$，所以屈服面在不断扩大。

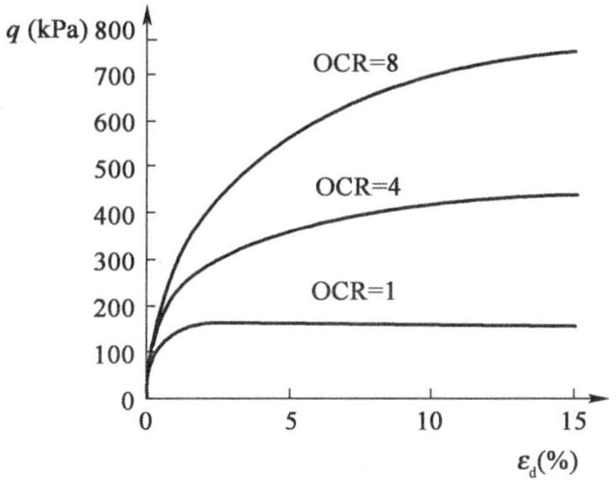

图 8.60　不排水剪条件下不同超固结度的应力应变关系

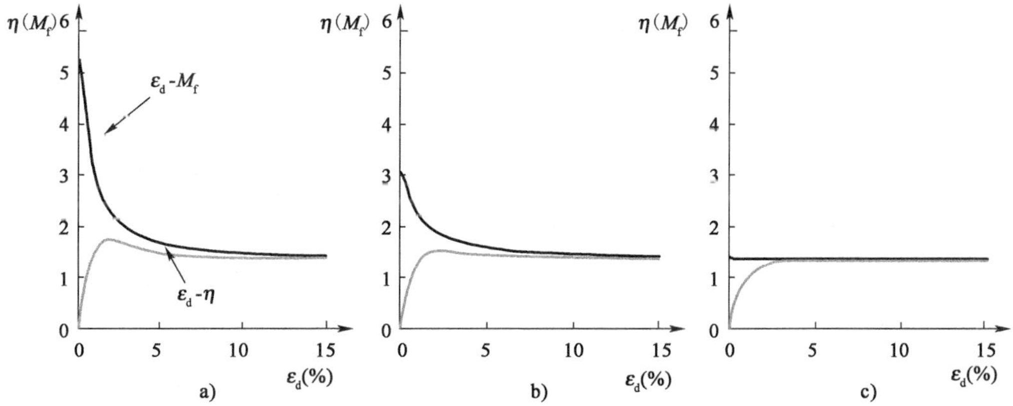

图 8.61　不排水剪条件下 M_f 与 η 的关系

a)OCR＝8；b)OCR＝4；c)OCR＝1

若设硬化参量增量为 $dH=\dfrac{M_f^4-\eta^4}{M^4-\eta^4}d\varepsilon_v^p$，也可以根据硬化参量增量的变化判断加卸载，分别有以下几种加载情况。

①硬化剪缩：$dH>0$，此时 $M_f>\eta$，$M>\eta$，所以 $\dfrac{M_f^4-\eta^4}{M^4-\eta^4}>0$，$d\varepsilon_v^p>0$，$dp_x>0$。

②硬化剪胀：$dH>0$，此时，$M_f>\eta>M$，所以 $\dfrac{M_f^4-\eta^4}{M^4-\eta^4}<0$，$d\varepsilon_v^p<0$，$dp_x>0$。

③软化：$dH<0$，此时，$M<M_f<\eta$，所以$\frac{M_f^4-\eta^4}{M^4-\eta^4}>0$，$d\varepsilon_v^p<0$，$dp_x<0$。

④卸载：$dp_x<0$，同时 $\eta<M_f$。

8.5.4 模型预测分析

$\frac{d\varepsilon_v}{d\varepsilon_1}=n$ 表示不同的约束条件。$n=0$ 对应着不排水条件，$n=1$ 对应着一维固结条件。超固结土渐近状态模型可以预测不同超固结度、约束条件的应力应变关系。

图 8.62 为 OCR=1 和 OCR=8 的超固结土在$\frac{d\varepsilon_v}{d\varepsilon_1}=0,0.5,1$ 应变路径条件下的应力应变曲线。模型参数为 $\lambda=0.812$，$\kappa=0.093$，$M=1.1$，$M_h=0.8$，$\nu=0.3$，此外，$e_0=0.707$，$\mu=0.586$。

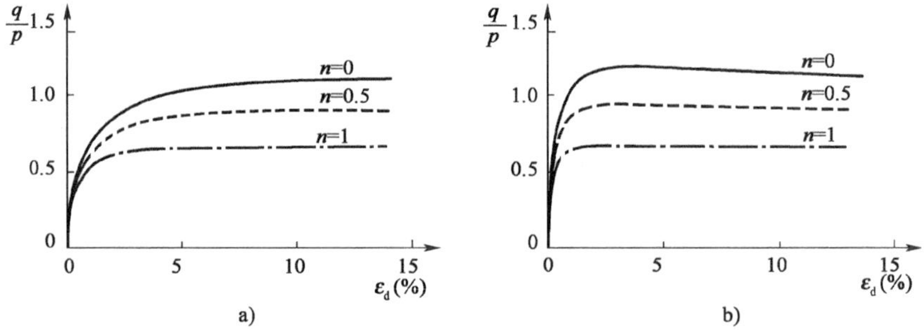

图 8.62　n 值不同应力应变关系比较

a)OCR=1；b)OCR=8

图 8.63 为分别采用超固结土模型(图中虚线)和超固结土的渐近状态模型(图中实线)预测的应力应变曲线。由图可见，超固结土比正常固结土有较高的峰值强度，并表现为软化特性，超固结土渐近状态模型的渐近线高于超固结土模型的渐近线，但最终能和正常固结土对应着相同的渐近状态应力比。

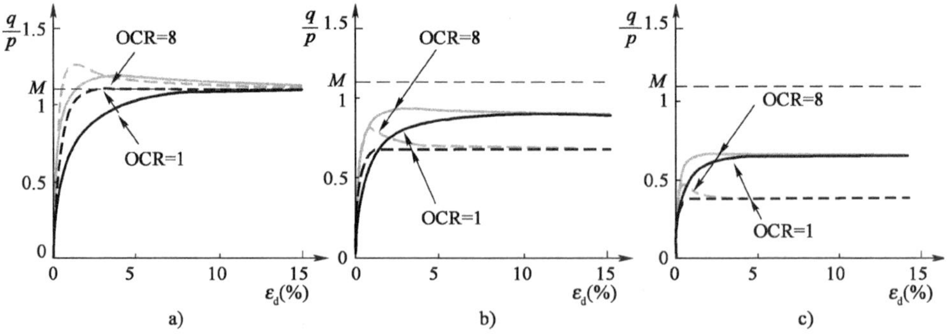

图 8.63　两种模型预测结果比较

a)$n=0$；b)$n=0.5$；c)$n=1$

8.6 本章小结

(1)超固结土模型用参考屈服面和当前屈服面两个屈服面来描述超固结土的变形特性，超固结土模型的硬化参数 H 中的潜在强度 M_f 与超固结度相关。通过 M_f、M 和应力比 η 有关来反映超固结土的剪缩、剪胀、硬化和软化特性。与修正剑桥模型相比，除了参数 φ、λ、κ、υ、e_0 以外，超固结土模型仅仅增加一个材料参数 M_h。

(2)基于改进伏斯列夫面的超固结土模型采用一条抛物线来近似代替直线组成的超固结土强度包线，这种改进的伏斯列夫面作为超固结土的强度包线时，当超固结比非常大时，其峰值强度约等于 3；而对于中度超固结土、弱超固结土，其所对应的峰值强度接近于由伏斯列夫面确定的峰值强度；当超固结度为 1 时，其峰值强度等于临界状态应力比。

(3)通过试验数据和计算结果表明，文中提出的 K_0 超固结土的统一硬化模型能够较好地描述初始应力各向异性超固结土的应力应变特性，具有合理地反映复杂路径下初始应力各向异性土变形性状的功能。

(4)超固结土模型与渐进状态概念相结合，建立了考虑渐近状态特性的超固结土本构模型。

第9章 砂土黏土统一模型

本书第3章讨论土的强度准则，其中的莫尔-库仑强度准则是工程上常用的土的强度准则，莫尔-库仑强度准则的强度参数是内聚力 c 和内摩擦角 φ，可以通过直接剪切试验确定。根据直剪试验结果绘制出土的强度线，内聚力 c 是正应力为零时土具有的抗剪强度，内摩擦角 φ 表示了材料随着正应力的提高抗剪强度增大的特性。通常，砂土正应力为零时抗剪强度为零，即内聚力 c 为零，所以砂土的抗剪强度指标只有一个内摩擦角 φ。因此，莫尔-库仑强度准则是砂土与黏土统一通用的强度准则。

修正剑桥模型是描述正常固结黏土的弹塑性模型，可以描述正常固结黏土剪缩、硬化特性，但不能描述土的剪胀、软化特性。在修正剑桥模型的基础上建立的统一硬化模型(Unified Hardening，UH 模型)可以描述超固结黏土剪胀剪缩、硬化软化特性。

砂土的等向压缩线与黏土不同，在 $\ln p$-e 坐标系中不再是直线，在建立可以统一描述黏土、砂土等向压缩关系式的基础上，基于 UH 模型建立了可以描述黏土、砂土应力应变特性的本构模型，简称 CSUH 模型(UH Model for Clays and Sands)，CSUH 模型可以统一描述砂土、黏土剪胀剪缩、硬化软化等特性。

9.1 等向压缩线和临界状态线

9.1.1 等向压缩线

修正剑桥模型中正常固结黏土的等向压缩线在 $\ln p$-e 坐标系中是斜率为 λ 的直线。由试验可知，砂土与黏土的等向压缩线显著不同，图 9.1 是 Cambria 砂在不同初始密度下的等向压缩线，图中 3 个不同初始密度的等向压缩线在 $\lg p$-e 坐标系中均表现为曲线，但最终都趋向一个渐近线。

在临界状态土力学基础上建立的土的本构模型，如 UH 模型，认为在 $\ln p$-e 坐标系中正常固结黏性土的等向压缩线为一条直线(简称 NCL)，用公式表示为

$$e=N-\lambda\ln p \tag{9.1}$$

式中，e 为当前孔隙比；p 为平均正应力；N 是 NCL 线上平均正应力 $p=1\text{kPa}$ 时对应的孔隙比，N 值决定了等向压缩线的位置；λ 为 $\ln p$-e 坐标系中等向压缩线的斜率。

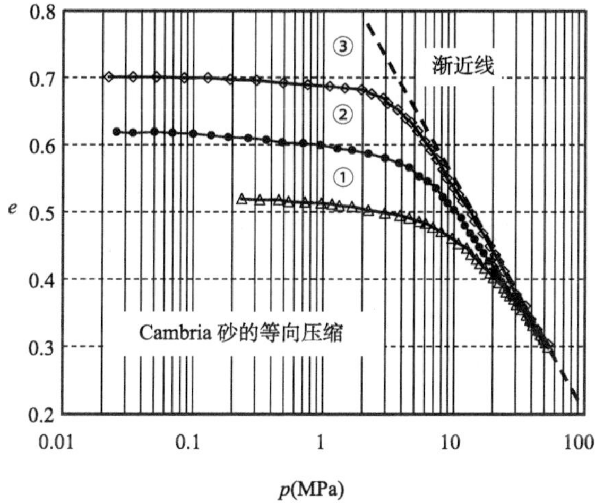

图 9.1　Cambria 砂的等向压缩曲线 1

由砂土试验数据可知，砂土的等向压缩曲线在 $\ln p$-e 坐标系中均为曲线，原因是颗粒在达到一定应力水平以后发生了破碎，增大了压缩变形。

通过整理砂土试验数据可知，虽然压缩曲线在 $\ln p$-e 坐标系中为曲线，但在 $\ln(p+p_s)$-e坐标系中与黏性土在 $\ln p$-e 坐标系中的压缩曲线形状类似，会形成一条近似直线的压缩线，将这条与黏性土 NCL 线类似的等向压缩线定义为参考压缩线，该参考压缩线上孔隙比与压应力的关系为

$$e=Z-\lambda\ln\frac{p+p_s}{1+p_s} \tag{9.2}$$

式中，e 为当前孔隙比；p 为平均正应力；Z 是 $\ln(p+p_s)$-e 坐标系中平均正应力 $p=1\text{kPa}$ 时对应的孔隙比，在 $\ln p$-e 坐标系中，Z 也是平均正应力为 $p=1\text{kPa}$ 时对应的孔隙比；p_s称为破碎屈服应力；λ 为 $\ln(p+p_s)$-e 坐标系中压缩线斜率。

式(9.1)和式(9.2)描述的压缩线在相应的坐标下的斜率都是 λ，当平均正应力 p 趋于无穷时，孔隙比相等，由式(9.1)和式(9.2)得

$$N-\lambda\ln(p_{\to\infty})=Z-\lambda\ln\frac{(p_{\to\infty})+p_s}{1+p_s}$$

由此可求出破碎屈服应力 p_s

$$p_s=e^{\frac{N-Z}{\lambda}}-1 \tag{9.3}$$

例如，以图 9.1 中的压缩曲线①为例，在 $\ln p$-e 坐标系中绘制出该压缩曲线，曲

线的后半部分与斜率为 λ 的渐近线相切，该渐近线与 e 轴的交点是平均正应力为 1kPa 时对应的孔隙比 N，曲线前半部分的渐近线与 e 轴的交点定义为 Z，Z 是该砂土的初始孔隙比，见图 9.2a）。图 9.2b）是把 $\ln p$-e 坐标系中的压缩曲线绘制在 $\ln(p+p_s)$-e 坐标系中，得到了一条斜率为 λ 的直线，称为参考压缩线，在该参考压缩线上平均正应力 $p=1$kPa 时对应的孔隙比为 Z。

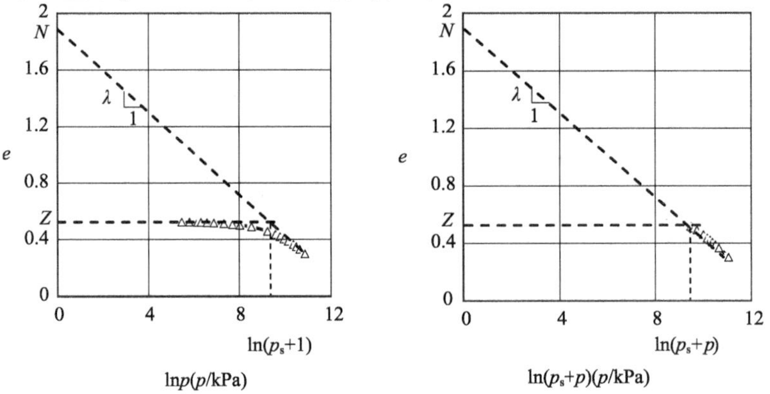

图 9.2 Cambria 砂的等向压缩曲线 2

a）$\ln p$-e 坐标系；b）$\ln(p+p_s)$-e 坐标系

不同的初始孔隙比 Z 对应不同的破碎屈服应力 p_s，由式（9.3）可知，砂土的初始孔隙比 Z 越大，破碎屈服应力 p_s 越小，当 $Z=N$ 时，$p_s=0$，此时的等向压缩曲线退化为黏性土的正常压缩线。反之，随着初始孔隙比 Z 的减小，破碎屈服应力 p_s 逐渐增大，砂土的压缩性减小，因此，又称 p_s 为压硬性参数。图 9.3 是在 $\ln p$-e 坐标系下绘制图 9.1 中曲线①和曲线③的等向压缩曲线，图中表示了孔隙比 Z_i 与破碎屈服应力 p_{si} 的关系，当 $Z=N$ 时，$p_s=0$。

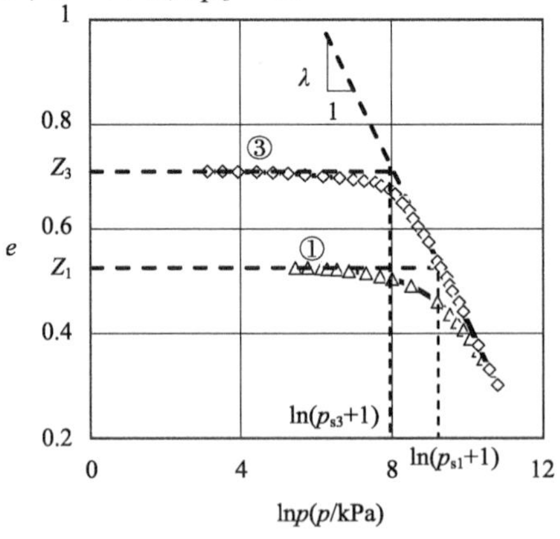

图 9.3 Cambria 砂的等向压缩曲线 3

9.1.2 临界状态线

修正剑桥模型中正常固结黏土在 $\ln p$-e 坐标系中的 NCL 线是斜率为 λ 的直线，临界状态线(CSL)也是斜率为 λ 的直线。在 $\ln p$-e 坐标系中，设等向压缩线在 $p=1\text{kPa}$ 处的孔隙比为 N，N 值确定了 NCL 线的起点，λ 值确定了两条直线的斜率。图 9.4是三个不同的三轴剪切试验应力应变关系。图 9.4a)是 p-q 坐标系中三轴剪切试验的有效应力路径，其中，应力路径①是不排水剪切试验，应力路径②是 $p=$常数剪切试验，应力路径③是 $\sigma_3=$常数剪切试验，初始围压 p 相同，应力路径不同的三个三轴剪切试验，在 NCL 线上起始于同一个 $q=0(\eta=0)$的起点，经过中间点 $\eta=\eta$，终止于 CSL 线上($\eta=M$)。图 9.4b)是 p-e 坐标系中三个不同剪切路径的应力-变形之间的关系，三个试验均起自 NCL 线上的同一点($\eta=0$)，经过图中的虚线($\eta=\eta$)，终止于 CSL 线上的相应点($\eta=M$)。图 9.4c)是在 $\ln p$-e 坐标系中应力-变形之间的关系，在该坐标系中 NCL 线、CSL 线都是斜率为 λ 的直线，参考第 5 章的公式(5.148)可知 NCL 线至 $\eta=\eta$ 线的垂直距离是

$$\Delta e_{\mathrm{p}}=(\lambda-\kappa)\ln\left(1+\frac{\eta^2}{M^2}\right) \tag{9.4}$$

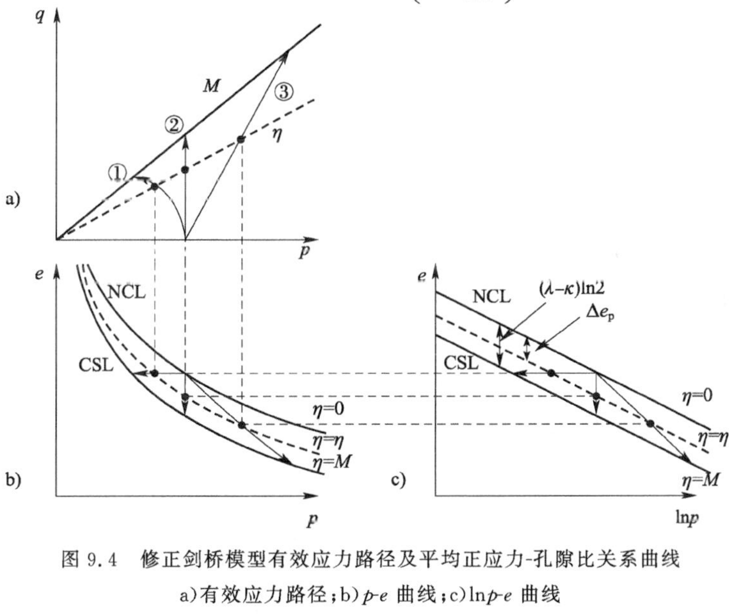

图 9.4 修正剑桥模型有效应力路径及平均正应力-孔隙比关系曲线

a)有效应力路径；b)p-e 曲线；c)$\ln p$-e 曲线

观察等 p 应力路径②，起始点处 $q=0\rightarrow\eta=0\rightarrow\Delta e_{\mathrm{p}}=0$；加载中，$q>0\rightarrow\eta>0\rightarrow\Delta e_{\mathrm{p}}>0$；最后 $q=Mp\rightarrow\eta=M$，即加载到 CSL 线，此时孔隙比改变量为

$$\Delta e_{\mathrm{p}}=(\lambda-\kappa)\ln 2 \tag{9.5}$$

即 NCL 线与 CSL 线这两条线间的距离 $\Delta e=(\lambda-\kappa)\ln 2$。

由前述可知，砂土在 $\ln p$-e 坐标系中等向压缩线(NCL)不再是直线，临界状态

线(CSL)也不是直线,两条线之间的距离不是常数。荷载较小时,两条线间的距离较小,在 $p=0$ 时交于一点,在 $p=1\text{kPa}$ 时近似为一个起点 Z,随着荷载 p 的增大,两条线之间的距离逐渐增大,最后趋于一个定值,两条线的斜率最后也趋于一个定值 λ,砂土的 NCL 线与 CSL 线示意图见图 9.5。

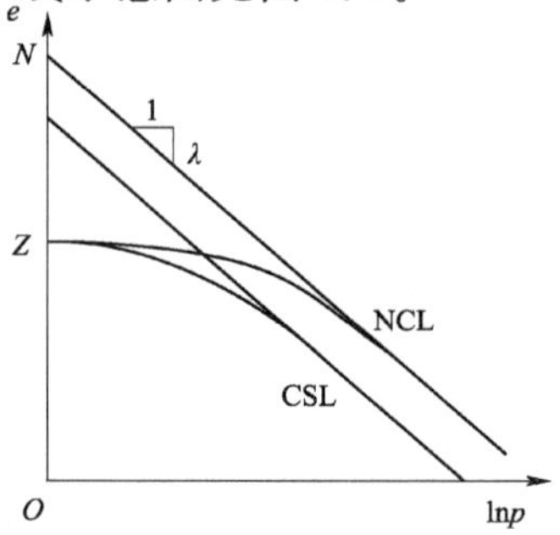

9.5 在 ln$p$-e 坐标系下砂土的等向压缩线与临界状态线示意图

9.2 屈服函数和塑性势函数

9.2.1 屈服面

修正剑桥模型的椭圆屈服面见式(5.58),本章重新编号为式(9.6)。

$$f=\frac{q^2}{M^2p^2}+1-\frac{p_x}{p}=0 \tag{9.6}$$

式中,M 是临界状态应力比;p_x是屈服面与 p 轴的交点。

CSUH 模型用临界状态参数χ调整屈服面的形状,参数χ可以由 NCL 线与 CSL 线之间的竖向距离定[详见本节(2)],CSUH 模型屈服面用公式表示为

$$f=\frac{(1+\chi)q^2}{M^2p^2-\chi p^2}+1-\frac{p_x}{p}=0 \tag{9.7}$$

引入的临界状态参数χ可以将椭圆屈服面修正为水滴型屈服面,如图 9.6 所示。从图中可以看出,当$\chi=0$ 时,屈服面与修正剑桥模型的屈服面相同,呈现为椭圆形,当$\chi>0$ 时,屈服面变为水滴形,χ取值范围为 $0\leqslant\chi<1$。

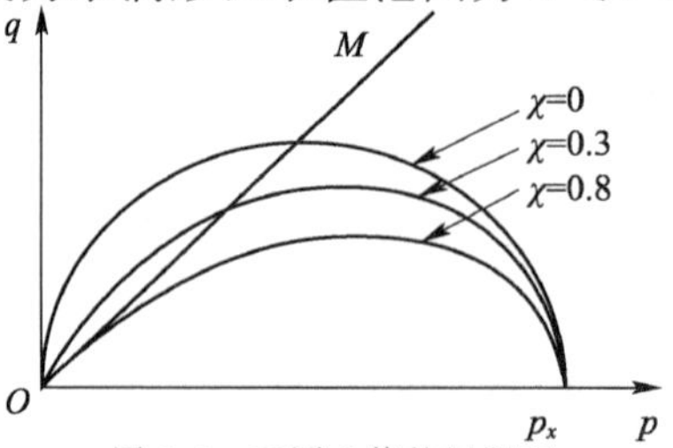

图 9.6 不同 χ 值的屈服面

由图 9.2b)可知,砂土的等向压缩曲线在$\ln(p+p_s)$-e坐标系中是一条斜率为λ的直线,由初始荷载 p_{x0} 等向压缩至 p_x,塑性体积应变增量为

$$\varepsilon_v^p=\frac{\Delta e^p}{1+e_0}=\frac{\lambda-\kappa}{1+e_0}\ln\frac{p_x+p_s}{p_{x0}+p_s}$$

整理上式得

$$p_x=(p_{x0}+p_s)e^{\frac{\varepsilon_v^p}{c_p}}-p_s=0 \tag{9.8}$$

把式(9.8)代入屈服面式(9.7)得

$$f=\ln\left[\left(1+\frac{(1+\chi)q^2}{M^2p^2-\chi q^2}\right)p+p_s\right]-\ln(p_{x0}+p_s)-\frac{1}{c_p}\varepsilon_v^p=0 \tag{9.9}$$

当临界状态参数χ和破碎屈服应力 p_s这两个参数为零时,屈服函数退化为修正剑桥模型。

(1)土的密实状态参量ξ

修正剑桥模型描述正常固结土的应力应变关系,观察图 9.4 中三个不同的应力路径,有效应力路径均由 $\eta=0$ 开始,加载过程中应力比增加至 η,继续加载至$\eta=M$为止。在 $\ln p$-e 坐标系中,与 $\eta=0$ 对应的是 NCL 线,与 $\eta=M$ 对应的是 CSL 线,中间部分应力比$=\eta$处,对应的是 NCL 与 CSL 线之间的曲线,即对于正常固结黏土,当前应力比为 η 时,孔隙比一定位于 $\ln p$-e 坐标系中 $\eta=\eta$ 的线上。

如果沿着图 9.4 中 $\sigma_3=$常数的应力路径③,先加载至 $\eta(p=\overline{p})$处,再卸荷至$\eta=0(p=p_0)$处,卸荷后孔隙比的变化可以用图 9.7a)中的点 B→点 A 表示,图 9.7 中的当前应力点 A 位于 η 线下,孔隙比小于相应 η 线对应的孔隙比,处于超压密状态,其密实的程度(或超固结程度)可以用土的密实状态参量ξ表示。

对于 UH 模型,前期固结压力对应图中的点 B,与点 B 应力比相同,与点 A 应力相同对应的是点C,若点 A 的孔隙比为e,点 C 孔隙比为 e_η,点 A 密实的程度可以用点C 与点A 的孔隙比之差表示为

$$\xi=e_\eta-e \tag{9.10}$$

由图 9.7a)可得点 C 的孔隙比可表示为

$$e_\eta=N-\lambda\ln p-\Delta e_p \tag{9.11}$$

由式(9.5)可知,点 D 至点E 之间的距离是 $\Delta e_p=(\lambda-\kappa)\ln 2$,点 D 至点C 之间的距离是 $\Delta e_p=(\lambda-\kappa)\ln(1+\eta^2/M^2)$,把式(9.4)代入式(9.11)得

$$e_\eta=N-\lambda\ln p-(\lambda-\kappa)\ln\left(1+\frac{\eta^2}{M^2}\right) \tag{9.12}$$

对于 CSUH 模型，土的密实状态参量 ξ 同样是用点 C 的孔隙比 $\bar{e}_\eta$ 与点 A 的孔隙比 e 之差表示，见图 9.7b)，因为 NCL 线不是直线，点 C 的孔隙比为

$$\bar{e}_\eta = Z - \lambda \ln \frac{p+p_s}{1+p_s} - \Delta \bar{e}_p \tag{9.13}$$

式(9.13)中的孔隙比改变量 $\Delta \bar{e}_p$ 是等 p 应力路径的应力比由 $\eta=0$ 加载到 $\eta=\eta$的孔隙比改变量，根据屈服面方程[式(9.9)]得

$$\varepsilon_v^p = c_p \ln \frac{\dfrac{M^2+\eta^2}{M^2-\chi\eta^2}p+p_s}{p+p_s}$$

所以

$$\Delta \bar{e}_{p(\eta)} = (\lambda-\kappa)\ln \frac{\dfrac{M^2+\eta^2}{M^2-\chi\eta^2}p+p_s}{p+p_s} \tag{9.14}$$

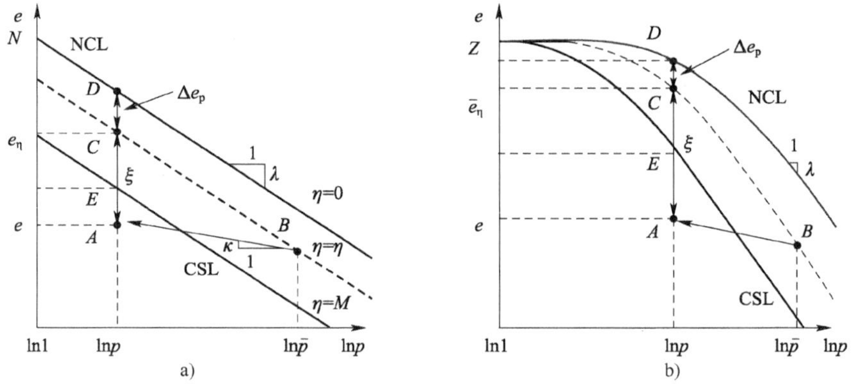

图 9.7　密实状态参量 ξ 示意图

a)UH 模型；b)CSUH 模型

(2)临界状态参数 χ

当 $\eta=M$ 时，表示加载到 CSL 线，此时 NCL 线与 CSL 线之间的距离为

$$\Delta e_{p(\eta=M)} = (\lambda-\kappa)\ln \frac{\dfrac{2}{1-\chi}p+p_s}{p+p_s} \tag{9.15}$$

χ 是大于或等于 0 且小于 1 的数，由式(9.15)可知，随着 p 的增加，NCL 线与 CSL 线之间的距离逐渐增大。当 $\eta=M$，并且 $p\to\infty$时，NCL 线与 CSL 线之间的距离为

$$\Delta \bar{e}_{p(p\to\infty)} = (\lambda-\kappa)\ln \frac{2}{1-\chi} \tag{9.16}$$

临界状态参数χ可以由 NCL 线与 CSL 线之间的竖向距离确定，由式(9.16)可知，随着 χ 的增大，NCL 线与 CSL 线之间的距离在增大，当$\chi=0$ 时，NCL 线与

CSL 线之间的距离是式(9.5)。通过引入临界状态参数 χ 修正 NCL 线与 CSL 线之间的距离，使得计算得到的 CSL 线更加准确。

由式(9.15)解得临界状态参数 χ 为

$$\chi = 1 - \frac{2p}{e^{\frac{\Delta e_{p(\eta=M)}}{\lambda-\kappa}}(p+p_s)-p_s} \tag{9.17}$$

当 $p \to \infty$ 时

$$\chi = 1 - 2e^{-\frac{\Delta e_{p(p\to\infty)}}{\lambda-\kappa}} \tag{9.18}$$

同时，当 $\chi=0$ 时

$$\Delta e_{p(p\to\infty)} = (\lambda-\kappa)\ln 2 = \Delta e_p \tag{9.19}$$

(3)CSUH 模型的屈服面

以 UH 模型中的 H 为硬化参数时，CSUH 模型的屈服函数为

$$f = \ln\left\{\left[1+\frac{(1+\chi)q^2}{M^2p^2-\chi q^2}\right]p+p_s\right\} - \ln(p_{x0}+p_s) - \frac{1}{c_p}H = 0 \tag{9.20}$$

9.2.2 硬化参数

弹塑性本构模型中，硬化参数是描述硬化程度的量，CSUH 模型的硬化参数定义为

$$H = \int dH = \int \frac{M_f^4-\eta^4}{M_c^4-\eta^4} d\varepsilon_v^p \tag{9.21}$$

式中，M_f 是潜在强度；M_c 是特征状态应力比。由式(9.21)可得塑性体积应变增量与硬化参数增量的关系为

$$d\varepsilon_v^p = \frac{M_c^4-\eta^4}{M_f^4-\eta^4} dH \tag{9.22}$$

密实砂土 $M_c<M_f$，由式(9.22)可知，塑性体积应变增量 $d\varepsilon_v^p$ 随着硬化参数增量 dH 及应力比 η 的改变有以下几种情况：

①$dH>0$，硬化，屈服面增大。

$\eta<M_c$，$d\varepsilon_v^p>0$，剪缩；$\eta=M_c$，$d\varepsilon_v^p=0$，特征状态；$M_c<\eta<M_f$，$d\varepsilon_v^p<0$，剪胀。

②$dH=0$，硬化→软化的分界点。

$\eta=M_f$，应力比峰值。

③$dH<0$，软化，屈服面减小。

$\eta>M_f$，$d\varepsilon_v^p<0$，剪胀；$\eta=M_c$，临界状态，$d\varepsilon_v^p=0$。

正常压密土，$M_c=M_f=M$，$dH=d\varepsilon_v^p$。

(1)特征状态应力比 M_c

取特征状态应力比 M_c 为

$$M_c = M^{-m\xi} \tag{9.23}$$

对于某种砂土,式中的剪胀性参数 m、临界状态应力比 M 两个参数都是常数,密实状态参量 ξ 剪切过程中是变量,是当前应力点的孔隙比与应力比为 η 处的孔隙比之差(图 9.7),所以 M_c 在剪切过程中也是变量。

可以根据塑性体积应变增量等于 0 的特征状态求出剪胀性参数 m,在不排水三轴剪切过程中,塑性体积应变增量等于 0 时,dp 也等于 0,由不排水剪切试验得出 dp=0时的应力比 $M_c^{\xi_c}$ 和相应的密实状态参量 ξ_c,按式(9.24)确定剪胀性参数 m

$$m=\frac{1}{\xi_c}\ln\frac{M}{M_c^{\xi_c}} \tag{9.24}$$

图 9.8 是密实砂土的不排水有效应力路径及 p-e 关系。图 9.8a)中粗实线是不排水试验有效应力路径,应力自 q=0 的点 A 开始,有效应力 p 减小至 dp=0 的点 B,点 B 对应的应力比是$M_c^{\xi_c}$。之后有效应力 p 增加至临界状态点C。图中还绘制了特征状态应力比 M_c与潜在强度 M_f 的变化规律。图 9.8b)是 p-e 关系曲线,该土样初始状态 A 位于 CSL 线下,是超压密土,剪切过程中孔隙比不变,有效应力 p 减小至点 B,再增加至临界状态点 C。根据图 9.8a)上应力路径反弯点的位置 $M_c^{\xi_c}$,可以求相应的密实状态参量 ξ_c,该值越大,超固结程度越高,进而求出剪胀性参数 m。图 9.8c)是 ln$p$-e 关系曲线,在该坐标系中,NCL 线与 CSL 线都是曲线,起始点 p=1kPa 对应的孔隙比是 Z。

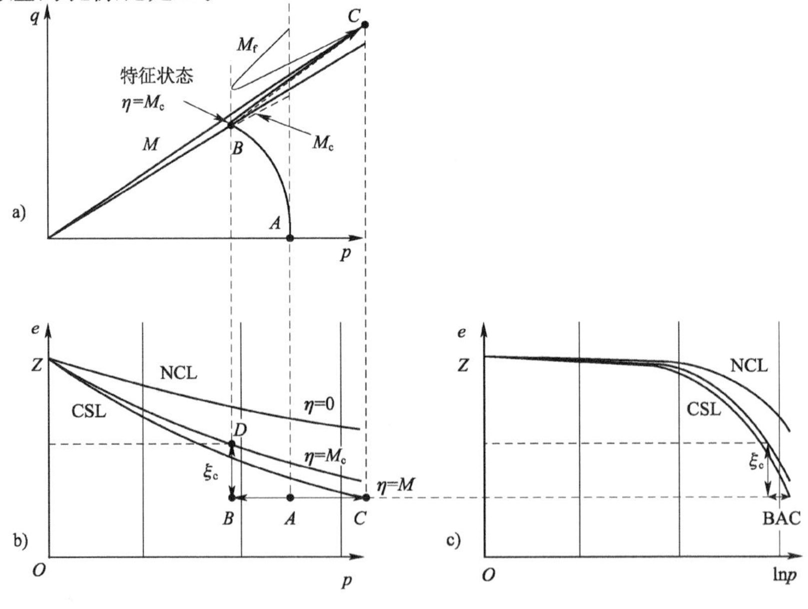

图 9.8 密实砂土的不排水有效应力路径及平均正应力-孔隙比关系曲线

a)不排水有效应力路径;b)p-e 曲线;c)ln$p$-e 曲线

若起始应力点位于 NCL 线上，对应的就是 CSUH 模型的正常压缩砂土，正常压缩砂土的不排水有效应力路径及 p-e 关系曲线见图 9.9。图 9.9a)中的不排水试验有效应力路径自点 A 开始，到点 B 与破坏线相交为止。图 9.9b)的 p-e 关系曲线，自 NCL 线上的点 A 开始，到 CSL 线上的点 B 为止，没有反弯点。在图 9.9c) $\ln p$-e 坐标系中，NCL 线与 CSL 线均为曲线，两条线之间的垂直距离由临界状态参数 χ 确定，不排水路径是自正常固结 NCL 线上的某压力开始，孔隙比不变，有效应力减少至临界状态线 CSL 线为止。

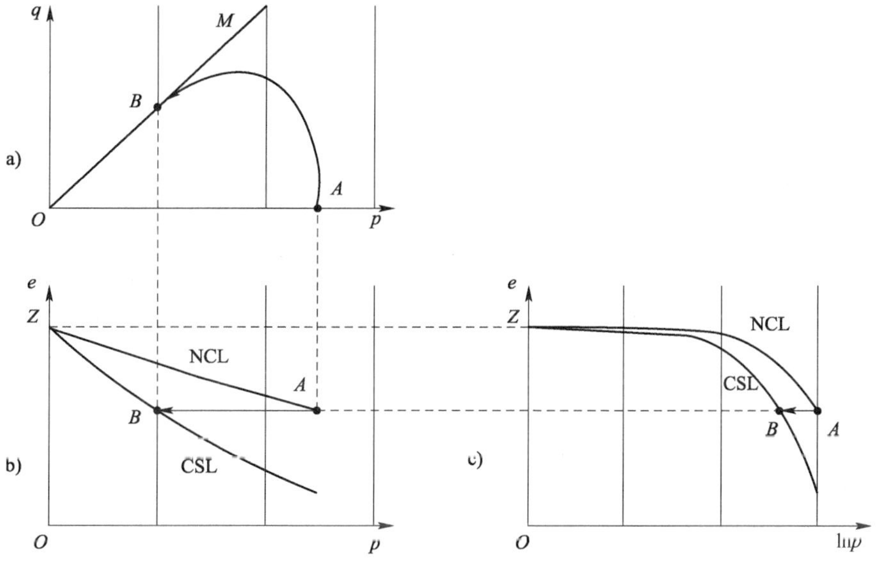

图 9.9　正常压缩砂土的不排水有效应力路径及平均正应力-孔隙比关系曲线

a)不排水有效应力路径；b) p-e 曲线；c) $\ln p$-e 曲线

起始应力点位于 NCL 线的上面，是欠压密土，不排水应力路径及应力应变关系详见 9.4.1 节。

若取 CSUH 模型中临界状态参数 $\chi=0$，破碎屈服应力 $p_s=0$，剪胀性参数 $m=0$，该模型就退化为超固结黏土的弹塑性模型，对于正常固结黏土，其不排水有效应力路径及 p-e 关系曲线见图 9.10。图 9.10a)中的不排水试验有效应力路径自点 A 开始，到点 B 与破坏线相交为止。图 9.10b)的 p-e 关系曲线，自 NCL 线上的点 A 开始，到 CSL 线上的点 B 为止。在图 9.10c)的 $\ln p$-e 坐标系中等向压缩线与临界状态线都是斜率为 λ 的直线，等向压缩线的起始点 $p=1\text{kPa}$ 对应的孔隙比是 N。

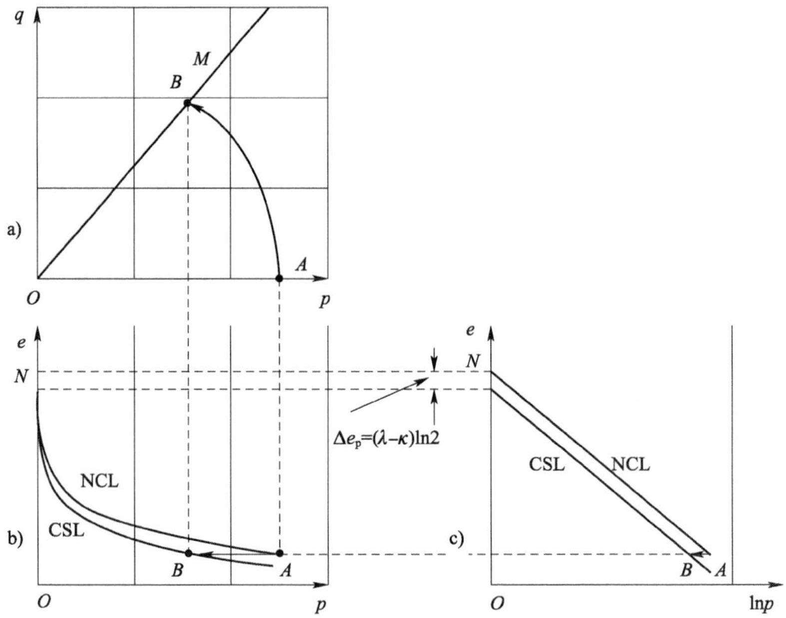

图 9.10 正常固结黏土的不排水有效应力路径及平均正应力-孔隙比关系曲线

a)不排水有效应力路径;b)p-e 曲线;c)ln$p$-e 曲线

(2)潜在强度 M_f

参考 UH 模型,取潜在强度 M_f 为

$$M_f=6\left[\sqrt{\frac{k}{R}\left(1+\frac{k}{R}\right)}-\frac{k}{R}\right] \tag{9.25}$$

$$k=\frac{M^2}{12(3-M)} \tag{9.26}$$

在 UH 模型中,根据当前应力状态和参考应力状态将超固结参数 R 定义为应力比,用超固结参数 R 来反映超固结程度,用当前屈服面与参考屈服面的关系来描述超固结程度

$$R=\frac{p}{\bar{p}} \tag{9.27}$$

正常固结土 $R=1$,超固结土 $R<1$。当前应力点所在的屈服面称为当前屈服面,另外,为了表示超固结的影响,定义了参考屈服面。图 9.11 中参考应力点 B 是当前应力点 A 在等应力比条件下在参考屈服面上的对应点,即 $\eta=q/p=\bar{q}/\bar{p}$。

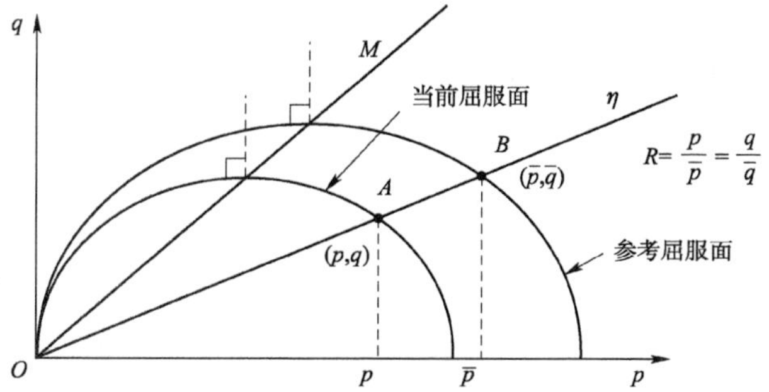

图 9.11 UH 模型的当前屈服面和参考屈服面

超固结参数 R 也可以用图 9.7 中的密实状态参量 ξ 表示。图 9.7 中的点 A 是当前应力点，点 B 是参考应力点，从点 B 卸荷到点 A 产生的弹性变形，可以用点 B 到点 A 的孔隙比变化表示，当前应力点 A 的超固结程度可以用图 9.7 中点 A 到点 C 的距离 ξ 表示。根据图 9.7 中三角形 ABC 的关系得

$$\lambda-\kappa=\frac{\xi}{\ln\bar{p}-\ln p} \tag{9.28}$$

整理式(9.28)，得到超固结参数 $R=p/\bar{p}$ 的另一种表达式

$$R=\frac{p}{\bar{p}}=\exp\left(-\frac{\xi}{\lambda-\kappa}\right) \tag{9.29}$$

CSUH 模型用密实状态参量 ξ 表示超固结的程度，图 9.7 中当前应力点 A 距离点 C 越远，土的密实状态参量 ξ 越大，超固结程度越大，正常固结土 $\xi=0$，$R=1$。

把式(9.29)、式(9.26)代入式(9.25)并整理得

$$M_{\mathrm{f}}=6\left[\sqrt{\frac{12(3-M)}{M^2 e^{\frac{\xi}{\lambda-\kappa}}}+1}+1\right]^{-1} \tag{9.30}$$

潜在破坏应力比 M_{f} 表示土体抵抗剪切破坏的能力，是土的密实状态参量 ξ 的函数，由式(9.30)可得：$\xi>0$ 时，$M_{\mathrm{f}}>M$；$\xi=0$ 时，$M_{\mathrm{f}}=M$；$\xi<0$ 时，$M_{\mathrm{f}}<M$（欠压密土）。因为可以用密实状态参量 ξ 表示密实的程度，所以 CSUH 模型中没有再设 UH 模型中的参考屈服面。

密实砂土的初始潜在强度 M_{f} 大于临界状态应力比 M，在剪切过程中超固结度的损耗或者剪胀的发生使得密实砂土抵抗剪切破坏的能力逐渐降低，M_{f} 逐渐减小。

图 9.12 是根据 CSUH 模型预测的 $p=$ 常数的三轴剪切应力应变关系曲线，图 9.12a)的有效应力路径自点 A 开始，沿着 $p=$ 常数的路径至点 C，再返回至点 D 达到临界状态。在图 9.12b) p-e 曲线中，自点 A 开始孔隙比减小（剪缩）至点 B，再从点 B 开始孔隙比增加（剪胀）至点 D 达到临界状态。图 9.12c)是 ε_1-ε_v 曲线，在弹

塑性模型中，体积应变增量由弹性和塑性两部分组成，$d\varepsilon_v = d\varepsilon_v^e + d\varepsilon_v^p$，因为是 p＝常数的应力路径，弹性体积应变增量为零得 $d\varepsilon_v = d\varepsilon_v^p$，所以图 9.12c）中的点 B 是 $d\varepsilon_v = d\varepsilon_v^p = 0$ 的特征状态。图 9.12d）是应力应变 ε_1-q/p 关系曲线，自点 A 开始，先剪缩硬化（$d\varepsilon_v^p > 0$）至塑性体积应变为零的特征状态点 B，再硬化（$dH > 0$）剪胀（$d\varepsilon_v^p < 0$）至曲线的最高点 C，在点 C 之前，应力比 $\eta < M_f$，点 C 之后应力比 $\eta > M_f$，再软化（$dH < 0$）剪胀（$d\varepsilon_v^p < 0$）至临界状态点 D，应力比 η 达到临界状态 M。潜在强度 M_f 自最大值降至点 C 与应力比 η 线相交，经过点 C 后再降至点 D 与 M 线相交。

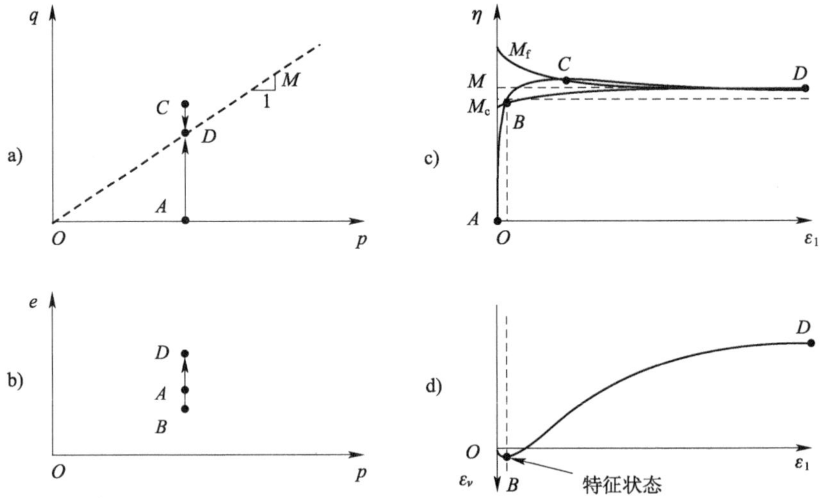

图 9.12　p＝常数剪切路径应力应变关系

a）有效应力路径；b）p-e 曲线；c）ε_1-ε_v 曲线；d）ε_1-η 曲线

密实砂土潜在破坏应力比 M_f 的变化规律可用图 9.13 中的 η-M_f 曲线描述，开始 $M_f > \eta$，在剪切过程中 M_f 逐渐减小，图 9.13 中的 M_f 与应力比 η 的第一个交点交于点 C，见图 9.12，点 C 以后 $M_f < \eta$ 处于不稳定状态，到第二个交点 D 达到临界状态。

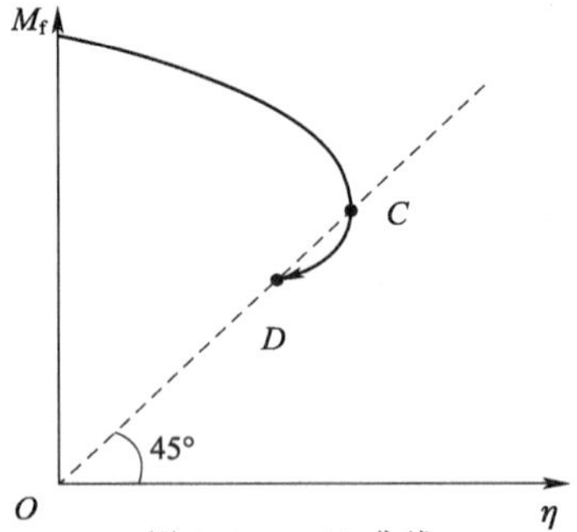

图 9.13　η-M_f 曲线

图 9.14 是根据 CSUH 模型预测的 σ_3 = 常数的三轴剪切应力应变关系曲线，图 9.14a)的有效应力路径自点 A 开始，沿着 3∶1 的斜率至点 C，再返回至点 D 达到临界状态。在图 9.14b) p-e 曲线中，自点 A 开始孔隙比减小(剪缩)，从点 B 开始孔隙比增加(剪胀)至点 D 达到临界状态。图 9.14c)是 ε_1-ε_v 曲线，自点 A 开始孔隙比减小(剪缩)至 $d\varepsilon_v=0$ 的点 B，在从点 B 开始孔隙比增加(剪胀)至临界状态，即 $d\varepsilon_v=0$ 的点 D。图 9.14d)是应力应变 ε_1-q/p 关系曲线，自点 A 开始，经过 $d\varepsilon_v=0$ 的点 B，应力比再增至曲线的最高点 C，在点 C 之前，应力比 $\eta<M_f$，在点 C 之后，应力比 $\eta>M_f$，在应力比与潜在强度 M_f 的第二个交点 D 处，应力比 η 达到临界状态 M。

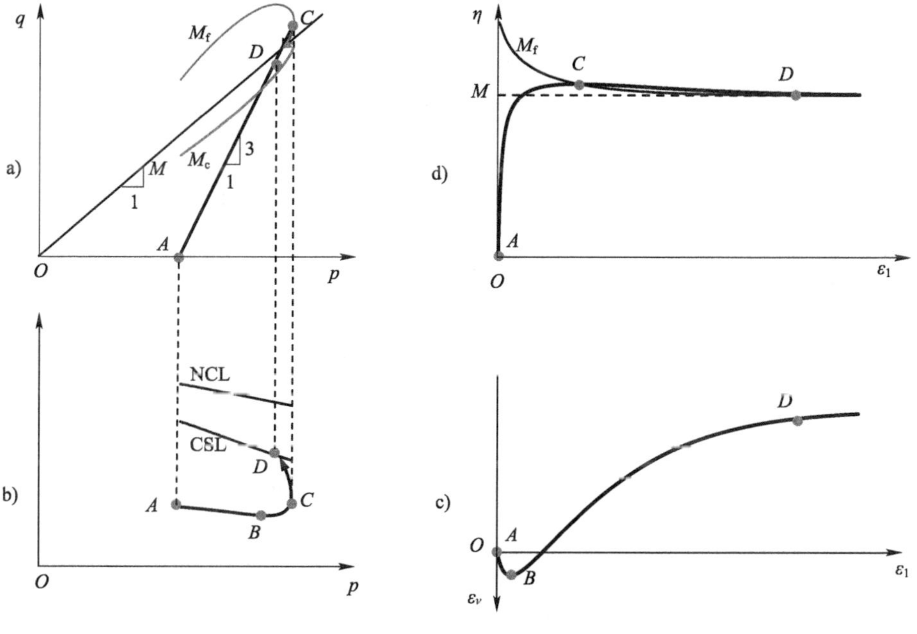

图 9.14　σ_3 = 常数剪切路径应力应变关系

a)有效应力路径；b) p-e 曲线；c) ε_1-ε_v 曲线；d) ε_1-η 曲线

9.2.3　塑性势面

参考 UH 模型，采用通过当前应力点的椭圆塑性势面，见图 9.15，但塑性势面的特征状态应力比采用可变的特征状态应力比 M_c 代替 M，由于塑性势面与屈服面形状不同，因此 CSUH 模型采用非关联流动法则，塑性势函数可表示为

$$g=\ln\frac{p}{p_y}+\ln\left(1+\frac{q^2}{M_c^2 p^2}\right)=0 \tag{9.31}$$

式中，p_y 是椭圆塑性势面与 p 轴的交点。

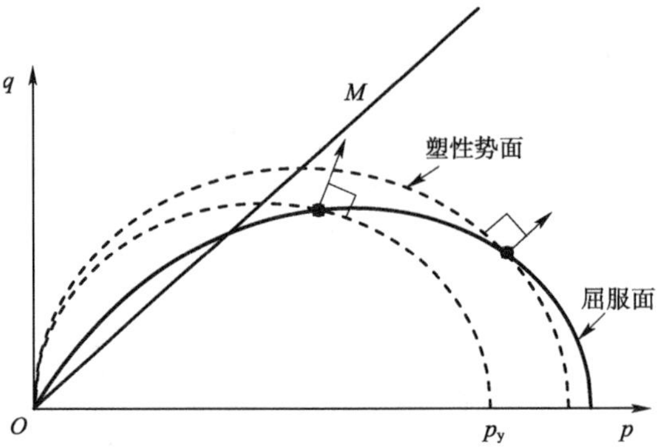

图 9.15　塑性势面示意图

9.3　应力应变关系

式(5.89)是用 p、q、ε_v、ε_d 表示的应力与应变关系，为方便使用，本章编号为式(9.32)。

$$\begin{Bmatrix} \mathrm{d}p \\ \mathrm{d}q \end{Bmatrix}_{2\times1} = \left([C^e]_{2\times2} - \frac{[C^e]_{2\times2}\left\{\frac{\partial g}{\partial \sigma}\right\}_{2\times1}\left\{\frac{\partial f}{\partial \sigma}\right\}^{\mathrm{T}}_{1\times2}[C^e]_{2\times2}}{-\frac{\partial f}{\partial H}\left\{\frac{\partial H}{\partial \varepsilon^p}\right\}^{\mathrm{T}}_{1\times2}\left\{\frac{\partial g}{\partial \sigma}\right\}_{2\times1} + \left\{\frac{\partial f}{\partial \sigma}\right\}^{\mathrm{T}}_{1\times2}[C^e]_{2\times2}\left\{\frac{\partial g}{\partial \sigma}\right\}_{2\times1}} \right) \begin{Bmatrix} \mathrm{d}\varepsilon_v \\ \mathrm{d}\varepsilon_d \end{Bmatrix}_{2\times1} \tag{9.32}$$

对屈服面公式[式(9.20)]求导得

$$\begin{Bmatrix} \dfrac{\partial f}{\partial p} \\ \dfrac{\partial f}{\partial q} \end{Bmatrix} = \frac{1}{p} \begin{Bmatrix} \dfrac{M^4-(1+3\chi)M^2\eta^2-\chi\eta^4}{(M^2-\chi\eta^2)[M^2+\eta^2+(M^2-\chi\eta^2)p_s/p]} \\ \dfrac{2M^2(1+\chi)\eta}{(M^2-\chi\eta^2)[M^2+\eta^2+(M^2-\chi\eta^2)p_s/p]} \end{Bmatrix} \tag{9.33}$$

对塑性势公式[式(9.31)]求导得

$$\begin{Bmatrix} \dfrac{\partial g}{\partial p} \\ \dfrac{\partial g}{\partial q} \end{Bmatrix} = \frac{1}{p} \begin{Bmatrix} \dfrac{M_c^2-\eta^2}{M_c^2+\eta^2} \\ \dfrac{2\eta}{M_c^2+\eta^2} \end{Bmatrix} \tag{9.34}$$

对硬化参数公式[式(9.21)]求导得

$$\begin{Bmatrix} \dfrac{\partial H}{\partial \varepsilon_v^p} \\ \dfrac{\partial H}{\partial \varepsilon_d^p} \end{Bmatrix} = \begin{Bmatrix} \dfrac{M_f^4-\eta^4}{M_c^4-\eta^4} \\ 0 \end{Bmatrix} \tag{9.35}$$

式(9.32)中的弹性矩阵为

$$[C^{\mathrm{e}}]=\begin{bmatrix} K & 0 \\ 0 & 3G \end{bmatrix} \tag{9.36}$$

其中

$$\left.\begin{aligned} K&=\frac{E}{3(1-2\nu)} \\ G&=\frac{E}{2(1+\nu)} \\ E&=\frac{3(1-2\nu)(1+e_0)}{\kappa}(p+p_{\mathrm{s}}) \end{aligned}\right\} \tag{9.37}$$

式(9.32)简记为

$$\begin{Bmatrix} \mathrm{d}p \\ \mathrm{d}q \end{Bmatrix}=\begin{bmatrix} C_{\mathrm{pp}} & C_{\mathrm{pq}} \\ C_{\mathrm{qp}} & C_{\mathrm{qq}} \end{bmatrix}\begin{Bmatrix} \mathrm{d}\varepsilon_{\nu} \\ \mathrm{d}\varepsilon_{\mathrm{d}} \end{Bmatrix} \tag{9.38}$$

对于 CSUH 模型,可求得式(9.38)中的弹塑性刚度矩阵为

$$\left.\begin{aligned} C_{\mathrm{pp}}&=K\frac{B_1+B_2}{B_4} \\ C_{\mathrm{pq}}&=-\frac{6KGc_{\mathrm{p}}M^2\eta(1+\chi)(M_{\mathrm{c}}^4-\eta^4)}{B_4} \\ C_{\mathrm{qp}}&=-\frac{6KGc_{\mathrm{p}}\eta(M_{\mathrm{c}}^2+\eta^2)B_3}{B_4} \\ C_{\mathrm{qq}}&=3G\frac{B_1+Kc_{\mathrm{p}}(M_{\mathrm{c}}^4-\eta^4)B_3}{B_4} \end{aligned}\right\} \tag{9.39}$$

式中

$$\left.\begin{aligned} &B_1=p(M_{\mathrm{f}}^4-\eta^4)(M^2-\chi\eta^2)[M^2+\eta^2+(M^2-\chi\eta^2)p_{\mathrm{s}}/p] \\ &B_2=12Gc_{\mathrm{p}}M^2\eta^2(1+\chi)(M_{\mathrm{c}}^2+\eta^2) \\ &B_3=M^4-(1+3\chi)M^2\eta^2-\chi\eta^4 \\ &B_4-B_1+B_2+Kc_{\mathrm{p}}(M_{\mathrm{c}}^4-\eta^4)B_3 \end{aligned}\right\} \tag{9.40}$$

与 UH 模型相比,CSUH 模型增加了描述正常压缩线的破碎屈服应力 p_{s};增加了描述正常压缩线与临界状态线之间距离的临界状态参数 χ;定义特征状态应力比为 M_{c};潜在破坏应力比是密实状态参量 ξ 的函数。当砂土的压硬性参量 p_{s}、临界状态参数 χ、剪胀性参数 m 均为 0 时,该模型退回为可以描述饱和超固结黏土的 UH 模型。

CSUH 模型与 UH 模型的比较见表 9.1。

CSUH 模型与 UH 模型的比较　　表 9.1

	UH 模 型	CSUH 模 型
NCL 线	$e=N-\lambda\ln p$	$e=Z-\lambda\ln\frac{p+p_s}{1+p_s}p_s=\exp\left(\frac{N-Z}{\lambda}\right)-1$
屈服函数	$f=\ln\left[\left(1+\frac{q^2}{M^2p^2}\right)p\right]-\ln p_{x0}-\frac{H}{c_p}=0$	$f=\ln\left[\left(1+\frac{(1+\chi)q^2}{M^2p^2-\chi q^2}\right)p+p_s\right]-\ln(p_{x0}+p_s)-\frac{H}{c_p}=0$
塑性势函数	$g=\ln\frac{p}{p_y}+\ln\left(1+\frac{q^2}{M^2p^2}\right)=0$	$g=\ln\frac{p}{p_y}+\ln\left(1+\frac{q^2}{M_c^2p^2}\right)=0$
硬化参数	$H=\int\frac{M_f^4-\eta^4}{M^4-\eta^4}d\varepsilon_v^p$	$H=\int\frac{M_f^4-\eta^4}{M_c^4-\eta^4}d\varepsilon_v^p$
潜在破坏应力比	$M_f=6\left[\sqrt{\frac{12(3-M)}{M^2e^{\frac{\xi}{\lambda-\kappa}}}+1}+1\right]^{-1}$	
临界状态应力比	M	M
特征状态应力比	M	$M_c=\frac{M}{e^{m\xi_c}}$
状态参数	$\xi=e_\eta-e$ $e_\eta=N-\lambda\ln p-(\lambda-\kappa)\ln\left(1+\frac{\eta^2}{M^2}\right)$	$\xi=e_\eta-e$ $e_\eta=Z-\lambda\ln\frac{p+p_s}{1+p_s}-(\lambda-\kappa)\ln\left[\frac{\frac{M^2+\eta^2}{M^2-\chi\eta^2}p+p_s}{p+p_s}\right]$
模型参数	$M、\lambda、\kappa、\nu、N$	$M、\lambda、\kappa、\nu、N、Z、\chi、m$

9.4 预测分析

Ishihara 等对 Toyoura 砂进行了大量的三轴试验，其试验结果已经被许多学者用来验证本构模型。材料参数见表 9.2。

材 料 参 数 表　　表 9.2

材料参数	M	λ	κ	ν	N	Z/p_s	χ	m
数值	1.25	0.135	0.04	0.3	1.973	0.934/2200kPa	0.4	1.8
备注	与 UH 模型相同					新增参数		

9.4.1 不排水应力路径

根据应力应变关系公式[式(9.32)~式(9.40)]和三轴压缩不排水预测公式[式(7.95)~式(7.97)],对 Toyoura 砂进行常规三轴不排水试验预测。

(1)初始孔隙比相同,初始围压不同

图 9.16 是初始孔隙比相同,初始围压不同的常规三轴不排水试验应力应变关系,初始孔隙比为 0.833,初始围压分别为曲线① $p_0=100\text{kPa}$、曲线② $p_0=1000\text{kPa}$、曲线③ $p_0=2000\text{kPa}$、曲线④ $p_0=3000\text{kPa}$。

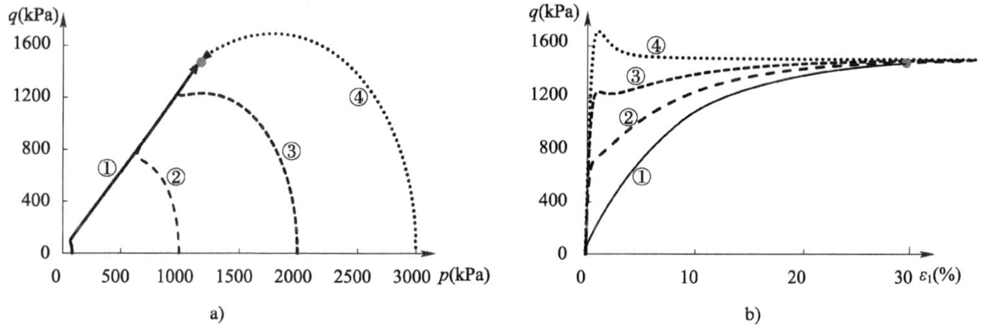

图 9.16 不同围压下常规三轴不排水试验预测

a) p-q 关系曲线;b) ε_1-q 关系曲线

在图 9.16a)的 p-q 关系曲线中,不同的初始围压下沿着不同的应力路径剪切至同一点。曲线①初始围压较小,处于超压密状态,有效应力 p 先减小至反弯点[$\eta=M_c$,详见图 9.8a)],再增大至临界状态($\eta=M$)。初始孔隙比相同,曲线②围压大于曲线①围压,曲线③围压大于曲线②围压,在不排水应力路径上均有拐点,虽然压密的程度不同,也还是超压密土。曲线④初始围压较大,有效应力路径没有拐点,有效应力减小至临界状态($\eta=M$)为止,是正常压缩状态。图 9.16b)的 ε_1-q 关系曲线中,不同的初始围压,自同一起点开始($q=0$)沿着不同的应力应变关系(ε_1-q)曲线到同一终点($q/p=M$)为止。

(2)初始围压相同,初始孔隙比不同

图 9.17 是初始围压相同,初始孔隙比不同的应力应变关系。初始围压为 1000kPa,初始孔隙比分别为曲线① $e_0=0.921$、曲线② $e_0=0.856$、曲线③ $e_0=0.767$、曲线④ $e_0=0.725$。

图 9.17a)是 p-q 关系曲线:曲线①初始孔隙比较大,处于欠压密状态,平均正应力 p 一直减少,广义剪应力 q 先增大,后减少至临界状态($\eta=M$)为止。曲线②、曲线③在应力路径图上有反弯点,表明初始状态为超压密状态,平均正应力 p 增加至临界状态($\eta=M$)为止。曲线④初始孔隙比较小,处于超压密状态,有效应力路

径经过反弯点之后，平均正应力 p 增大到临界状态（$\eta=M$）为止。

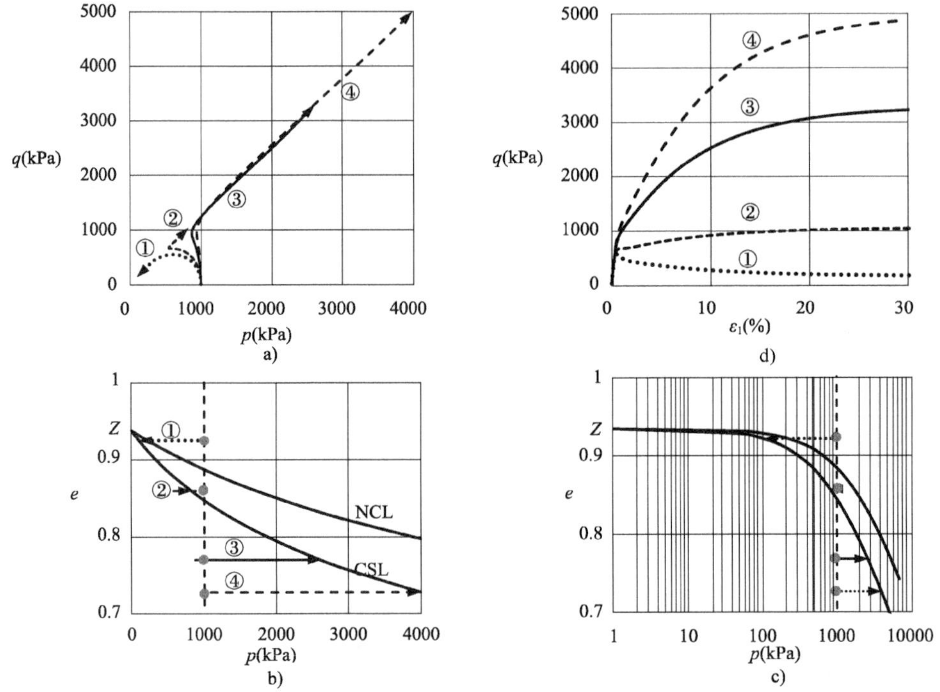

图 9.17　常规三轴不排水试验预测（初始孔隙比不同）

a）有效应力路径；b）p-e 曲线；c）lg$p$-e 曲线；d）ε_1-q 曲线

图 9.17b）是 p-e 关系曲线：曲线①初始孔隙比较大，位于 NCL 线之上，处于欠压密状态，平均正应力 p 一直减少至 CSL 线。若土样的初始孔隙比更大，在剪切过程中平均正应力 p 会一直减少至趋于 0，即达到静态液化现象，所以该模型可以描述有效应力趋于零的砂土液化现象。曲线②初始孔隙比位于 NCL 线下，处于超压密状态，平均正应力 p 先减小，后增大至 CSL 线。曲线③、曲线④初始孔隙比较小，位于 CSL 线下处于超压密状态，平均正应力 p 几乎不减小，增大至 CSL 线为止。

图 9.17c）是 lg$p$-e 关系曲线：在 lg$p$-e 坐标系中，砂土的 NCL 线和 CSL 线的后半段也是直线，不同初始孔隙比的 lg$p$-e 曲线，自相应起点开始，沿着 $e=$常数的路径剪切至 CSL 线为止。

图 9.17d）是 ε_1-q 关系曲线：曲线①初始孔隙比较大，剪切过程中的最大广义剪应力 q 较小，即松砂的抗剪强度较小。曲线②、曲线③初始孔隙比较曲线①小，剪切过程中的最大广义剪应力 q 较大。曲线④初始孔隙比最小，剪切过程中的最大广义剪应力 q 最大，即密砂的抗剪强度大于松砂的抗剪强度。

CSUH 模型的预测结果与实测符合较好，Ishihara 等的三轴试验数据详见参考文献[69]～[71]。

9.4.2 排水应力路径

根据应力应变关系公式[式(9.32)～式(9.40)]和常规三轴压缩预测公式[式(7.101)]，对 Toyoura 砂进行初始围压相同、初始孔隙比不同的常规三轴排水试验预测。

设初始围压为 500kPa，初始孔隙比分别为曲线①$e_0=0.96$、曲线②$e_0=0.886$、曲线③$e_0=0.81$，排水应力路径预测见图 9.18。

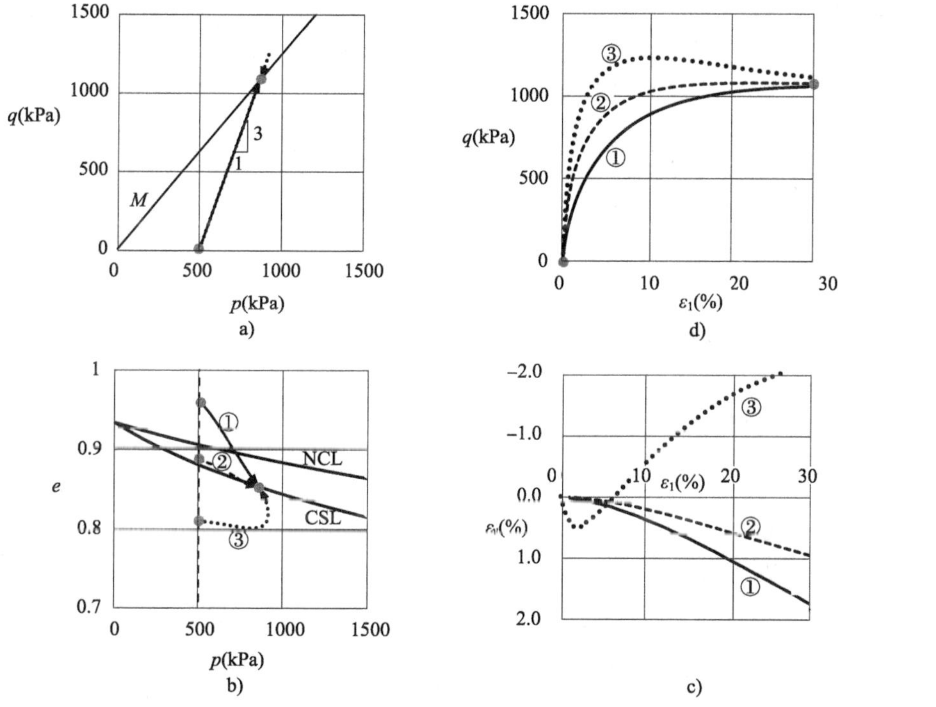

图 9.18　常规三轴排水试验预测

a)有效应力路径；b)p-e 曲线；c)ε_1-ε_v 曲线；d)ε_1-q 曲线

图 9.18a)是 p-q 关系曲线，不同的初始孔隙比在 p-q 图中的应力路径都是 $dq:dp=3:1$，曲线①、②自起点 $q=0$ 开始沿着 $dq:dp=3:1$ 的应力路径至临界状态线为止。曲线③初始是超压密状态，自起点 $q=0$ 开始沿着 $dq:dp=3:1$ 的应力路径至峰值应力比 M_f 再返回至临界状态线($\eta=M$)为止[详见图 9.14a)]。

图 9.18b)是 p-e 关系曲线，曲线①初始孔隙比较大，位于 NCL 线之上，处于欠压密状态，剪切中孔隙比不断减小，平均正应力 p 一直增大至 CSL 线。曲线②初始孔隙比位于 CSL 线之上，剪切中孔隙比不断减小，平均正应力 p 一直增大至

CSL 线。曲线③初始孔隙比较小,位于 CSL 线之下,处于超压密状态,剪切中先剪缩后剪胀,平均正应力 p 增大至最大值后,减小至临界状态线 CSL。

图 9.18c)是 ε_1-ε_v 关系曲线,剪切过程中,曲线①和曲线②的体积应变均在不断增大(剪缩)至临界状态。因为曲线③的初始状态是超压密状态,剪切过程中曲线③的体积应变先增大(剪缩),后减小(剪胀)至临界状态。

图 9.18d)是 ε_1-q 关系曲线,剪切过程中,曲线①和曲线②的广义剪应力 q 都一直增大至临界状态。因为曲线③的初始状态是超压密状态,剪切过程中曲线③的广义剪应力 q 先增大至极限状态,再减小至临界状态。

图 9.18 说明 CSUH 模型能够反映密砂的剪胀和软化,例如 $e_0=0.81$ 的砂土。同时能够反映松砂的剪缩和硬化,例如 $e_0=0.96$ 的砂土,预测结果与试验数据符合较好,Ishihara 等的三轴试验数据详见参考文献[69]~[71]。

9.4.3 侧限压缩应力路径

侧限压缩试验条件是增加垂直荷载,水平方向应变为零。在预测过程中根据给定的垂直方向应力增量,即已知:$\mathrm{d}\sigma_1$ 和 $\mathrm{d}\varepsilon_3=0$,预测:$\mathrm{d}\sigma_3$ 和 $\mathrm{d}\varepsilon_1$。

$$\mathrm{d}\varepsilon_3=0 \tag{9.41}$$

把式(7.93)、式(7.94)和式(9.41)代入式(7.27)得

$$\begin{Bmatrix} \frac{1}{3}(\mathrm{d}\sigma_1+2\mathrm{d}\sigma_3) \\ \mathrm{d}\sigma_1-\mathrm{d}\sigma_3 \end{Bmatrix}=\begin{bmatrix} C_{pp} & C_{pq} \\ C_{qp} & C_{qq} \end{bmatrix}\begin{Bmatrix} \mathrm{d}\varepsilon_1 \\ \frac{2}{3}\mathrm{d}\varepsilon_1 \end{Bmatrix} \tag{9.42}$$

由式(9.42)解得

$$\left.\begin{aligned} &\mathrm{d}\varepsilon_3=0 \\ &\mathrm{d}\varepsilon_1=\frac{9}{9C_{pp}+6C_{pq}+6C_{qp}+4C_{qq}}\mathrm{d}\sigma_1 \\ &\mathrm{d}\sigma_3=\frac{9C_{pp}+6C_{pq}-3C_{qp}-2C_{qq}}{9C_{pp}+6C_{pq}+6C_{qp}+4C_{qq}}\mathrm{d}\sigma_1 \end{aligned}\right\} \tag{9.43}$$

设侧限压缩试验初始孔隙比分别为曲线① $e_0=0.934$、曲线② $e_0=0.85$、曲线③ $e_0=0.80$,根据应力应变关系公式[式(9.41)~式(9.43)]的预测结果见图 9.19。

图 9.19a)p-q 坐标系中的应力路径,不同的初始孔隙比在 p-q 图中的应力路径相同,应力路径位于 M 线之下,斜率为 η。

图 9.19b)是 p-e 关系曲线,曲线①的初始孔隙比取材料参数的初始孔隙比 Z,处于正常压密状态,p-e 关系曲线是位于 NCL 线之下,对应应力比为 η 的线。曲线②、曲线③的初始孔隙比位于材料参数的初始孔隙比 Z 之下,处于超压密状态,剪切中孔隙比不断减小,以曲线①为渐近线。

图 9.19c)是 $\lg p$-e 关系曲线,与图 9.19b)一致,随着压应力 p 的增加,孔隙比均减小,曲线①为渐近线。

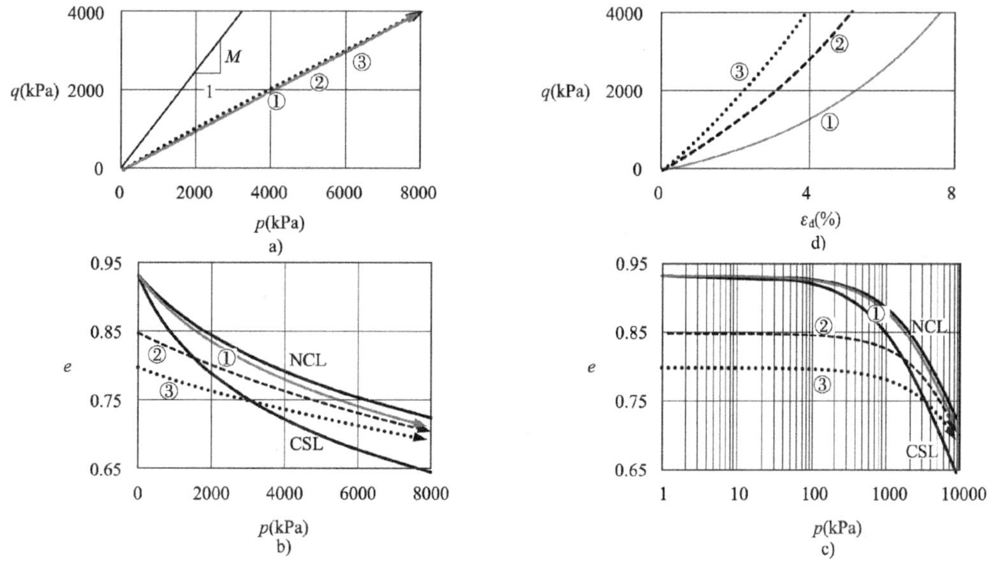

图 9.19　侧限压缩试验预测

a)有效应力路径；b)p-e 曲线；c)lg$p$-e 曲线；d)ε_d-q

图 9.19d)是 ε_d-q 关系曲线，当剪应变 ε_d 相同时，广义剪应力 $q_{③}>q_{②}>q_{①}$，即密砂对应着更大的广义剪应力 q，密砂的广义剪应力 q 以更快的速率增加。

9.5　本章小结

在 UH 模型的基础上，通过引入考虑砂土特性的三个新参数，建立了砂土黏土统一适用的本构模型。该模型主要特性为：

(1)通过引入参数 Z 及压硬性参量 p_s 来描述在 e-ln$p$ 空间内砂土的等向压缩线为曲线的特性。

(2)通过剪胀性参数 m 描述了砂土的特征状态应力比随着当前状态的变化而变化的趋势，从而达到能合理描述砂土的剪胀特性的目的。

(3)将临界状态参数 χ 引入到屈服面中，使得砂土模型的屈服面形状呈水滴形，可以合理描述临界状态线(CSL)在 e-ln$p$ 空间内的位置，达到能合理描述砂土特性的目的。

(4)当砂土的三个压硬性参量 p_s、剪胀性参数 m、临界状态参数 χ 均为 0 时，该模型退回为可以描述饱和超固结黏土的 UH 模型。

相对于 UH 模型，该模型只增加了三个材料参数，且三个参数都可通过室内常规试验确定。利用该模型对砂土排水和不排水试验进行预测，预测结果与试验结果吻合较好。

参考文献

[1] 朱兆祥,戴天民. 中国大百科全书,第2卷,力学[M]. 北京：中国大百科全书出版社,1985.

[2] 陈正汉. 岩土力学的公理化理论体系[J]. 应用数学和力学,1994，15(10)：901-910.

[3] 谢定义,姚仰平,党发宁. 高等土力学[M]. 北京:高等教育出版社,2008.

[4] 中华人民共和国国家标准.GB 50007—2011 建筑地基基础设计规范[S]. 北京:中国计划出版社,2012.

[5] 华南理工大学,东南大学,浙江大学,等. 地基及基础[M]. 北京:中国建筑工业出版社,1991.

[6] 松冈元. 土力学[M]. 罗汀，姚仰平，编译. 北京：中国水利水电出版社，2001.

[7] 陈惠发,A F 萨里普. 土木工程材料的本构方程 [M]. 余天庆,王勋文,译. 武汉：华中科技大学出版社，2001.

[8] 郑颖人,沈珠江,龚晓南. 岩土塑性力学原理[M]. 北京:中国建筑工业出版社,2002.

[9] 李广信. 高等土力学[M]. 北京:清华大学出版社,2004.

[10] 松罔元. 地盤工学の新しいアプローチ[M]. 日本:京都大学学術出版会,2003.

[11] 殷宗泽,等. 土工原理[M]. 北京:中国水利水电出版社,2007.

[12] 张学言. 岩土塑性力学[M]. 北京：人民交通出版社,1993.

[13] 刘祖典,党发宁. 土的弹塑性理论基础[M]. 西安：世界图书出版公司,2002.

[14] 张峰. 计算土力学[M]. 北京:人民交通出版社,2007.

[15] 杨光华,李广信,介玉新. 土的本构模型的广义位势理论及其应用[M]. 北京:中国水利水电出版社,2007.

[16] 沈珠江. 结构性黏土的弹塑性损伤力学模型[J]. 岩土工程学报 ,1993，15(3)：21-28.

[17] 沈珠江. 关于土力学发展前景的设想[J]. 岩土工程学报,1994, 16(1):110-111.
[18] 黄文熙. 土的弹塑性应力应变模型理论[J]. 岩土力学,1979, 2(1):1-20.
[19] 李广信. 土的清华弹塑性模型及其发展[J]. 岩土工程学报,2006, 28(1):1-10.
[20] 孫德安,松岡元,姚仰平. 初期異方性を考慮した粘土と砂の統一的な彈塑性構成式[J]. 日本:土木學會論文集, 1987:419-420.
[21] 黄文熙. 硬化规律对土弹塑性应力应变模型影响的研究[J]. 岩土工程学报,1980, 2(1):1-11.
[22] 黄文熙. 土的弹塑性应力应变模型理论(续)[J]. 岩土力学,1979, 2(2):13-38.
[23] 孔亮, 惠治鑫, 王燕昌. 旋转硬化与统一硬化参量在修正剑桥模型中的应用[J]. 宁夏大学学报, 2008, 29(2):139-143.
[24] 郑颖人,孔亮. 塑性力学中分量理论——广义塑性力学[J]. 岩土工程学报,2000, 22 (4):1-16.
[25] 孙德安,姚仰平,殷宗泽. 初始应力各向异性土的弹塑性模型[J]. 岩土力学,2000, 21(3):222-226.
[26] 孙德安,姚仰平. 粒状材料的一个实用弹塑性模型[J]. 岩石力学与工程学报,2002, 21(8):1147-1156.
[27] 姚仰平, 路德春, 周安楠,等. 广义非线性强度理论及其变换应力空间[J]. 中国科学E辑,2004,34(11):1283-1299.
[28] 姚仰平,侯伟,周安楠. 基于伏斯列夫面的超固结土模型[J]. 中国科学E辑,2007,37(11):1417-1429.
[29] 罗汀,姚仰平,Jian Chu. 饱和砂土渐近状态特征及其模拟[J]. 中国科学E辑,2009, 39(1):39-47.
[30] 罗汀,姚仰平,松冈元. 基于SMP准则的土的平面应变强度公式[J]. 岩土力学, 2000, 21(4):390-393.
[31] 罗汀,姚仰平. 土材料应力路径无关硬化参量的构成方法[J]. 岩土力学,2007, 28(1):69-76.
[32] 侯伟, 姚仰平. 统一硬化模型在复杂加载条件下的应用[J]. 北京航空航天大学学报, 2008, 34(9):1105-1108.
[33] 姚仰平, 李自强, 侯伟. 基于改进伏斯列夫面的超固结土模型[J]. 水利学报, 2008, 39(11):1244-1250.

[34] 姚仰平，侯伟. K_0 超固结土的统一硬化模型[J]. 岩土工程学报，2008，30(3)：316-322.

[35] 楚剑，许镇鸿. 应变路径试验方法及其在应变软化研究中的应用[J]. 岩土工程学报，1996，18(5)：46-51.

[36] 赵成刚，张雪东. 非饱和土中功的表述以及有效应力与相分离原理的讨论[J]. 中国科学E辑：技术科学，2008，38(9)：1453-1463.

[37] 蒋明镜，沈珠江，邢素英，等. 结构性黏土研究综述[J]. 水利水电科技进展，1999，19(1)：26-30.

[38] 濮家骝，李广信. 土的本构关系及其验证与应用[J]. 岩土工程学报，1986，8(1)：47-82.

[39] 张建民，宋飞. 砂土的压剪效应与渐近状态准则[J]. 岩土工程学报，2008，30(2)：166-171.

[40] Duncan J M，Chang C Y. Nonliner Analysis of Stress and Strain in Soils[J]. Proc. ASCE，JSMFD，1970，96(SM5)：1629-1633.

[41] Matsuoka H，Yao Y P，Sun D A. The Cam-clay Models Revised by the SMP Criterion[J]. Soils and Foundations，1999，39(1)：81-95.

[42] Chu J，Lo S C R. Asymptotic Behaviour of a Granular Soil in Strain Path Testing[J]. Geotechnique，1994，(44)：65-82.

[43] Gudehus G，Goldscheider M，Winter H. Mechanical Properties of Sand and Clay and Numerical Integration Methods：Some Sources of Errors and Bounds of Accuracy[A]. In：Finite Elements in Geomechanics[C]. New York：Wiley，1977. 121-150.

[44] Guo R P，Li G X，Sakajo S. Elstoplastic Modeling of Strain-softening Behavior for Soil[C]. Proceedings of the 11st Asian Regional Conference on Soil Mechanics and Foundation Engineering，Seoul，1999，89-92.

[45] Asaoka A. Consolidation of Clay and Compaction of Sand — An Elasto-plastic Description[C]. 12th Asian Regional Conference on Soil Mechanics and Geotechnical Engineering. World Scientific Publishing Company，2004，1157-1195.

[46] Asaoka A，Nakano M，Noda T. Soil-water Coupled Behavior of Heavily Overconsolidated Clay near/at Critical State[J]. Soils and Foundations，1997，37(1)：13-28.

[47] Lade P V. Elastic-plastic Stress-strain Theory for Cohesionless Soil with

Curved Yield Surfaces[J]. Solids and Struc, 1977,13(1): 1019-1035.
[48] Lade P V, Duncan J M. Elasto-plastic Stress-strain Theory for Cohesionless Soil[J]. Journal of the Geotechnical Engineering Division, American Society of Civil Engineers, 1975, 101(10): 1037-1053.
[49] Roscoe K H, Schofield A N, Wroth C P. On Yielding of Soils[J]. Geotechnique, 1958, (8):22 -53.
[50] Roscoe K H, Burland J B. On the Generalised Stress-strain Behaviour of an Ideal Wet Clay[A]. In: Heyman J, Leckie F A. Engineering Plasticity[C], Cambridge: Cambridge University Press, 1968, 535-609.
[51] Roscoe K H, Schofield A N, Thurairajah A. Yielding of Clays in State Wetter than Critical[J]. Geotechnique, 1963, (13): 211-240.
[52] Nakai T, Matsuoka H, Okuno N, Tsuzuki K. True Triaxial Tests on Normally Consolidated Clay and Analysis of the Observed Shear Behavior Using Elastoplastic Models[J]. Soils and Foundations, 1986, 26(4): 67-78.
[53] Nakai T, Hinokio M. A Simple Elastoplastic Model for Normally and Over Consolidated Soils with Unified Material Parameters[J]. Soils and Foundations, 2004, 44 (2):53-70.
[54] Nakai T, Matsuoka H. A Unified Law for Soil Shear Behavior under Three Dimensional Stress Condition[C]. Proceedings of the Japan Society of Civil Engineers, No. 303, 1998, 65-77.
[55] NAKAI T, MATSUOKA H. A Unified Law for Soil Deformation Behavior under Various Stress Paths[C]. Proceedings of the Japan Society of Civil Engineers, No. 306, 1981, 23-34 .
[56] NAKAI T, MATSUOKA H. A Unified Law for Soil Shear Behavior under Three Dimensional Stress Condition[C]. Proceedings of the Japan Society of Civil Engineers, No. 303, 1980, 65-77.
[57] Yao Y P, Sun D A. Application of Lade's Criterion to Cam-clay Model[J]. Journal of Engineering Mechanics, 2000, 126(1): 112-119.
[58] Yao Y P, Zhou A N, Lu D C. Extended Transformed Stress Space for Geomaterials and its Application[J]. Journal of Engineering Mechanics, ASCE, 2007, 133(10): 1115-1123.
[59] Yao Y P, Sun D A, Matsuoka H. A Unified Constitutive Model for Both

Clay and Sand with Hardening Parameter Independent on Stress Path[J]. Computers and Geotechnics，2008，(35)：210-222 .

[60] Yao Y P，Hou W，Zhou A N. UH model：Three-dimensional Unified Hardening Model for Overconsolidated Clays[J]. Geotechnique，2009，59(5)：451-469.

[61] Sun D A，Matsuoka H，Yao Y P，et al. A Unified Elastoplastic Constitutive Model for Clay and Sand with the Initial Anisotropy[J]. Proceedings of JSCE，1999，631/Ⅲ-48：437-448.

[62] Wroth C P，Houlsby G T. Soil Mechanics-property Characterization and Analysis Procedures[C]. Proceedings of the 11th International Conference on Soil Mechanics and Foundations Engineering，San Francisco，1985：11-13.

[63] 中井照夫，松岡元. 3 主應力下土のせん断舉動に関する統一的解釋[J]. 日本：土木学會論文報告集，1980：65-77.

[64] 路德春. 基于广义非线性强度理论的土的应力路径本构模型[D]. 北京：北京航空航天大学博士论文，2006.

[65] 侯伟. 超固结土的本构模型[D]. 北京：北京航空航天大学博士论文，2008.

[66] 罗汀. 土的渐近状态特性及其模拟[D]. 北京：北京航空航天大学博士论文，2009.

[67] 王乃东. 考虑颗粒破碎的粗粒土三维本构模型及有限元实现[D]. 北京：北京航空航天大学博士论文，2010.

[68] LADE P V，BOOP P A. Relative density effects on drained sand behavior at high pressures [J]. Soil and Foundations. 2005，45：1-13.

[69] 姚仰平，刘林，罗汀. 砂土的 UH 模型 [J]. 岩土工程学报，2016，38(12)：2147-2153.

[70] VERDUGO R，ISHIHARA K. The steady state of sandysoils[J]. Soil and Foundations，1996，36：81-91.

[71] ISHIHARA K. Liquefaction and flow failure duringearthquakes[J]. Géotechnique，1996，43(3)：351-415.